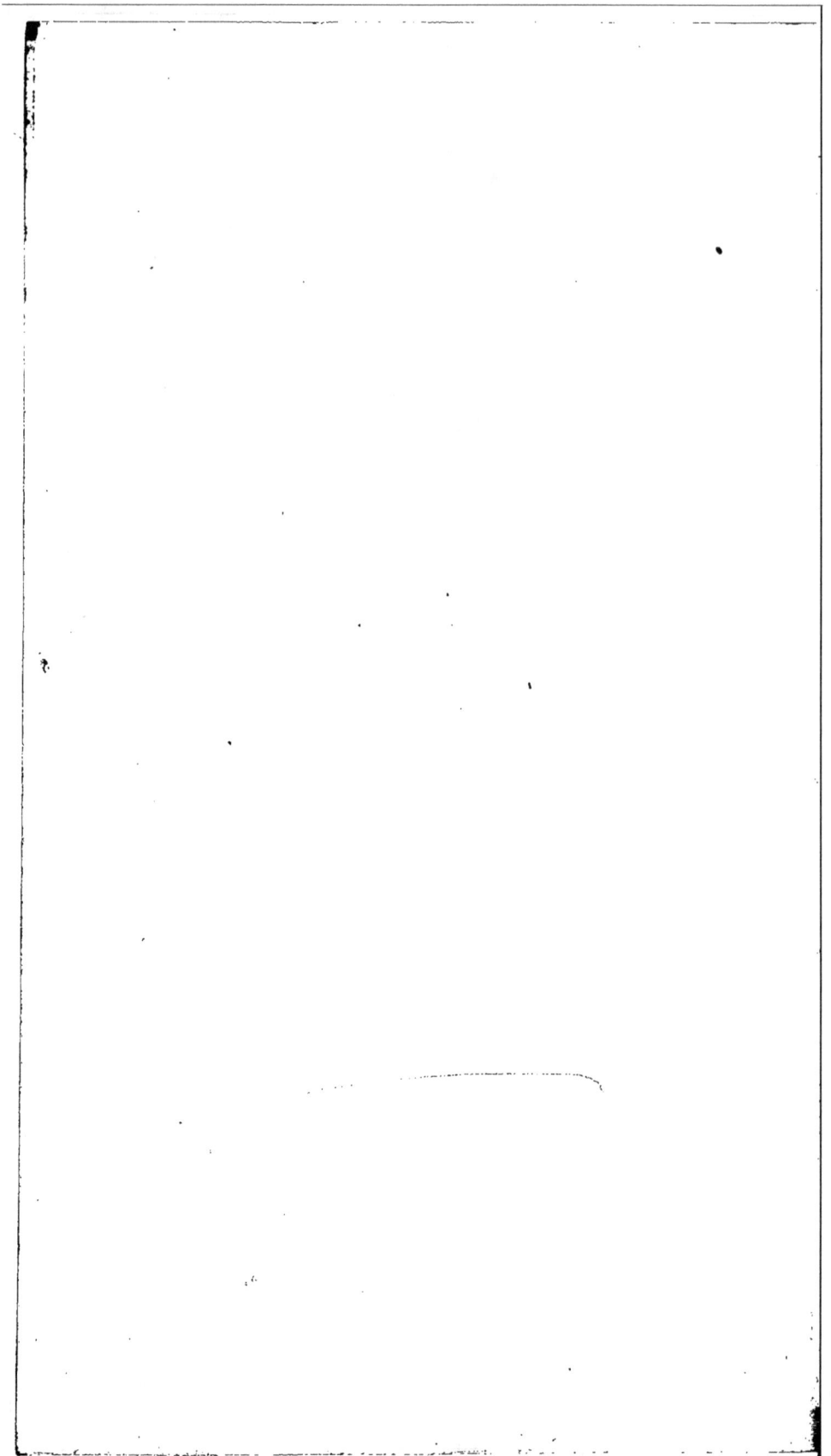

TRAITÉ

DE

MÉCANIQUE GÉNÉRALE.

TRAITÉ

DE

MÉCANIQUE GÉNÉRALE

COMPRENANT

LES LEÇONS PROFESSÉES A L'ÉCOLE POLYTECHNIQUE,

PAR H. RESAL,

MEMBRE DE L'INSTITUT,

INGÉNIEUR DES MINES,

ADJOINT AU COMITÉ D'ARTILLERIE POUR LES ÉTUDES SCIENTIFIQUES.

TOME DEUXIÈME.

Du mouvement des systèmes matériels et de ses causes.
Thermodynamique.

PARIS,

GAUTHIER-VILLARS, IMPRIMEUR-LIBRAIRE

DU BUREAU DES LONGITUDES, DE L'ÉCOLE POLYTECHNIQUE,

SUCCESSEUR DE MALLET-BACHELIER,

Quai des Augustins, 55.

1874

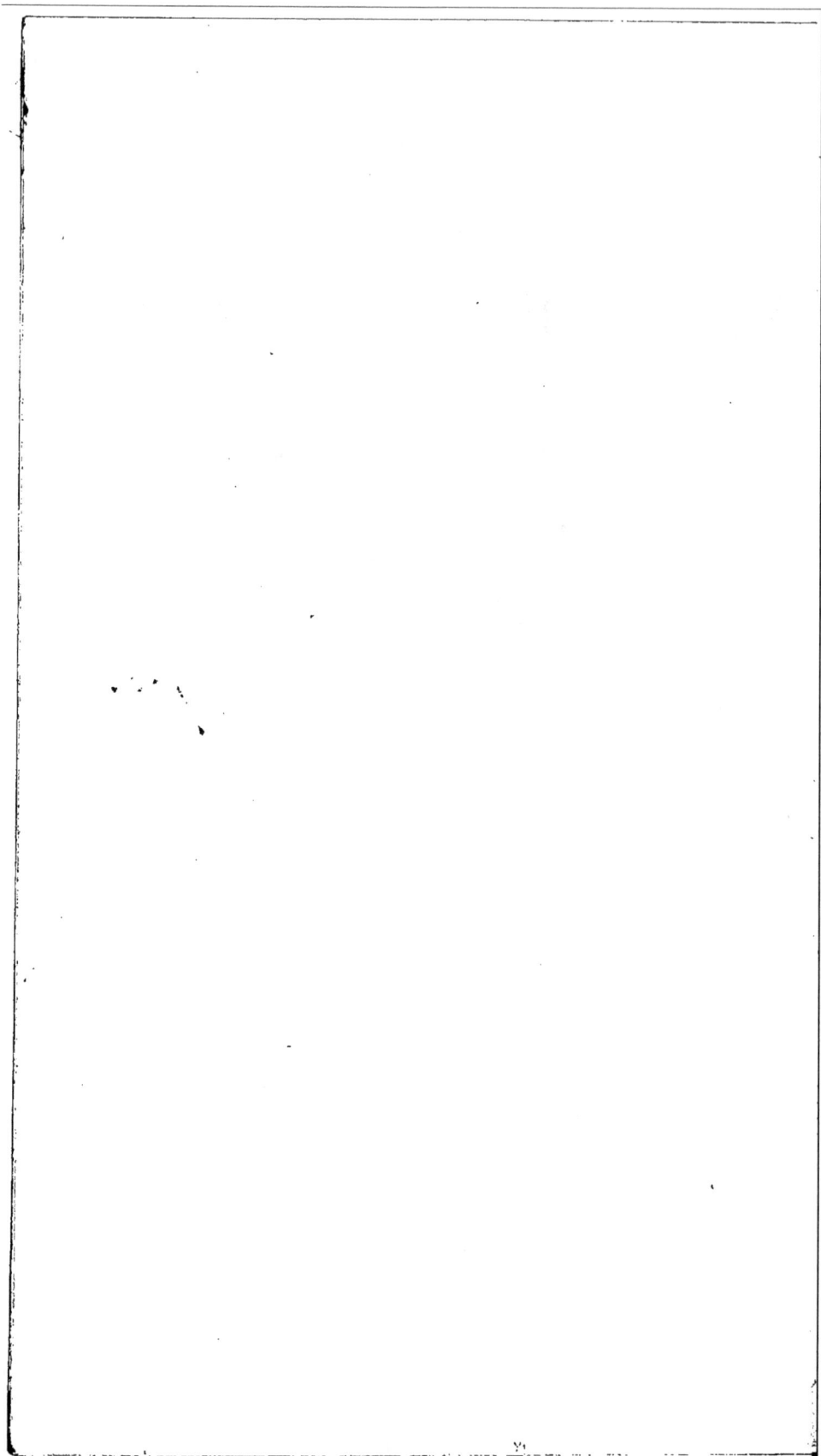

TABLE DES MATIÈRES.

DEUXIÈME PARTIE

(SUITE).

DU MOUVEMENT DES SYSTÈMES MATÉRIELS ET DE SES CAUSES.

CHAPITRE X.

DU FROTTEMENT.

§ I. — *Du frottement de glissement.*

Nos. Pages.

140-141. Lois du frottement de glissement.......... 1

142. Mouvement de translation d'un corps sur un plan dans un cas particulier.......... 5

143. Mouvement de translation rectiligne d'un corps, déterminé par des guides.......... 6

144. Mouvement d'un corps solide autour d'un axe fixe.......... 8

145. Mouvement de deux corps cylindriques tournant autour d'axes fixes parallèles à la direction commune de leurs génératrices, et dont les surfaces sont assujetties à rester en contact.......... 11

146. Rotations périmétriques de M. Sire.......... 13

147. Mouvement d'un corps solide assujetti à rester en contact par une face plane avec un plan.......... 17

148. Mouvement d'une sphère pesante glissant sur un plan fixe horizontal.......... 21

§ II. — *Du choc des corps en ayant égard au frottement.*

149. Du frottement pendant le choc.......... 25

150. Choc d'un solide de révolution homogène, symétrique par rapport au plan de l'équateur, parfaitement élastique, animé d'une rotation autour de son axe et d'une translation perpendiculaire à cette droite, contre un plan fixe, parallèle à l'axe et supposé lui-même parfaitement élastique.......... 25

151. Choc de deux corps cylindriques dénués d'élasticité autour d'axes fixes, parallèles à la direction commune des génératrices.......... 29

§ III. — *Du frottement de roulement.*

Nos. Pages.
152. Généralités 30
153. Frottement mixte de roulement et de glissement 34
154. Roulement d'un cylindre pesant sur un plan incliné 34
155. Loi des oscillations d'un pendule composé, muni d'un tourillon qui roule sur deux parties d'un plan horizontal 36
Note. — Sur le choc des sphères en ayant égard au frottement... 39

CHAPITRE XI.

DE L'ÉQUILIBRE INTÉRIEUR ET DES MOUVEMENTS VIBRATOIRES DES CORPS.

§ I. — *Équations de l'équilibre intérieur d'un corps, quelle qu'en soit la nature.*

156. Équilibre du parallélépipède élémentaire 49
157. Équilibre du tétraèdre élémentaire 51
158. Ellipsoïde des pressions 52
159. Axes principaux de l'ellipsoïde 54
160. Orientation d'un élément plan soumis à une pression déterminée... 55
161. Cas où l'une des pressions principales est nulle 56
162. Cas où deux pressions principales sont nulles 57
163. Équations d'équilibre en coordonnées cylindriques 57

§ II. — *Application à la théorie de l'équilibre des semi-fluides.*

164. Semi-fluides 61
165. Équilibre d'une masse prismatique. Lignes isostatiques et de glissement : elles se coupent à angle droit ; les ellipses des pressions sont semblables 63
166. Intégration des équations d'équilibre 66
167. Examen d'un cas particulier 67

§ III. — *De l'équilibre d'élasticité des corps homogènes.*

168-169. Élasticité, sphère d'activité 68
170. Sommes qui représentent les composantes de la pression 69
171. Expressions des composantes de la pression en fonction des déplacements 71
172. Interprétation géométrique 74
173. Équations d'élasticité des solides homogènes 77
174. Extension d'un prisme 78
175. Torsion d'un cylindre circulaire 80
176. Flexion d'un prisme 83
177. Travail développé par les forces élastiques, traction, compression... 91

§ IV. — *Exposé des principes et des principales applications de la théorie de la résistance des matériaux.*

178. Généralités 95
179. Traction et compression 95

Nos. Pages.
180-181. Prisme posé sur un plan.................................... 97
182. Hypothèses relatives aux composantes normales et tangentielles des forces élastiques.................................... 100
183. Relations entre les forces extérieures et les éléments de la déformation qu'elles produisent sur un corps élastique. — Traction. — Torsion. — Flexion. — Flexion simple.................................... 102
184. Grandes flexions des pièces droites ou circulaires.................................... 116
185. Faibles flexions d'un prisme; applications.................................... 117
186. Faibles flexions produites par des efforts longitudinaux.................................... 123
187. Des pièces courbes légèrement fléchies.................................... 124
188. Formules applicables à la flexion des pièces circulaires; applications. 125
189. Ressort à boudin.................................... 129

§ V. — *Vibrations des corps élastiques.*

190. Généralités.................................... 131

§ VI. — *Cordes vibrantes.*

191. Équations du mouvement.................................... 132
192. Vibrations transversales.................................... 133
193. Vibrations longitudinales.................................... 137

§ VII. — *Mouvements vibratoires d'un prisme.*

194. Classification des vibrations.................................... 138
195. Vibrations longitudinales : 1° les deux extrémités sont encastrées; 2° une extrémité est encastrée, l'autre reste libre; 3° le prisme est complétement libre; 4° prisme vertical pesant dont une extrémité est fixe et l'autre soumise à l'action d'un poids.................................... 138
196. Cas où la masse de la tige est très-petite par rapport à celle de la charge.................................... 142
197. Vibrations transversales : 1° la pièce repose sur deux appuis; 2° une extrémité est encastrée, l'autre reste libre; 3° la pièce est complétement libre.................................... 143
198. Vibrations tournantes.................................... 149
Note. — Sur le mouvement vibratoire d'une lame circulaire.... 151

CHAPITRE XII.

DE L'ÉQUILIBRE DES FLUIDES.

§ I. — *Généralités.*

199. Équations générales de l'équilibre des fluides.................................... 154
200. Surfaces de niveau.................................... 156
201. Pression dans une masse fluide dans le cas d'un potentiel.................................... 157

§ II. — *Des fluides pesants.*

202. Pression en un point.................................... 158
203. Principe d'Archimède.................................... 159

N°s. Pages.
204. Arrangement des liquides hétérogènes.......... 161
205. Centre de pression d'un liquide pesant sur une paroi plane....... 162
206. Réduction des pressions sur une paroi courbe. Cas d'un hémisphère. 163
207. Surface libre d'un liquide pesant, tournant uniformément autour d'un axe vertical.......... 167
208. Digression sur la capillarité.......... 170

§ III. — *Des corps flottants.*

209. Équilibre des corps flottants. Exemples : prisme triangulaire, quadrangulaire, parabolique.......... 175
211. Stabilité des corps flottants.......... 181
212. Métacentre.......... 184
213. Oscillations des corps flottants.......... 185

§ IV. — *Mesure des hauteurs par les observations barométriques.*

214. Généralités et formules.......... 187

CHAPITRE XIII.

DU MOUVEMENT DES FLUIDES.

§ I. — *Équations du mouvement.*

215. Considérations générales.......... 191
216. Équations aux différentielles partielles.......... 192
217. Conditions relatives à la surface.......... 194
218. Équations du mouvement dans le cas d'un potentiel et d'une fonction des vitesses.......... 195
219. Théorème de Lagrange.......... 197
220. Équations du mouvement d'un fluide en coordonnées cylindriques.. 197
221. Application au mouvement d'un fluide lorsque tout est symétrique autour d'un axe.......... 199
222. Examen d'un cas particulier.......... 200

§ II. — *Du mouvement des fluides incompressibles.*

223. Généralités.......... 201
224. Mouvement permanent d'un fluide pesant.......... 202
225. Écoulement par un orifice horizontal d'un liquide pesant contenu dans un vase dont la paroi est de révolution autour d'un axe vertical.......... 204
226. Mouvements ondulatoires d'un liquide pesant.......... 209
227. Examen du cas où le liquide est renfermé dans un canal indéfini, limité latéralement par deux parois verticales et parallèles entre elles.......... 210
228. Hypothèse d'une profondeur indéfinie.......... 213
229. Étude d'une oscillation partielle.......... 214

N°s. Pages.
230. Oscillations verticales.......... 215
231. Oscillations horizontales.......... 216
232. De la houle.......... 216

§ III. — *Du mouvement d'un corps solide dans un liquide pesant.*

233. Équations du mouvement du liquide par rapport à trois axes mobiles. 222
234. Résultantes et moments des pressions du liquide sur le corps qu'il recouvre.......... 224
235. Équations du mouvement du corps.......... 225
236. Équations du mouvement du liquide en coordonnées curvilignes ... 226
237. Transformation.......... 227
238. Expressions des $\frac{dp_i}{dt}$.......... 228
240. Conditions relatives au problème dans le cas d'un fluide indéfini.... 229
241. Forme générale de la fonction φ.......... 230
242. Cas où la surface est symétrique par rapport aux axes principaux du corps passant par son centre de gravité.......... 230
243. Équations du mouvement du corps.......... 232
244. Hypothèse d'une translation.......... 233
245. Hypothèse d'une rotation autour d'un axe fixe.......... 235
246. Du mouvement d'un ellipsoïde dans un liquide.......... 237
247. Détermination des coefficients de la fonction φ.......... 238
248. Hypothèse des D_u, E_u indépendants de ρ_1, ρ_2.......... 239
249. Calcul des H et K.......... 241
250. Valeurs des corrections de la masse et des moments d'inertie....... 242
251. Calcul des α_u, α'_u.......... 243
252. Du mouvement du liquide : 1° cas d'une translation parallèle à un axe principal; 2° cas d'une rotation autour d'un axe principal.... 244
253. Remarque relative au cas où l'ellipsoïde est de révolution.......... 247
254. Mouvement d'une sphère dans un liquide.......... 248
255. Mouvement dans un liquide d'un pendule terminé par une sphère.. 250

§ IV. — *Équations du mouvement des liquides en ayant égard à leur viscosité.*

256. Équations du mouvement. Conditions relatives à la paroi.......... 252
257. Écoulement d'un liquide pesant dans un canal rectangulaire....... 256
258. Cas d'un tuyau circulaire.......... 259

§ V. — *Du mouvement des fluides élastiques.*

259. Généralités.......... 265
260. Des petits mouvements des fluides élastiques.......... 266
261. Mouvement d'un gaz dans un tuyau. Vitesse de propagation du son dans l'air. Cas d'un tuyau indéfini, fermé à ses deux extrémités, ouvert à ses deux extrémités, ouvert d'un côté et fermé de l'autre. 267

Nos. Pages.
262. Mouvement dans un milieu indéfini........................... 274
Note. — Sur les coordonnées curvilignes........................ 276

CHAPITRE XIV.

HYDRAULIQUE.

§ I. — *Généralités.*

263. Hypothèses.. 280

§ II. — *Du mouvement des liquides uniquement soumis à l'action de la pesanteur.*

264. Mouvement non permanent dans un tuyau........................ 281
265. Application au cas où le liquide étant contenu dans un vase s'écoule dans l'atmosphère par un ajutage cylindrique vertical très-court : 1° le niveau est maintenu constant; 2° le vase se vide.......... 283
266. Du mouvement permanent........................ 285
267. Théorème de Bernoulli........................ 287
268. Minimum du coefficient de contraction........................ 288
269. Résultats de l'expérience relatifs à la contraction d'une veine fluide en mince paroi........................ 290
270. Induction théorique de Navier relativement à la détermination du coefficient de contraction........................ 292
271. Inversion de la veine fluide........................ 293
272. Écoulement par un orifice de grandes dimensions........................ 293
273. Débit par un déversoir........................ 294
274. Jaugeage par un déversoir........................ 296
275. Écoulement par une vanne........................ 296

§ III. — *Effets des changements brusques dans le mouvement des liquides.*

276. Principe de Borda........................ 296
277. Effet d'un étranglement qui succède à un élargissement brusque.... 299
278. Influence d'une succession d'élargissements brusques sur le mouvement d'un liquide........................ 300
279. Écoulement à l'air libre d'un vase maintenu à un niveau constant par un ajutage cylindrique très-court........................ 301
280. Ajutages divergents........................ 303

§ IV. — *Du frottement des liquides dans les tuyaux de conduite.*

281. Généralités........................ 304
282. Cas du mouvement uniforme........................ 306

Nos. Pages.
283. Écoulement d'un liquide pesant, par un tuyau, d'un réservoir dans un autre, tous deux maintenus à un niveau constant 307
284. Des embranchements... 308

§ V. — *De l'influence des coudes.*

285. Expériences de Dubuat. Formule d'interpolation de Navier......... 309
286. Essai sur la détermination de la perte de charge due aux coudes dans un tuyau circulaire.. 309

§ VI. — *Du mouvement permanent des liquides dans les canaux découverts.*

287. Correction relative à l'hypothèse des tranches..................... 311
288. Formule générale relative au mouvement d'un liquide pesant dans un canal. Résultats de l'expérience............................ 313
289. Condition nécessaire pour que le mouvement soit uniforme....... 315
290. Relation entre la vitesse moyenne et la vitesse à la surface........ 315
291. Du mouvement varié... 316
292. Des ressauts d'élévation.. 321
293. Des pertes de force vive dues aux élargissements brusques des sections des canaux.. 322

§ VII. — *De la pression exercée par un fluide en mouvement sur un corps.*

294. Pression d'une veine fluide sur un corps. Cas d'une surface plane, convexe, concave, d'un hémisphère. 324
295. Pression d'une masse fluide sur un corps immergé en repos. Cas d'une plaque mince perpendiculaire ou oblique au courant, d'un prisme carré dont les arêtes sont dirigées dans le sens du courant. 327
296. De la résistance qu'éprouve un corps animé d'un mouvement translatoire parallèle à la direction des filets d'un liquide dans lequel il est immergé.. 331
297. De l'influence des proues et des poupes sur la résistance qu'éprouve le mobile.. 331
298. Description sommaire des procédés le plus généralement employés pour jauger les cours d'eau; tube de Pitot; tube de Dubuat; tube de Darcy et de Baumgarten; pendule hydrométrique; tachomètre de Brünings... 332

§ VIII. — *Du mouvement permanent d'un fluide élastique.*

299. Généralités.. 334
300. Cas d'un gaz permanent... 335
301. Écoulement des vapeurs saturées. Vapeur d'eau.................. 337
302. Du frottement des gaz dans les tuyaux........................... 338

TROISIÈME PARTIE.

THERMODYNAMIQUE.

§ I. — *Généralités.*

N°s. Pages.

1. Premier principe de S. Carnot. Principe de Meyer. Deuxième principe de Carnot 339

§ II. — *Formules fondamentales.*

2. *Préliminaires* 340
3. Expression de la chaleur latente de dilatation 343
4. Expression du transport de la chaleur dans le cas où le véhicule ne change pas d'état physique pendant les opérations auxquelles il est soumis 343
5. Perte de chaleur correspondant à un circuit rectangulaire élémentaire 344
6. Formules de M. Clausius 346
7. Signification de la fonction *z* 347
8. La chaleur spécifique, sous volume constant, d'un corps homogène dont l'état physique est stable, ne dépend que de la température 348
9. De l'échauffement d'un corps solide homogène 348
10. Relations entre les différents éléments calorifiques d'un corps, quelle qu'en soit la nature 349
11. De la chaleur considérée comme le résultat de mouvements vibratoires 350
12. Formule de M. Y. Villarceau 351

§ III. — *Théorie des gaz permanents.*

13. Application de la formule de Clapeyron. Conséquences 352
14. Application du principe de Meyer 353
15. Loi des chaleurs spécifiques 353
16. Valeur de l'équivalent mécanique de la chaleur déduite des chaleurs spécifiques de l'air 354
17. Chaleur spécifique des gaz sous volume constant 354
18. Détermination de la fonction μ 355
19. De la dilatation d'un gaz dont la quantité de chaleur reste constante. 355
20. Loi de la dilatation des gaz dont la température reste constante 356
21. Relation entre la pression, le volume et la température, dans un corps quelconque dont l'état physique ne change pas 356
22. Du travail produit par une quantité de chaleur empruntée à une source et reçue partiellement par une autre source de chaleur 357

N°. Pages.
23. Rapport entre les chaleurs spécifiques d'un gaz sous pression constante et sous volume constant, résultant de l'application de la formule de M. Y. Villarceau 358

§ IV. — *Des vapeurs saturées.*

24. Formule déduite du principe de Carnot 359
25. Densité de la vapeur d'eau au maximum de tension 360
26. Relation entre le poids spécifique de la vapeur d'eau et la pression .. 362
27. Formule de M. Clausius basée sur le principe de Meyer 363
28. Relation entre la chaleur interne d'une vapeur et sa chaleur de vaporisation 365
29. Quantité de chaleur nécessaire pour modifier l'état calorifique d'un mélange de liquide et de vapeur 365
30. Examen du cas où la quantité de chaleur de la masse reste constante. 366
31. D'une vapeur qui se détend en produisant du travail sans addition ou soustraction de chaleur 367
32. Relation entre le rapport des pressions et celui des volumes pour la vapeur d'eau qui se détend 368
33. Écoulement de la vapeur d'eau saturée 368

§ V. — *Des vapeurs surchauffées.*

34. Hypothèses 370
35. Expression de la quantité de liquide en suspension 371
36. Relation entre la pression, la température, le poids spécifique ou le volume d'une vapeur surchauffée 372
37. Du coefficient de dilatation 372
38. De la chaleur latente 373
39. De la chaleur spécifique d'une vapeur sous pression constante 373
40. Vapeur surchauffée qui se détend sans perte ni gain de chaleur 374
41. Densité de la vapeur d'eau surchauffée 374
42. Détente de la vapeur d'eau qui n'éprouve ni perte ni gain de chaleur. 376

§ VI. — *De l'influence de la pression sur le point de fusion des corps.*

43. Résultats de l'expérience 380
44. Du point de fusion de la glace 381

§ VII. — *Du mouvement des projectiles dans les armes à feu.*

45. Généralités 383
46. Calcul du travail extérieur produit par la combustion de la poudre .. 384
47. Calcul de la chaleur transformée en travail 388
48. Réduction en nombres des coefficients qui entrent dans l'équation du mouvement des boulets dans les canons rayés. Applications 395
49. Du mouvement que prendrait un projectile dans une arme à feu si la charge se consumait instantanément 396
50. Formule approximative pour calculer la vitesse initiale 399

Nos. Pages.

51. Considérations sur l'hypothèse de l'instantanéité de la combustion de la poudre........ 400

52. Calcul approximatif de la vitesse d'un projectile à sa sortie d'une arme à feu dans l'hypothèse où la charge se consumerait graduellement comme à l'air libre........ 401

Note. — Sur l'intégration par série dans l'hypothèse où les grains de poudre de la charge se consumeraient comme à l'air libre........ 405

APPENDICE.

I. De l'influence du vent sur le mouvement des projectiles........ 406

II. Influence de la résistance de l'air sur le mouvement du pendule à oscillations elliptiques........ 412

III. Recherche de la position d'un point matériel mobile sur une courbe fixe, pour laquelle il est sur le point de quitter la courbe........ 418

IV. Solution du problème du choc de deux corps libres, mous et parfaitement élastiques........ 422

FAUTES ESSENTIELLES A CORRIGER.

Pages	Lignes	*au lieu de*	*lisez*
10	8	$(N + N')$	$-(N + N')$.
»	10 en rem.	puissions	croyions.
11	13 en rem.	$\mathfrak{M}_z$	$\mathfrak{M}_x$.
37	3	NT	N, T.
41	1	N_z	N_x.
44	6	$+ V'_y$	$- V'_y$.
45	14	$P' = \text{const.}, P' = \text{const.}$	$P = \text{const.}, P' = \text{const}$
53	7	y_{yz}	p_{yz}.
54	6	p_{yy}, p_{xy}	p_{xy}, p_{yy}.
»	7	p_{zz}, p_{zx}, p_{zy}	p_{xz}, p_{yz}, p_{zz}.
60	4	$\frac{dp_{zr}}{d\theta}$	$\frac{dp_{rt}}{d\theta}$.
»	»	$\frac{dp_{rz}}{dr}$	$\frac{dp_{rz}}{dz}$.
77	3	ρ	5.
78	5	$\frac{d^2 u}{dt^2}$	$\frac{d^2 v}{dt^2}$.
»	6	$\frac{d^2 u}{dt^2}$	$\frac{d^2 w}{dt^2}$.
»	7	ces équations	les équations (6).
98	2 en rem. (note)	verticaux	parallèles.

Pages	Lignes	*au lieu de*	*lisez*
101	6 en rem.	$G'\xi G$	$G'G\xi$.
106	17 en rem.	remplace	remplace φ.
111	9 en rem.	$d\omega_v$	$d\omega$.
231	6	$z\dfrac{d\rho}{dz}$	$z\dfrac{d\rho}{dy}$.
240	4 (note)	$(\rho-\rho_1)\rho\dfrac{d^2 yz}{d\zeta_2^2}$	$(\rho-\rho_1)\dfrac{d^2 yz}{d\zeta_2^2}$.
250	3 en rem.	A_x	A
288	8 en rem.	85	96.
417	2	α	a.

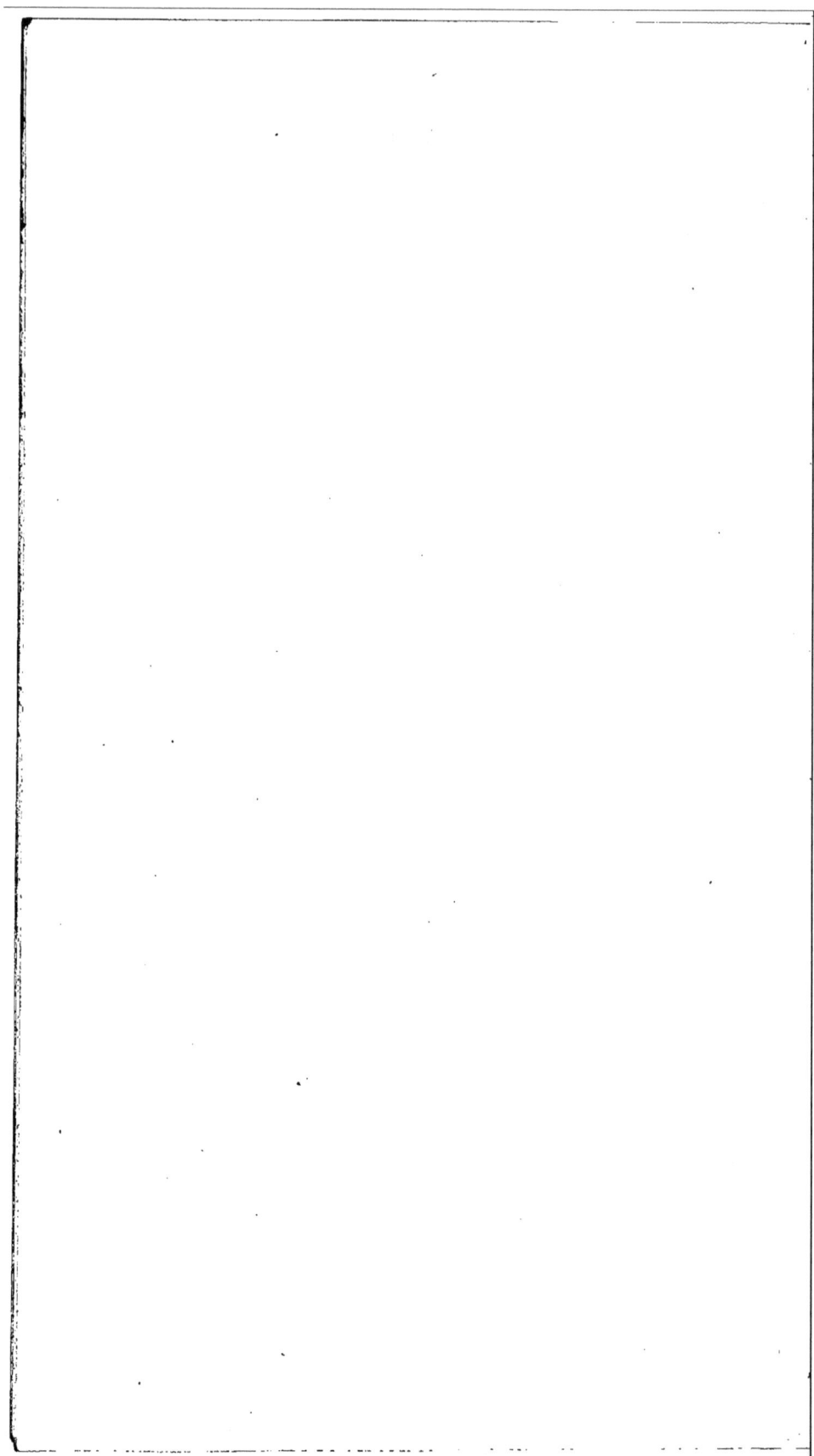

TRAITÉ

DE

MÉCANIQUE GÉNÉRALE.

DEUXIÈME PARTIE.

DU MOUVEMENT DES SYSTÈMES MATÉRIELS ET DE SES CAUSES

(SUITE).

CHAPITRE X.

DU FROTTEMENT.

§ I. — *Du frottement de glissement.*

140. Dans tout ce qui précède, nous avons supposé que les corps solides, en réagissant les uns sur les autres, se comportaient comme s'ils étaient réellement invariables ou éminemment durs, sans présenter d'aspérités à leur surface; ce qui nous a conduit à considérer les résultantes de leurs actions mutuelles, au contact, comme étant dirigées suivant leur normale commune.

Mais, en réalité, il n'en est pas ainsi, en raison même de la constitution physique des corps solides. Les corps en contact se dépriment mutuellement d'une manière permanente ou passagère, selon l'énergie de leur compression réciproque; les dépressions atteignent leur maximum lorsqu'il y a mouvement relatif ou tendance au mouvement relatif d'un corps par rapport à un autre avec lequel il est en contact.

Il résulte de la déformation des corps en contact que la résultante des actions mutuelles, de la part de l'un sur l'autre, n'est pas normale à leur surface, ou qu'elle est la résultante d'une composante normale et d'une composante tangentielle, et que cette réaction ne passe pas rigoureusement par le point de contact géométrique, dans le cas où les surfaces affectent des formes telles, qu'elles puissent être considérées comme se touchant en un seul point.

141. *Frottement de glissement.* — Considérons deux corps (S), (S′) qui, sous l'action de certaines forces, tendent à glisser ou glissent l'un sur l'autre, suivant une surface de contact d'une certaine étendue. L'expérience a conduit à poser en principe que : *la réaction tangentielle de* (S′) *sur* (S), *en chaque élément de la surface de contact, est proportionnelle à la réaction normale correspondante, et qu'elle est dirigée en sens inverse de la vitesse relative, au point considéré, du second de ces corps par rapport à l'autre.*

Soient N, T les composantes normale et tangentielle de (S′) sur (S), rapportées à l'unité de surface, sur l'élément superficiel $d\omega$, f une constante dépendant de la nature des deux corps, du poli de leurs surfaces et de la manière dont elles sont lubrifiées; on a

$$T\,d\omega = Nf\,d\omega$$

ou

$$T = Nf.$$

La réaction tangentielle T a reçu le nom de *frottement de glissement*, et son rapport f à la réaction normale, ou encore à la pression normale de (S) sur (S′), celui de *coefficient de frottement.*

La réaction totale de (S′) sur (S) relative à l'élément $d\omega$, et rapportée à l'unité de surface, a pour valeur

$$R = \sqrt{N^2 + N^2 f^2} = N\sqrt{1 + f^2}.$$

Si α est l'angle qu'elle forme avec la normale, on a

$$\tang \alpha = \frac{T}{N},$$

par suite

$$\tang \alpha = f;$$

donc : *la réaction totale fait avec la normale un angle constant, dont la tangente est égale au coefficient de frottement;* cet angle a reçu le nom d'*angle de frottement.*

On a aussi les relations

$$N = \frac{R}{\sqrt{1+f^2}} = R \cos \alpha,$$

$$T = Nf = \frac{Rf}{\sqrt{1+f^2}}.$$

D'après le principe de l'égalité entre l'action et la réaction, (S) exerce sur (S') une action — R égale et opposée à R, dont les composantes normale et tangentielle sont — N et — Nf, cette dernière étant dirigée en sens inverse de la vitesse relative de (S') par rapport à (S), au point considéré.

Supposons, en particulier (*fig.* 67), que le corps (S) repose

Fig. 67.

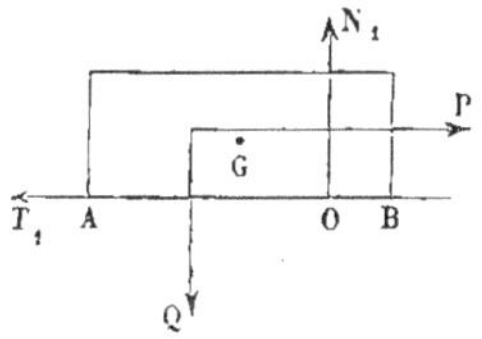

par une face plane AB sur un plan fixe (S') et que les forces qui le sollicitent se réduisent à une force F comprise dans un plan normal à (S'), passant par son centre de gravité. Soient P, Q les composantes de F parallèle et normale à (S').

On peut considérer (S) comme étant complétement libre sous l'action de P et de Q et des réactions de (S'). L'équilibre de translation, dans le sens normal au plan fixe, exige que la résultante N_1 des réactions normales soit égale et contraire à Q, d'où

$$Q = N_1 = \int N d\omega.$$

S'il y a tendance au mouvement, ou s'il y a mouvement de translation uniforme de (S) parallèle à la direction de P, il faut que cette force soit égale et opposée à la résultante T_1 des réactions tangentielles, et par suite que

$$P = T_1 = f\int N\,d\omega = fQ.$$

Le point d'application O de la réaction totale R_1 du plan est le point d'intersection de la direction de F avec ce plan; sa position variera donc, en même temps que la déformation et la répartition des réactions $N\,d\omega$, avec la distance p de P à (S'); ces réactions et la déformation seront d'autant plus faibles en A et plus considérables en B que p sera plus grand. Mais il y a une limite à la distance p; car, comme O ne peut se trouver que dans l'intérieur du périmètre du contact, si F rencontre le plan au delà de B, par rapport à A, le corps tournera autour de l'axe projeté au premier de ces points, et (S) ne se trouvera plus dans les conditions admises dès le début; ce mouvement de bascule aura lieu même avant que O atteigne sa position limite B et dès que vers ce point N aura atteint la limite de la résistance à l'écrasement de (S) et (S').

Si (S) est en repos, il ne tendra pas à se mettre en mouvement tant que P ou T_1 sera inférieur à fQ; ce qui conduit, par extension, à cet énoncé :

La réaction tangentielle, suivant un élément de l'étendue du contact de deux corps, atteint son maximum lorsqu'elle est égale au frottement de glissement.

Si, pour se conformer à ces nouvelles notions, on veut appliquer le principe des forces vives à un système de corps solides réagissant les uns sur les autres, il faudra introduire dans le second membre le travail résistant du frottement, dont nous allons chercher l'expression. Soient v, v' les vitesses de deux de ces corps (S), (S') aux points où leurs surfaces se touchent suivant l'élément $d\omega$; w, w' les vitesses relatives égales et contraires aux mêmes points de (S) par rapport à (S') et inversement; on a, pour le travail élémentaire dû au frottement suivant $d\omega$,

$$\begin{aligned} &-Nf\,d\omega\, v\cos(v, w)\,dt - Nf\,d\omega\, v'\cos(v', w')\,dt \\ &= -Nf\,d\omega\,[v\cos(v, w) - v'\cos(v', w)]\,dt. \end{aligned}$$

Mais comme $\overline{w} = \bar{v} - \overline{v'}$, l'expression précédente se réduit à

$$-\mathrm{N}f d\omega\, w\, dt = -\mathrm{N}f d\omega\, d\sigma,$$

en désignant par $d\sigma$ le glissement élémentaire de l'un des corps sur l'autre. On a donc pour le travail total du frottement, dans toute l'étendue du contact,

$$-f\int d\omega \int \mathrm{N}\, d\sigma.$$

Si, lorsque le contact a une certaine étendue, on n'arrive pas à connaître le mode de répartition des réactions normales, on peut néanmoins, dans un grand nombre de cas, déterminer leur résultante N_1 qui, multipliée par f, donne celle du frottement, lorsque ces réactions sont parallèles ou sensiblement parallèles. A cet effet on considère chacun des corps du système comme libre, en tenant compte des actions exercées sur lui par les autres, et on lui applique les formules relatives à l'équilibre ou au mouvement d'un corps libre. Les équations ainsi obtenues permettent le plus souvent de déterminer les résultantes N_1 ou de les éliminer, comme nous le ferons voir plus loin, en traitant quelques cas particuliers.

Nous allons donner ci-après quelques exemples, qui ne se rattachent pas à la théorie des machines, du mouvement de corps solides, en tenant compte du frottement.

142. *Du mouvement de translation d'un corps sur un plan dans un cas particulier.* — Revenons au cas, dans lequel nous nous sommes placé plus haut, d'un corps (S) assujetti à rester en contact avec un plan (S'), sollicité par des forces qui se réduisent à une seule comprise dans un plan perpendiculaire à (S'), mené par le centre de gravité de (S); conservons d'ailleurs les notations ci-dessus.

Supposons (*fig.* 67) que la force F reste constante en grandeur et en direction, que par suite P et Q ne varient pas, et que, à un instant donné considéré comme initial, (S) soit animé d'un mouvement de translation parallèle à P; dans les instants successifs du temps, ce mouvement restera translatoire et rectiligne. Soient M la masse de (S), v sa vitesse au bout du temps t;

nous aurons, si P ne fait pas équilibre au frottement Qf,

$$M\frac{dv}{dt} = P - Qf,$$

et le mouvement sera uniformément varié.

Supposons, en particulier, qu'il s'agisse d'un corps pesant de poids $F = Mg$, reposant sur un plan incliné de l'angle i sur l'horizon; nous aurons $P = F\sin i$, $Q = F\cos i$, et, si le corps descend ou tend à descendre le long du plan,

$$\frac{dv}{dt} = g(\sin i - f\cos i).$$

Le mouvement sera uniforme ou tendra à se produire selon les cas, si $\sin i - f\cos i = 0$, ou si i est égal à l'angle de frottement.

Dans le cas où le corps remonterait le long du plan incliné, on aurait

$$\frac{dv}{dt} = -g(\sin i + f\cos i).$$

143. *Du mouvement de translation rectiligne d'un corps, déterminé par des guides.* — Supposons qu'un corps solide soit sollicité par des forces extérieures qui se réduisent à une résultante unique R, et qu'on veuille l'assujettir à un mouvement de translation rectiligne; on le rendra solidaire avec une tige prismatique dont les arêtes seront parallèles à la direction du mouvement et ayant deux faces opposées perpendiculaires au plan déterminé par R et cette direction, plan que nous prendrons pour celui de la figure. Si l'on dispose quatre corps solides fixes de manière que, dans une position déterminée de la tige, ils soient deux à deux tangents à l'une et l'autre des faces ci-dessus, le mouvement que l'on veut obtenir sera complétement assuré.

Soient (*fig.* 68)

A, A_1 et A', A'_1 les points de contact des guides avec l'une et l'autre face; nous supposerons que A, A' sont situés dans un même plan perpendiculaire à la direction du mouvement, et qu'il en est de même de A_1, A'_1;

M la masse en mouvement;

z la distance variable au plan AA' de son centre de gravité G, supposé, pour plus de simplicité, dans le plan de la figure et à égale distance des faces AA_1, $A'A'_1$;

Fig. 68.

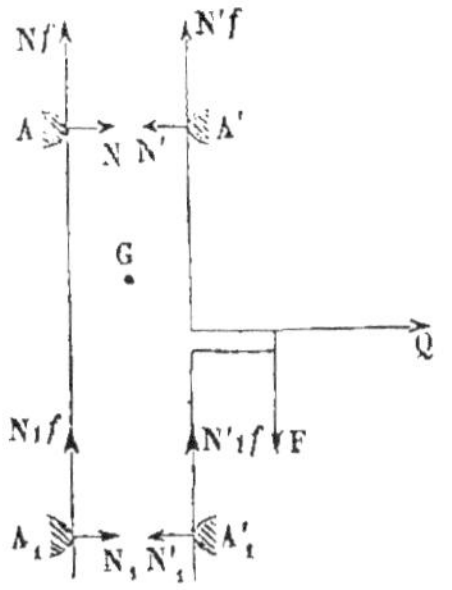

F, Q les composantes de R, parallèle et perpendiculaire à la direction du mouvement;

$\mathfrak{M}$ leur moment par rapport au point G;

$2e$ l'épaisseur de la tige;

h la distance des plans AA', $A_1A'_1$;

N, N', N_1, N'_1 les réactions normales des guides sur la tige en A, A', A_1, A'_1;

f le coefficient de frottement de la tige sur les guides.

On peut considérer le corps comme complétement libre en le supposant sollicité par les forces F, Q, les réactions normales des appuis et les frottements auxquels elles donnent lieu, lesquels sont dirigés en sens inverse de la vitesse $\frac{dz}{dt}$. Nous aurons donc (54)

$$M\frac{d^2z}{dt^2} = F - f(N + N' + N_1 + N'_1),$$
$$o = Q + N + N_1 - N' - N'_1,$$
$$o = \mathfrak{M} + (N - N')z - (N_1 - N'_1)(h - z) + ef(N + N_1 - N' - N'_1),$$

c'est-à-dire trois équations entre cinq inconnues, z et les quatre réactions normales; mais en réalité le problème n'est pas indéterminé. En effet les guides, si peu qu'il y ait de jeu entre eux et la tige, ne fonctionnent pas tous en même temps; la tige s'appuie seulement, à chaque instant, sur deux guides, non en regard l'un de l'autre, qui suffisent pour assurer le mouvement pendant l'élément du temps dt; mais on ne peut pas reconnaître *à priori* quels sont ceux des guides qui fonctionnent à un moment donné; on est alors obligé de supposer nulles, successivement, deux réactions normales, ou de faire quatre hypothèses, dans lesquelles on déterminera la loi du mouvement, et parmi lesquelles on admettra d'abord celle qui, pour $t=0$, donnera des valeurs positives pour les deux réactions conservées. Cette hypothèse devra être abandonnée à partir du moment où l'une de ces réactions deviendra nulle, puis négative; on cherchera alors quelle est, à partir de cet instant, celle des trois autres hypothèses qui conduirait à des valeurs positives pour les deux réactions conservées, et ainsi de suite.

Dans le cas où l'on s'impose la condition que le mouvement soit uniforme, on a $\frac{dz}{dt}=0$, et les équations ci-dessus, en opérant comme on vient de le dire, feront connaître la relation, ou les relations s'il y a discontinuité, qui doit exister entre F, Q et z.

144. *Du mouvement d'un corps solide autour d'un axe fixe.* — Deux dispositions sont principalement adoptées pour déterminer le mouvement.

Dans la première, qui est notamment celle de la machine appelée *treuil,* le corps est terminé par deux cylindres circulaires ou *tourillons* ayant pour axe commun celui de la rotation, et engagés dans deux cylindres creux ou *coussinets,* dont l'axe commun est parallèle à celui des tourillons.

Tout déplacement parallèle à l'axe est rendu impossible par les *épaulements* (parties solides adjacentes aux tourillons et d'un diamètre un peu plus fort) et les *paliers* (parties fixes qui maintiennent invariablement les coussinets).

Le diamètre de chaque coussinet est un peu plus grand que celui du tourillon pour laisser du *jeu.*

Pour que le mouvement ait réellement lieu autour de l'axe des tourillons, il faut que ceux-ci restent tangents à leurs coussinets suivant une génératrice, condition que nous supposerons remplie, sauf à indiquer ultérieurement la relation analytique qu'elle comporte.

Les points d'application des réactions totales des coussinets sur les tourillons restent indéterminés, lorsque l'on ne fait pas intervenir l'élasticité de la matière; mais, comme les longueurs des tourillons sont généralement petites par rapport à la longueur de l'axe, on peut, sans grande erreur, supposer que les points d'application se trouvent aux milieux des génératrices de contact.

Dans la seconde disposition, qui est ordinairement celle de la poulie, le corps est percé d'une ouverture cylindrique ou *œil* ayant pour axe celui de la rotation, dans laquelle s'engage un cylindre fixe d'un diamètre un peu moindre.

Comme ces deux dispositions conduisent aux mêmes formules, nous considérerons la première pour fixer les idées.

Nous négligerons le frottement des épaulements sur les paliers, s'il s'en produit; son influence peut d'ailleurs être réduite à très-peu de chose, comme nous le ferons voir dans ce qui suit.

Reportons-nous aux nos 76 et 99; nous pourrons supposer que les points A et A' sont les centres des deux sections moyennes des tourillons, auxquels nous supposerons le même rayon ρ.

Soient (*fig.* 69)

Fig. 69.

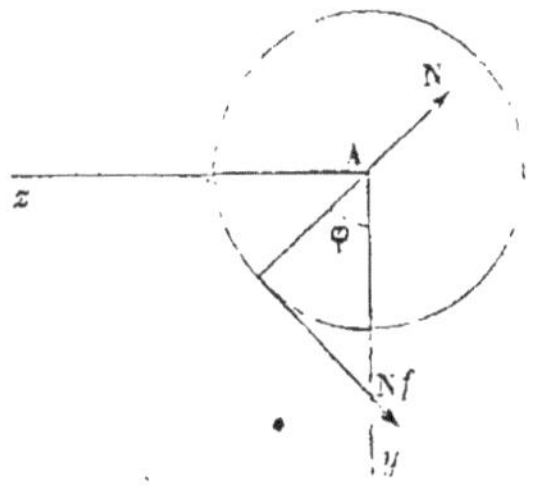

N, N' les réactions normales passant par A et A';

f le coefficient du frottement;

φ l'angle que forment, à l'instant considéré, les directions de N et N' avec Oy.

Nous aurons, pour les composantes des réactions totales,

$$N_y = -N\cos\varphi + Nf\sin\varphi, \quad N_z = -N\sin\varphi - Nf\cos\varphi,$$
$$N'_y = -N'\cos\varphi + N'f\sin\varphi, \quad N'_z = -N'\sin\varphi - N'f\cos\varphi.$$

Les équations (4) du nº 99 donnent, en remarquant que N_x et N'_x ne représentent que les réactions normales des épaulements,

$$(1) \qquad N_x + N'_x + R_x = 0,$$

$$(2) \quad \left\{\begin{aligned} &(N + N')(\cos\varphi - f\sin\varphi) + R_y + \omega^2 M y_1 + M z_1 \frac{d\omega}{dt} = 0,\\ &-(N + N')(\sin\varphi + f\cos\varphi) + R_z + \omega^2 M z_1 - M y_1 \frac{d\omega}{dt} = 0.\\ &N'(\sin\varphi + f\cos\varphi)a + \mathfrak{M}_y - \omega^2 \Sigma m'xz + \frac{d\omega}{dt}\Sigma m'yx = 0,\\ &-N'(\cos\varphi - f\sin\varphi)a + \mathfrak{M}_z + \omega^2 \Sigma m'xy + \frac{d\omega}{dt}\Sigma m'zx = 0.\end{aligned}\right.$$

L'équation (1) du même numéro subsistera encore en tenant compte du moment des frottements, ce qui donnera, en le mettant en évidence,

$$(3) \qquad I\frac{d\omega}{dt} = \mathfrak{M}_x - (N + N')fr.$$

Nous aurons ainsi cinq équations (2) et (3) entre les quatre inconnues N, N′, φ, ω, ce qui exige que les composantes et les moments des forces extérieures soient liés entre eux par une équation de condition dont la recherche, dans le cas général, présente une trop grande complication pour que nous puissions devoir nous y arrêter.

Supposons maintenant que Ax soit un axe d'inertie du corps passant par son centre de gravité; il sera également un axe principal relativement à A, de sorte qu'en prenant pour Ay et Az les deux autres axes principaux passant par ce point, les équations (2) se réduisent aux suivantes :

$$(4) \quad \left\{\begin{aligned} &(N + N')(\cos\varphi - f\sin\varphi) = R_y,\\ &(N + N')(\sin\varphi + f\cos\varphi) = R_z,\\ &-N'(\sin\varphi + f\cos\varphi)a = \mathfrak{M}_y,\\ &N'(\cos\varphi - f\sin\varphi)a = \mathfrak{M}_z.\end{aligned}\right.$$

d'où l'on déduit

$$R_y \mathfrak{M}_y + R_z \mathfrak{M}_z = 0,$$

ce qui exprime que la composante de R, perpendiculaire à Ox, doit être comprise dans le plan du couple estimé perpendiculairement à cet axe, résultat que l'on pouvait prévoir.

Soit maintenant α l'angle de frottement défini, comme on le sait, par la relation $f = \tang\alpha$; les deux premières équations (4) deviennent

$$(N + N')\cos(\varphi + \alpha) = R_y \cos\alpha,$$
$$(N + N')\sin(\varphi + \alpha) = R_z \cos\alpha,$$

d'où

$$N + N' = \cos\alpha\sqrt{R_y^2 + R_z^2},$$

et l'on voit ainsi que chacune des réactions normales N et N' est inclinée sur la résultante $\sqrt{R_y^2 + R_z^2}$ d'un angle égal à celui du frottement.

On aura aussi, pour l'équation du mouvement,

$$I\frac{d\omega}{dt} = \mathfrak{M}_x - r\sin\alpha\sqrt{R_y^2 + R_z^2}.$$

Pour que les forces extérieures agissant sur le solide s'y fassent équilibre, il faut que l'on ait

$$\mathfrak{M}_z = r\sin\alpha\sqrt{R_y^2 + R_z^2}.$$

145. *Du mouvement de deux corps cylindriques tournant autour d'axes fixes, parallèles à la direction commune de leurs génératrices, et dont les surfaces sont assujetties à rester en contact.* — Il est clair que le problème se ramène à considérer deux figures planes (S), (S'), mobiles dans leur plan commun autour de deux points fixes O, O' avec les vitesses angulaires constantes ou variables ω et ω'.

Nous négligerons les frottements sur les axes, dont on pourra d'ailleurs tenir compte, si on le désire, d'après les règles établies plus haut.

Supposons que les vitesses soient de sens contraire, la première étant censée avoir lieu de la gauche vers la droite.

Soient

$\mathfrak{M}$, $\mathfrak{M}'$ les moments par rapport à O et O' des forces extérieures sollicitant (S) et (S'), en adoptant pour eux, relativement aux signes, les mêmes conventions que pour les vitesses angulaires correspondantes, et supposant que le premier corps conduise le second;

m le point de contact des deux figures (*fig.* 70);

Fig. 70.

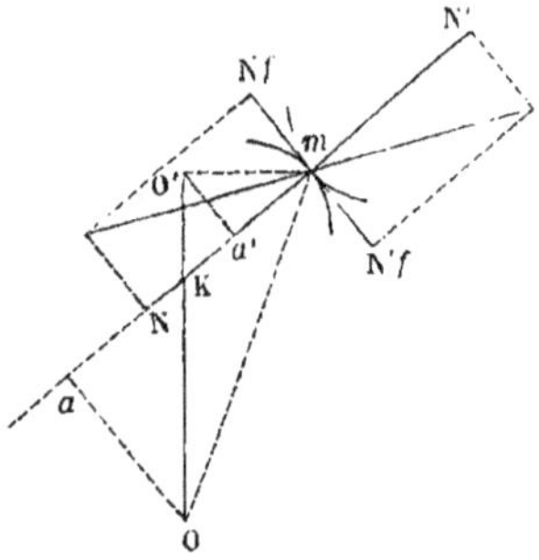

N la réaction normale du corps (S') sur le corps (S), égale et contraire à la réaction N' de ce dernier sur le premier;

f le coefficient du frottement de glissement;

$p = Oa$, $q = am$ les distances de O à la normale et à la tangente au point m;

$p' = O'a'$, $q' = a'm$ les longueurs analogues relatives à (S');

K le point de rencontre de la normale en m avec OO';

I, I' le moment d'inertie de (S), (S') par rapport à leurs centres respectifs.

Pour qu'il y ait glissement, il faut et il suffit que les composantes normales des vitesses des points des deux corps, actuellement en contact en m, soient égales, ce qui s'exprime par la relation

$$(1) \qquad \omega p = \omega' p',$$

ou si l'on veut, par suite d'une similitude de triangles,

$$\frac{\omega}{\omega'} = \frac{O'K}{OK},$$

de sorte que, si le rapport des vitesses angulaires doit être constant, il devra en être de même de la position du point K, ce qui est le cas des engrenages cylindriques, dont nous n'avons pas à nous occuper ici.

En jetant un coup d'œil sur la figure, où la construction des rectangles sur N, Nf et N', N'f est faite en pointillé, on trouve facilement les relations

$$(2)\qquad \begin{cases} I\dfrac{d\omega}{dt} = \mathfrak{M} - Np - Nfq, \\ I'\dfrac{d\omega'}{dt} = \mathfrak{M}' + N'p' + N'fq'; \end{cases}$$

d'où, en éliminant $N = N'$,

$$(3)\qquad \left(I\frac{d\omega}{dt} - \mathfrak{M}\right)(p' + fq') + \left(I'\frac{d\omega'}{dt} - \mathfrak{M}'\right)(p + fq) = 0.$$

Soient

OA, O'A' deux axes mobiles avec (S) et (S');
θ, θ' les angles AOm, A'O'm' ;
r, r' les rayons vecteurs des deux courbes en contact qui sont respectivement des fonctions connues de θ et θ'.

Nous aurons

$$\omega = \frac{d\theta}{dt}, \quad \omega' = \frac{d\theta'}{dt}.$$

Il sera facile d'exprimer, dans chaque cas particulier, p, p', q, q' en fonctions des données de la question, et les deux équations (1) et (3) permettront dès lors de déterminer la loi du mouvement.

On arriverait à des résultats analogues si les vitesses angulaires étaient de même sens.

146. *Des rotations périmétriques de M. Sire.* — Considérons un corps homogène de révolution, soumis à l'action de la pesanteur, dont un point de l'axe est fixe. On sait (**110**)

qu'en imprimant à ce corps, autour de son axe, une rotation plus ou moins rapide dans un certain sens, il prend lui-même, autour de la verticale du point fixe, un mouvement de rotation de même sens ou de sens contraire, ou, si l'on veut, direct ou rétrograde pour l'observateur couché suivant les axes correspondants en ayant les pieds au point fixe, selon que le centre de gravité se trouve au-dessus ou au-dessous de ce point. Ce mouvement est d'autant plus lent que la rotation du corps est elle-même plus considérable.

Mais, si la tige cylindrique qui forme le prolongement du mobile dans sa partie supérieure rencontre le bord d'une plaque terminée par un contour quelconque, continu ou discontinu, elle le suit immédiatement en prenant, dans tous les cas, un mouvement direct beaucoup plus rapide que le mouvement direct ou rétrograde autour de la verticale du point fixe qu'il possédait quelques instants auparavant. La tige exerce ainsi une pression sur le pourtour de la plaque, dont elle ne se détache qu'aux points saillants ou anguleux, pour reprendre aussitôt la portion suivante du contour. M. Sire, qui a donné à ce phénomène le nom de *rotation périmétrique*, a fait varier ses expériences en employant successivement un cercle, un triangle à sommets arrondis, une sorte d'ellipse allongée, figures que l'on dispose de manière que leurs centres se trouvent sur la verticale du point fixe, et, enfin, une courbe fermée présentant une partie rentrante.

En y regardant d'un peu près, on reconnaît que le fait observé est dû au frottement de la tige du corps contre la plaque; cette résistance tend à diminuer la rotation propre du solide; mais, transportée en son centre de gravité, elle a pour objet de produire, en projection horizontale, un mouvement direct sur le corps autour du point fixe. Une figure très-simple suffit pour éclaircir cette explication sommaire.

Mais si l'on veut aller plus loin, en cherchant à déterminer la loi du mouvement, on rencontre en général dans l'intégration des difficultés insurmontables, et l'on ne peut arriver à une solution complète que dans le cas particulier où la plaque est terminée par un contour circulaire ayant son centre sur la verticale du point fixe.

Soient (*fig.* 71)

O le point fixe;
OV la verticale correspondante;
Ox l'axe du solide de révolution;
Oz la perpendiculaire en O à Ox dans le plan VOx;
Oy la perpendiculaire en O au plan xOz;

Fig. 71.

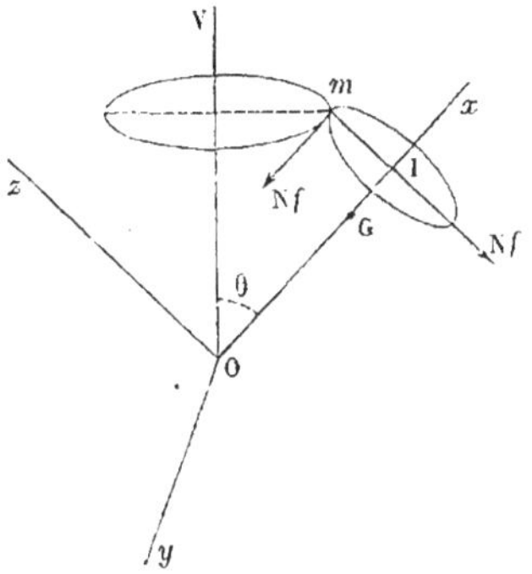

n, s les composantes de la rotation instantanée du solide suivant Ox, Oz, considérées comme positives ou négatives, selon qu'elles ont lieu de la gauche vers la droite ou inversement, pour l'observateur couché successivement suivant ces trois directions en ayant les pieds en O;
A, B les moments d'inertie du corps, le premier correspondant à Ox, et le second à toute droite perpendiculaire en O à cette direction;
M la masse du corps;
l la distance de son centre de gravité G au point fixe;
θ l'angle constant formé par Ox avec OV.

Nous pouvons supposer : 1° que la plaque circulaire directrice est taillée sur sa tranche en forme d'un tronc de cône dont l'angle au sommet est 2θ, de manière à affecter ainsi la forme de l'enveloppe des positions de la tige du tore; 2° que les réactions normales élémentaires de la plaque sur la tige ont, de même que les frottements, une résultante N appliquée en chaque instant au point m de la circonférence moyenne de la plaque en contact avec la tige.

Soient

$a = m\mathrm{I}$ le rayon de la tige;
$b = \mathrm{OI}$ la distance de son centre au point O;
f le coefficient de frottement.

On reconnaîtra, comme au n° 110, que la rotation du plan $\mathrm{VO}x$ autour de OV est $\dfrac{s}{\sin\theta}$ dont la composante, suivant $\mathrm{O}x$, est $n' = s\cot\theta$; on a donc, en vertu des formules (A) du n° 112, en remarquant que $r = \dfrac{d\theta}{dt}$ est nul ici,

$$(1)\qquad \begin{cases} \mathrm{A}\dfrac{dn}{dt} = -\mathrm{N}fa, \\ s(\mathrm{A}n - \mathrm{B}s\cot\theta) = \mathrm{M}gl\sin\theta + \mathrm{N}b, \\ \mathrm{B}\dfrac{ds}{dt} = \mathrm{N}fb. \end{cases}$$

Si l'on élimine N entre la première et la troisième, que l'on intègre ensuite, il vient, en appelant α une constante,

$$(2)\qquad \frac{\mathrm{A}n}{a} + \frac{\mathrm{B}s}{b} = \alpha.$$

En éliminant $\mathrm{N}b$ entre la deuxième et la troisième des équations (1), puis $\mathrm{A}n$ au moyen de la relation (2), on trouve

$$(3)\qquad \frac{f}{\mathrm{B}}dt = \frac{ds}{s\left[a\alpha - \mathrm{B}s\left(\dfrac{a}{b} + \cot\theta\right)\right] - \mathrm{M}gl\sin\theta}.$$

Or, pour que la tige cylindrique s'appuie constamment sur la tranche de la plaque circulaire directrice, il faut que la valeur de N déduite de la troisième des équations (1), quand s aura été obtenu en fonction du temps, soit positive, ou que $\dfrac{ds}{dt} > 0$; c'est-à-dire que le dénominateur du second membre de l'équation (3) soit constamment positif, ou encore que l'équation, obtenue en l'égalant à zéro, ait ses deux racines réelles et inégales, et que la valeur variable de s reste comprise entre ces deux racines. Il faut donc que l'on ait

$$a^2\alpha^2 > 4B\left(\frac{a}{b}\sin\theta + \cos\theta\right)Mgl,$$

condition qui sera toujours remplie lorsque le centre de gravité du corps se trouvera au-dessous du point fixe, mais qui pourra fort bien ne pas l'être lorsqu'il sera au-dessus et que θ, ou la vitesse initiale de rotation du corps autour de son axe, se trouvera au-dessous d'une certaine limite, cas dans lequel la tige ne suivra pas le cercle directeur.]

Soient δ et δ' la plus grande et la plus petite des racines de l'équation dont on vient de parler. Posons

$$\mu = f\left(\frac{a}{b} + \cot\theta\right)(\delta - \delta');$$

l'équation (3) peut s'écrire ainsi

$$(4) \qquad ds\left(\frac{1}{s-\delta} - \frac{1}{s-\delta'}\right) = -\mu dt,$$

d'où, intégrant et appelant s_0 la valeur de s correspondant à $t = 0$,

$$(5) \qquad s = \delta - \frac{(\delta - \delta')(\delta - s_0)e^{-\mu t}}{(s_0 - \delta') + (\delta - s_0)e^{-\mu t}}.$$

Comme $\delta - s_0$ est nécessairement positif, d'après ce que nous avons vu plus haut, la rotation s croît avec le temps, s'approche de plus en plus de la valeur δ, qui correspond à $\frac{ds}{dt} = 0$ ou à $N = 0$, et pour laquelle la tige serait sur le point de se séparer du disque.

147. *Du mouvement d'un corps solide assujetti à rester en contact, par une face plane, avec un plan.* — Soient (*fig.* 72)

G le centre de gravité du corps;
O sa projection sur le plan;
Ox, Oy deux axes coordonnés rectangulaires, situés dans le plan;
Ω l'étendue de la surface de contact.

Nous supposerons que le corps est sollicité par un groupe de forces tel, qu'il se réduise à une pression uniformément

Fig. 72.

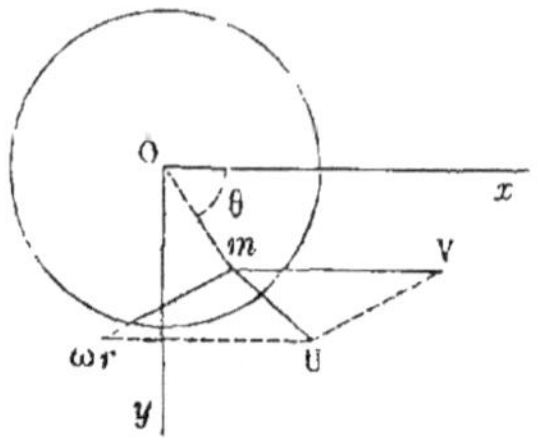

répartie sur l'aire Ω de contact, à un couple parallèle à ce plan de moment $\mathfrak{M}$ et à une force P parallèle au même plan, mais comprise dans un autre plan perpendiculaire à ce dernier et passant par G.

La résultante des pressions normales Q sera dirigée suivant GO.

Il est évident que, si le couple est nul, le corps partant du repos ne pourra posséder qu'un mouvement de translation dû à la résultante $P - fQ$, que l'on peut supposer appliquée au centre de gravité G.

Mais, si $\mathfrak{M}$ n'est pas nul, le corps tournera autour de GO en même temps qu'il sera animé d'une translation, lors même que l'on aurait $P = 0$, excepté si la surface de contact a pour centre le point O. En effet, supposons qu'il n'y ait qu'un mouvement de rotation. Soient $r = Om$ le rayon vecteur de l'un quelconque m de ces points; θ l'angle qu'il forme avec Ox. La pression normale sur l'élément $d\sigma = r\,d\theta\,dr$ étant $\frac{Q}{\Omega}d\sigma$, il en résulte un frottement dont les composantes, suivant Ox et Oy, sont

$$-\frac{Q}{\Omega}f\,d\sigma\sin\theta,$$

$$-\frac{Q}{\Omega}f\,d\sigma\cos\theta,$$

d'où, pour les composantes du frottement total,

$$-\frac{Qf}{\Omega}\int d\sigma \sin\theta,$$

$$-\frac{Qf}{\Omega}\int d\sigma \cos\theta.$$

Ces composantes ne seront nulles que dans des cas spéciaux, notamment lorsque la surface de contact aura pour centre le point O.

Considérant le cas particulier d'une couronne circulaire, on voit que, si r_1, r_0 sont les rayons extérieur et intérieur de la couronne, r_0 devenant nul dans le cas d'un cercle plein, le moment du frottement est

$$\frac{Qf}{\pi(r_1^2-r_0^2)}\int r\,d\sigma = \frac{Qf}{\pi(r_1^2-r_0^2)}\int_{r_0}^{r_1} 2\pi r^2\,dr = \tfrac{2}{3}Qf\frac{r_1^3-r_0^3}{r_1^2-r_0^2},$$

et le mouvement de rotation sera déterminé par le moment

$$\mathfrak{M}-\tfrac{2}{3}Qf\frac{r_1^3-r_0^3}{r_1^2-r_0^2}.$$

Cette expression montre que l'on peut réduire notablement le moment du frottement ou son *bras de levier* moyen $\frac{2}{3}\frac{r_1^3-r_0^3}{r_1^2-r_0^2}$, soit en prenant $r_0=0$ et r_1 très-petit, ou en donnant à r_1-r_0 et à r_0 une très-petite valeur; c'est ce à quoi nous avons fait allusion au n° **144**, à propos des frottements sur les épaulements, dont nous savons maintenant tenir compte.

Revenons au cas général, que P soit nul ou non, et soit V la vitesse de translation du centre de gravité parallèlement à la direction de laquelle nous prendrons Ox; la vitesse du point m, à laquelle est directement opposé le frottement $\frac{Q}{\Omega}fr\,dr\,d\theta$, étant

$$U=\sqrt{\omega^2r^2+V^2-2\omega rV\sin\theta},$$

il vient, pour ses composantes suivant V et ωr,

$$-\frac{Qf}{\Omega}\frac{V r\,dr\,d\theta}{U}, \quad -\frac{Qf}{\Omega}\frac{\omega r}{U} r\,dr\,d\theta;$$

d'où il suit que la résultante F du frottement, pour toute la surface de contact, aura pour composantes, respectivement parallèles à Ox et Oy,

$$F_x = -\frac{Qf}{\Omega}\int\int\frac{(V-\omega r\sin\theta)}{U} r\,dr\,d\theta,$$

$$F_y = -\frac{Qf}{\Omega}\omega\int\int\frac{r^2\cos\theta\,dr\,d\theta}{U},$$

qui seront, en général, des transcendantes irréductibles en fonctions simples.

Si la surface de contact est un cercle ou une couronne circulaire, la seconde intégrale est nulle; car, pour la même valeur de r et deux valeurs distantes de π, les deux éléments de l'intégrale se détruisent.

On reconnaîtra facilement que l'on a, pour le moment du frottement,

$$\frac{Q}{\Omega}f\int\int(V\sin\theta-\omega r)\frac{r^2\,dr\,d\theta}{U},$$

expression qui donne lieu aux mêmes observations que les précédentes.

Nous n'insisterons pas sur ces considérations, que nous n'avons développées que pour bien faire voir à quelles difficultés de calcul peut conduire l'un des problèmes les plus simples en apparence de la Mécanique.

On comprend d'après cela combien il est inutile de chercher à trouver la loi du mouvement d'un corps solide de révolution tangent à un plan fixe en tenant compte du frottement de glissement, la solution que nous avons donnée du même problème, en faisant abstraction de cette résistance, étant déjà compliquée en elle-même. Toutefois, lorsque le solide devient une sphère, on peut arriver facilement à la loi du mouvement, comme nous allons le faire voir.

148. *Mouvement d'une sphère pesante glissant sur un plan fixe horizontal.* — Nous supposerons que la sphère est composée de couches concentriques homogènes.

Soient (*fig.* 73)

R le rayon de la sphère;

M sa masse;

Mk^2R^2 son moment d'inertie par rapport à un diamètre quelconque : on sait que $k^2 = \frac{2}{5}$ si la sphère est homogène;

Ox, Oy deux axes rectangulaires tracés dans le plan horizontal;

Oz la normale à ce plan au point O;

Gx', Gy', Gz' trois axes rectangulaires parallèles aux précédents, menés par le centre de gravité G du corps;

Fig. 73.

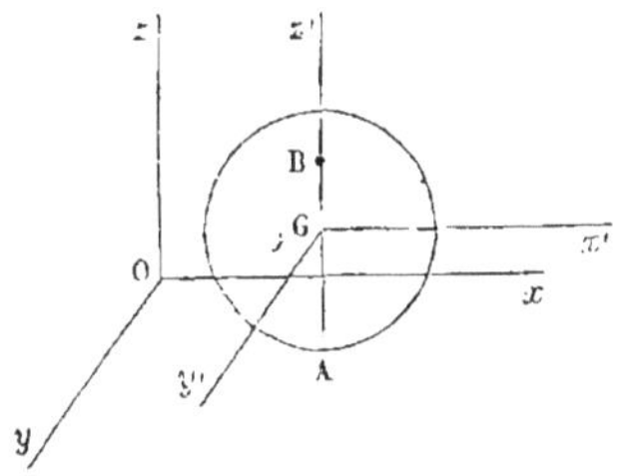

A le point de contact de la sphère avec le plan horizontal;

V_x, V_y les composantes de la vitesse V du centre de gravité parallèles à Ox, Oy;

n, p, q les composantes de la rotation instantanée suivant Gx', Gy', Gz';

F_x, F_y les composantes semblables du frottement de glissement $F = Mgf$ dirigé en sens inverse de la vitesse du point de contact A; f étant le coefficient de frottement.

Les équations du mouvement de la sphère sont

$$(1)\quad \begin{cases} M\dfrac{dV_x}{dt} = F_x, \\ M\dfrac{dV_y}{dt} = F_y, \end{cases}$$

et

$$(2)\quad \begin{cases} MR^2k^2\dfrac{dn}{dt} = \quad RF_y, \\ MR^2k^2\dfrac{dp}{dt} = -RF_x, \\ MR^2k^2\dfrac{dq}{dt} = 0, \quad \text{d'où} \quad q = \text{const.} \end{cases}$$

De ces équations on tire, par l'élimination de F_x, F_y,

$$Rk^2\frac{dp}{dt} = -\frac{dV_x}{dt},$$

$$Rk^2\frac{dn}{dt} = \quad \frac{dV_y}{dt},$$

d'où, en désignant par U_x, U_y deux constantes,

$$(3)\quad \begin{cases} V_x + Rk^2p = U_x, \\ V_y - Rk^2n = U_y. \end{cases}$$

Si l'on porte à partir du point G sur Gz' une longueur $GB = k^2R$, B est le centre d'oscillation de la sphère tournant autour d'un axe horizontal quelconque, passant par le point de contact A; de sorte que les formules (3) expriment que les points de la sphère qui passent successivement par ce centre d'oscillation ont en ce point une vitesse U constante en grandeur et en direction.

En appelant W_x, W_y les composantes suivant Ox, Oy de la vitesse W du point de contact A, on reconnaît facilement que

$$(4)\quad \begin{cases} W_x = V_x - pR, \\ W_y = V_y + nR, \end{cases}$$

d'où, en vertu des équations (3) par l'élimination de V_x, V_y,

$$(5)\quad \begin{cases} W_x = U_x - p(1 + k^2)R, \\ W_y = U_y + n(1 + k^2)R. \end{cases}$$

On a par hypothèse

$$(6)\quad \frac{W_x}{W_y} = \frac{F_x}{F_y};$$

or des deux premières des équations (2) on tire

$$\frac{F_x}{F_y} = -\frac{dp}{dn};$$

donc

$$\frac{W_x}{W_y} = -\frac{dp}{dn},$$

et, en vertu des relations (5),

$$\frac{dn}{U_y + n(1+k^2)R} = -\frac{dp}{U_x - p(1+k^2)R},$$

équation dont l'intégrale est

$$\frac{U_y + n(1+k^2)R}{U_x - p(1+k^2)R} = \text{const.},$$

ou, en vertu des valeurs (5) et (6),

$$\frac{W_x}{W_y} = \frac{F_x}{F_y} = \text{const.};$$

d'où il suit que le frottement dont l'intensité est constante reste parallèle à une direction déterminée.

Faisons maintenant coïncider Oy avec la direction de W, inverse de celle de F; les équations (1) prennent la forme

$$M\frac{d^2x}{dt^2} = 0,$$

$$M\frac{d^2y}{dt^2} = -Mgf,$$

d'où

$$(7)\qquad \begin{cases} \dfrac{dx}{dt} = V_x = V_0\cos\alpha, \\ \dfrac{dy}{dt} = V_y = V_0\sin\alpha - gft, \end{cases}$$

V_0 étant la valeur initiale de V, et α son inclinaison sur Ox; on déduit de là

$$(8)\qquad \begin{cases} x = V_0\cos\alpha t, \\ y = V_0\sin\alpha t - gf\dfrac{t^2}{2}, \end{cases}$$

et

$$y = x\tan\!g\,\alpha - \frac{1}{2}\frac{gf}{V_0^2\cos^2\alpha}x^2,$$

pour l'équation de la trajectoire parabolique de la projection horizontale de G.

L'élimination de n et p entre les équations (4) et (5), en remarquant que $W_x = 0$, $W_y = W$, et désignant par β l'angle que forme la direction de U avec Ox, conduit aux suivantes :

$$V_x = \frac{U_x}{1+k^2} = \frac{U\cos\beta}{1+k^2},$$

$$V_y = \frac{k^2 W + U\sin\beta}{1+k^2},$$

ou, en vertu des équations (7),

$$(9) \quad \begin{cases} V_x = V_0\cos\alpha = \dfrac{U\cos\beta}{1+k^2}, \\ V_y = V_0\sin\alpha - fgt = \dfrac{k^2 W + U\sin\beta}{1+k^2}. \end{cases}$$

En appelant W_0 la valeur initiale de W, cette dernière équation peut se mettre sous la forme

$$(10) \quad \frac{k^2(W - W_0)}{1+k^2} = -fgt;$$

le glissement cessera lorsque W sera nul ou au bout du temps

$$t_1 = \frac{k^2 W_0}{fg(1+k^2)};$$

mais au même instant on a

$$V_y = \frac{U\sin\beta}{1+k^2},$$

par suite

$$\frac{V_y}{V_x} = \operatorname{tang}\beta;$$

de sorte que la vitesse du centre de gravité devient parallèle à la direction de U et qu'elle a pour valeur

$$V_1 = \frac{U}{1+k^2}.$$

Au delà de l'instant considéré, la bille roulera sur le plan horizontal, en suivant une loi que nous établirons plus loin.

§ II. — *Du choc des corps en ayant égard au frottement.*

149. Lorsque deux corps viennent à se rencontrer en glissant l'un sur l'autre, il se développe en leur point de contact, dans chacun d'eux, pendant toute la durée du choc, une composante tangentielle qui suit la loi du frottement de glissement, comme le prouve l'expérience (¹) et ainsi qu'on devait s'y attendre.

Ce frottement, dirigé en sens inverse du glissement du corps auquel il se rapporte sur l'autre, est ainsi proportionnel, à chaque instant de la durée du choc, à l'effort variable de compression mutuelle.

Pour montrer comment on doit tenir compte du frottement dans le choc des corps, nous nous bornerons à traiter les deux questions suivantes, respectivement relatives aux corps parfaitement élastiques et aux corps complétement dénués d'élasticité.

150. *Du choc d'un solide de révolution homogène symétrique par rapport au plan de l'équateur, parfaitement élastique, animé d'une rotation autour de son axe et d'une translation perpendiculaire à cette droite, contre un plan fixe parallèle à cette même direction et supposé lui-même parfaitement élastique.* — Il est clair que l'on est ramené à considérer les sections faites par le plan de l'équateur en attribuant à la section du corps choquant la même masse et le même moment d'inertie qu'à lui-même.

Soient (*fig.* 74)

G le centre de gravité du corps choquant;
C son point de contact, pendant la durée du choc, avec le plan fixe AB;
M sa masse;
I son moment d'inertie par rapport à G;
R le rayon de l'équateur;

(¹) Morin, *Recueil des Mémoires des Savants étrangers à l'Académie des Sciences*; 1835.

f le coefficient de glissement du corps sur le plan;

α l'angle de frottement défini par la relation $\tan g\alpha = f$;

V_0, V les vitesses de translation du corps avant et après le choc;

φ_0, φ les angles qu'elles forment avec CG;

ω_0, ω les vitesses angulaires de rotation autour de G, avant et après le choc : la première est censée avoir lieu de la gauche vers la droite; on supposera qu'il en est de même de la seconde, sauf à lui attribuer le sens contraire si le calcul conduisait à lui donner une valeur négative;

Fig. 74.

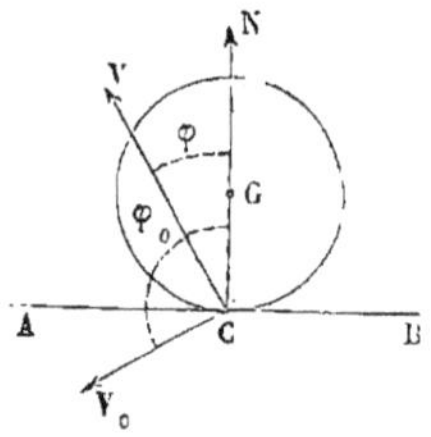

N la réaction normale variable pendant la durée du choc du plan sur le corps.

Nous avons d'abord, en projetant les quantités de mouvement et les impulsions des forces sur CG et CA, indépendamment de toute hypothèse sur la constitution des deux corps :

$$(1) \quad \begin{cases} M(V\cos\varphi - V_0\cos\varphi_0) = \int N\,dt, \\ M(V\sin\varphi - V_0\sin\varphi_0) = -f\int N\,dt, \end{cases}$$

d'où

$$(2) \quad V\sin\varphi - V_0\sin\varphi_0 = -f(V\cos\varphi - V_0\cos\varphi_0),$$

ou encore

$$(2') \quad V\sin(\varphi+\alpha) = V_0\sin(\varphi_0+\alpha).$$

Le théorème des moments donne

$$(3) \quad I(\omega - \omega_0) = -fR\int N\,dt,$$

d'où, en vertu de la seconde des équations (1),

$$(4) \qquad I(\omega - \omega_0) = MR(V \sin\varphi - V_0 \sin\varphi_0);$$

mais, pour déterminer V, φ, ω, il nous faut joindre aux équations (2) ou (2') et (4) une relation, que nous avons à trouver et exprimant que le corps choquant et le plan sont parfaitement élastiques. S'il n'y avait pas de frottement, la force vive du solide de révolution serait la même après qu'avant le choc et les deux corps reviendraient à leur forme primitive. Nous n'avons donc à tenir compte, dans l'équation des forces vives, que du travail dû au frottement

$$-\int Nf\,ds = -f\int N\,ds,$$

s étant le chemin extrêmement petit parcouru par C pendant la durée du choc, et l'intégrale étant relative au glissement total du même point.

Il vient donc, d'après les théorèmes de Kœnig (41) et des forces vives,

$$(5) \qquad \frac{M(V^2 - V_0^2) + I(\omega^2 - \omega_0^2)}{2} = -f\int N\,ds.$$

Comme il n'est pas possible d'éliminer N entre cette équation et les équations (1) ou (3), le problème proposé doit être considéré comme insoluble, du moins en se basant uniquement sur les simples notions qui nous ont servi à définir les corps parfaitement élastiques.

Mais nous pouvons toutefois arriver à une solution approximative, bien suffisante pour les cas qui peuvent se présenter, en remarquant que le carré de f peut généralement être négligé, ce qui revient à calculer ds comme si l'on avait $f = 0$.

Mais, dans cette hypothèse et d'après les formules (2) et (3), la vitesse angulaire et la composante de translation, suivant CA, ne changent pas pendant la durée du choc; nous pourrons donc écrire tout simplement

$$ds = (V_0 \sin\varphi_0 + \omega_0 R)\,dt;$$

il sera cependant plus exact de prendre

$$ds = \frac{V_0 \sin\varphi_0 + \omega_0 R_0 + V \sin\varphi + \omega R}{2} dt,$$

ce qui nous permettra en même temps d'arriver à des formules plus symétriques.

L'équation (5) devient ainsi

$$M(V^2 - V_0^2) + I(\omega^2 - \omega_0^2) = -f[V_0 \sin\varphi_0 + V \sin\varphi + R(\omega + \omega_0)] \int N\, dt,$$

ou, en vertu de la relation (3),

$$M(V^2 - V_0^2) + I(\omega^2 - \omega_0^2) = [V_0 \sin\varphi_0 + V \sin\varphi + R(\omega + \omega_0)] \frac{I(\omega - \omega_0)}{R},$$

ou

$$M(V^2 - V_0^2) = (V_0 \sin\varphi_0 + V \sin\varphi) \frac{I(\omega - \omega_0)}{R}.$$

En remplaçant $\frac{I(\omega - \omega_0)}{R}$ par sa valeur (4), on trouve

$$V_0 \cos\varphi_0 = \pm V \cos\varphi.$$

Le signe supérieur n'est pas admissible; car, d'après la première des équations (1), où tous les éléments de l'intégrale sont positifs, il correspondrait à $N = 0$. Il faut donc prendre

$$(6) \qquad V_0 \cos\varphi_0 = -V \cos\varphi,$$

ce qui est la relation cherchée, et le problème peut être considéré comme résolu; mais, comme on ne peut pas trouver explicitement les valeurs des inconnues, quelle que soit la grandeur de α, nous allons supposer que cet angle est assez petit pour que l'on puisse en négliger les puissances supérieures à la première.

Des équations (2') et (6) on déduit

$$(7) \qquad \frac{\sin(\varphi + \alpha)}{\cos\varphi} = -\frac{\sin(\varphi_0 + \alpha)}{\cos\varphi_0},$$

d'où

$$\tan\varphi = -\tan\varphi_0 - 2\alpha$$

et

$$(8) \qquad \varphi = 180^\circ - \varphi_0 - 2\alpha \cos^2\varphi_0.$$

Portant cette valeur dans l'équation (6), on trouve

$$(9)\qquad V = V_0(1 + \alpha \sin 2\varphi_0).$$

Des formules (4), (6) et (8), on déduit

$$(10)\qquad \omega = \omega_0 - \frac{MRV_0}{I}\frac{\sin(\varphi+\varphi_0)}{\cos\varphi} = \omega_0 + \frac{2MRV_0}{I}\alpha\cos\varphi_0.$$

On voit ainsi que le frottement a pour effet de diminuer la vitesse de translation et l'angle de réflexion.

151. — *Du choc de deux corps cylindriques dénués d'élasticité tournant autour d'axes fixes parallèles à la direction commune de leurs génératrices.* — Reportons-nous aux notations et à la *fig.* 70 du n° 145; désignons par ω_0, ω'_0 les vitesses angulaires avant la percussion du corps choquant (S) et de (S'), dont la première est censée avoir lieu de la gauche vers la droite et la seconde en sens inverse, en réservant les lettres ω, ω' pour représenter ce qu'elles deviennent après le choc.

Les composantes, normales au contact, des vitesses des deux cylindres étant égales après le choc, d'après la définition même des corps dépourvus d'élasticité, les vitesses angulaires ω, ω' sont liées entre elles par la relation (1) du n° 145 ou par

$$(1)\qquad \omega p = \omega' p'.$$

Supposant $\mathfrak{M} = 0$, $\mathfrak{M}' = 0$ dans les formules (2) du même numéro et intégrant par rapport au temps pour toute la durée du choc, il vient

$$(2)\qquad \begin{cases} I(\omega - \omega_0) = -p\int N\,dt - fq\int N\,dt, \\ I'(\omega' - \omega'_0) = p'\int N\,dt + fq'\int N\,dt, \end{cases}$$

équations que nous aurions pu poser immédiatement sans avoir recours aux formules ci-dessus. On déduit de là, par l'élimination de $\int N\,dt$,

$$(3)\qquad \frac{\omega - \omega_0}{\omega' - \omega'_0} = -\frac{p + fq}{p' + fq'}\frac{I'}{I};$$

enfin des équations (1) et (3) on tire

$$(4)\quad \left\{\begin{aligned} \omega &= \frac{\omega_0 p'\mathrm{I}(p'+fq') + \omega'_0 p'\mathrm{I}'(p+fq)}{p'\mathrm{I}(p'+fq') + p\mathrm{I}'(p+fq)} \\ &= \omega_0 - \frac{\mathrm{I}'(p+fq)(p\omega_0 - p'\omega'_0)}{p'\mathrm{I}(p'+fq') + p\mathrm{I}'(p+fq)}, \\ \omega' &= \omega_0 + \mathrm{I}\,\frac{(p'+fq')(p\omega_0 - p'\omega'_0)}{p'\mathrm{I}(p'+fq') + p\mathrm{I}'(p+fq)}. \end{aligned}\right.$$

Pour que (S) soit le corps choquant, comme on l'a supposé, il faut que sa vitesse normale au contact avant le choc soit plus grande que celle de (S') ou que

$$p\omega_0 > p'\omega'_0 \quad \text{ou} \quad p\omega_0 - p'\omega'_0 > 0.$$

On voit ainsi, d'après les formules (4), que la vitesse angulaire du corps choquant a diminué après le choc sans toutefois changer de signe ou de sens, tandis que, au contraire, celle du corps choqué a augmenté, ce qui devait être.

Si le choc a lieu dans le plan des axes de manière que ce plan soit tangent aux deux surfaces, on a $q=0$, $q'=0$: c'est ce qui a lieu notamment dans le choc des marteaux, et le frottement ne joue aucun rôle dans le résultat du choc ; mais alors il convient de tenir compte du frottement développé par les percussions sur les supports. Nous ne nous arrêterons pas, quant à présent, à cette question qui rentre dans le domaine de la Mécanique appliquée, comme celles du choc des cames contre les mentonnets des tiges à mouvement rectiligne, des effets du tir du canon sur les affûts, etc.

Nous terminerons en faisant remarquer que, dans le cas où ω_0 et ω'_0 sont de même sens, la solution du problème n'offre pas plus de difficulté.

§ III. — *Du frottement de roulement.*

152. Considérons d'abord un cylindre circulaire (S), dont le centre de gravité O se trouve sur l'axe de figure, sollicité : 1° par une force Q passant par le point O, perpendiculaire à un plan (S') avec lequel le corps doit rester en contact ; 2° par une force P parallèle au plan fixe (S') située dans le plan de la section droite menée par le centre de gravité O, que nous prendrons pour celui de la figure.

Selon le mode d'application de la force P, que nous discuterons plus loin, (S) roulera ou glissera, ou bien tendra à rouler ou à glisser sur (S').

Plaçons-nous dans les conditions du roulement; pour que ce mouvement tende à se produire ou qu'il reste uniforme, il faut que, entre P et Q, il y ait une certaine relation qui n'est autre chose que la condition d'équilibre entre ces forces et les réactions normale et tangentielle N et T du plan (S').

Soient

R le rayon du cylindre;

A (*fig.* 75) le point de contact géométrique de ce solide avec (S');

Fig. 75.

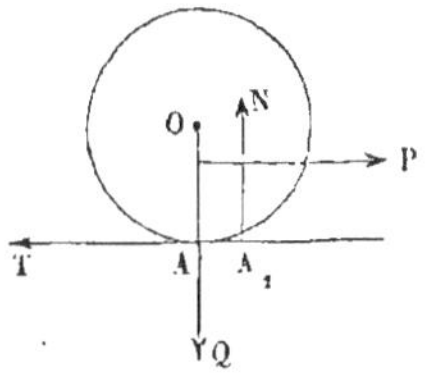

p la distance de P au point A,

A_1 le point où la résultante de P et Q rencontre le plan (S');

δ la distance AA_1.

Pour qu'il y ait équilibre, il faut que la résultante de P et Q soit égale et opposée à celle de T et N, ce qui exige : 1° que T et N soient respectivement égales et de sens contraire à P et Q; 2° que leur résultante passe par le point A_1 (ce fait ne peut s'expliquer que par la déformation des deux surfaces en contact). Cette dernière condition s'exprimera en posant l'équation des moments par rapport à un point quelconque, A_1 par exemple, ce qui donne

$$Pp = Q\delta.$$

Si f est le coefficient de glissement de (S) sur (S'), il faut, pour qu'il n'y ait pas glissement ou qu'il y ait roulement, que l'on ait $P < fQ$ (141) ou encore que

$$p > \frac{\delta}{f},$$

condition que nous supposerons remplie.

D'après l'expérience, la distance δ, qui a reçu le nom de *coefficient de roulement*, ne dépend pas de Q, mais seulement de la nature des surfaces en contact et de R [1].

D'après Coulomb et M. Morin, δ serait indépendant de R, ce qui ne paraît guère admissible; car autrement on arriverait à conclure que l'on ne pourrait pas faire rouler sur un plan un cylindre dont le rayon serait inférieur à δ.

D'après Dupuit, on aurait

$$\delta = \varepsilon\sqrt{R},$$

ε étant un coefficient généralement très-petit qui dépend de la nature des surfaces en contact; mais, si cette formule est à l'abri de l'objection faite plus haut, elle en soulève une autre non moins importante; en effet, elle fait croître indéfiniment δ avec R, de sorte que la réaction d'un plan sur une face plane d'un corps assujetti à rester en contact avec lui se trouverait à l'infini.

Il me semble qu'une expression de la forme

$$\delta = \mu\sqrt{\frac{R}{R+a}} \text{ (}^2\text{)},$$

---

(1) Dans le cas où l'effort P est tangent au cylindre, on a

$$p = 2R \quad \text{et} \quad P = Q\frac{\delta}{2R}.$$

Si, dans les mêmes conditions, P, au lieu d'être parallèle à (S'), lui est perpendiculaire, on a

$$T = 0 \quad \text{et} \quad PR = Q\delta,$$

ce qui donne pour P une valeur double de la précédente.

(2) En comparant entre eux les résultats obtenus de part et d'autre par MM. Morin et Dupuit, on trouve, dans cette hypothèse,

$$\mu = 0{,}0007, \quad a = 1 \quad \text{pour fer sur fer,}$$
$$\mu = 0{,}0016, \quad a = 2{,}116 \quad \text{pour bois sur bois.}$$

dans laquelle μ et a seraient des constantes spécifiques, permettrait de représenter en même temps les résultats des expériences de MM. Morin et Dupuit; car, si R est très-grand par rapport à a, on a, à très-peu près, $\delta = \mu$, et, si au contraire R est petit relativement à a, on a

$$\delta = \frac{\mu}{\sqrt{a}} \sqrt{R}.$$

Si le cylindre roule sur un autre, de rayon R′, il est clair que δ doit être une fonction symétrique de R, R′, et, en admettant comme exacte la relation donnée à la fin de la page 32, on aurait dans ce cas

$$\delta = \mu \sqrt{\frac{RR'}{(R + a)(R' + a)}},$$

formule qui serait applicable aux cas où les cylindres opposeraient leurs concavités ou leurs convexités, ou dans laquelle on prendrait toujours R, R′ en valeur absolue.

Plus généralement, on pourra supposer que la formule (2) se rapporte au roulement de la surface d'un corps (S) sur celle d'un autre (S′), en représentant par R et R′ les rayons de courbure des sections de ces deux surfaces, en leur point de contact, normales à la projection de l'axe instantané de rotation sur le plan tangent commun, en faisant de plus abstraction de la composante normale de la rotation instantanée qui, en définitive, ne joue aucun rôle dans le roulement.

On voit ainsi que *la résistance au roulement* ou le *frottement de roulement* de deux corps l'un sur l'autre résulte de ce que le point d'application de la réaction de l'un d'eux sur l'autre se trouve situé en avant du point de contact géométrique de leurs surfaces, dans les sections normales à l'axe instantané projeté sur le plan tangent.

Si l'on désigne par ω la vitesse angulaire instantanée, le travail élémentaire dû au frottement de roulement sera $-N\delta\omega\,dt$ ou

$$-N\delta\left(\frac{1}{R} \pm \frac{1}{R'}\right) ds,$$

ds étant la longueur des éléments des deux sections normales ci-dessus, qui doivent venir en contact au bout du temps dt, et en prenant le signe + ou le signe — (en admettant dans ce dernier cas que $R' > R$) selon que les courbures de ces sections sont opposées ou de même sens.

153. *Du frottement mixte de roulement et de glissement.* — Il doit paraître évident que, deux corps glissant et roulant en même temps l'un sur l'autre, les deux frottements doivent coexister en suivant les lois énoncées plus haut; mais, comme le frottement de roulement a bien moins d'importance que le frottement de glissement, on en fait généralement abstraction dans les circonstances où nous nous plaçons.

154. *Roulement d'un cylindre pesant sur un plan incliné.* — Concevons qu'un cylindre circulaire, homogène ou composé de couches concentriques homogènes, soumis uniquement à l'action de la pesanteur, roule à un instant déterminé sur un plan incliné, de telle manière que son axe soit parallèle à la trace horizontale de ce plan; ou dans les instants suivants le roulement continuera, ou il y aura glissement.

Plaçons-nous dans le premier cas, sauf à déterminer ultérieurement les conditions qui doivent être remplies pour qu'il en soit ainsi.

Soient (*fig.* 76)

Fig. 76.

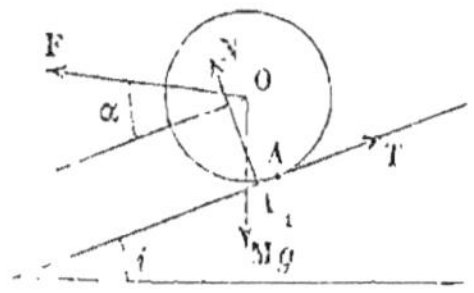

R le rayon du cylindre;
M sa masse;
MK^2R^2 son moment d'inertie;
i l'inclinaison du plan incliné sur l'horizon;
ω la vitesse angulaire du cylindre;
$V = \omega R$ sa vitesse de translation.

Dans ce qui suit N, T, δ conserveront la même signification que plus haut.

Supposons que le cylindre soit, indépendamment de son poids, sollicité par une force $F = M\varphi$, constante en grandeur et en direction, inclinée de l'angle α sur le plan.

L'équilibre de translation du cylindre, considéré comme libre, s'exprime par les deux relations

$$(1)\qquad M\varphi\cos\alpha + Mg\sin i - M\frac{dV}{dt} - T = 0,$$

$$(2)\qquad Mg\cos i - M\varphi\sin\alpha - N = 0;$$

enfin on a, pour l'équation relative au mouvement de rotation autour du centre de gravité,

$$(3)\qquad MK^2R\frac{d\omega}{dt} = MK^2\frac{dV}{dt} = T - N\frac{\delta}{R}.$$

En éliminant T et N entre ces trois équations, on trouve

$$(4)\qquad \frac{dV}{dt} = \frac{\varphi\left(\cos\alpha - \frac{\delta}{R}\sin\alpha\right) + g\left(\sin i - \frac{\delta}{R}\cos i\right)}{1 + K^2},$$

et l'on voit ainsi que le mouvement est uniformément varié.

En portant cette valeur dans l'équation (1), on obtient pour T la valeur

$$T = M\frac{\left[\varphi\left(K^2\cos\alpha - \frac{\delta}{R}\sin\alpha\right) + g\left(K^2\sin i + \frac{\delta}{R}\cos i\right)\right]}{1 + K^2}.$$

Pour qu'il y ait roulement, il faut que T soit inférieur au frottement de glissement Nf, N étant donné par l'équation (2), ou que la condition

$$(5)\qquad \left\{\begin{aligned} &\varphi\left\{K^2\cos\alpha + \left[f(1 + K^2) - \frac{\delta}{R}\right]\sin\alpha\right\}\\ &\qquad + g\left\{K^2\sin i - \left[f(1 + K^2) - \frac{\delta}{R}\right]\cos i\right\} < 0\end{aligned}\right.$$

soit satisfaite.

Dans le cas où le cylindre est uniquement soumis à l'action de la pesanteur, on a $\varphi = 0$, et il faut que

$$K^2\operatorname{tang} i < f(1 + K^2) - \frac{\delta}{R}.$$

Si le cylindre est homogène, on a $K^2 = \frac{1}{2}$ et, en appelant α l'angle de frottement, la condition précédente devient

$$\tang i < 3 \tang\alpha - \frac{2\delta}{R}$$

Les considérations précédentes s'appliquent au mouvement d'une sphère pesante partant du repos sur un plan incliné; on peut faire abstraction de la composante de la rotation normale au plan, qui reste constante et qui n'a aucune influence sur le mouvement général du corps; mais, pour que le roulement soit possible, il faut que la composante de la rotation parallèle au plan soit horizontale.

Dans le cas d'une sphère pesante roulant sur un plan horizontal, ou de $i = 0$, il suffit seulement que le roulement ait lieu à un instant donné pour qu'il se continue, et le mouvement est uniformément retardé.

155. *Loi des oscillations d'un pendule composé, muni d'un tourillon qui roule sur deux parties d'un plan horizontal.* — Prenons pour plan de la figure celui qui, étant perpendiculaire à l'axe du tourillon, passe par le centre de gravité G du corps.

Soient (*fig.* 77)

Fig. 77.

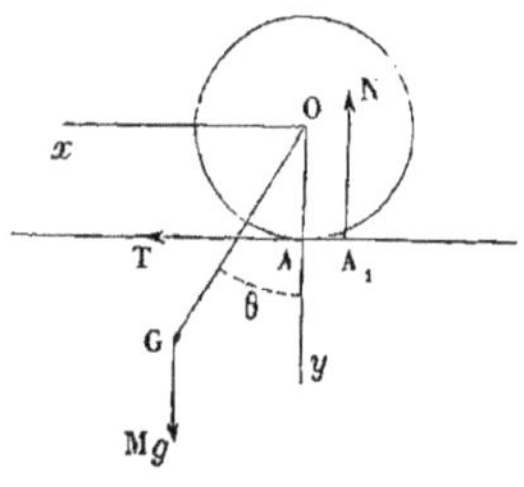

O la trace de l'axe du tourillon;
r son rayon;
l la distance GO;
Oy, Ox la verticale et l'horizontale du point O;
θ l'angle GOy;

M la masse du corps et MR^2 son moment d'inertie par rapport à la parallèle en G à l'axe O, R étant son rayon de gyration;

NT les composantes de la réaction du plan, parallèles à Oy et Ox.

Considérons le pendule dans la partie ascendante de son oscillation, située à gauche de la verticale; la réaction verticale N du plan directeur passera en A_1, à droite du point de contact géométrique A, à la distance $AA_1 = \delta$ de ce dernier point.

Il est facile de voir, en remarquant que la vitesse du point A est nulle, que le mouvement du pendule peut être considéré comme résultant de la rotation $\frac{d\theta}{dt}$ autour du point O, et d'une translation $-r\frac{d\theta}{dt}$ parallèle à Ox.

Les projections de la vitesse de G sur Ox, Oy étant

$$l\frac{d\theta}{dt}\cos\theta - r\frac{d\theta}{dt},$$

$$-l\frac{d\theta}{dt}\sin\theta,$$

on a, en vertu du principe du mouvement du centre de gravité,

$$M\frac{d^2\theta}{dt^2}(l\cos\theta - r) - Ml\sin\theta\frac{d\theta^2}{dt^2} = T,$$

$$-Ml\sin\theta\frac{d^2\theta}{dt^2} - Ml\cos\theta\frac{d\theta^2}{dt^2} = Mg - N.$$

Si l'on remarque que la rotation autour du centre de gravité est $\frac{d\theta}{dt}$, on a, pour l'équation relative au mouvement autour de ce point,

$$MR^2\frac{d^2\theta}{dt^2} = -N(l\sin\theta + \delta) - T(l\cos\theta - r),$$

d'où, en éliminant N et T au moyen des deux équations précédentes,

$$(1)\quad \left\{\begin{aligned} &(R^2 + l^2 + r^2)\frac{d^2\theta}{dt^2} = -gl\sin\theta \\ &\quad + rl\left(2\cos\theta\frac{d^2\theta}{dt^2} - \sin\theta\frac{d\theta^2}{dt^2}\right) - \delta\left(g + l\frac{d}{dt}\sin\theta\frac{d\theta}{dt}\right). \end{aligned}\right.$$

Si l'on néglige δ, on peut intégrer cette équation en la multipliant par $d\theta$, et il vient, en appelant θ_0 la valeur de θ à l'origine de l'oscillation considérée,

$$(R^2 + l^2 + r^2 - 2lr\cos\theta)\frac{d\theta^2}{dt^2} = 2gl(\cos\theta - \cos\theta_0);$$

c'est la formule à laquelle Euler est arrivé, et que nous aurions pu poser immédiatement en faisant l'application du théorème de Kœnig. La durée d'une demi-oscillation

$$T = \frac{1}{\sqrt{2gl}}\int_0^{\theta_0}\frac{(R^2 + l^2 + r^2 - 2lr\cos\theta)^{\frac{1}{2}}\,d\theta}{\sqrt{\cos\theta - \cos\theta_0}}$$

ne pourra se calculer que dans le cas où les amplitudes sont assez petites pour qu'on puisse négliger les puissances de θ supérieures à la seconde, recherche à laquelle nous ne croyons pas devoir nous arrêter.

Si l'on veut tenir compte du frottement de roulement, on peut, eu égard à sa faible valeur, réduire à δg le terme qui en dépend dans la formule (1), lorsque les oscillations ne dépassent pas certaines limites.

NOTE.

DU CHOC DES SPHÈRES EN AYANT ÉGARD AU FROTTEMENT.

1° *Du choc d'une sphère contre un plan.*

Nous supposerons que la sphère est formée de couches homogènes concentriques, mais dont la densité peut varier de l'une à l'autre; son centre de gravité coïncidera ainsi avec son centre de figure et tous les diamètres seront des axes principaux d'inertie.

Si, au moment du choc, la sphère est animée d'une rotation autour de la normale au point de contact, cette rotation restera constante pendant la durée du choc et ne jouera aucun rôle dans l'étude que nous avons à faire : nous pouvons donc en faire abstraction ou la supposer nulle.

Soient

C la position du centre de la sphère à l'instant du choc;

A son point de contact avec le plan;

Ax la portion de normale commune aux deux corps en ce point, extérieure au plan;

Ay, Az deux axes rectangulaires, perpendiculaires à Ax, dont l'orientation reste indéterminée jusqu'à nouvel ordre;

M la masse de la sphère;

R son rayon;

MK^2R^2 son moment d'inertie, par rapport à un diamètre;

N_x, N_y, N_z les composantes de la réaction du plan, estimées suivant les trois axes Ax, Ay, Az;

v_x, v_y, v_z et V_x, V_y, V_z les composantes pareilles de la vitesse de translation de la sphère, avant le choc et à un instant quelconque du choc;

p, q et P, Q les composantes avant le choc et à un instant quelconque du choc de la rotation de la sphère, suivant les parallèles à Ay, Az, menées par le centre C;

f le coefficient du frottement de la sphère avec le plan.

Nous avons d'abord, comme équations de translation,

$$(1) \qquad \left\{ \begin{aligned} M\frac{dV_x}{dt} &= N_x, \\ M\frac{dV_y}{dt} &= N_y, \\ M\frac{dV_z}{dt} &= N_z, \end{aligned} \right.$$

et, en prenant les moments par rapport à Ay et Az,

$$(2)\qquad \begin{cases} MK^2R^2\dfrac{dP}{dt} = -RN_z, \\ MK^2R^2\dfrac{dQ}{dt} = RN_y. \end{cases}$$

En éliminant N_y, N_z entre les deux dernières des équations (1) et les équations (2), puis intégrant, on trouve

$$(a)\qquad \begin{cases} K^2RP + V_z = \text{const.}, \\ K^2RQ - V_y = \text{const.} \end{cases}$$

Les composantes suivant Ay, Az de la vitesse de glissement W sont

$$(3)\qquad \begin{cases} W_y = V_y + QR, \\ W_z = V_z - PR. \end{cases}$$

On a d'ailleurs

$$(b)\qquad \begin{cases} N_y = -N_x f\dfrac{W_y}{W}, \\ N_z = -N_x f\dfrac{W_z}{W}. \end{cases}$$

Divisant l'une par l'autre, la deuxième et la troisième des équations (1), et ayant égard aux relations (b), on trouve

$$\frac{dV_y}{V_y + QR} = \frac{dV_z}{V_z - PR};$$

mais, d'après les formules (a), Q et P s'expriment linéairement et respectivement en fonction de V_y et V_z, de sorte que, en faisant la substitution et intégrant, on arrive à conclure que le rapport des dénominateurs ou $\frac{W_y}{W_z}$ est constant ; en d'autres termes, *la direction de la vitesse de glissement, par suite celle du frottement, est constante pendant la durée du choc.*

Faisons maintenant coïncider l'axe des y avec la direction de W, nous aurons

$$N_z = 0, \quad W_z = 0,$$

puis

$$V_z = \text{const.} = v_z, \quad P = \text{const.} = p,$$

vitesses dont nous pourrons faire abstraction dans ce qui suit. Nous aurons ensuite, en remplaçant N_z par N, pour simplifier, N_y par $-Nf$,

$$(4)\quad \left\{\begin{aligned} M\frac{dV_x}{dt} &= N,\\ M\frac{dV_y}{dt} &= -Nf,\\ MK^2R\,\frac{dQ}{dt} &= -Nf,\end{aligned}\right.$$

d'où, par l'élimination de N, au moyen de la première de ces équations,

$$\frac{dV_y}{dt} = -f\,\frac{dV_x}{dt},$$

$$K^2R\,\frac{dQ}{dt} = -f\,\frac{dV_x}{dt},$$

et enfin, en intégrant,

$$(5)\quad \left\{\begin{aligned} V_y - v_y &= -f(V_x - v_x),\\ K^2R(Q - q) &= -f(V_x - v_x).\end{aligned}\right.$$

On déduit de là et de ce qui précède

$$(6)\qquad W = W_y = V_y + QR = v_y + Rq - f\left(1 + \frac{1}{K^2}\right)(V_x - v_x).$$

Supposons maintenant que V_x, V_y, Q se rapportent à la fin du choc ; le travail absorbé par le frottement, pendant la durée de la percussion, est, en ayant égard à la première des formules (4) et à l'équation (6),

$$(7)\quad \left\{\begin{aligned} -f\int NW\,dt &= -Mf\int W\,dV_x\\ &= -Mf(V_x - v_x)\left[v_y + Rq - \frac{f(V_x - v_x)}{2}\left(1 + \frac{1}{K^2}\right)\right].\end{aligned}\right.$$

Le travail des actions mutuelles autres que celles qui donnent lieu au frottement a pour expression

$$\int NV_x\,dt = M\int V_x\,dV_x = M\frac{(V_x^2 - v_x^2)}{2}.$$

Représentons par a la valeur absolue de la vitesse v_x, qui est essentiellement négative. Si les corps choquants sont complétement dépourvus d'élasticité, on a

$$V_x = 0,$$

par suite

$$V_y = v_y - fa, \quad Q = q - \frac{fa}{K^2 R},$$

et enfin le travail absorbé par le frottement a pour expression

$$-Mfa\left[v_y + Rq - f\frac{a}{2}\left(1 + \frac{1}{K^2}\right)\right].$$

Si les corps sont parfaitement élastiques, le travail des actions mutuelles est nul, pendant la durée du choc, dans le système des deux corps et dans chacun d'eux considéré isolément, ce qui exige qu'il en soit de même du travail de N ou que

$$V_x = \pm a;$$

or, d'après la première équation (4), on a

$$M(V_x + a) = \int N dt;$$

et, comme tous les éléments de l'intégrale de cette formule sont positifs, on ne peut pas supposer $V_x = -a$, de sorte que l'on doit avoir

$$V_x = a;$$

on voit ensuite que

$$V_y = v_y - 2fa.$$

Si i_0, i sont, en valeur absolue, les inclinaisons sur la normale Ax de la vitesse de translation de la sphère, avant et après le choc, on a

$$V_y = a \operatorname{tang} i, \quad v_y = a \operatorname{tang} i_0,$$

puis

$$\operatorname{tang} i = \operatorname{tang} i_0 - 2f.$$

Cette relation n'est autre chose, aux notations près, que la formule (7) du n° 150, après l'avoir développée.

Si les corps choquants sont imparfaitement élastiques, on exprimera que la force vive $\frac{1}{2}MV_x^2$ est une fraction déterminée de $\frac{M}{2}v_x^2$, ou que V_x est une fraction connue de a.

2° *Du choc de deux sphères, en tenant compte du frottement.*

Nous supposerons que chacune des sphères soit constituée de la même manière que celle dont nous venons de parler.

Soient

C, C' les positions au moment du choc des centres de la sphère choquante et de la sphère choquée ;
A leur point de contact ;
M, M' les masses de ces sphères ;
MK^2R^2, $M'K'^2R'^2$ leurs moments d'inertie par rapport à un diamètre ;
f le coefficient de frottement.

Nous placerons l'origine des coordonnées en un point O de la droite CC', dont la direction sera prise pour axe des x, dont la partie positive sera dirigée de C vers C' ; nous laisserons arbitraire, jusqu'à nouvel ordre, l'orientation des deux autres axes. Si, avant le choc, les sphères sont animées de mouvements de rotation autour de CC', ils resteront uniformes pendant la durée du choc et nous pourrons en faire abstraction, parce qu'ils n'interviennent en aucune façon dans les équations dont dépendent les éléments de la question.

Soient

v_x, v_y, v_z les composantes parallèles aux axes Ox, Oy, Oz avant le choc, V_x, V_y, V_z les composantes semblables à un instant quelconque du choc de la vitesse de translation de la sphère C ;
p, q les composantes suivant les parallèles en C à Oy, Oz, avant le choc, P, Q les composantes semblables pendant le choc de la rotation de la sphère autour de son centre.

Les composantes correspondantes de la vitesse de translation et de la rotation de C' seront représentées par les mêmes lettres avec un accent.

Nous désignerons par N_x, N_y, N_z les composantes de la réaction de C sur C' parallèles à Ox, Oy, Oz.

Nous aurons d'abord les six équations de translation

$$(1)\quad \begin{cases} M\dfrac{dV_x}{dt} = -N_x, \\ M\dfrac{dV_y}{dt} = -N_y, \\ M\dfrac{dV_z}{dt} = -N_z; \end{cases} \qquad (1')\quad \begin{cases} M'\dfrac{dV'_x}{dt} = N_x, \\ M'\dfrac{dV'_y}{dt} = N_y, \\ M'\dfrac{dV'_z}{dt} = N_z, \end{cases}$$

d'où l'on déduit les trois intégrales

$$(a)\quad \begin{cases} MV_x + M'V'_x = \text{const.}, \\ MV_y + M'V'_y = \text{const.}, \\ MV_z + M'V'_z = \text{const.} \end{cases}$$

En prenant les moments, par rapport aux parallèles aux axes menées par C et C′, on trouve

$$(2)\quad \begin{cases} MK^2R^2\dfrac{dP}{dt} = \quad N_z R, \\ MK^2R^2\dfrac{dQ}{dt} = -N_y R, \end{cases} \qquad (2')\quad \begin{cases} M'K'^2R'^2\dfrac{dP'}{dt} = -N_z R', \\ M'K'^2R'^2\dfrac{dQ'}{dt} = \quad N_y R', \end{cases}$$

d'où ces deux autres intégrales

$$(b)\quad \begin{cases} MK^2RP + M'K'^2R'P' = \text{const.}, \\ MK^2RQ + M'K'^2R'Q' = \text{const.} \end{cases}$$

En éliminant N_z et N_y entre les équations (2) et les deux dernières des équations (1), on obtient ces deux nouvelles intégrales

$$(c)\quad \begin{cases} K^2RP + V_z = \text{const.}, \\ K^2RQ - V_y = \text{const.} \end{cases}$$

Les équations (1′) et (2′) donneraient, de même,

$$(c')\quad \begin{cases} K'^2R'P' + V'_z = \text{const.}, \\ K'^2R'Q' - V'_y = \text{const.}; \end{cases}$$

mais ces intégrales rentrent dans les sept précédentes. Les composantes parallèles aux axes des vitesses U, U′ des points de C et C′ en contact en A sont

$$(3)\quad \begin{cases} U_y = V_y + QR, \\ U_z = V_z - PR, \end{cases} \qquad (3')\quad \begin{cases} U'_y = V'_y - Q'R', \\ U'_z = V'_z + P'R'. \end{cases}$$

La vitesse relative W des points en contact de (C) et (C′), estimée dans le plan tangent, en sens inverse de laquelle est dirigée la résultante $N_x f$ de N_y et N_z, a, par suite, pour composantes

$$W_y = U_y - U'_y = V_y + V'_y + QR + Q'R',$$
$$W_z = U_z - U'_z = V_z - V'_z - PR - P'R',$$

et, comme on a

$$N_y = -\frac{W_y}{W}N_x f, \quad N_z = -\frac{W_z}{W}N_x f,$$

on obtient, en divisant l'une par l'autre les deux dernières équations (1),

$$\frac{dV_y}{V_y - V'_y + QR + Q'R'} = \frac{dV_z}{V_z - V'_z - PR - P'R'};$$

mais, en se reportant aux intégrales (a), (b), (c), (c'), on voit que V'_y, Q, Q' s'expriment linéairement, au moyen de V_y, et qu'il en est de même de V'_z, P, P'; en faisant ces substitutions, puis intégrant, on arrive à conclure que le rapport des dénominateurs ou $\frac{W_y}{W_z}$ est constant; d'où il suit que *la vitesse de glissement de l'une des sphères sur l'autre a une direction constante, pendant toute la durée du choc.*

Plaçons maintenant Oy dans la direction de la vitesse relative de C et C' des points en contact estimés dans le plan tangent, au moment où le choc a lieu. Nous aurons

$$N_z = 0, \quad W_z = 0,$$

puis

$$V_z = \text{const.}, \quad V'_z = \text{const.},$$

et

$$P' = \text{const.}, \quad P' = \text{const.},$$

d'après la seconde de chacun des systèmes d'équations (1) et (1') et la première de chacun des groupes (2), (2'). Remplaçant N_x par N, N_y par Nf, les équations (1), (1'), (2), (2') se réduisent aux suivantes :

$$(4)\quad \begin{cases} M\dfrac{dV_x}{dt} = -N, \\ M\dfrac{dV_y}{dt} = -Nf, \\ MK^2R\dfrac{dQ}{dt} = -Nf; \end{cases} \qquad (4')\quad \begin{cases} M'\dfrac{dV'_x}{dt} = N, \\ M'\dfrac{dV'_y}{dt} = Nf, \\ M'K'^2R'\dfrac{dQ}{dt} = Nf. \end{cases}$$

Si l'on porte la valeur de N, tirée de la première des équations (4) ou (4'), dans les deux autres, puis que l'on intègre, on trouve

$$(5)\ \begin{cases} V_y - v_y = f(V_x - v_x), \\ K^2R(Q-q) = f(V_x - v_x), \end{cases} \quad (5')\ \begin{cases} V'_y - v'_y = f(V'_x - v'_x), \\ K'^2R'(Q'-q') = f(V_x - v_x), \end{cases}$$

par suite

$$(6)\quad \begin{cases} U_y = v_y + qR + f\left(1+\dfrac{1}{K^2}\right)(V_x - v_x), \\ U'_y = v'_y + q'R' + f\left(1+\dfrac{1}{K'^2}\right)(V_x - v_x). \end{cases}$$

Le travail développé par le frottement a pour expression

$$f\int N(U_y - U'_y)dt = f\int U_y N\,dt - f.\int U'_y N\,dt.$$

En remplaçant N par sa valeur tirée de la première équation (4), dans la première intégrale, et de la première équation (4′) pour la seconde, en ayant égard aux valeurs (5), on trouve, en intégrant respectivement de v_x à V_x, de v'_x à V'_x,

$$(7)\quad \left\{\begin{aligned} & f\int N(U_y - U'_y)\,dt \\ & = -Mf\left[v_y + qR + \frac{f}{2}\left(1+\frac{1}{K^2}\right)(V_x - v_x)\right](V_x - v_x), \\ & \quad + M'f\left[v'_y + q'R' + \frac{f}{2}\left(1+\frac{1}{K^2}\right)(V'_x - v'_x)\right](V'_x - v'_x). \end{aligned}\right.$$

Le travail des actions normales est, en vertu des premières des équations (4), (4′),

$$(8)\qquad \int N(V_x + V'_x)\,dt = \frac{M}{2}(V_x^2 - v_x^2) + \frac{M'}{2}(V'^2_x - v'^2_x),$$

et, d'après les mêmes équations, on a

$$(9)\qquad MV_x + M'V'_x = Mv_x + M'v'_x.$$

On voit que tout ce que nous avons dit sur le choc direct des corps s'applique ici, en considérant les vitesses normales. Nous renverrons au n° 121 pour la détermination de V_x, V'_x, lorsque les corps sont mous, parfaitement élastiques, semi-élastiques.

3° *Du mouvement que prend, sous l'influence d'un choc, une sphère d'abord en repos, qui s'appuie sur un plan.*

Nous supposerons, pour fixer les idées, que le plan est horizontal et nous désignerons par R, M le rayon et la masse de la sphère, et par MK^2R^2 son moment d'inertie, par rapport à un diamètre.

Nous prendrons pour axe des z la verticale du point de contact A, de la sphère avec le plan, et pour axes des x et des y deux horizontales rectangulaires, menées par le centre de la sphère.

L'impulsion $\int N'dt$, communiquée à la sphère, peut être représentée par MV, V étant la vitesse qu'elle imprimerait au centre de gravité, la sphère étant complètement libre; comme nous ne considérerons que le cas où elle ne se sépare pas du plan, nous supposerons nulle la vitesse verticale de son centre de gravité.

Soient

v_x, v_y les composantes, suivant Cx, Cy, de la vitesse de translation de la sphère, après le choc ;
n, p, q les composantes, suivant Cx, Cy, Cz, de la rotation instantanée ;
V_x, V_y, V_z les composantes semblables de la vitesse V ;
a, b, c les coordonnées parallèles à Cx, Cy, Cz du point d'application de

$$\int N' dt = MV;$$

f le coefficient de frottement de la sphère sur le plan.

La vitesse de glissement W de la sphère sur ce plan a pour composantes $v_x - Rp$, $v_y + Rn$, suivant Cx, Cy, et l'on a

$$W = \sqrt{(v_z - Rp)^2 + (v_y + nR)^2}.$$

L'impulsion normale due à la réaction du plan étant égale à $-MV_z$, il vient, en vertu de deux théorèmes connus,

$$M v_x = MV_x + M f V_z \frac{v_x - Rp}{W},$$

$$M v_y = MV_y + M f V_z \frac{v_y + nR}{W},$$

$$MK^2R^2 n = M(V_z b - V_y c) + M f V_z R \frac{v_y + nR}{W},$$

$$MK^2R^2 p = M(V_x c - V_y a) - M f V_z \frac{v_z - Rp}{W},$$

$$MK^2R^2 q = M(V_y a - V_x b);$$

de la dernière de ces équations on tire

$$q = \frac{V_y a - V_x b}{R^2K^2}.$$

Pour obtenir les autres éléments du mouvement, nous procéderons par approximation, en négligeant le carré de f, ce qui revient à substituer, dans les expressions de W et de ses composantes, les valeurs que posséderaient v_x, v_y, n, p, si le frottement n'existait pas, et qui sont

$$v_x = V_x, \quad v_y = V_y, \quad n = \frac{V_z b - V_y c}{K^2R^2}, \quad p = \frac{V_x c - V_z a}{K^2R^2},$$

ce qui donne

$$W = \sqrt{\left(V_x - \frac{V_x c - V_z a}{K^2R}\right)^2 + \left(V_y + \frac{V_z b - V_y c}{K^2R}\right)^2},$$

et enfin on a

$$v_x = V_x + \frac{fV_z}{W}\left(V_x - \frac{V_x c - V_z a}{K^2 R}\right),$$

$$v_y = V_y + \frac{fV_z}{W}\left(V_y + \frac{V_z b - V_y c}{K^2 R}\right),$$

$$K^2 R^2 n = V_z b - V_y c + \frac{fV_z}{W} R\left(V_y + \frac{V_z b - V_y c}{K^2 R}\right),$$

$$K^2 R^2 p = V_x c - V_z a - \frac{fV_z}{W} R\left(V_x - \frac{V_x c - V_z a}{K^2 R}\right),$$

ce qui résout complétement le problème.

Les effets de bande, de carambolage et de coup de queue, dans le jeu de billard, se rapportent respectivement aux trois questions que nous venons de traiter.

CHAPITRE XI.

DE L'ÉQUILIBRE INTÉRIEUR ET DES MOUVEMENTS VIBRATOIRES DES CORPS.

§ I. — *Équations de l'équilibre intérieur d'un corps, quelle qu'en soit la nature.*

156. *Équilibre du parallélépipède élémentaire.* — Nous rapporterons le système matériel à trois plans rectangulaires fixes Ox, Oy, Oz.

La pression rapportée à l'unité de surface, sur un élément plan perpendiculaire à l'un des axes, sera représentée par la lettre p portant en indice l'indication de cet axe. Pour désigner les composantes, parallèles aux axes, de cette pression, nous nous servirons de la même notation en faisant suivre l'indice de la lettre qui se rapporte à l'axe de projection. Ainsi p_{xx}, p_{xy}, p_{xz} seront les composantes parallèles à Ox, Oy, Oz de la pression p_x exercée sur un élément perpendiculaire au premier de ces axes. Nous rappellerons que, si p_{xx} est négatif, p_x devient ce qu'on appelle une *traction;* mais il sera plus simple de conserver dans tout ce qui suit la dénomination de *pression,* une traction étant considérée comme une pression dont la composante normale est négative.

Concevons maintenant que le corps soit décomposé en parallélépipèdes élémentaires par trois séries de plans rectangulaires parallèles aux plans coordonnés.

Soient

x, y, z les coordonnées du sommet M, le plus voisin de l'origine, de l'un de ces parallélépipèdes;

dx, dy, dz les dimensions de ce parallélépipède parallèles à ces axes;

$a = dy\,dz$, $b = dz\,dx$, $c = dx\,dy$ ses faces ayant M pour sommet commun, et respectivement perpendiculaires à Ox, Oy, Oz;

ρ la densité du corps en M, ou celle du parallélépipède considéré;

X, Y, Z les composantes de l'accélération de la résultante des forces extérieures qui sollicitent le parallélépipède, y compris l'inertie s'il y a lieu.

La face a et son opposée sont soumises respectivement aux forces parallèles à Ox, ap_{xx}, $-a\left(p_{xx}+\frac{dp_{xx}}{dx}dx\right)$ qui se réduisent à $-\frac{dp_{xx}}{dx}dx\,dy\,dz$; les faces b et c et leurs parallèles donnent de même, suivant Ox, les composantes

$$-\frac{dp_{yx}}{dy}dx\,dy\,dz,\quad -\frac{dp_{zx}}{dz}dx\,dy\,dz,$$

qui, jointes à la précédente, font équilibre à $\rho\,dx\,dy\,dz\,X$, ce qui donne l'équation

$$(1)\qquad \left\{\begin{array}{l} \dfrac{dp_{xx}}{dx}+\dfrac{dp_{yx}}{dy}+\dfrac{dp_{zx}}{dz}=\rho X,\\ \text{et de même}\\ \dfrac{dp_{yy}}{dy}+\dfrac{dp_{xy}}{dx}+\dfrac{dp_{zy}}{dz}=\rho Y,\\ \dfrac{dp_{zz}}{dz}+\dfrac{dp_{xz}}{dx}+\dfrac{dp_{yz}}{dz}=\rho Z. \end{array}\right.$$

Concevons que, par le centre de gravité du parallélépipède, où passent les directions de p_{xx}, p_{yy}, p_{zz}, X, Y, Z, on mène une parallèle à Oz. Les moments, par rapport à cette droite, des forces qui sollicitent le parallélépipède se réduisent à ceux des composantes des pressions respectivement parallèles à Ox et Oy, relatives à b et a; ce qui donne, en exprimant que leur somme est nulle,

$$bp_{yx}\frac{dy}{2}+b\left(p_{yx}+\frac{dp_{yx}}{dy}dy\right)\frac{dy}{2}-ap_{xy}\frac{dx}{2}-a\left(p_{xy}+\frac{dp_{xy}}{dx}dx\right)\frac{dx}{2}=0;$$

d'où, en remplaçant a et b par leurs valeurs, divisant par $\frac{dx\,dy\,dz}{2}$ et ne conservant que les quantités finies,

$$(2)\qquad \begin{cases} p_{yx} = p_{xy}, \\ \text{et de même} \\ p_{zx} = p_{xz}, \\ p_{yz} = p_{zy}. \end{cases}$$

Ainsi donc on peut intervertir l'ordre des deux lettres des indices des composantes des pressions.

Les six équations (1) et (2) sont insuffisantes pour déterminer les neuf composantes des pressions; il faudra leur en ajouter trois autres, définissant la nature du corps, et la fonction de x, y, z ou p_x, p_y, p_z qui représente la densité.

Remarque. — Si les composantes tangentielles sont nulles, et que la pression soit la même dans toutes les directions partant du point considéré, comme dans les fluides, il vient, en supprimant les indices devenus inutiles,

$$(1')\qquad \frac{dp}{dx} = \rho X, \quad \frac{dp}{dy} = \rho Y, \quad \frac{dp}{dz} = \rho Z.$$

157. *Équilibre du tétraèdre élémentaire.* — La décomposition du corps en éléments parallélépipédiques laissera nécessairement dans la région de la surface des tétraèdres rectangulaires élémentaires dont l'équilibre non établi exige de nouvelles relations.

Dans ce qui suit, nous supposerons que le tétraèdre puisse se trouver tout aussi bien dans l'intérieur du corps que vers sa surface.

Soient

dx, dy, dz les arêtes rectangulaires du tétraèdre partant du sommet M;

ω' la facette inclinée ou base du tétraèdre;

α, β, γ les angles que forme sa normale avec les trois axes Ox, Oy, Oz;

$a = \omega' \cos\alpha$, $b = \omega' \cos\beta$, $c = \omega' \cos\gamma$ les faces du tétraèdre parallèles aux plans yz, zx, xy;

p'_x, p'_y, p'_z les composantes de la pression p' exercée sur ω'.

Les pressions ap_x, bp_y, cp_z, et la pression $p'\omega'$ prise en sens contraire, qui sont du second ordre, font équilibre à la résultante des forces extérieures; mais cette résultante est de l'ordre du volume, c'est-à-dire du troisième, et, par conséquent, peut être considérée comme nulle. On a donc en projection sur l'axe des x

$$ap_{xx} + bp_{yx} + cp_{zx} - \omega' p'_x = 0,$$

d'où

$$(3)\quad \begin{cases} p'_x = p_{xx}\cos\alpha + p_{yx}\cos\beta + p_{zx}\cos\gamma, \\ \text{et de même} \\ p'_y = p_{xy}\cos\alpha + p_{yy}\cos\beta + p_{zy}\cos\gamma, \\ p'_z = p_{xz}\cos\alpha + p_{yz}\cos\beta + p_{zz}\cos\gamma. \end{cases}$$

Telles sont les équations qui lient les composantes de la pression p' aux six fonctions distinctes p_{xx}, p_{yy}, p_{zz}, p_{zy}, p_{xz}, p_{yx}, qui vérifient les équations aux différentielles partielles (1).

Remarque. — La première des formules (3) exprime que la composante, suivant Ox, de la pression sur ω est égale à la pression sur a, estimée suivant la normale à ω; d'où ce théorème :

Si p' et p'' sont les pressions relatives à deux éléments ω', ω'' passant par un même point, ayant pour normales N' et N'', la projection de p' sur N'' est égale à celle de p'' sur N', ou autrement

$$p'\cos(p', N'') = p''\cos(p'', N'),$$

ce que l'on peut traduire pour abréger par : *l'égalité des composantes normales réciproques.*

158. *Ellipsoïde des pressions.* — Rapportons aux trois axes Mx', My', Mz' respectivement parallèles à p_x, p_y, p_z le lieu géométrique de l'extrémité n de la droite qui représente la pression p' pour toutes les orientations de l'élément ω'.

Soient x', y', z' les coordonnées du point n. En supposant les axes Ox, Oy, Oz transportés parallèlement à eux-mêmes en M, on a

$$(a)\qquad \cos(x', x) = \frac{p_{xx}}{p_x}, \quad \cos(y', x) = \frac{p_{yx}}{p_y}, \quad \cos(z', x) = \frac{p_{zx}}{p_z},$$

d'où

$$(4)\qquad \left\{\begin{aligned} p'_x &= \frac{p_{xx}}{p_x}x' + \frac{p_{yx}}{p_y}y' + \frac{p_{zx}}{p_z}z', \\ &\text{et de même} \\ p'_y &= \frac{p_{xy}}{p_x}x' + \frac{p_{yy}}{p_y}y' + \frac{p_{zy}}{p_z}z', \\ p'_z &= \frac{p_{xz}}{p_x}x' + \frac{y_{yz}}{p_y}y' + \frac{p_{zz}}{p_z}z'. \end{aligned}\right.$$

Il résulte de la comparaison des formules (3) et (4)

$$(5)\qquad \cos\alpha = \frac{x'}{p_x}, \quad \cos\beta = \frac{y'}{p_y}, \quad \cos\gamma = \frac{z'}{p_z},$$

d'où

$$(6)\qquad \left(\frac{x'}{p_x}\right)^2 + \left(\frac{y'}{p_y}\right)^2 + \left(\frac{z'}{p_z}\right)^2 = 1,$$

pour l'équation du lieu cherché, qui est ainsi un *ellipsoïde dont les pressions correspondant à trois directions rectangulaires forment un système de diamètres conjugués.*

Il est facile de voir que *la pression sur un élément plan au point* M, *coïncidant avec l'un ou l'autre des trois plans principaux, est normale à cet élément.* En effet, on a d'abord, en considérant successivement ces trois éléments,

$$p_x^2 = p_{xx}^2 + p_{xy}^2 + p_{xz}^2, \quad p_y^2 = p_{yy}^2 + p_{yx}^2 + p_{yz}^2, \quad p_z^2 = p_{zz}^2 + p_{zx}^2 + p_{zy}^2.$$

Supposons que l'on choisisse les axes Ox, Oy, Oz de manière que Mx', My', Mz' coïncident avec les axes principaux, et soient P, P′, P″ ce que deviennent p_x, p_y, p_z. Les équations précédentes prennent la forme

$$(7)\qquad \left\{\begin{aligned} &\left(\frac{p_{xx}}{P}\right)^2 + \left(\frac{p_{xy}}{P}\right)^2 + \left(\frac{p_{xz}}{P}\right)^2 = 1, \\ &\left(\frac{p_{yy}}{P'}\right)^2 + \left(\frac{p_{yx}}{P'}\right)^2 + \left(\frac{p_{yz}}{P'}\right)^2 = 1, \\ &\left(\frac{p_{zz}}{P''}\right)^2 + \left(\frac{p_{zx}}{P''}\right)^2 + \left(\frac{p_{zy}}{P''}\right)^2 = 1. \end{aligned}\right.$$

En se reportant aux formules (a), et en exprimant que la somme des carrés des cosinus des angles que forme Ox avec Ox', Oy', Oz' est égale à l'unité, on a

$$(8)\quad \begin{cases} \left(\frac{p_{xx}}{P}\right)^2 + \left(\frac{p_{yx}}{P'}\right)^2 + \left(\frac{p_{zx}}{P''}\right)^2 = 1, \\ \text{et de même} \\ \left(\frac{p_{yy}}{P}\right)^2 + \left(\frac{p_{xy}}{P'}\right)^2 + \left(\frac{p_{zy}}{P''}\right)^2 = 1, \\ \left(\frac{p_{zz}}{P}\right)^2 + \left(\frac{p_{zx}}{P'}\right)^2 + \left(\frac{p_{zy}}{P''}\right)^2 = 1. \end{cases}$$

En éliminant p_{xx}, p_{yy}, p_{zz} entre les équations (7) et (8), il vient

$$(9)\quad \begin{cases} p_{xy}^2\left(\frac{1}{P'^2} - \frac{1}{P^2}\right) + p_{xz}^2\left(\frac{1}{P''^2} - \frac{1}{P^2}\right) = 0, \\ p_{xy}^2\left(\frac{1}{P^2} - \frac{1}{P'^2}\right) + p_{yz}^2\left(\frac{1}{P''^2} - \frac{1}{P'^2}\right) = 0, \\ p_{zx}^2\left(\frac{1}{P^2} - \frac{1}{P''^2}\right) + p_{zy}^2\left(\frac{1}{P'^2} - \frac{1}{P''^2}\right) = 0. \end{cases}$$

Supposons $P > P' > P''$, la première de ces équations exige que $p_{xy} = 0$, $p_{xz} = 0$, et les deux autres que $p_{zy} = 0$; de sorte que Ox', Oy', Oz' doivent coïncider avec Ox, Oy, Oz, ce qui démontre la proposition énoncée.

159. *Axes principaux de l'ellipsoïde.* — Proposons-nous de déterminer les pressions principales P, P', P'' en fonction des composantes de p_x, p_y, p_z. On a, par hypothèse, en supposant que p' soit P,

$$(a)\qquad p'_x = P\cos\alpha,\quad p'_y = P\cos\beta,\quad p'_z = P\cos\gamma,$$

et les équations (3) deviennent, en éliminant les cosinus,

$$(10)\quad \begin{cases} p'_x(p_{xx} - P) + p_{xy}p'_y + p_{xz}p'_z = 0, \\ p'_y(p_{yy} - P) + p_{yx}p'_x + p_{yz}p'_z = 0, \\ p'_z(p_{zz} - P) + p_{xz}p'_x + p_{yz}p'_y = 0; \end{cases}$$

d'où, par l'élimination des rapports $\frac{p'_x}{p'_z}$, $\frac{p'_y}{p'_z}$,

$$(11)\quad \begin{cases} P^3 - (p_{xx} + p_{yy} + p_{zz})P^2 + (p_{xx}p_{yy} + p_{xx}p_{zz} + p_{yy}p_{zz} - p_{xy}^2 - p_{xz}^2 - p_{yz}^2)P \\ \quad - (p_{xx}p_{yy}p_{zz} + 2p_{xy}p_{xz}p_{yz} - p_{xx}p_{yz}^2 - p_{yy}p_{xz}^2 - p_{zz}p_{xy}^2) = 0 \end{cases}$$

équation du troisième degré dont les racines seront les valeurs des pressions principales P, P′, P″. Si cette équation a des racines négatives, chacune d'elles correspondra à une traction. Par la substitution à P de chacune des racines de l'équation (11), les formules (10), où l'on aura préalablement remplacé p'_x, p'_y, p'_z par les valeurs (*a*), feront connaître la direction de l'axe principal correspondant de l'ellipsoïde.

Nous pouvons donc supposer maintenant que cette surface soit rapportée à ses axes principaux, ou qu'elle soit représentée par l'équation

$$(12)\qquad \left(\frac{x}{P}\right)^2 + \left(\frac{y}{P'}\right)^2 + \left(\frac{z}{P''}\right)^2 = 1.$$

160. *Orientation d'un élément plan soumis à une pression déterminée.* — Proposons-nous maintenant d'obtenir l'équation du plan de l'élément ω' pour lequel les composantes de la pression sont p'_x, p'_y, p'_z. Il suffit pour cela de remarquer que ce plan est représenté par

$$(13)\qquad x\cos\alpha + y\cos\beta + z\cos\gamma = 0;$$

que, vu le choix des nouveaux axes, on a par les formules (3)

$$(14)\qquad \cos\alpha = \frac{p'_x}{P},\quad \cos\beta = \frac{p'_y}{P'},\quad \cos\gamma = \frac{p'_z}{P''},$$

de sorte que l'équation cherchée est

$$(15)\qquad x\frac{p'_x}{P} + y\frac{p'_y}{P'} + z\frac{p'_z}{P''} = 0,$$

et exprime que *le plan ω' est parallèle au plan tangent à la surface du second degré*

$$(16)\qquad \frac{x^2}{P} + \frac{y^2}{P'} + \frac{z^2}{P''} = \pm K^2,$$

au point où le rayon vecteur $r = p' = \sqrt{p'^2_x + p'^2_y + p'^2_z}$ de l'ellipsoïde, dirigé suivant p', vient la rencontrer, K^2 *étant une quantité positive quelconque.*

Si x, y, z sont les coordonnées de l'extrémité de la droite qui représente p', la composante normale de cette force est

$$\frac{x^2}{P} + \frac{y^2}{P'} + \frac{z^2}{P''}.$$

Au moyen de cette remarque il est facile d'arriver aux conclusions suivantes.

Lorsque les valeurs de P, P′, P″ sont de même signe ou représentent trois tractions ou trois pressions, la surface (16) est un ellipsoïde dont les axes coïncident en direction avec ceux du premier, et p' est de même nature que les pressions principales. Dans le cas où ces dernières sont égales, les deux ellipsoïdes deviennent des sphères; toutes les pressions sont égales et normales aux éléments correspondants; c'est ce qui a lieu pour les corps isotropes tels que les fluides.

Lorsque l'une des pressions principales est de signe contraire aux deux autres, la surface (16) représente deux hyperboloïdes, l'un à une nappe et l'autre à deux nappes. Si le rayon vecteur r rencontre le premier, il représente une pression de même nature que les deux pressions principales de même signe; le contraire a lieu si r rencontre le second hyperboloïde. Le passage de la pression de l'une à l'autre nature a lieu sur le cône asymptotique

$$\frac{x^2}{P} + \frac{y^2}{P'} + \frac{z^2}{P''} = 0$$

des deux hyperboloïdes. Tout rayon vecteur r coïncidant avec une génératrice du cône représente une pression s'exerçant suivant le plan tangent correspondant; d'où le nom de *cône de glissement* donné à cette surface.

161. *Cas où l'une des pressions principales est nulle.* — Si, par exemple, $P'' = 0$, l'élément plan en M, perpendiculaire à Mz, n'est soumis à aucune pression, et de l'égalité des composantes normales réciproques on déduit que le plan de l'élément contiendra les pressions exercées sur tous les éléments superficiels passant par M.

Les expressions équivalentes $\frac{z}{P''}$, $\frac{p'_z}{P''}$, dans les équations (12) et (16), se présentent sous la forme $\frac{0}{0}$; pour en avoir la signification il suffit de remonter aux équations (14), et l'on voit que leur valeur est celle du cosinus de l'angle γ que forme la normale à l'élément ω' avec l'axe mz.

La première des équations ci-dessus devient

$$(12') \qquad \frac{x^2}{P^2} + \frac{y^2}{P'^2} = \sin^2\gamma,$$

et l'on voit que les pressions sur tous les éléments plans de même inclinaison γ sont les demi-diamètres d'une ellipse dont les axes sont proportionnels à $\sin\gamma$ et respectivement à P, P'. L'équation (15) donne pour celle du plan de l'élément ω'

$$(15') \qquad x\frac{p'_x}{P} + y\frac{p'_y}{P'} + z\cos\gamma = 0,$$

dont la trace, sur le plan des xy, est tangente à la courbe, dont l'équation est

$$(16') \qquad \frac{x^2}{P} + \frac{y^2}{P'} = \pm K^2$$

au point où cette courbe est rencontrée par le rayon vecteur de l'ellipse (12'), qui représente la pression sur ω'. L'équation (16') est celle d'une ellipse si P, P' sont de même signe, et, s'ils sont de signes contraires, de deux hyperboles conjuguées dont les asymptotes remplacent le cône de glissement du numéro précédent.

162. *Cas où deux pressions principales sont nulles.* — $P'' = 0$, $P' = 0$.

Les pressions sont toutes dirigées suivant la même droite que P, et, pour obtenir la pression p' sur l'élément dont la normale est N', on posera, en vertu du théorème du n° 157,

$$p' = P\cos(P, N').$$

163. *Équations d'équilibre en coordonnées cylindriques.* — Concevons que le corps soit divisé en éléments par trois sé-

ries de surfaces orthogonales : la première composée de cylindres circulaires ayant le même axe OZ, la deuxième de plans perpendiculaires à cet axe, et la troisième de plans passant par le même axe.

Soient (*fig.* 78)

Fig. 78.

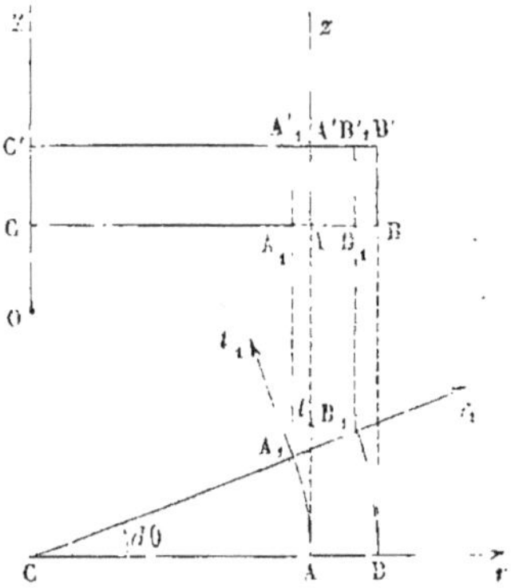

z la distance du point C, où un plan CAA_1 de la deuxième série coupe l'axe OZ, à un point fixe O de cet axe ;

θ l'angle que forme un plan quelconque OCA, de la troisième série, avec un plan fixe de cette série ;

r le rayon CA d'un cylindre de révolution autour de OZ.

Les grandeurs z, θ, r déterminent les trois surfaces et, par suite, leur intersection A, dont elles sont les coordonnées.

Soient de plus

$d\theta = \widehat{ACA_1}$ l'accroissement infiniment petit de θ, AA_1 étant l'élément de cercle de rayon r ;

BB_1 l'arc de cercle de même centre, de rayon $r + dr$, ce qui suppose $AB = A_1B_1 = dr$.

Concevons maintenant un plan $C'A'A'_1$, parallèle à CAA_1 et qui en soit distant de $CC' = dz$; nous déterminerons ainsi l'un des éléments de volume $AA'BB'$, AA_1BB_1, que nous avons à considérer et dont la masse est évidemment $\rho\, dr\, dz\, r\, d\theta$.

Soient

Ar le prolongement de CA ;

At la portion de la perpendiculaire à cette droite, située dans le plan CAA_1 qui rencontre CA_1 ;

Ar_1, At_1 les positions que prennent Ar, At, en supposant que CA tourne de $d\theta$;

Az la parallèle en A à OZ;

T, R, Z les composantes suivant At, Ar, Az de la résultante des forces extérieures qui sollicitent la masse $\rho dr\,dz\,r\,d\theta$;

$$\left.\begin{matrix} p_{tt}, p_{tr}, p_{tz}, \\ p_{rt}, p_{rr}, p_{rz}, \\ p_{zt}, p_{zr}, p_{zt}, \end{matrix}\right\} \text{les composantes suivant } At,\ Ar,\ Az \text{ de la pression exercée sur les faces :} \left\{\begin{matrix} AA'BB' = dr\,dz; \\ AA_1A'A'_1 = r\,d\theta\,dz; \\ AA_1BB_1 = r\,d\theta\,dr; \end{matrix}\right.$$

en donnant ainsi de l'extension au système de notations du n° 156, ce qui permet d'intervertir l'ordre des lettres des indices.

Il est bon de remarquer, avant d'aller plus loin, que, si une force F est dirigée suivant A_1t_1, ses projections sur At et Ar, en négligeant les termes du deuxième ordre, sont respectivement F et $-F\,d\theta$, et que, si F est dirigé suivant A_1r_1, ses projections sur les mêmes directions sont $F\,d\theta$ et F.

Cela posé, sur les faces opposées $AA'BB'$, $A_1A'_1B_1B'_1$ s'exercent respectivement les pressions élémentaires

$$\begin{array}{lll}
\left.\begin{array}{lr} rdz\,p_{tt} & \text{suivant } A_1t, \\ rdz\left(p_{tt} + \dfrac{dp_{tt}}{d\theta}d\theta\right) & \text{»} \quad A_1t_1, \end{array}\right\} & \text{qui se réduisent à} & \left\{\begin{array}{lr} -dr\,dz\,d\theta\dfrac{dp_{tt}}{d\theta} & \text{suivant } At, \\ dr\,dz\,d\theta\,p_{tt} & \text{»} \quad Ar; \end{array}\right. \\
\left.\begin{array}{lr} rdz\,p_{tr} & \text{»} \quad A_1r, \\ rdz\left(p_{tr} + \dfrac{dp_{tr}}{d\theta}d\theta\right) & \text{»} \quad A_1r; \end{array}\right\} & \text{»} & \left\{\begin{array}{lr} -dr\,dz\,d\theta\dfrac{dp_{tr}}{d\theta} & \text{»} \quad Ar, \\ -dr\,dz\,d\theta\,p_{tr} & \text{»} \quad At; \end{array}\right. \\
\left.\begin{array}{lr} rdz\,p_{tz} & \text{»} \quad Az, \\ rdz\left(p_{tz} + \dfrac{dp_{tz}}{d\theta}d\theta\right), & \end{array}\right\} & \text{»} & \begin{array}{lr} -dr\,dz\,d\theta\dfrac{dp_{tz}}{d\theta} & \text{»} \quad Az \end{array}
\end{array}$$

Pour les deux autres groupes de faces, les pressions semblables sont parallèles et chaque couple ne donne qu'une seule résultante.

On a ainsi, pour la face $AA_1A'A'_1$ et son opposée,

$$\left.\begin{array}{l} r\,d\theta\,dz\,p_{rr}\ldots\ldots\ldots\ldots\ldots \\ -\,d\theta\,dz\left(rp_{rr}+\dfrac{d\,rp_{rr}}{dr}\,dr\right)\end{array}\right\} = -\,dr\,dz\,d\theta\,\frac{d\,rp_{rr}}{dr} = -\,dr\,dz\,d\theta\left(p_{rr}+r\,\frac{dp_{rr}}{dr}\right) \quad \text{suivant } Ar;$$

$$\left.\begin{array}{l} r\,d\theta\,dz\,p_{rt}\ldots\ldots\ldots\ldots\ldots \\ -\,d\theta\,dz\left(rp_{rt}+\dfrac{d\,rp_{rt}}{dr}\,dr\right)\end{array}\right\} = -\,dr\,dz\,d\theta\,\frac{d\,rp_{rt}}{dr} = -\,dr\,dz\,d\theta\left(p_{rt}+r\,\frac{dp_{rt}}{dr}\right) \quad \text{»} \quad At;$$

$$\left.\begin{array}{l} r\,d\theta\,dz\,p_{rz}\ldots\ldots\ldots\ldots\ldots \\ -\,d\theta\,dz\left(rp_{rz}+\dfrac{d\,rp_{rz}}{dr}\,dr\right)\end{array}\right\} = -\,dr\,dz\,d\theta\,\frac{d\,rp_{rt}}{dr} = -\,dr\,dz\,d\theta\left(p_{rz}+r\,\frac{dp_{rz}}{dr}\right) \quad \text{»} \quad Az.$$

Enfin on trouve facilement, pour le troisième couple de faces,

$$-\,r\,d\theta\,dz\,dr\,\frac{dp_{zz}}{dz} \quad \text{suivant } Az,$$

$$-\,r\,d\theta\,dz\,dr\,\frac{dp_{zt}}{dz} \quad \text{»} \quad At,$$

$$-\,r\,d\theta\,dz\,dr\,\frac{dp_{zr}}{dz} \quad \text{»} \quad Ar.$$

Si maintenant, pour chacune des trois directions considérées, on fait la somme des composantes des pressions élémentaires et de la projection correspondante de la résultante des forces extérieures, pour l'égaler à zéro, on trouve, sans difficulté, pour les équations cherchées,

$$(17)\qquad \left\{\begin{array}{l} \dfrac{1}{r}\,\dfrac{dp_{tt}}{d\theta}+\dfrac{dp_{tr}}{dr}+\dfrac{dp_{tz}}{dz}+\dfrac{2}{r}\,p_{tr}=\rho T, \\[2ex] \dfrac{dp_{rr}}{dr}+\dfrac{1}{r}\,\dfrac{dp_{rt}}{d\theta}+\dfrac{dp_{rz}}{dr}+\dfrac{p_{rr}-p_{tt}}{r}=\rho R, \\[2ex] \dfrac{dp_{zz}}{dz}+\dfrac{1}{r}\,\dfrac{dp_{zt}}{d\theta}+\dfrac{dp_{zr}}{dr}+\dfrac{1}{r}\,p_{rz}=\rho Z. \end{array}\right.$$

Dans le cas d'un fluide, les composantes tangentielles s'annulant et les pressions normales étant égales, il vient, en supprimant les indices devenus inutiles,

$$(18)\qquad \begin{cases} \dfrac{1}{r}\dfrac{dp}{d\theta} = \rho T, \\[2mm] \dfrac{dp}{dr} = \rho R, \\[2mm] \dfrac{dp}{dz} = \rho Z. \end{cases}$$

Il nous resterait, pour compléter le sujet qui nous occupe, à donner les équations de l'équilibre intérieur des corps en coordonnées sphériques; mais, ces équations ayant uniquement rapport à certaines questions spéciales, qui sortent du domaine de la Mécanique générale, nous nous bornerons à renvoyer, pour cet objet, à notre *Traité de Mécanique céleste*, Chapitre X.

§ II. — *Application à la théorie de l'équilibre des semi-fluides.*

164. On désigne généralement sous le nom de *semi-fluide* tout ensemble formé de la juxtaposition de corps solides, dont les dimensions moyennes sont petites et ne varient des unes aux autres qu'entre des limites relativement restreintes; le sable de rivière est le type des semi-fluides.

Lorsqu'un système semblable sera en équilibre, il ne tendra à se déplacer que si, en un certain nombre de points de contact de ses éléments, les actions mutuelles tangentielles atteignent la valeur du frottement de glissement. On peut admettre que le coefficient de ce frottement a sensiblement la même valeur d'un point à l'autre de la masse.

S'il s'agit d'un volume semi-fluide considérable, on peut le supposer divisé en parties telles que, tout en renfermant un nombre notable de corpuscules, leurs dimensions soient relativement assez petites pour que l'on puisse en négliger les secondes puissances; de sorte que l'on est ramené, en ce qui concerne la recherche des conditions d'équilibre, à substituer au semi-fluide une masse continue ayant pour densité sa densité apparente moyenne; on supposera ensuite que la composante tangentielle de la pression sur un élément plan atteint son maximum lorsqu'elle est égale au frottement de glissement.

Nous ne considérerons dorénavant que le cas d'un semi-fluide soumis à l'action de la pesanteur.

Si la masse est complétement libre, c'est-à-dire si elle ne s'appuie en aucun point contre un obstacle, il faut, pour qu'elle soit en équilibre, que le plan tangent, en un point quelconque de la surface, fasse avec l'horizon un angle moindre que l'angle de frottement; cette inclinaison limite définit ce que l'on appelle le *talus naturel d'un semi-fluide*, c'est-à-dire la pente qu'il prend à la suite d'un éboulement.

Une terre quelconque peut être considérée comme un semi-fluide dont les vides entre les corpuscules sont remplis par une matière très-divisée qui donne à la masse une certaine cohésion, lorsque cette masse ne vient pas d'être fraîchement remuée.

Lorsqu'il s'agit de calculer l'épaisseur que doit avoir un mur de soutènement, pour résister à la poussée d'une terre, il y a avantage, au point de vue de la sécurité, à faire abstraction de cette cohésion, puisqu'on trouve alors des épaisseurs supérieures à celles qui correspondent au degré de stabilité que l'on a en vue d'obtenir.

Ainsi donc nous sommes conduit à considérer un sable ou une terre comme une masse continue qui, lorsque son état d'équilibre n'est pas naturel ou qu'il n'existe que par la présence de corps extérieurs, tel qu'un mur, est en équilibre instable; de sorte que, si l'on considère tous les éléments superficiels passant par un point quelconque de la masse, le maximum de l'angle formé par la pression sur un élément avec sa normale doit être égal à l'angle de frottement.

Si l'on désigne par α l'angle de frottement d'une terre, égal à l'inclinaison de son talus naturel sur l'horizon, on a

$\alpha = 30°$ pour le gros sable sec (AUDÉE);
$\alpha = 16°$ pour le sable extra-fin (AUDÉE);
$\alpha = 36°$ pour la terre humectée (MORIN);
$\alpha = 55°$ pour les terres les plus fortes et les plus denses (MORIN).

L'angle de frottement α' des terres sur les maçonneries est de

30 degrés pour l'argile sèche (LESBROS);
22 degrés pour l'argile humide et ramollie (LESBROS);
26 degrés pour la même argile recouverte de grosse grève (LESBROS).

165. *Équilibre d'une masse prismatique.* — Considérons maintenant une masse de terre de forme prismatique à arêtes horizontales, d'une longueur assez grande pour qu'on puisse la considérer comme indéfinie, soutenue par un mur. L'équilibre devant, d'après ce que l'on a dit plus haut, être regardé comme instable, la masse tend à se déplacer suivant des surfaces cylindriques horizontales, pour chacun des éléments desquelles le rapport de la composante tangentielle à la composante normale de la pression est égal à la tangente de l'angle de frottement; au contact du mur, le rapport semblable aura également une valeur spéciale qui sera, en général, différente de la précédente, d'après ce que l'on a vu au numéro précédent.

Nous ferons abstraction des pressions dans les plans perpendiculaires aux arêtes des prismes, ce qui nous ramène à considérer tout simplement une section faite par l'un de ces plans.

Soient (*fig.* 79)

Fig. 79.

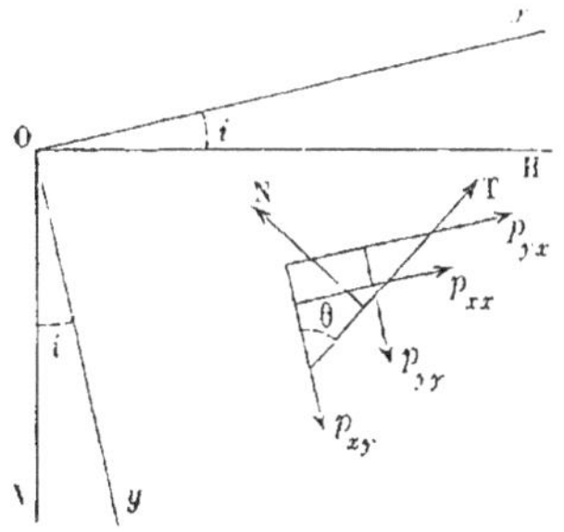

Ox, Oy deux axes rectangulaires tracés dans le plan d'une section, en prenant pour origine la trace de l'intersection du parement intérieur du mur et du talus;

i l'inclinaison de Ox sur l'horizontale OH égale à celle de la verticale OV sur Oy;

α l'angle de frottement du semi-fluide;

Π le poids de l'unité de volume.

En exprimant qu'un rectangle élémentaire, dont les côtés sont parallèles à Ox, Oy, est en équilibre, on obtient les équations

$$(1) \qquad \left\{ \begin{aligned} &\frac{dp_{xx}}{dx} + \frac{dp_{yx}}{dy} = -\Pi \sin i, \\ &\frac{dp_{yy}}{dy} + \frac{dp_{yx}}{dx} = \Pi \cos i. \end{aligned} \right.$$

Considérons maintenant un triangle rectangle élémentaire dont les côtés de l'angle droit sont parallèles à Ox, Oy, et dont l'hypoténuse fait l'angle θ avec ce dernier côté; soient N, T les composantes normale et tangentielle de la pression sur l'hypoténuse. En exprimant que les forces qui sollicitent le triangle se font équilibre, en projection sur les directions de N et T, on trouve

$$\begin{aligned} N &= (p_{xx}\cos\theta + p_{yx}\sin\theta)\cos\theta + (p_{yy}\sin\theta + p_{xy}\cos\theta)\sin\theta, \\ T &= (p_{yy}\sin\theta + p_{xy}\cos\theta)\cos\theta - (p_{xx}\cos\theta + p_{xy}\sin\theta)\sin\theta, \end{aligned}$$

ou

$$(2) \qquad \left\{ \begin{aligned} N &= \frac{p_{xx} + p_{yy}}{2} + \frac{p_{xx} - p_{yy}}{2}\cos 2\theta + p_{xy}\sin 2\theta, \\ T &= -\frac{p_{xx} - p_{yy}}{2}\sin 2\theta + p_{xy}\cos 2\theta. \end{aligned} \right.$$

Pour trouver les directions des pressions principales, il faut supposer $T = 0$, ce qui donne

$$(3) \qquad \operatorname{tang} 2\theta_1 = \frac{2p_{xy}}{p_{xx} - p_{yy}}.$$

On appelle *ligne isostatique* une ligne telle, que la pression sur chacun de ses éléments est normale à cet élément. Une pareille ligne est définie par

$$\operatorname{tang}\theta_1 = -\frac{dx}{dy},$$

ou

$$\frac{dy^2}{dx^2} + \frac{dy}{dx}\left(\frac{p_{xx} - p_{yy}}{p_{xy}}\right) - 1 = 0,$$

et l'on voit que, *en chaque point de la masse, il passe deux courbes isostatiques normales entre elles et tangentes aux directions des pressions principales au même point.*

Si nous posons

$$\operatorname{tang}\varkappa = \frac{T}{N} = \frac{-(p_{xx} - p_{yy})\sin 2\theta + 2p_{xy}\cos 2\theta}{p_{xx} + p_{yy} + (p_{xx} - p_{yy})\cos 2\theta + 2p_{xy}\sin 2\theta},$$

il vient

$$(4)\quad (p_{xx} + p_{yy})\sin\varkappa + (p_{xx} - p_{yy})\sin(2\theta + \varkappa) - 2p_{xy}\cos(2\theta + \varkappa) = 0.$$

Pour exprimer que $\varkappa$ est maximum ou minimum, il faut différentier cette équation en y supposant $\frac{d\varkappa}{d\theta} = 0$, ce qui donne

$$\operatorname{tang}(2\theta + \varkappa) = -\frac{(p_{xx} - p_{yy})}{2p_{xy}}.$$

Or nous avons admis que le maximum de la valeur absolue du rapport $\frac{T}{N}$ doit être égal à $\operatorname{tang}\alpha$; on devra donc supposer $\varkappa = \alpha$, ou $\varkappa = -\alpha$, selon le sens de T et nous aurons

$$(5)\qquad \operatorname{tang}(2\theta \pm \alpha) = -\frac{p_{xx} - p_{yy}}{2p_{xy}}.$$

L'équation (4) devient, en y faisant $\varkappa = \pm\alpha$, puis éliminant θ au moyen de la formule (5),

$$(6)\qquad (p_{xx} - p_{yy})^2 + 4p_{xy}^2 - (p_{xx} + p_{yy})^2\sin^2\alpha = 0.$$

On appelle *lignes de glissement* celles pour chaque élément desquelles la composante tangentielle de la pression est égale au frottement de glissement. On obtiendra leur équation différentielle en supposant $\operatorname{tang}\theta = -\frac{dx}{dy}$ dans la formule (5). Comme à chacun des signes de α correspondent deux valeurs de θ qui diffèrent entre elles de 90 degrés, on voit que, en chaque point de la masse, il passe deux systèmes orthogonaux de lignes de glissement. Si l'on désigne par θ_2 la valeur de θ correspondant à l'une des lignes de glissement, les équations (3) et (5) donnent

$$\operatorname{tang}(2\theta_2 \pm \alpha) = -\cot 2\theta_1 = \operatorname{tang}(2\theta_1 + 90^\circ) \quad \text{ou} \quad \operatorname{tang}(2\theta_1 + 270^\circ),$$

d'où

$$\theta_2 - \theta_1 = 45^\circ \pm \frac{\alpha}{2} \quad \text{ou} \quad 135^\circ \pm \frac{\alpha}{2},$$

pour les angles sous lesquels se coupent les lignes de glissement de l'un et l'autre système avec les lignes isostatiques. On voit ainsi que les lignes de glissement forment deux groupes composés chacun de deux lignes appartenant respectivement à l'un et l'autre système. Les lignes d'un groupe forment, avec l'une des bissectrices des angles des diamètres principaux de l'ellipse des pressions, et de part et d'autre de cette bissectrice, des angles égaux à la moitié de l'angle de frottement; par suite, dans toute la masse, *les courbes isostatiques et les courbes de glissement se coupent sous un angle constant.*

Comme l'équation (6) a été établie sans faire aucune hypothèse sur le choix des axes coordonnés, elle subsiste encore lorsque l'on suppose qu'ils sont parallèles aux directions des pressions principales; mais alors on a $p_{xy} = 0$ et par suite

$$(p_{xx} - p_{yy})^2 = (p_{xx} + p_{yy})^2 \sin^2\alpha;$$

le rapport $\frac{p_{xx}}{p_{yy}}$ des pressions principales est donc constant, ou encore *toutes les ellipses des pressions sont semblables.*

166. *Intégration des équations d'équilibre.* — Les équations (1) et (6) devront permettre de déterminer les pressions inconnues p_{xx}, p_{yy}, p_{xy}. Les équations (1) seront satisfaites en posant

$$(7) \quad \begin{cases} p_{xx} = \dfrac{d^2F}{dy^2}, \\ p_{xy} = -\Pi y \sin i - \dfrac{d^2F}{dx\,dy}, \\ p_{yy} = \Pi y \cos i + \dfrac{d^2F}{dx^2}, \end{cases}$$

F étant une fonction de x, y, qui serait l'intégrale de l'équation aux différentielles partielles obtenue en substituant ces valeurs dans la formule (6); mais cette équation, qui est du second ordre et du second degré, est trop compliquée pour qu'on puisse songer à l'intégrer.

Quant aux conditions aux limites, elles s'obtiendront en exprimant : 1° que $N=0$, $T=0$ pour tous les points des talus, en faisant ainsi abstraction de la pression atmosphérique, ce qui revient à considérer N comme l'excès, sur cette pression, d'une pression intérieure normale; 2° que pour tous les points du mur, $\frac{T}{N}$ est égal à la tangente de l'angle de frottement α' de la terre sur la maçonnerie. En appelant θ' l'angle formé par un élément du parement intérieur du mur avec Oy, on a, pour tous les points de ce parement, en vertu des relations (2),

$$(8) \qquad \operatorname{tang}\alpha' = \frac{-(p_{xx}-p_{yy})\sin 2\theta' + 2p_{xy}\cos 2\theta'}{p_{yy}+p_{xx}+(p_{xx}-p_{yy})\cos 2\theta' + 2p_{xy}\sin 2\theta'}.$$

167. *Examen d'un cas particulier.* — Supposons maintenant que le profil du talus soit rectiligne, que l'on prenne sa direction pour axe des x et que le profil du parement intérieur du mur soit également rectiligne, ou que θ' soit constant; supposons de plus que cet angle ait une valeur telle, sauf à la déterminer ultérieurement, que les pressions soient des fonctions de y seulement. Les équations (1) donnent

$$(9) \qquad \begin{aligned} p_{xy} &= -\Pi y \sin i, \\ p_{yy} &= \Pi y \cos i, \end{aligned}$$

et, en substituant ces valeurs dans l'équation (6), on trouve

$$(10) \qquad p_{xx} = \Pi y (2n - \cos i),$$

en posant

$$(11) \qquad n = \left(\frac{\cos i}{\cos\alpha} - \sqrt{\frac{\cos^2 i}{\cos^2\alpha} - 1}\right)\frac{1}{\cos\alpha},$$

et, rejetant le signe + du radical, pour lequel n, par suite p_{xx}, serait infini pour $\alpha = 90°$, tandis que la limite de n, en prenant l'autre signe, est $\frac{1}{2\cos i}$; on a, par suite,

$$N = \Pi y[n - (\cos i - n)\cos 2\theta - \sin i \sin 2\theta],$$
$$T = \Pi y[(\cos i - n)\sin 2\theta - \sin i \cos 2\theta],$$

et pour le parement du mur

$$\text{tang}\,\alpha' = \frac{(\cos i - n)\sin 2\theta' - \sin i \cos 2\theta'}{n - (\cos i - n)\cos 2\theta' - \sin i \sin 2\theta'},$$

équation qui fera connaître l'angle θ'. On a aussi

$$\text{tang}\,2\theta_1 = \frac{\sin i}{\cos i - n},$$

et les lignes isostatiques de chaque système sont droites et parallèles.

Les lignes de glissement sont également droites et leurs inclinaisons θ sur Oy sont données par

$$\text{tang}(2\theta \pm \alpha) = -\frac{\cos i - n}{\sin i}.$$

Dans tous les autres cas, les lignes de glissement ne seront pas droites, comme on le suppose *à priori*, dans la théorie ordinaire de la poussée des terres.

Ces différentes considérations sont dues à M. Maurice Levy.

§ III. — *De l'équilibre d'élasticité des corps homogènes.*

168. Nous nous bornerons à exposer dans ce paragraphe les éléments de la théorie mathématique de l'élasticité, qui sont strictement nécessaires pour justifier, au moins dans certaines limites, les hypothèses *à priori* sur la traction, la flexion et la torsion des prismes, qui servent de base à la théorie usuelle de la résistance des matériaux, dont nous aurons ensuite à nous occuper.

169. *De l'élasticité.* — Lorsqu'un corps solide est soumis à l'action de forces extérieures, ses molécules entrent en mouvement; il se déforme successivement, jusqu'au moment où l'équilibre se rétablit entre les forces moléculaires, modifiées par la variation des intervalles des molécules et les forces extérieures.

Si les intensités de ces dernières forces ne dépassent pas une certaine limite, dès que leur action vient à cesser, le corps reprend sa forme primitive, à la suite d'une série de vibrations exécutées par ses molécules.

Cette propriété des corps de reprendre, après avoir été déformés, leur forme primitive, dès que la cause qui avait donné lieu à la déformation a disparu, est ce que l'on appelle l'*élasticité.*

Tous les corps solides sont élastiques, dans certaines limites variables avec leur nature; mais, en général, cette propriété ne subsiste que pour des déformations très-petites par rapport aux dimensions des corps ou encore pour des écartements des molécules très-faibles par rapport à leurs distances primitives; c'est ce que nous admettrons dans tout ce qui suit.

De ce que la constitution des corps se modifie pour des déplacements très-petits de leurs molécules, il faut conclure que la fonction $f(r)$ de la distance de deux molécules, dont dépend leur action mutuelle, décroît très-rapidement lorsque r augmente, et devient insensible dès que cette distance atteint une limite r_1, très-petite d'ailleurs.

Il résulte de là que les actions exercées sur une molécule intérieure m d'un corps par toutes les autres se réduisent à celles qui proviennent des molécules situées dans la sphère d'activité de cette molécule, dont r_1 est le rayon.

Tout ce qui précède n'est que le développement d'une partie des considérations générales exposées au n° 30.

Nous ne nous occuperons, dans ce qui suit, que des corps qui, à l'état naturel, c'est-à-dire soustraits à l'action de toute force extérieure, sont homogènes dans toutes leurs parties.

170. *Sommes qui représentent les composantes de la pression.* — Soient

ω un élément plan, pris dans l'intérieur d'un corps solide, supposé parallèle au plan xOy et sur la face inférieure duquel nous nous proposons de déterminer la pression $p\omega$;

G le centre de gravité de ω;

r la distance de deux molécules de masses m', m'', situées l'une dessus, l'autre au-dessous de ω, sur une droite qui traverse l'aire de cet élément;

$f(r)$ la fonction de la distance dont dépend l'action mutuelle $m' m'' f(r)$, supposée attractive pour fixer les idées, des deux molécules m' et m''.

Nous conserverons d'ailleurs les notations du § I.

Pour déterminer la résultante $p\omega$ de toutes les actions des molécules situées au-dessous de ω sur celles qui sont situées au-dessus, telles que $m' m'' f(r)$, on peut d'abord faire la somme de toutes les actions exercées par toutes les molécules m'' situées au-dessous de ω sur celles m' situées au-dessus, et pour lesquelles la distance r reste constante en grandeur et en direction. Or, les molécules m'' formant un cylindre oblique, ayant pour base ω et pour génératrice une parallèle à r, leur masse totale est

$$\rho\omega r \cos(r, z).$$

D'un autre côté, puisque le corps est homogène, les masses m' sont équivalentes; la somme dont il s'agit se réduit ainsi à

$$m' \rho\omega r f(r) \cos(r, z),$$

et sa composante parallèle aux x

$$m' \rho\omega r f(r) \cos(r, z) \cos(r, x);$$

par suite

$$p_{zx} = \rho \,\text{som}\, m' r f(r) \cos(r, z) \cos(r, x),$$

le signe som s'étendant à toutes les molécules m' supérieures à ω et à toutes les valeurs de r pour lesquelles la fonction $f(r)$ ne devient pas insensible; mais cette somme est la moitié de la somme pareille relative à toutes les molécules m situées autour de G et à la distance r du même point, à la condition que les angles seront ceux qui seront formés par les portions des directions des rayons situés au-dessus de ω. Il vient donc, en donnant au symbole som cette nouvelle signification,

$$p_{zx} = p_{xz} = \tfrac{1}{2}\rho \,\text{som}.\, m r f(r) \cos(r, z) \cos(r, x),$$

et de même

$$p_{zy} = p_{yz} = \tfrac{1}{2}\rho \operatorname{som} mrf(r)\cos(r, z)\cos(r, y),$$
$$p_{zz} = \tfrac{1}{2}\rho \operatorname{som} mrf(r)\cos^2(r, z).$$

171. *Expressions des composantes de la pression en fonction des déplacements.* — Nous supposerons dans ce qui suit, en vertu de l'observation faite au n° 169, que les déplacements relatifs des molécules, et par suite leurs dérivées partielles relatives aux coordonnées, soient assez petits pour que l'on puisse négliger les termes qui renferment leurs puissances supérieures à la première ou leurs produits.

Soient x, y, z les coordonnées primitives du centre de gravité G de ω; $x+h$, $y+k$, $z+l$ celles d'une molécule quelconque située dans la sphère d'activité de G.

On a

$$\cos(r, x) = \frac{h}{r}, \quad \cos(r, y) = \frac{k}{r}, \quad \cos(r, z) = \frac{l}{r},$$

et, en posant $\dfrac{f(r)}{r} = \varphi(r)$, les expressions ci-dessus pourront s'écrire ainsi :

$$p^o_{zx} = \frac{\rho}{2} \operatorname{som} m\varphi(r)lh, \quad p^o_{zy} = \frac{\rho}{2} \operatorname{som} m\varphi(r)lk, \quad p^o_{zz} = \frac{\rho}{2} \operatorname{som} m\varphi(r)l^2,$$

l'indice supérieur o étant relatif à l'état naturel du corps.

Supposons que le corps subisse une très-faible déformation. Soient δ la caractéristique de la variation de r, h, k, l, ρ; u, v, w les projections, sur les trois axes, du déplacement de G. Le rayon de la sphère d'activité de ce dernier point étant très-petit, les dérivées partielles de u, v, w, par rapport à x, y, z, pourront être considérées comme constantes dans toute son étendue; d'ailleurs ce sont des quantités du même ordre que u, v, w et dont on peut ainsi négliger les secondes puissances.

On se rappellera (67) que

$$\theta = \frac{du}{dx} + \frac{dv}{dy} + \frac{dw}{dz}$$

est la dilatation cubique au point considéré.

La nouvelle densité, après la déformation, sera

$$\rho + \delta\rho = \frac{\rho}{1+\theta} = \rho(1-\theta) = \rho\left(1 - \frac{du}{dx} - \frac{dv}{dy} - \frac{dw}{dz}\right),$$

et on pourra la laisser en facteur commun devant les signes som.

On aura donc pour les composantes de la pression, après la déformation,

$$(\alpha)\quad \left\{\begin{aligned} p_{zx} &= \tfrac{1}{2}\rho\big[\text{som}\, m\varphi(r)\, lh + \text{som}\, m\varphi'(r)\, lh\,\delta r \\ &\qquad + \text{som}\, m\varphi(r)(l\,\delta h + h\,\delta l)\big] + \tfrac{1}{2}\delta\rho\, \text{som}\, m\varphi(r)\, lh, \\ p_{zy} &= \tfrac{1}{2}\rho\big[\text{som}\, m\varphi(r)\, lk + \text{som}\, m\varphi'(r)\, lk\,\delta r \\ &\qquad + \text{som}\, m\varphi(r)(l\,\delta k + k\,\delta l)\big] + \tfrac{1}{2}\delta\rho\, \text{som}\, m\varphi(r)\, lk, \\ p_{zz} &= \tfrac{1}{2}\rho\big[\text{som}\, m\varphi(r)\, l^2 + \text{som}\, m\varphi'(r)\, l^2\,\delta r \\ &\qquad + 2\,\text{som}\, m\varphi(r)\, l\,\delta l\big] + \frac{\delta\rho}{2}\, \text{som}\, m\varphi(r)\, l^2. \end{aligned}\right.$$

Remarque. — Ces formules, ainsi que toutes celles qui précèdent, ne supposent pas nécessairement que le corps est isotrope autour de m, mais bien que l'élément ω sépare deux masses isotropes, dont l'isotropie peut être différente, ρ étant la densité de la masse inférieure.

Revenons au sujet qui nous occupe; δh, par exemple, n'étant autre chose que l'accroissement que prend u, quand on y remplace x, y, z par $y + h$, $x + k$, $z + l$, on a, en négligeant les termes du second ordre,

$$\delta h = \frac{du}{dx} h + \frac{du}{dy} k + \frac{du}{dz} l,$$

et de même

$$(\beta)\quad \begin{aligned} \delta k &= \frac{dv}{dx} h + \frac{dv}{dy} k + \frac{dv}{dz} l, \\ \delta l &= \frac{dw}{dx} h + \frac{dw}{dy} k + \frac{dw}{dz} l, \end{aligned}$$

et enfin

$$\delta r = \frac{h\,\delta h + k\,\delta k + l\,\delta l}{r} = \frac{1}{r}\left[h^2 \frac{du}{dx} + k^2 \frac{dv}{dy} + l^2 \frac{dw}{dz} + hk\left(\frac{du}{dy} + \frac{dv}{dx}\right) + hl\left(\frac{du}{dz} + \frac{dw}{dx}\right) + kl\left(\frac{dv}{dz} + \frac{dw}{dy}\right)\right],$$

valeurs qu'il faudra substituer dans les expressions ci-dessus en mettant en facteur commun les dérivées partielles de u, v, w.

Les résultats de ces substitutions se simplifient beaucoup, si l'on remarque : 1° que, en raison de la symétrie, les som renfermant h, k, l, à une puissance impaire sont nulles; 2° que, les corps avant la déformation n'étant sollicités par aucune force, la constante qui représente la pression initiale est nulle, ou autrement que

$$\text{som}\, m\varphi(r)h^2 = \text{som}\, m\varphi(r)k^2 = \text{som}\, m\varphi(r)l^2 = 0;$$

3° que l'on néglige les termes du deuxième ordre en $\frac{du}{dx}$, $\frac{dv}{dx}, \frac{dw}{dx}, \frac{du}{dy}, \ldots$ et, en posant

$$(7)\quad \begin{cases} \text{som}\, m\,\frac{\varphi'(r)}{r}\,h^2l^2 = \text{som}\, m\,\frac{\varphi'(r)}{r}\,h^2k^2 = \text{som}\, m\,\frac{\varphi'(r)}{r}\,l^2k^2 = -\frac{2}{\rho}\,\mu, \\ \text{som}\, m\,\frac{\varphi'(r)}{r}\,h^4 \;= \text{som}\, m\,\frac{\varphi'(r)}{r}\,k^4 \;= \text{som}\, m\,\frac{\varphi(r)}{r}\,l^4 \;= -\frac{2}{\rho}\,\nu, \end{cases}$$

on trouve

$$(1)\quad \begin{cases} p_{xz} = p_{zx} = -\mu\left(\frac{du}{dz} + \frac{dw}{dx}\right), \\ p_{yz} = p_{zy} = -\mu\left(\frac{dv}{dz} + \frac{dw}{dy}\right), \\ p_{zz} = -\mu\left(\frac{du}{dx} + \frac{dv}{dy} + \frac{dw}{dz}\right) - (\nu - \mu)\,\frac{dw}{dz}. \end{cases}$$

Mais on a entre ν et μ la même relation qu'entre les coefficients B et C au n° 67, ou

$$\nu = 3\mu,$$

relation résultant de ce que les valeurs de ν et μ sont indépendantes du choix des coordonnées; on a donc par suite

$$(2)\quad \begin{cases} p_{zx} = p_{xz} = -\mu\left(\frac{du}{dz} + \frac{dw}{dx}\right), \\ p_{zy} = p_{yz} = -\mu\left(\frac{dv}{dz} + \frac{dw}{dy}\right), \\ p_{zz} = -\mu\left(\frac{du}{dx} + \frac{dv}{dy} + 3\,\frac{dw}{dz}\right). \end{cases}$$

Par de simples permutations de lettres, on déduira facilement de ces formules les expressions de p_{xx}, p_{yy}, p_{xy}, p_{yx} (¹).

172. *Interprétation géométrique.* — Portons à partir de G sur la normale à l'élément ω, censé parallèle au plan xOy avant la déformation, la longueur infiniment petite $Gn = l$ (*fig.* 80).

Après la déformation, G arrive en G′ ayant pour coordonnées $x+u$, $y+v$, $z+w$; celles de la nouvelle position n' du point n seront $x+u+\frac{du}{dz}l$, $y+v+\frac{dv}{dz}l$, $z+l+w+\frac{dw}{dz}l$.

Fig. 80.

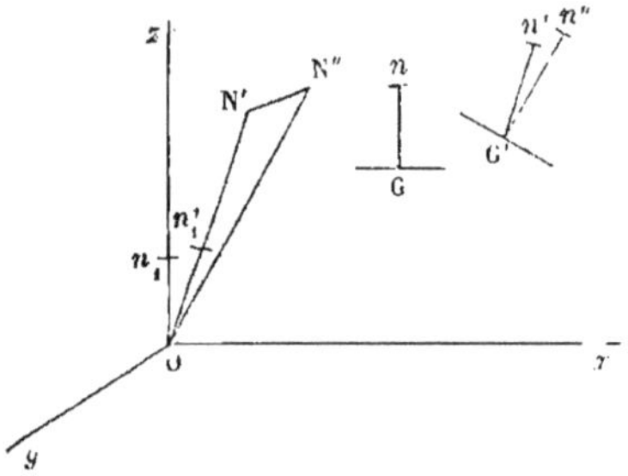

Transportons parallèlement à elles-mêmes, à l'origine O en On_1, On'_1, les longueurs Gn, $G'n'$. Les coordonnées de n'_1

(¹) Les équations du n° 67, qui s'appliquent aux mouvements vibratoires des corps élastiques, renferment deux coefficients, tandis qu'ici nous n'en introduisons qu'un; cela tient à ce que nous venons de supposer que la pression est nulle dans le corps à l'état naturel, ce qui n'a pas lieu pour les fluides.

Mais si, dans le numéro précité, on exprime que la pression du corps à l'état naturel est nulle ou que $A=0$, on trouve $\lambda=\mu$, ce qui est l'équivalent de la relation $\nu=3\mu$ à laquelle nous venons d'arriver, et qui a été vérifiée par M. Kirchhoff, en opérant sur des barres d'acier trempé et par M. Cornu (*Comptes rendus de l'Académie des Sciences*, séance du 2 août 1869), en faisant fléchir des barres de cristal. Cagniard-Latour (Poncelet, *Introduction à la Mécanique industrielle*, 3ᵉ édition, p. 307) est arrivé au même résultat en observant la contraction de fils de fer soumis à des efforts de traction.

Comme les métaux ne sont pas réellement isotropes, qu'ils sont généralement fibreux ou cristallins, l'égalité $3\nu=\mu$ n'est pas exactement satisfaite, mais les écarts ne sont pas considérables.

parallèles à Ox, Oy, Oz seront

$$(\delta)\qquad x_1 = \frac{du}{dz}l,\quad y_1 = \frac{dv}{dz}l,\quad z_1 = l + \frac{dw}{dz}l.$$

L'angle $n_1 O n'_1$ étant supposé très-petit, On'_1 ne diffère de z_1 que d'une quantité du second ordre, de sorte que l'on a

$$On'_1 - On_1 = \frac{dw}{dz}l,$$

d'où

$$\frac{On'_1 - On_1}{On_1} = \frac{dw}{dz}.$$

Cette augmentation relative de la distance Gn est ce que nous appellerons la *dilatation* du corps suivant la normale à ω; nous la représenterons par δ_z, et nous écrirons de la même manière

$$(3)\qquad \delta_x = \frac{du}{dx},\quad \delta_y = \frac{dv}{dy}.$$

Soient $x + h$, $y + k$ les coordonnées d'un point de l'élément ω avant la déformation; après, ces coordonnées sont devenues

$$x + h + u + \frac{du}{dx}h + \frac{du}{dy}k,$$

$$y + k + v + \frac{dv}{dx}h + \frac{dv}{dy}k,$$

$$z + w + \frac{dw}{dx}h + \frac{dw}{dy}k.$$

En transportant parallèlement à lui-même l'élément déformé ω à l'origine, les coordonnées de celui de ses points que l'on considère sont devenues

$$\xi = h + \frac{du}{dx}h + \frac{du}{dy}k,$$

$$\eta = k + \frac{dv}{dx}h + \frac{dv}{dy}k,$$

$$\zeta = \frac{dw}{dx}h + \frac{dw}{dy}k,$$

et l'on a, par l'élimination de h et k, en négligeant les termes du second ordre, pour l'équation du plan auquel appartient ω',

$$(\varepsilon) \qquad \zeta = \frac{dw}{dx}\,\chi + \frac{dw}{dy}\,\eta.$$

Soit ON″ la parallèle en O à la normale On'' à ω'; si l'on prend sur cette direction, à partir de l'origine, ON″ = 1, les coordonnées du point N″ sont les cosinus des angles de la normale au plan représenté par l'équation (ε), et ont pour valeurs

$$x_1 = -\frac{dw}{dx}, \quad y_1 = -\frac{dw}{dy}.$$

Si nous portons également à partir de O, sur la direction de On'_1, la longueur ON′ = 1, d'après les formules (δ), les coordonnées du point N′ seront

$$x_2 = \frac{du}{dz}, \quad y_2 = \frac{dv}{dz}.$$

L'arc N′N″, qui mesure l'angle de la normale déformée avec la normale à l'élément déformé, est ce que l'on appelle le *glissement* suivant ω.

Si l'on désigne ce glissement par γ_z, pour indiquer que ω est perpendiculaire à Oz, et si, pour représenter sa projection sur un axe, on fait suivre l'indice de la lettre qui caractérise cet axe, on a

$$\gamma_{zx} = x_2 - x_1 = \frac{dw}{dx} + \frac{du}{dz},$$

$$\gamma_{zy} = y_2 - y_1 = \frac{dw}{dy} + \frac{dv}{dz}.$$

Les formules (2) peuvent alors s'écrire ainsi

$$(4) \qquad \begin{cases} p_{zx} = -\mu\gamma_{zx}, \\ p_{zy} = -\mu\gamma_{zy}, \\ p_{zz} = -\mu(\delta_x + \delta_y + 3\delta_z), \end{cases}$$

et la dilatation cubique

$$\theta = \delta_x + \delta_y + \delta_z;$$

et cette dilatation est ainsi égale à la somme des dilatations linéaires estimées suivant trois axes rectangulaires.

Supposons que l'on veuille exprimer les déplacements en

fonction des composantes des pressions, on reconnaît facilement que l'on a

$$(5)\quad \begin{cases} \delta_x + \delta_y + \delta_z = \theta = -\dfrac{p_{xx}+p_{yy}+p_{zz}}{\rho\mu}, \\ \delta_x = -\dfrac{1}{2}\left(\dfrac{p_{xx}}{\mu}+\theta\right), \\ \delta_y = -\dfrac{1}{2}\left(\dfrac{p_{yy}}{\mu}+\theta\right), \\ \delta_z = -\dfrac{1}{2}\left(\dfrac{p_{zz}}{\mu}+\theta\right), \\ \gamma_{zx} = -\dfrac{p_{zx}}{\mu}, \\ \gamma_{zy} = -\dfrac{p_{zy}}{\mu}, \\ \gamma_{xy} = -\dfrac{p_{xy}}{\mu}. \end{cases}$$

173. *Équations d'élasticité des solides homogènes.* — En substituant dans les équations (1) du n° **156** les expressions (2) des pressions relatives à l'axe Oz, et celles qui en dérivent pour les deux autres axes, et continuant à représenter par θ la dilatation cubique, on trouvera

$$(6)\quad \begin{cases} 2\dfrac{d\theta}{dx} + \dfrac{d^2u}{dx^2} + \dfrac{d^2u}{dy^2} + \dfrac{d^2u}{dz^2} + \dfrac{\rho}{\mu}X = 0, \\ 2\dfrac{d\theta}{dy} + \dfrac{d^2v}{dx^2} + \dfrac{d^2v}{dy^2} + \dfrac{d^2v}{dz^2} + \dfrac{\rho}{\mu}Y = 0, \\ 2\dfrac{d\theta}{dz} + \dfrac{d^2w}{dx^2} + \dfrac{d^2w}{dy^2} + \dfrac{d^2w}{dz^2} + \dfrac{\rho}{\mu}Z = 0, \end{cases}$$

pour les équations aux différentielles partielles qui donneront u, v, w en fonction des coordonnées. Si X, Y, Z sont des fonctions des coordonnées, on les estimera, vu la petitesse des déplacements, comme si le corps n'avait pas éprouvé de déformation. Les équations relatives à la surface, auxquelles doivent satisfaire les intégrales des précédentes, seront données par les formules (3) du n° **157**, en supposant que p'_x, p'_y, p'_z soient des fonctions données des coordonnées des points de la surface elle-même définie par une équation $S = 0$.

Les équations (6) donnent celles des mouvements vibratoires, en y remplaçant respectivement X, Y, Z par $X - \frac{d^2u}{dt^2}$, $Y - \frac{d^2v}{dt^2}$, $Z - \frac{d^2w}{dt^2}$, et l'on a

$$
\begin{aligned}
2\frac{d\theta}{dx} + \frac{d^2u}{dx^2} + \frac{d^2u}{dy^2} + \frac{d^2u}{dz^2} + \frac{\rho}{\mu}\left(X - \frac{d^2u}{dt^2}\right) &= 0,\\
2\frac{d\theta}{dy} + \frac{d^2v}{dx^2} + \frac{d^2v}{dy^2} + \frac{d^2v}{dz^2} + \frac{\rho}{\mu}\left(Y - \frac{d^2u}{dt^2}\right) &= 0,\\
2\frac{d\theta}{dz} + \frac{d^2w}{dx^2} + \frac{d^2w}{dz^2} + \frac{d^2w}{dy^2} + \frac{\rho}{\mu}\left(Z - \frac{d^2u}{dt^2}\right) &= 0.
\end{aligned}
$$

Si l'on ajoute ces équations, après les avoir différentiées respectivement par rapport à x, y, z, on trouve

$$
(6') \qquad \rho\frac{d^2\theta}{dt^2} = 3\mu\left(\frac{d^2\theta}{dx^2} + \frac{d^2\theta}{dy^2} + \frac{d^2\theta}{dz^2}\right) + \rho\left(\frac{dX}{dx} + \frac{dY}{dy} + \frac{dZ}{dz}\right).
$$

Si le corps n'est sollicité par aucune force extérieure, s'il est soumis à l'action de forces constantes en grandeur et en direction, ou, en général, à des forces satisfaisant à l'équation

$$
\frac{dX}{dx} + \frac{dY}{dy} + \frac{dZ}{dz} = 0,
$$

comme cela a lieu pour les attractions ou répulsions émanant d'un centre fixe, l'équation (6′) se réduit à la suivante :

$$
\frac{d^2\theta}{dt^2} = \frac{3\mu}{\rho}\left(\frac{d^2\theta}{dx^2} + \frac{d^2\theta}{dy^2} + \frac{d^2\theta}{dz^2}\right),
$$

ce qui n'est autre chose, à la notation près pour le coefficient constant, que l'équation à laquelle nous sommes arrivé à la fin du n° 67.

174. *Extension d'un prisme.* — Considérons un cylindre homogène, fixé par une extrémité et uniquement soumis à l'action d'une traction uniformément répartie sur la base opposée. Nous ferons coïncider le plan des xy avec celui de la base fixe.

Soit Q l'effort total de traction exercé sur la base fixe dont l'aire est représentée par Ω.

En se reportant au n° **157**, on a pour la surface latérale $\gamma = 90°$, $\beta = 90° - \alpha$, et comme la pression est nulle sur cette surface, on doit satisfaire aux conditions

$$p_{xx}\cos\alpha + p_{xy}\sin\alpha = 0,$$
$$p_{yx}\cos\alpha + p_{yy}\sin\alpha = 0,$$
$$p_{zx}\cos\alpha + p_{zy}\sin\alpha = 0.$$

Les conditions relatives à la base libre sont

$$p_{zx} = 0, \quad p_{zy} = 0, \quad p_{zz} = -\frac{Q}{\Omega};$$

on satisfera à ces conditions, ainsi qu'aux équations (1) du n° **156**, en posant

$$(7) \qquad \begin{cases} p_{xx} = 0, \quad p_{yy} = 0, \quad p_{xy} = 0, \quad p_{xz} = 0, \quad p_{yz} = 0, \\ p_{zz} = -\dfrac{Q}{\Omega}, \end{cases}$$

d'où, en se reportant au n° **172**,

$$p_{xx} = -\mu(\delta_y + \delta_z + 3\delta_x) = 0,$$
$$p_{yy} = -\mu(\delta_x + \delta_z + 3\delta_y) = 0,$$
$$p_{zz} = -\mu(\delta_x + \delta_y + 3\delta_z) = \frac{Q}{\Omega}.$$

On tire de là

$$(8) \qquad \begin{cases} \delta_x = \delta_y = -\dfrac{\delta_z}{4}, \\ \delta_z = \dfrac{2}{5}\dfrac{Q}{\mu\Omega}. \end{cases}$$

La dilatation $\delta_z = \frac{dw}{dz}$ étant constante, il en est de même du rapport $\frac{w}{z}$, que l'on peut dès lors prendre égal à celui de l'allongement λ du prisme à sa longueur l, ou à l'*allongement relatif* du prisme; nous aurons donc

$$Q = \frac{5}{2}\mu\Omega\frac{\lambda}{l}.$$

On donne le nom de *coefficient d'élasticité* au facteur

$$E = \frac{5}{2}\mu, \tag{9}$$

qui représente la charge par unité de surface qu'il faudrait faire supporter au prisme pour doubler sa longueur si la matière jouissait de propriétés élastiques suffisamment étendues.

Ainsi donc nous poserons

$$Q = E\Omega\frac{\lambda}{l}, \tag{10}$$

en nous rappelant que *le coefficient de glissement* μ est les $\frac{2}{5}$ du coefficient d'élasticité.

D'après la première des équations (8), les sections droites du prisme éprouvent dans deux directions rectangulaires quelconques, par suite dans toutes les directions, une contraction linéaire égale au quart de la dilatation longitudinale; la dilatation cubique est, par suite moitié de cette dernière. Cagniard-Latour est arrivé aux mêmes résultats par l'expérience, ainsi que nous l'avons fait observer dans la note du n° 171.

Si, au lieu d'une traction sur la base, il y avait une compression, tout ce qui précède subsisterait encore, en remplaçant l'expression de *dilatation* par celle de *contraction*, et inversement.

175. *Torsion d'un cylindre circulaire.* — Supposons qu'un cylindre droit soit fixé par une de ses extrémités, qu'il soit sollicité, vers l'autre, par un couple perpendiculaire à son axe, qui lui fera subir une torsion.

Soient

O le centre de la section maintenue fixe;

Ox, Oy deux axes rectangulaires, tracés dans le plan de cette section;

Oz l'axe du cylindre.

Supposons que, entre la section en un point A de Oz et le plan xOy, le cylindre ne soit soumis à l'action d'aucune force extérieure et proposons-nous de déterminer la déformation de cette partie du cylindre.

Comme au numéro précédent, les conditions relatives à la surface latérale du cylindre seront

$$\begin{aligned} p_{xz}\cos\alpha + p_{xy}\sin\alpha &= 0,\\ p_{xy}\cos\alpha + p_{yy}\sin\alpha &= 0,\\ p_{xz}\cos\alpha + p_{yz}\sin\alpha &= 0. \end{aligned}$$

Les deux premières de ces conditions seront satisfaites si, dans toute la masse, on a

$$(11)\qquad p_{xx} = 0,\quad p_{yy} = 0,\quad p_{xy} = 0,$$

ce que nous admettrons, sauf à vérifier ultérieurement s'il peut en être ainsi. La troisième condition, qui peut se mettre sous la forme

$$xp_{xz} + yp_{yz} = 0,$$

sera encore satisfaite, si elle l'est pour tous les points du cylindre, et est vérifiée par

$$(12)\qquad p_{xz} = \mu\Theta y,\quad p_{yz} = -\mu\Theta x.$$

Θ étant une constante.

On reconnaît facilement que les valeurs (11) et (12), en y joignant la relation

$$(13)\qquad p_{zz} = 0,$$

satisfont aux équations d'équilibre intérieur (1) du n° **156**.

D'après le n° **171**, les équations (11), (12), (13) conduisent aux suivantes :

$$(14)\qquad \left\{\begin{aligned} &\frac{dv}{dy} + \frac{dw}{dz} + 3\frac{du}{dx} = 0,\\ &\frac{du}{dx} + \frac{dw}{dz} + 3\frac{dv}{dy} = 0,\\ &\frac{du}{dx} + \frac{dv}{dy} + 3\frac{dw}{dz} = 0,\\ &\frac{du}{dy} + \frac{dv}{dx} = 0,\\ &\frac{du}{dz} + \frac{dw}{dx} = \Theta y,\\ &\frac{dv}{dz} + \frac{dw}{dy} = -\Theta x. \end{aligned}\right.$$

Des trois premières on déduit

$$(15)\qquad \frac{du}{dx}=0,\quad \frac{dv}{dy}=0,\quad \frac{dw}{dz}=0;$$

les trois suivantes sont vérifiées par

$$(16)\qquad \begin{cases} \dfrac{du}{dy}+\dfrac{dv}{dx}=0, \\ \dfrac{dw}{dx}=0,\quad \dfrac{dw}{dy}=0, \end{cases}$$

$$(17)\qquad \begin{cases} \dfrac{du}{dz}=\Theta y, \\ \dfrac{dv}{dz}=-\Theta x. \end{cases}$$

En vertu des relations (15) et (16), w doit être constant et, par suite, nul, comme au point O; u est indépendant de x et v de y. La première des équations (16) et les équations (17) sont ensuite satisfaites par

$$u=\Theta yz,\quad v=-\Theta xz.$$

Si l'on désigne par $r=\sqrt{x^2+y^2}$ la distance à l'axe du point d'une section quelconque ayant pour coordonnées x, y, et par U le déplacement de ce point, on a

$$(18)\qquad U=\sqrt{u^2+v^2}=\Theta rz,$$

et ce déplacement est perpendiculaire au rayon r; on voit ainsi que toutes les génératrices du cylindre de rayon r sont devenues des hélices, qui font, avec l'axe Oz, l'angle de glissement Θr. La pression totale, ou la résultante de p_{xz}, p_{yz}, est

$$(19)\qquad p=\mu\Theta r,$$

et sa direction coïncide avec celle de U.

Soient

$d\omega$ un élément superficiel d'une section de la partie OA du cylindre,

R le rayon du cylindre,

$\mathfrak{M}$ le moment du couple extérieur.

En exprimant que la portion du prisme comprise entre Ω

et l'extrémité libre du cylindre est en équilibre autour de l'axe de OZ, on a

$$\mathfrak{M} = \int p\,d\omega\,r = \mu\Theta \int r^2\,d\omega,$$

ou

$$\mathfrak{M} = \mu\Theta\pi\frac{R^4}{2}. \tag{20}$$

Pour que l'équation (18) fût applicable d'un bout à l'autre du cylindre, il faudrait que le couple fût dû à des forces perpendiculaires aux rayons et réparties sur la base libre proportionnellement à ces rayons; mais il est inutile de faire cette restriction, car l'expérience montre que, à de très-petites distances des points d'application des forces extérieures, les effets de torsion deviennent indépendants du mode de distribution des forces et ne dépendent, en définitive, que de la grandeur du couple de torsion.

176. *Flexion d'un prisme.* — Considérons un prisme ou un cylindre, dont la section droite ait un axe de symétrie; tous les axes semblables détermineront un plan de symétrie.

Supposons que, sous l'action de forces extérieures, le prisme, fixé par une extrémité, se déforme de manière que toutes les droites matérielles parallèles aux arêtes, dans lesquelles on peut le supposer décomposé, deviennent des courbes situées dans des plans parallèles au plan de symétrie; nous dirons que le prisme s'est *infléchi* ou a éprouvé une *flexion* parallèlement à la direction de ce plan.

Pour abréger, nous désignerons, sous le nom de *ligne moyenne*, le lieu géométrique des centres de gravité de toutes les sections.

Soient (*fig.* 81)

O un point de la ligne moyenne déformée OA,
Ox la tangente et Oy la normale en ce point,
Oz la perpendiculaire en O au plan xOy.

Supposons qu'une portion du prisme, comprise entre les sections transversales en O et un certain point A, ne soit soumise à l'action d'aucune force extérieure et proposons-nous d'étudier les propriétés des forces élastiques développées dans une section droite de cette portion, dont le centre de gravité G ait x pour abscisse.

Fig. 81.

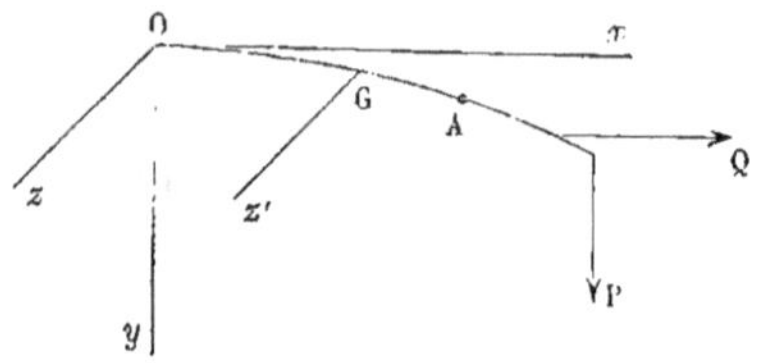

La pression sur un élément du périmètre de la section droite étant nulle, on a, en faisant $\alpha = 90°$, $\gamma = 90° - \beta$ dans les formules (3) du n° **157**, pour les conditions relatives au périmètre d'une section,

$$(a) \quad \begin{cases} p_{xy}\cos\beta + p_{xz}\sin\beta = 0, \\ p_{yy}\cos\beta + p_{yz}\sin\beta = 0, \\ p_{yz}\cos\beta + p_{zz}\sin\beta = 0. \end{cases}$$

Nous satisferons aux deux dernières de ces conditions, en supposant que, dans toute la section, on a

$$(1) \quad p_{yy} = 0, \quad p_{zz} = 0, \quad p_{yz} = 0,$$

sauf à vérifier ultérieurement si cette hypothèse est admissible. La seule condition à remplir, relative au périmètre de la section, sera

$$\tan\beta = -\frac{p_{xy}}{p_{xz}},$$

ou

$$(b) \quad \frac{dz}{dy} = \frac{p_{xz}}{p_{xy}}.$$

Les trois équations d'équilibre entre les pressions intérieures deviennent alors

$$(2) \quad \begin{cases} \dfrac{dp_{xx}}{dx} + \dfrac{dp_{xy}}{dy} + \dfrac{dp_{xz}}{dz} = 0, \\ \dfrac{dp_{xy}}{dx} = 0, \\ \dfrac{dp_{xz}}{dx} = 0. \end{cases}$$

Les deux premières des équations (1) donnent

$$\delta_x + \delta_z + 3\delta_y = 0, \quad \delta_x + \delta_y + 3\delta_z = 0,$$

d'où

$$(3) \qquad \delta_y = \delta_z = -\frac{\delta_x}{4}$$

et

$$(4) \qquad p_{xx} = -\tfrac{5}{2}\mu\,\delta_x = -\mathrm{E}\,\delta_x.$$

Proposons-nous de déterminer les conditions que doit remplir le prisme, pour que δ_x soit de la forme

$$\delta_x = \mathrm{A}_0 + \mathrm{A}_1 y,$$

A_0 et A_1 étant des constantes.

En appelant $d\omega$ un élément de la section droite Ω du prisme, le moment dans le sens de la flexion, par rapport à la parallèle $\mathrm{G}z'$ à $\mathrm{O}z$, menée par le point G, des pressions élémentaires normales à la section au même point, est

$$-\int p_{xx}\,y\,d\omega = \mathrm{E}\left(\mathrm{A}_0\int y\,d\omega + \mathrm{A}_1\int y^2 d\omega\right) = \mathrm{E}\mathrm{A}_1\mathrm{I},$$

I étant le moment d'inertie de la section par rapport à $\mathrm{G}z'$. Or A_1 n'est autre chose que la valeur de $\dfrac{d\delta_x}{dy} = \dfrac{d^2u}{dx\,dy}$ pour $y = 0$ et, comme la deuxième des équations (2) équivaut à la suivante :

$$\frac{d}{dx}\left(\frac{du}{dy} + \frac{dv}{dx}\right) = 0,$$

on a, en admettant que l'indice o se rapporte à $y = 0$,

$$\mathrm{A}_1 = -\left(\frac{d^2v}{dx^2}\right)_0;$$

mais $\left(\dfrac{d^2v}{dx^2}\right)_0$ est l'inverse du rayon de courbure ρ en G de la courbe OA, en négligeant toutefois $\left(\dfrac{dv}{dx}\right)^2$ devant l'unité. On a donc

$$-\int p_{xx}\,y\,d\omega = -\mathrm{E}\mathrm{I}\left(\frac{d^2v}{dx^2}\right)_0 = -\frac{\mathrm{E}\mathrm{I}}{\rho};$$

ce moment, ajouté au moment $\mathfrak{M}$, par rapport à Gz', des forces extérieures qui agissent sur le prisme au delà de A, devant donner un résultat nul, on obtient enfin

$$(5) \qquad \frac{EI}{\rho} = \mathfrak{M}.$$

En remarquant que A_0 n'est autre chose que la dilatation de l'axe de la pièce en G, on a

$$(6) \qquad \delta_x = \delta_0 + A_1 y = \delta_0 - \frac{y}{\rho},$$

d'où

$$(7) \qquad p_{xx} = -E\left(\delta_0 - \frac{y}{\rho}\right).$$

La résultante de toutes les pressions $p_{xx}\,d\omega$ sera

$$\int p_{xx}\,d\omega = -E\Omega\delta_0.$$

Cette résultante devant être égale et contraire à celle Q des forces extérieures, estimées suivant Ox, qui agissent sur la pièce au delà de A, par rapport à G, on a

$$(8) \qquad Q = E\Omega\delta_0.$$

Les formules (5) et (8) sont celles auxquelles on arrive pour la flexion des prismes, dans la théorie de la résistance des matériaux, en partant de certaines hypothèses *à priori*, comme nous le verrons plus loin.

Il nous reste maintenant à voir s'il est possible de satisfaire aux conditions que nous avons supposées remplies dès le début. Nous ne considérerons que le cas le plus usuel où les forces extérieures agissent dans le plan xOy et sont constantes, en évaluant le moment $\mathfrak{M}$ comme s'il n'y avait pas de déformation; nous admettrons de plus que la direction de la force Q rencontre OA, de telle sorte qu'on puisse négliger son moment, qui est de l'ordre de v. Si P est la résultante des forces estimées parallèlement à l'axe des y et a la distance de son point d'application à l'origine O, on a $\mathfrak{M} = P(a - x)$. Lorsque les forces se réduisent à un couple, $\mathfrak{M}$ est constant, en sorte que nous sommes conduit à poser $\mathfrak{M} = \mathrm{EI}(\alpha x + \beta)$, α et β étant des constantes, dont la première est nulle dans le cas d'un couple; la dilatation δ_0, donnée par la formule (8), est également une constante.

Les équations (5) et (6) peuvent s'écrire ainsi :

$$(5') \qquad \left(\frac{d^2 v}{dx^2}\right)_0 = \alpha x + \beta,$$

$$(6') \qquad \frac{du}{dx} = \delta_0 - y(\alpha x + \beta),$$

d'où

$$(9) \qquad u = x\left[\delta_0 - y\left(\frac{\alpha x}{2} + \beta\right)\right] + f(y, z),$$

f étant une fonction de y, z seulement, que l'on doit pouvoir déterminer.

La double équation (3) revient aux suivantes :

$$\frac{dv}{dy} = -\frac{1}{4}\frac{du}{dx}, \quad \frac{dw}{dz} = -\frac{1}{4}\frac{du}{dx},$$

d'où, en ayant égard à la valeur (6'),

$$(10) \qquad \begin{cases} v = -\dfrac{y}{4}\left[\delta_0 - \dfrac{y}{2}(\alpha x + \beta)\right] + \varphi(x, z), \\ w = -\dfrac{z}{4}\left[\delta_0 - y(\alpha x + \beta)\right] + \psi(x, y), \end{cases}$$

φ et ψ étant deux nouvelles fonctions inconnues; mais la deuxième doit être nulle; car, en raison de la symétrie, w doit seulement changer de signe avec z, en conservant la même valeur absolue.

La troisième des équations (1) peut se mettre sous la forme

$$\frac{dv}{dz} + \frac{dw}{dy} = 0,$$

et, en y substituant les valeurs (10) et supposant $\psi = 0$, on trouve

$$\frac{d\varphi(x, z)}{dz} + \frac{z}{4}(\alpha x + \beta) = 0,$$

d'où

$$\varphi(x, z) = -\frac{z^2}{8}(\alpha x + \beta) + \chi(x),$$

$\chi(x)$ étant une nouvelle fonction. On a donc

$$(10')\quad \begin{cases} v = -\frac{y}{4}\left[\delta_0 - \frac{y}{2}(\alpha x + \beta)\right] - \frac{z^2}{8}(\alpha x + \beta) + \chi(x), \\ w = -\frac{z}{4}[\delta_0 - y(\alpha x + \beta)]. \end{cases}$$

Si l'on substitue la valeur ci-dessus de v, dans la condition (5'), on trouve

$$\frac{d^2\chi(x)}{dx^2} = \alpha x + \beta,$$

d'où

$$\chi(x) = \frac{x^2}{2}\left(\frac{\alpha x}{3} + \beta\right) + mx + n,$$

m et n étant des constantes, de sorte que l'on a

$$(10'')\quad v = -\frac{y}{4}\left[\delta_0 - \frac{y}{2}(\alpha x + \beta)\right] - \frac{z^2}{8}(\alpha x + \beta) + \frac{x^2}{2}\left(\frac{\alpha x}{3} + \beta\right) + mx + n.$$

La première des équations (2), en ayant égard à l'équation (4), peut se mettre sous la forme

$$E\frac{d^2u}{dx^2} + \mu\frac{d}{dy}\left(\frac{du}{dy} + \frac{dv}{dx}\right) + \mu\frac{d}{dz}\left(\frac{du}{dz} + \frac{dw}{dx}\right) = 0;$$

en y substituant les valeurs (9), (10'), (10'') et se rappelant que $\mu = \frac{2}{5}E$, on trouve

$$\frac{d^2f(y, z)}{dy^2} + \frac{d^2f(y, z)}{dz^2} = 2\alpha y,$$

d'où

$$f(y, z) = \frac{\alpha y^3}{3} + F(y + iz) + G(y - iz),$$

F et G étant deux fonctions arbitraires et i l'imaginaire $\sqrt{-1}$. En supposant qu'elles soient développées suivant les puissances ascendantes de $y + iz$, $y - iz$, on obtient une expression de la forme

$$f(y,z) = \frac{\alpha y^3}{3} + \Sigma A_m (y + iz)^m + \Sigma B_m (y - iz)^m$$
$$= \frac{\alpha y^3}{3} + \Sigma (A_m + B_m) \left[y^m - \frac{m(m-1)}{1.2} y^{m-2} z^2 + \frac{m(m-1)(m-2)(m-3)}{1.2.3.4} y^{m-4} z^4 - \ldots \right]$$
$$+ \Sigma (A_m - B_m) iz \left[m y^{m-1} - \frac{m(m-1)(m-2)}{1.2.3} y^{m-3} z^3 + \ldots \right].$$

Or, en raison de la symétrie par rapport au plan yOz, u, par suite $f(y,z)$, doit conserver la même valeur quand on y change z en $-z$, ce qui exige que A_m et B_m soient égaux; nous représenterons leur valeur commune par $\frac{C_m}{2}$. Si donc on pose, pour abréger,

$$(11) \quad \left\{ \begin{aligned} \Phi_m(y,z) &= y^m - \frac{m(m-1)}{1.2} y^{m-2} z^2 \\ &+ \frac{m(m-1)(m-2)(m-3)}{1.2.3.4} y^{m-4} z^4 - \ldots, \end{aligned} \right.$$

nous aurons

$$f(y,z) = \frac{\alpha y^3}{3} + \sum_0^\infty C_m \Phi_m,$$

et

$$(9') \qquad u = x\left[\delta_0 - y\left(\frac{\alpha x}{2} + \beta\right)\right] + \frac{\alpha y^3}{3} + \sum_0^\infty C_m \Phi_m.$$

La deuxième et la troisième des équations (2), qui équivalent aux suivantes :

$$\frac{d}{dx}\left(\frac{du}{dy} + \frac{dv}{dx}\right) = 0, \quad \frac{d}{dx}\left(\frac{du}{dz} + \frac{dw}{dx}\right) = 0,$$

sont satisfaites.

On peut toujours supposer que le prisme, à l'état naturel, soit placé de manière que le point O ne se déplace pas lorsque la flexion se produit, de sorte que l'on doit avoir $u = 0$, $v = 0$, $w = 0$ pour $x = 0$, $y = 0$, $z = 0$, valeurs pour lesquelles on a d'ailleurs $\frac{dv}{dx} = 0$, puisque Ox est tangent à OA; de sorte que l'on a tout simplement

$$(12)\quad \begin{cases} u = x\left[\delta_0 - y\left(\frac{\alpha x}{2} + \beta\right)\right] + \frac{\alpha y^3}{3} + \sum_1^\infty C_m \Phi_m, \\ v = -\frac{y}{4}\left[\delta_0 - \frac{y}{2}(\alpha x + \beta)\right] - \frac{z^2}{8}(\alpha x + \beta) + \frac{x^2}{2}\left(\frac{\alpha x}{3} + \beta\right), \\ w = -\frac{z}{4}\left[\delta_0 - y(\alpha x + \beta)\right] \end{cases}$$

et

$$(13)\quad \begin{cases} p_{xy} = -\mu\left(\frac{du}{dy} + \frac{dv}{dx}\right) = -\mu\left[\frac{\alpha}{8}(9y^2 - z^2) + \sum_1^\infty C_m \frac{d\Phi_m}{dy}\right], \\ p_{zx} = -\mu\left(\frac{du}{dz} + \frac{dw}{dx}\right) = -\mu\left(\frac{\alpha}{4}yz + \sum_1^\infty C_m \frac{d\Phi_m}{dz}\right). \end{cases}$$

Comme p_{xz} est une fonction impaire de z, la pression totale $\int p_{xz}d\omega$, parallèle à Oz, dans la section Ω, est nulle, ce qui devait être.

On a enfin

$$\int p_{xy}d\omega + P = 0,$$

ou

$$(14)\quad \begin{cases} \frac{\mu\alpha}{8}\left[9I - \int z^2 d\omega\right] \\ \quad + \mu\sum_1^\infty C_m\left[m\int y^{m-1}d\omega - \frac{m(m-1)(m-2)}{1.2}\int y^{m-3}z^2 d\omega \dots\right] = P. \end{cases}$$

Lorsque les forces extérieures se réduisent à un couple, on a

$$\alpha = 0, \quad P = 0;$$

p_{xy}, p_{xz} seront nuls en supposant $C_m = 0$, et la première des conditions (a), dont (b) n'est que la conséquence, se trouve vérifiée. Ainsi donc, dans le cas actuel, quelle que soit la section, pourvu qu'elle soit symétrique par rapport au plan de flexion, les hypothèses du point de départ se trouvent justifiées et, comme ρ est constant, la ligne moyenne déformée affecte la forme d'un arc de cercle.

Revenons aux généralités; la condition (b) donne

$$(15) \qquad \frac{dz}{dy} = \frac{\frac{\alpha}{4} yz + \sum_1 C_m \frac{d\Phi_m}{dz}}{\frac{\alpha}{8}(9y^2 - z^2) + \sum_1 C_m \frac{d\Phi_m}{dy}},$$

ce qui est l'équation différentielle d'une famille de courbes, à laquelle devra appartenir le profil de la section, pour que les choses se passent comme nous l'avons supposé.

La constante introduite par l'intégration et les constantes C_m ne sont reliées entre elles que par la condition (14) et par celle qui exprime que

$$\int y\,d\omega = 0.$$

On conçoit que, quel que soit un profil, on puisse, en donnant des valeurs convenables aux C_m, obtenir une courbe de la famille (15), qui diffère très-peu de ce profil, ce qui revient à dire que, dans tous les cas, les règles admises dans la théorie de la résistance des matériaux peuvent toujours recevoir leur application comme approximation.

177. *Du travail développé par les forces élastiques.* — En nous reportant aux notations du n° 170 et négligeant les puissances des déplacements supérieures à la seconde, le travail total des actions mutuelles de m', m'' a pour expression

$$m'm'' \int_0^{\delta r} f(r + \delta r)\, d\delta r = m'm'' \left[f(r)\,\delta r + f'(r) \frac{\delta r^2}{2} \right].$$

Le travail de toutes les actions mutuelles relatives à m' sera, par suite,

$$m' \operatorname{som} m'' \left[f(r)\,\delta r + f'(r) \frac{\delta r^2}{2} \right],$$

le signe som s'étendant à toutes les molécules de la sphère d'activité de m'. Si l'on fait la somme des quantités analogues pour toutes les molécules du corps, le travail de chaque couple d'actions mutuelles s'y trouvera répété deux fois, de sorte qu'il suffira, pour obtenir le résultat cherché, de faire la somme des expressions

$$\tfrac{1}{2} m' \operatorname{som} m'' \left[f(r)\delta r + f'(r)\frac{\delta r^2}{2} \right],$$

pour tous les éléments matériels m' du corps.

Remplaçons maintenant δr par sa valeur (β) du n° **171**, on y introduisant, pour simplifier, les notations du n° **172** ; puis supprimons, après la substitution, tous les termes renfermant h, k, l à une puissance impaire, qui sont nuls, en raison de l'isotropie supposée, en nous rappelant que

$$\operatorname{som} m'' \frac{f(r)}{r} h^2 = \operatorname{som} m'' \frac{f(r)}{r} k^2 = \operatorname{som} m'' \frac{f(r)}{r} l^2 = 0 ;$$

nous trouverons

$$\frac{m'}{4} \Big[(\delta_x^2 + \delta_y^2 + \delta_z^2) \operatorname{som} m'' \frac{f(r)}{r} h^4 \\ + (2\delta_x\delta_y + 2\delta_y\delta_z + 2\delta_x\delta_z + \gamma_{xy}^2 + \gamma_{yz}^2 + \gamma_{xz}^2) \operatorname{som} m'' \frac{f'(r)}{r^2} h^2 k^2 \Big].$$

Il est évident (**67** et **171**) que l'on doit avoir entre $\operatorname{som} \dfrac{f(r)}{r} h^4$ et $\operatorname{som} \dfrac{f'(r)}{r^2} h^2 k^2$ la même relation qu'entre ν et μ, c'est-à-dire que la première de ces sommes est triple de l'autre, de sorte qu'il vient

$$(1)\quad \frac{m'}{4} (3\theta^2 - 4\delta_x\delta_y - 4\delta_y\delta_z - 4\delta_x\delta_z + \gamma_{xy}^2 + \gamma_{yz}^2 + \gamma_{xz}^2) \operatorname{som} \frac{m'' f'(r)}{r^2} h^2 k^2.$$

Si l'on pose $\dfrac{f(r)}{r} = \varphi(r)$, on a

$$\operatorname{som} m'' \frac{f'(r)}{r^2} h^2 k^2 = \operatorname{som} m'' \frac{\varphi'(r)}{r} h^2 k^2 + \operatorname{som} m'' \frac{\varphi(r)}{r^2} h^2 k^2 ;$$

mais on a (**171**)

$$\operatorname{som} m'' \frac{\varphi'(r)}{r} h^2 k^2 = -2 \frac{\mu}{\rho},$$

$$\operatorname{som} m'' \varphi(r) h^2 = \operatorname{som} m'' \varphi(r) k^2 = \operatorname{som} m'' \varphi(r) k^2 = 0,$$

puis

$$\text{som}\, m'' \frac{\varphi(r)}{r^2} h^2 k^2 = \tfrac{1}{2} \text{som}\, m'' \frac{\varphi(r)}{r^2} (h^2 + k^2) l^2$$

$$= \tfrac{1}{2} \text{som}\, m'' \varphi(r) l^2 - \tfrac{1}{2} \text{som}\, m'' \frac{\varphi(r)}{r^2} l^4 = -\tfrac{1}{2} \text{som}\, m'' \frac{\varphi(r)}{r^2} l^4$$

et, comme le premier membre de cette triple égalité est égal, en valeur absolue, à six fois le dernier, il s'ensuit que

$$\text{som}\, m'' \varphi(r) \frac{h^2 k^2}{r^2} = 0.$$

L'expression (1) devient, par suite,

$$-\frac{m'}{2} \frac{\mu}{\rho} (3\theta^2 - 4\delta_x \delta_y - 4\delta_y \delta_z - 4\delta_z \delta_x + \gamma_{xy}^2 + \gamma_{yz}^2 + \gamma_{xz}^2),$$

et, en y faisant $m' = \rho\, dx\, dy\, dz$, on obtient, pour le travail moléculaire développé dans le corps entier,

$$(2)\quad \mathfrak{T} = -\frac{\mu}{2} \int\int\int (3\theta^2 - 4\delta_x \delta_y - 4\delta_y \delta_z - 4\delta_x \delta_z + \gamma_{xy}^2 + \gamma_{yz}^2 + \gamma_{xz}^2) dx\, dy\, dz.$$

On peut mettre cette expression sous une autre forme, en remplaçant les δ et γ par leurs valeurs (5) du n° **172**, en fonction des composantes des pressions. Si, en continuant à désigner par **P**, **P′**, **P″** les pressions principales, on remarque que, en vertu de l'équation (11) du n° **159**, on a

$$p_{xx} + p_{yy} + p_{zz} = \text{P} + \text{P}' + \text{P}'',$$

$$p_{xx} p_{yy} + p_{yy} p_{zz} + p_{zz} p_{xx} - p_{xy}^2 - p_{yz}^2 - p_{xz}^2 = \text{PP}' + \text{P}'\text{P}'' + \text{P}''\text{P},$$

et en se rappelant que, entre le coefficient d'élasticité **E** et le coefficient de glissement μ, on a la relation $\text{E} = \frac{5}{2}\mu$, on trouve

$$(3)\quad \mathfrak{T} = -\frac{1}{2\text{E}} \int\int\int [(\text{P} + \text{P}' + \text{P}'')^2 - \tfrac{5}{2}(\text{PP}' + \text{P}'\text{P}'' + \text{P}''\text{P}''')]\, dx\, dy\, dz.$$

Exemples :

1° *Cas d'une traction.* — Les pressions élastiques principales se réduisent à une seule **P**, qui est constante dans toute la masse ; on a donc, en désignant le volume total par **V**,

$$\mathfrak{T} = -\frac{1}{2} \frac{\text{P}^2 \text{V}}{\text{E}};$$

mais nous avons vu que $P = E\frac{\lambda}{l}$; on a d'ailleurs $V = \Omega l$, d'où

$$\mathfrak{T} = -\frac{1}{2}E\Omega\frac{\lambda^2}{l},$$

résultat auquel on pouvait arriver immédiatement, en remarquant que le travail moléculaire est égal et contraire à celui

$$E\Omega\int\frac{\lambda}{l}\,d\lambda = E\Omega\frac{\lambda^2}{2}$$

de l'effort de traction $E\Omega\lambda$.

2° *Cas d'une pression normale uniformément répartie sur la surface d'un corps.* — S'il s'agit d'un corps solide, de forme quelconque, uniformément comprimé par une pression uniforme P exercée sur sa surface, les trois pressions élastiques principales sont égales à P et l'on a

$$(1) \qquad \mathfrak{T} = -\frac{3}{4}\frac{P^2V}{E}.$$

Or, la compression linéaire étant

$$\delta = \frac{P}{5\mu} = \frac{1}{2}\frac{P}{E},$$

la compression cubique est $\frac{3P}{2E}$ et l'on voit ainsi que $\mathfrak{T}$, en valeur absolue, est égal au produit de P par la moitié de l'augmentation du volume.

On peut encore mettre l'expression de $\mathfrak{T}$ sous la forme

$$\mathfrak{T} = -3EV\delta^2,$$

qui est d'une application facile, si l'on veut déterminer le travail intérieur dû à une augmentation de température du corps. Cette nouvelle forme se déduit immédiatement de l'équation (2), sans passer par la considération des pressions principales, en y supposant

$$\delta_x = \delta_y = \delta_z = \delta, \quad \gamma_{yz} = \gamma_{zx} = \gamma_{xy} = 0.$$

§ IV. — *Exposé des principes et des principales applications de la théorie de la résistance des matériaux.*

178. Avant que Navier eût établi les bases de la théorie mathématique de l'élasticité, on était arrivé à se rendre compte des principaux phénomènes relatifs à la traction, à la flexion et à la torsion des corps homogènes, en partant de certaines hypothèses, paraissant très-plausibles *à priori* et qui sont encore admises dans l'art des constructions. Ces hypothèses permettent, en effet, de résoudre un grand nombre de questions, pour la solution desquelles la théorie de l'élasticité conduit à des intégrations compliquées et le plus souvent à des difficultés insurmontables. Ces hypothèses sont justifiées par la théorie précédente dans des cas particuliers en dehors desquels elles ont été étendues.

Nous allons faire connaître successivement les hypothèses dont il s'agit, ainsi que les principales conséquences qui en découlent et dont nous signalerons, lorsqu'il y aura lieu, la concordance avec les résultats déduits de la théorie de l'élasticité.

179. *Traction et compression.* — Considérons un prisme maintenu fixe par une de ses extrémités et sollicité par des forces agissant dans le même sens sur sa base libre, parallèlement à son axe de figure, et dont la résultante soit dirigée suivant cet axe.

Soient

l la longueur primitive du prisme;
Ω l'aire de sa section droite;
Q la résultante des forces extérieures, traction ou pression;
λ l'allongement ou le raccourcissement de l, sous l'action de cette force.

Pour fixer les idées, nous nous placerons dans le cas d'une traction.

Concevons que l'on décompose le prisme en lignes matérielles, ou files de molécules (que l'on désigne généralement sous le nom de *fibres*), parallèles à son axe. Le nombre des molécules contenues dans une file étant proportionnel à l, l'écartement, produit par Q, de deux molécules consécutives sera $\frac{\lambda}{l}$.

On admet que l'attraction mutuelle de deux molécules consécutives et, par conséquent, la composante correspondante de la force égale et contraire à Q, relative à la file considérée, est proportionnelle à cet allongement $\frac{\lambda}{l}$; mais, le nombre des files étant proportionnel à Ω, on est conduit à poser

$$(1) \qquad Q = \frac{E\Omega\lambda}{l},$$

E étant une constante dépendant de la nature du corps. La même formule s'applique évidemment au cas d'une compression.

Nous retombons ainsi sur la relation (10) du n° 174, E étant ce que nous avons appelé le *coefficient d'élasticité* de la matière.

Mais nous ne pouvons pas expliquer ici la contraction latérale du prisme, dont la considération, au point de vue des applications, est sans importance.

Au delà d'une certaine valeur de l'écartement ou rapprochement relatif $\frac{\lambda}{l}$, les molécules ne reprendront plus exactement leurs positions primitives lorsque l'effort vient à cesser et, si cet effort continue son action, le corps se désagrégera successivement et finira, à la longue, par se rompre.

Soit Γ l'effort de traction par unité de surface correspondant à la limite de l'élasticité, définie par celle de $\frac{\lambda}{l}$; il faut, pour que la formule (1) soit applicable, que l'on ait

$$\frac{Q}{\Omega} < \Gamma.$$

Il y a également une limite Γ' à la compression, dont la valeur diffère généralement peu de celle de Γ.

180. Nous avons vu précédemment (Chapitre VI, n° 75) que, lorsqu'un corps repose sur un plan fixe par plus de trois points d'appui, les pressions qu'il exerce en ces points sont indéterminées et nous avons avancé que cette indétermination n'était qu'apparente et qu'elle était due à ce que nous avions fait abstraction de la compressibilité de la matière. Cette assertion sera justifiée par l'exemple suivant :

181. *Distribution des pressions sur le plan d'appui d'un prisme rectangulaire dont la base supérieure supporte une charge.* — Nous supposerons que la charge totale, ou la résultante des charges partielles sur les éléments de la base supérieure, soit comprise dans un plan, perpendiculaire au plan d'appui AA' (*fig.* 82), censé horizontal pour fixer les idées, et passant par les milieux de deux côtés opposés de la base.

Fig. 82.

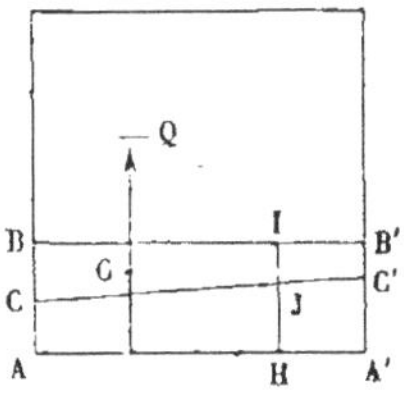

Nous prendrons, pour plan de la figure, le plan vertical ci-dessus désigné.

Soient

Q la résultante de la charge qui n'est pas censée uniformément répartie sur la base supérieure du prisme;

BB' une section horizontale du prisme à l'état naturel, supposée très-voisine de AA';

Ω l'aire de la base du prisme;

l sa largeur AA'.

Lorsque la force Q intervient, les molécules qui se trouvaient dans le plan BB' se déplacent et bientôt il se détermine un nouvel état d'équilibre. Toutes les molécules situées primitivement dans ce plan formeront, après la déformation, une surface cylindrique, dont la forme ne pourrait être déterminée que par la théorie mathématique de l'élasticité, problème qui n'est pas sans présenter de grandes difficultés [1] : mais nous nous contenterons d'une approximation, en remplaçant la portion de la surface comprise dans le prisme par un plan moyen, dont la trace sera représentée par CC'.

Soient I, J, H les projections, sur le plan de la figure, des intersections d'une verticale avec les plans BB', CC', AA'. En faisant un raisonnement analogue à celui que nous avons fait pour la traction et la compression d'un prisme, nous sommes conduit à considérer la pression, rapportée à l'unité de surface, sur un élément superficiel de CC' en I, comme proportionnelle au raccourcissement relatif $\frac{\text{IJ}}{\text{HI}}$, ou tout simplement à IJ pour tous les points de CC'. D'où il suit que la résultante, égale et contraire à Q, des réactions normales développées par le plan fixe, suivant les différents éléments de la base AA', passe, comme cette dernière force, par le centre de gravité G du volume ou du trapèze BCB'C'.

Soient maintenant a la distance connue de la direction de Q ou du point G à la verticale du point A ; $p = k.\text{BC}$, $p' = k.\text{B'C'}$ les pressions en A et A', k étant une constante pour tous les points de CC'. Nous aurons, d'après ce que l'on vient de dire,

$$\text{(1)} \qquad Q = k\,\frac{(\text{BC} + \text{B'C'})}{2}\,\Omega = \frac{p + p'}{2}\,\Omega.$$

Maintenant, si l'on prend les moments, par rapport à la droite AB, du trapèze BCB'C' et des triangles BB'C, B'CC', dans lesquels il se décompose, on trouve

$$a\left(\frac{\text{BC} + \text{B'C'}}{2}\right) l = l\,\frac{\text{BC}}{2}\,\frac{l}{3} + l\,\frac{\text{B'C'}}{2}\,\frac{2}{3}\,l,$$

[1] *Voir* à ce sujet une thèse de M. Chevilliet intitulée : *Sur l'équilibre d'élasticité du cylindre droit à base quelconque et de la sphère, soumis à l'action de la pesanteur et comprimés entre deux plans verticaux.* (Gauthier-Villars ; 1869.)

d'où, en multipliant par k et ayant égard aux valeurs de p, p',

$$(2) \qquad a(p + p') = \frac{l}{3}(p + 2p').$$

Des équations (1) et (2) on déduit

$$(3) \qquad \left\{ \begin{aligned} p &= \frac{2Q}{\Omega}\left(2 - \frac{3a}{l}\right), \\ p' &= \frac{2Q}{\Omega}\left(3\frac{a}{l} - 1\right). \end{aligned} \right.$$

Pour que le corps s'appuie par tous les points de sa base inférieure sur le plan AA', il faut que l'on obtienne pour p et p' des valeurs positives ou que l'on ait

$$a < \frac{2}{3}l,$$

$$a > \frac{l}{3};$$

en d'autres termes, il faut que la direction de Q rencontre la droite AA' entre les deux points qui divisent cette droite en trois parties égales, condition que nous supposerons d'abord remplie. On voit d'ailleurs que, en désignant par a' la distance $l - a$ de Q à A'B', on a

$$(3') \qquad p = \frac{2Q}{\Omega}\left(\frac{3a'}{l} - 1\right).$$

Admettons que a' soit supérieur à a et continuons à désigner par Γ' la résistance de la matière à l'écrasement; pour qu'il n'y ait pas désagrégation, il suffit que la plus grande valeur p des pressions exercées sur AA' soit inférieure à Γ', c'est-à-dire que l'on ait

$$\frac{2Q}{\Omega}\left(2 - \frac{3a}{l}\right) \quad \text{ou} \quad \frac{2Q}{\Omega}\left(\frac{3a'}{l} - 1\right) < \Gamma'.$$

Si $a = a' = \frac{l}{2}$, on a

$$p = p' = \frac{Q}{\Omega},$$

comme on devait s'y attendre.

Supposons maintenant que $a < \frac{l}{3}$, la valeur négative obtenue pour p' signifie que le plan CC′ (*fig.* 83) ne reste pas

Fig. 83.

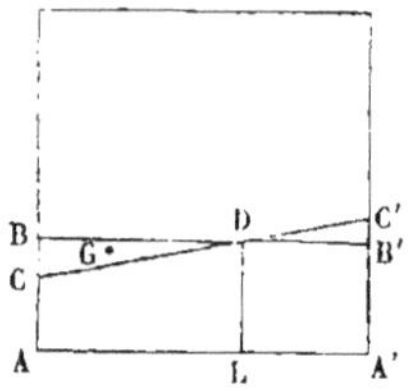

constamment au-dessous du plan BB′ et qu'il coupe ce dernier suivant une horizontale projetée en D, pour les différents points de laquelle la pression est nulle; en d'autres termes, la portion du plan d'appui comprise entre A′ et la projection horizontale L de D ne supporte aucune pression.

On verrait, comme tout à l'heure, que la force Q est proportionnelle au prisme BCD et passe par son centre de gravité G ou que $BD = 3a$. Soit l' la dimension de la base inférieure AA′ perpendiculaire au plan de la figure. Le volume BCD étant égal à $\frac{BC.3al'}{2}$, en le multipliant par k et l'égalant ensuite à Q, on trouve

$$p = \frac{2}{3}\frac{Q}{al'}. \tag{4}$$

Pour qu'il n'y ait pas écrasement, il faut que l'on ait

$$\frac{2}{3}\frac{Q}{al'} \leqq \Gamma',$$

ou

$$a \geqq \frac{2}{3}\frac{Q}{\Gamma' l'}.$$

182. *Hypothèses relatives aux composantes normales et tangentielles des forces élastiques.* — Soient G_0, G'_0 les centres de gravité de deux éléments superficiels égaux et parallèles, $d\omega$ et $d\omega'$, compris dans l'intérieur d'un corps

homogène à l'état naturel, perpendiculaires à la droite $G_0G'_0$, infiniment voisins, déterminant un prisme ou cylindre droit élémentaire rectangulaire ;

ds l'élément $G_0G'_0$;

(A), (A_1) les portions du corps situées respectivement à gauche et à droite des plans de $d\omega$, $d\omega'$ extérieures au prisme $G_0G'_0$.

Supposons que, par suite d'une déformation produite par des forces extérieures, G_0 et G'_0 viennent en G et G' (*fig.* 84);

Fig. 84.

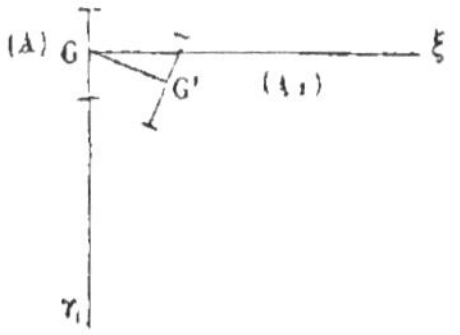

la droite GG' et toutes les fibres contenues dans le prisme élémentaire se seront, en général, inclinées sur la normale $G\xi$ à $d\omega$, en restant parallèles à elles-mêmes, à un infiniment petit près, et le parallélisme n'existera plus entre les deux éléments superficiels considérés.

Si δ est l'allongement relatif $\dfrac{GG' - G_0G'_0}{G_0G'_0}$, c'est-à-dire la dilatation de $G_0G'_0$, il est clair que, comme conséquence de l'hypothèse du n° 179, nous pourrons admettre que l'influence de (A_1) sur le prisme ou sur (A) se traduit par une traction [1] $E\,d\omega\,\delta$ appliquée en G', suivant le prolongement de GG'; mais, si nous supposons l'angle $G'\xi G$, que nous représenterons par γ, très-petit ou du même ordre de grandeur que δ, cette force pourra, aux termes du second ordre près, être considérée comme étant dirigée parallèlement à GG'.

Soit $G\eta$ la portion de la perpendiculaire à $G\xi$ élevée dans le plan $G'\xi G$, qui fait un angle aigu avec GG'. Il est clair que, pour

(1) Au point de vue de la théorie mathématique de l'élasticité, on voit, par les nos 174 et 176, que cette hypothèse revient à supposer qu'il y a une contraction transversale égale au quart de la dilatation longitudinale δ.

infléchir les filets du prisme élémentaire de l'angle $G'G\xi$, il faut que (A_1) exerce sur lui une action dirigée suivant l'intersection de $d\omega'$ et du plan $\xi G\eta$ ou parallèle à $G\eta$, aux termes du second ordre près en γ et δ.

Cette force devant être nulle avec γ, on doit en conclure qu'elle est de la forme

$$\mu\, d\omega\, \gamma,$$

μ étant une constante dépendant de la nature du corps.

Le déplacement de $d\omega'$, parallèlement à $d\omega$, ou le glissement du premier de ces éléments sur le second, est $\gamma\, ds$ ou est proportionnel à γ; en d'autres termes, γ représente le glissement, rapporté à l'unité de distance, des deux éléments $d\omega$, $d\omega'_1$, l'un sur l'autre, d'où les dénominations d'*angle*, de *coefficient*, de *composante* de *glissement*, données respectivement à γ, μ, $\mu\gamma\, d\omega$.

La réaction de (A) sur (A_1) égale et contraire de l'action de (A_1) sur (A) aura donc pour composantes

$$-E\, d\omega\, \delta, \quad \text{suivant } O\xi;$$
$$-\mu\, d\omega\, \gamma, \quad \text{»} \quad O\eta,$$

en faisant, bien entendu, comme cela doit être, abstraction du prisme infiniment petit.

Nous représenterons géométriquement δ et γ par des longueurs qui leur seront proportionnelles, partant du point G et respectivement dirigées suivant GG' et $G\eta$.

Si δ_x et γ_x sont les projections de ces droites sur un axe Ox ou, si l'on veut, la dilatation et le glissement estimés suivant cet axe, les projections des forces élastiques correspondantes sur le même axe seront

$$-E\, d\omega\, \delta_x;$$
$$-\mu\, d\omega\, \gamma_x.$$

183. *Relations entre les forces extérieures et les éléments de la déformation qu'elles produisent sur un corps élastique.* — Considérons un corps solide à l'état naturel, dont la surface soit engendrée par un profil plan fermé, de forme invariable ou variable, se déplaçant normalement à une courbe à simple ou double courbure, que le centre de gravité de son aire est assujetti à décrire.

Nous désignerons sous le nom de *fibre moyenne* le lieu géométrique des centres de gravité de l'aire du profil et sous celui de *section transversale* toute section du corps correspondant à une position quelconque du profil.

On peut considérer le corps comme composé de files de molécules, ou fibres, parallèles à la fibre moyenne, chaque élément d'une fibre étant ainsi l'arc d'un cercle dont le centre est situé sur l'intersection des plans de deux sections consécutives à laquelle son plan est perpendiculaire. On sait que cette droite a reçu le nom d'*axe de courbure*.

Deux éléments correspondants de deux fibres sont donc semblables et proportionnels à leurs distances à l'axe de courbure.

Nous dirons qu'une pièce est *encastrée* suivant l'une de ses sections transversales, lorsqu'elle est maintenue par un système de corps fixes de telle manière que le périmètre de cette section et les plans tangents correspondant à la surface latérale du corps restent complétement invariables, quelle que soit la déformation produite par des forces extérieures. Il serait superflu d'indiquer ici les différents procédés pratiqués pour obtenir un encastrement.

La position de la pièce peut d'ailleurs être définie autrement que par un encastrement, par exemple au moyen de deux supports fixes sur lesquels il reposerait.

Lorsqu'un corps vient à se déformer sous l'action de forces extérieures, on admet que :

1° Après la déformation, les sections transversales restent planes [1];

2° Les dilatations et les contractions linéaires ou superficielles dans chaque section sont négligeables.

Soient (*fig.* 85)

O un point déterminé de la fibre moyenne déformée;
G, G′ deux points infiniment voisins de cette fibre;

---

(1) Cette hypothèse est parfaitement admissible lorsque les déformations sont très-petites par rapport aux dimensions transversales de la pièce; le voilement des sections transversales étant très-faible, on peut approximativement remplacer chaque section déformée par son plan moyen.

Ω l'aire de la section transversale correspondant à G;

(A), (A_1) les portions du corps, l'une comprise entre G et O, l'autre située au delà de G par rapport à O;

Fig. 85.

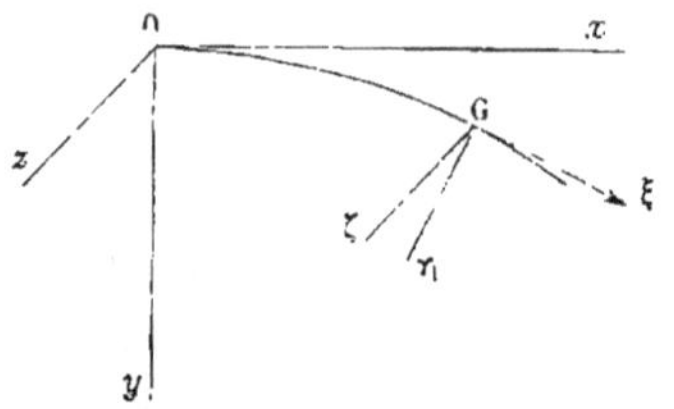

$G\xi$ la tangente à la fibre moyenne en G;

$G\eta$, $G\zeta$ les axes principaux d'inertie de Ω;

I_ξ, I_η, I_ζ les moments d'inertie de cette section par rapport à $G\xi$, $G\eta$, $G\zeta$;

η, ζ les coordonnées parallèles à $G\eta$, $G\zeta$ d'un point m de Ω, correspondant à l'élément superficiel $d\omega$;

γ, γ_0 les glissements en m et G;

δ, δ_0 les dilatations longitudinales aux mêmes points;

P_ξ, P_η, P_ζ les composantes des forces extérieures, agissant sur (A_1), estimées parallèlement à $G\xi$, $G\eta$, $G\zeta$;

$\mathfrak{M}_\xi$, $\mathfrak{M}_\eta$, $\mathfrak{M}_\zeta$ les moments de ces forces par rapport aux mêmes axes.

Les projections des γ et δ sur un axe seront représentées par les mêmes lettres, affectées de l'indice correspondant à cet axe.

1° *Composantes élastiques transverses.* — Les forces P_η, P_ζ faisant équilibre aux forces élastiques $-\mu\int\gamma_\eta\,d\omega$, $-\mu\int\gamma_\zeta\,d\omega$, on a

$$(1)\qquad \begin{cases} P_\eta = \mu\int\gamma_\eta\,d\omega, \\ P_\zeta = \mu\int\gamma_\zeta\,d\omega. \end{cases}$$

Si les dimensions transversales de la pièce sont suffisamment petites pour que l'on puisse négliger les termes d'un ordre supérieur au premier en η et ζ, on pourra poser

$$\gamma_\eta = \gamma_{0\eta} + a\eta + b\zeta,$$
$$\gamma_\zeta = \gamma_{0\zeta} + a'\eta + b'\zeta,$$

a, b, a', b' étant des constantes, d'où, en vertu de la propriété caractéristique du centre de gravité,

$$(1') \qquad \begin{cases} P_\eta = \mu\Omega\gamma_{0\eta}, \\ P_\zeta = \mu\Omega\gamma_{0\zeta}. \end{cases}$$

Si donc R est la résultante de P_η et P_ζ, ou des forces extérieures estimées dans le plan de Ω, le glissement γ_0 de la fibre moyenne est dirigé suivant sa direction et l'on a

$$(2) \qquad R = \mu\Omega\gamma_0.$$

Ainsi la résultante des forces élastiques transversales est $-\mu\Omega\gamma_0$, ce qui est conforme au résultat obtenu au n° **176**, en partant de la théorie mathématique de l'élasticité, dans le cas d'un prisme dont le périmètre de la section droite satisfait à certaines conditions.

Si Γ_1 est, par unité de surface, la résistance maximum de la matière, au glissement ou au *cisaillement*, suivant une expression adoptée par les ingénieurs, il faut, pour qu'il n'y ait pas rupture, que l'on ait

$$R < \Gamma_1.$$

A défaut de résultats de l'expérience, nous admettrons que, entre Γ_1 et la résistance limite à la traction Γ, on a la relation

$$\Gamma_1 = \tfrac{4}{5}\Gamma,$$

à laquelle Navier a été conduit par une induction théorique.

2° *Torsion.* — Les forces élastiques comprises dans le plan de Ω donnant des moments par rapport à $G\xi$, on a, en se rappelant la propriété caractéristique des axes principaux d'inertie,

$$(3) \quad \mathfrak{M}_\xi = \mu\int(\gamma_\eta\zeta - \gamma_\zeta\eta)\,d\omega = \mu\left(b\int\zeta^2 d\omega - a'\int\eta^2 d\omega\right) = \mu(bI_\eta - a'I_\zeta).$$

Comme c'est la seule relation que nous puissions établir entre a' et b, on voit que la théorie de la résistance des matériaux est, en général, insuffisante pour les déterminer. Il y a cependant un cas où cette détermination peut avoir lieu : c'est lorsque les axes principaux d'inertie de la section Ω sont des axes de symétrie et que la distribution des forces extérieures est telle, que les glissements sont identiques pour les points symétriques.

Soient, en effet, r le rayon Gm et φ l'angle qu'il forme avec $G\zeta$. On a

$$\zeta = r\cos\varphi, \quad \eta = r\sin\varphi,$$

et pour les composantes du glissement, suivant r et sa perpendiculaire en m,

$$\gamma_{0\zeta}\cos\varphi + \gamma_{0\eta}\sin\varphi + [a\sin^2\varphi + b'\cos^2\varphi + \sin\varphi\cos\varphi\,(a' + b)]\,r;$$
$$\gamma_{0\eta}\sin\varphi - \gamma_{0\eta}\cos\varphi + [a'\sin^2\varphi - b\cos^2\varphi + \sin\varphi\cos\varphi\,(b' - a)]\,r;$$

or, ces deux expressions ne devant pas changer de valeur, quand on y remplace par $-\varphi$ ou $180^\circ - \varphi$, il s'ensuit qu'il faut que l'on ait

$$\gamma_{0\zeta} = \gamma_{0\eta} = 0, \quad a' + b = 0, \quad b' - a = 0.$$

La formule (3) devient, par suite,

$$(4) \qquad \mathfrak{M}_\xi = \mu b \int (\zeta^2 + \eta^2)\,d\omega = \mu b I_\xi.$$

Dans le cas spécial qui nous occupe, les deux composantes de glissement, suivant le rayon et sa perpendiculaire en m, sont ar et br. Nous ferons abstraction de la première, qui ne serait due, pour tous les points de la section, qu'à des forces extérieures perpendiculaires à la direction de la fibre moyenne et que nous supposerons ne pas devoir exister.

En considérant ainsi uniquement la seconde, on voit que b est le glissement à l'unité de distance de la fibre moyenne, c'est-à-dire l'angle dont la section considérée a tourné autour de GG', sur la section infiniment voisine, divisé par la distance des deux sections.

On désigne ordinairement par la lettre θ ce glissement, auquel on a donné le nom d'*angle de torsion;* nous écrirons ainsi

$$(5) \qquad \mathfrak{M}_\xi = \mu I_\xi \theta,$$

formule dont chacun des membres représente ce que l'on appelle le *moment de torsion*.

La formule (5), à laquelle la théorie mathématique nous a conduit (175), lorsque le corps est un cylindre circulaire, est notamment applicable au cas d'un prisme régulier d'un nombre pair de côtés, encastré par une extrémité, dont une section droite serait sollicitée par des forces égales, perpendiculaires aux apothèmes, en allant dans le même sens autour de G et situées à la même distance de ce point; mais on peut très-approximativement employer la même formule, lors même que cette répartition particulière des forces n'a pas lieu; car l'expérience montre que, à de très-petites distances des points où ces forces agissent, les effets de torsion deviennent indépendants du mode de distribution et d'application des mêmes forces et ne dépendent, en définitive, que de la grandeur du moment total.

Il est clair d'ailleurs que l'angle de torsion θ sera constant entre deux sections du prisme, dans lesquelles se trouvent les points d'application de deux forces extérieures consécutives.

Nous considérerons donc la formule (5) comme applicable à toute pièce dont les sections transversales sont relativement faibles et ont deux axes de symétrie, quel que soit le mode d'application des forces extérieures.

Coulomb avait admis *à priori* que, lorsqu'un cylindre droit est soumis à des effets de torsion, les sections droites restent planes et les angles de glissement sont proportionnels à la distance à l'axe, ce qui conduit immédiatement au résultat obtenu ci-dessus.

On avait supposé que l'hypothèse de Coulomb pouvait s'étendre à des prismes de forme quelconque, quelle que soit la grandeur des dimensions de la section transversale, ce qui n'est pas exact, comme l'ont démontré Cauchy, pour le prisme carré, et M. de Saint-Venant, pour les prismes de différentes formes [1].

---

[1] *Mémoire sur la torsion des prismes*, inséré au *Recueil des Savants étrangers à l'Académie des Sciences*; 1853.

Lorsque la fibre moyenne est naturellement courbe, elle doit subir, par l'effet d'une torsion, une déformation qu'il est facile de déterminer, en remarquant que la torsion a pour effet de faire varier de $\theta\, ds$ l'angle de deux plans osculateurs consécutifs.

Si donc on désigne par τ_0, τ les rayons de cambrure de la courbe, avant et après la déformation, on a

$$\frac{ds}{\tau} - \frac{ds}{\tau_0} = \theta\, ds,$$

d'où, en vertu de la relation (5),

$$\mu I_\xi \left(\frac{1}{\tau} - \frac{1}{\tau_0}\right) = \mathfrak{M}_\xi, \tag{6}$$

formule qui s'applique encore évidemment, en y supposant $\frac{1}{\tau_0} = 0$, au cas où la fibre moyenne primitivement rectiligne a été fléchie ou courbée dans un même plan sous l'action de forces extérieures.

En désignant par r_1 le maximum de r pour une même section, la tension élastique maximum de glissement sera $\mu r_1 \theta$ dans cette section, et la condition de résistance à la rupture sera exprimée par

$$\Gamma_1 > \mu \max . r_1 \theta,$$

ou

$$\Gamma_1 > \max . \frac{\mathfrak{M}_\xi r_1}{I_\xi}.$$

Lorsque toutes les sections seront identiques, comme dans le cas d'un prisme ou d'un solide limité par une surface canal, nous aurons simplement

$$\Gamma_1 > \frac{r_1}{I_\xi} \max . \mathfrak{M}_\xi.$$

Pour le verre et l'acier fondu, qui doivent être considérés

comme deux corps isotropes, on a (¹)

$$\frac{\mu}{E} = \frac{2}{5} = 0,4,$$

ainsi que l'indique l'analyse (²).

3° *Flexion.* — Dans l'étude suivante des dilatations longitudinales, dues à P_ζ, $\mathfrak{M}_\eta$, $\mathfrak{M}_\zeta$, nous négligerons les glissements, ce qui revient à négliger les termes du second ordre relatifs à ces deux éléments.

Nous considérerons donc dorénavant les sections transversales déformées comme normales à la fibre moyenne. Il suit de là que, après comme avant la déformation, l'intersection des plans de deux sections consécutives qui a varié de position est encore un axe de courbure des fibres.

La conservation du parallélisme des fibres, en même temps que leur changement de courbure, caractérise la déformation à laquelle on a donné le nom de *flexion*. On appelle *plan de*

(¹) Note du n° 171.

(²) En nous servant des résultats d'expérience sur la traction et sur la torsion, faites respectivement les unes et les autres par des expérimentateurs différents, et par conséquent sur des matériaux qui pouvaient présenter certaines différences quant à leur nature, nous sommes arrivé aux résultats suivants, que l'on ne doit considérer que comme approximatifs :

Fer forgé.	$\frac{\mu}{E} = 0,33$
Acier.	$\frac{\mu}{E} = 0,39$
Acier fondu.	$\frac{\mu}{E} = 0,40$
Cuivre.	$\frac{\mu}{E} = 0,38$
Bronze.	$\frac{\mu}{E} = 0,35$

chiffres qui s'éloignent généralement peu de la valeur théorique 0,4 que nous continuerons à admettre.

Pour le fer laminé, nous avons trouvé $\frac{\mu}{E} = 0,29$, mais on sait que cette matière, essentiellement fibreuse, est loin d'être isotrope. Pour la fonte, qui l'est encore moins, on a seulement 0,22.

flexion en un point le plan osculateur de la fibre moyenne au point correspondant.

La courbure de la fibre moyenne déformée et l'orientation du plan de flexion sont les deux inconnues de la question que nous nous proposons de résoudre.

Soient (*fig.* 86), avant la déformation,

ds_0 un élément GG′ de la fibre moyenne non déformée;
$G\zeta$, $G\eta$ les axes d'inertie de la section normale en G;
I_ζ, I_η les moments d'inertie correspondants;
m un point de la section dont les coordonnées, parallèles à ces axes, sont ζ, η.
$G\zeta'_0$ la parallèle menée en G à l'axe de courbure;
φ_0 l'angle qu'elle forme avec $G\zeta$;
$G\eta'_0$ la portion de la perpendiculaire en G à $G\zeta'_0$, qui coïnciderait avec $G\eta$, si l'on avait $\varphi_0 = 0$;
η'_0 l'ordonnée parallèle à $G\eta'_0$ du point m de la section;
$d\sigma_0$ l'élément de la fibre correspondant à ce point et à l'élément ds_0 de la fibre moyenne;
δ_0 la dilatation de cette fibre au même point.

Fig. 86.

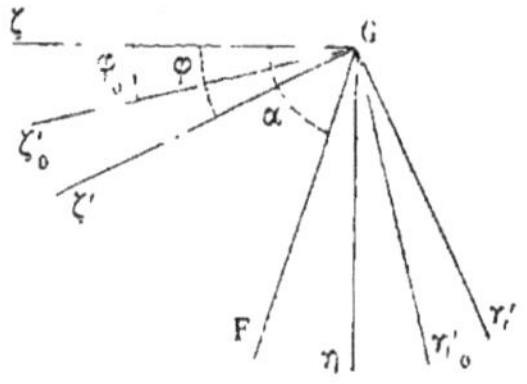

Nous aurons, en raison de la similitude des arcs de cercle ds_0, $d\sigma_0$,

$$d\sigma_0 = ds_0\left(\frac{\rho_0 - \eta'_0}{\rho_0}\right) = ds_0\left(1 - \frac{\eta'_0}{\rho_0}\right).$$

Si l'on conserve les notations ci-dessus, lorsque la déformation a eu lieu, en supprimant seulement l'indice o, on a

$$d\sigma = ds\left(1 - \frac{\eta'}{\rho}\right) = ds_0(1 + \delta_0)\left(1 - \frac{\eta'}{\rho}\right),$$

d'où, pour la dilatation longitudinale en m,

$$\delta = \frac{d\sigma - d\sigma_0}{d\sigma_0} = \frac{\delta_0\left(1 - \frac{\eta'}{\rho}\right) + \frac{\eta'_0}{\rho_0} - \frac{\eta'}{\rho}}{1 - \frac{\eta'_0}{\rho_0}}.$$

Comme nous continuerons à ne considérer que des pièces dont les sections transversales sont relativement petites, nous pourrons négliger $\frac{\eta'}{\rho}$, $\frac{\eta'_0}{\rho_0}$ devant l'unité et nous aurons ainsi

(7) $$\delta = \delta_0 + \frac{\eta'_0}{\rho_0} - \frac{\eta'}{\rho};$$

par suite

(8) $$P_\xi = E\int \delta\, d\omega = E\Omega\delta_0.$$

La longueur d'un élément de la fibre moyenne reste donc invariable si $P_\xi = 0$, c'est-à-dire si les forces extérieures ne donnent pas de composante suivant la direction de cet élément.

Nous avons aussi, pour les moments des forces élastiques longitudinales par rapport à $O\zeta$, $O\eta$,

$$\mathfrak{M}_\zeta = -E\int\left(\frac{\eta'_0}{\rho_0} - \frac{\eta'}{\rho}\right)\eta\, d\omega,$$

$$\mathfrak{M}_\eta = \quad E\int\left(\frac{\eta'_0}{\rho_0} - \frac{\eta'}{\rho}\right)\zeta\, d\omega_0.$$

D'autre part, on a

$$\eta'_0 = \eta\cos\varphi_0 - \zeta\sin\varphi_0,$$
$$\eta' = \eta\cos\varphi - \zeta\sin\varphi.$$

En substituant ces valeurs dans les formules précédentes et se rappelant la propriété caractéristique des axes principaux d'inertie, on trouve

$$\mathfrak{M}_\zeta = -E\int\left(\frac{\cos\varphi_0}{\rho_0} - \frac{\cos\varphi}{\rho}\right)\eta^2 d\omega = EI_\zeta\left(\frac{\cos\varphi}{\rho} - \frac{\cos\varphi_0}{\rho_0}\right),$$

$$\mathfrak{M}_\eta = EI_\eta\left(\frac{\sin\varphi}{\rho} - \frac{\sin\varphi_0}{\rho_0}\right),$$

d'où l'on déduit

$$(9)\quad \begin{cases} \dfrac{1}{\rho} = \dfrac{1}{E}\sqrt{\dfrac{\left(\mathfrak{M}_\zeta + \dfrac{EI_\zeta}{\rho_0}\cos\varphi_0\right)^2}{I_\zeta^2} + \dfrac{\left(\mathfrak{M}_\eta + \dfrac{EI_\eta}{\rho_0}\sin\varphi_0\right)^2}{I_\eta^2}}, \\ \tang\varphi = \dfrac{\dfrac{\mathfrak{M}_\eta}{EI_\eta} + \dfrac{\sin\varphi_0}{\rho_0}}{\dfrac{\mathfrak{M}_\zeta}{EI_\zeta} + \dfrac{\cos\varphi_0}{\rho_0}}. \end{cases}$$

Le moment fléchissant $\overline{\mathfrak{M}_\eta} + \overline{\mathfrak{M}_\zeta}$, que nous désignerons par $\mathfrak{M}_f$, peut être considéré comme étant dû à un couple normal à Ω, et situé dans un plan dont la trace GF sur celui de cette section serait perpendiculaire à la droite qui représente $\mathfrak{M}_f$. Soit α l'angle que forme GF avec $G\zeta$, on a

$$\mathfrak{M}_\zeta = \mathfrak{M}_f \sin\alpha, \quad \mathfrak{M}_\eta = -\mathfrak{M}_f \cos\alpha,$$

d'où

$$(10)\quad \begin{cases} \dfrac{1}{\rho} = \dfrac{1}{E}\sqrt{\dfrac{\left(\mathfrak{M}_f\sin\alpha + \dfrac{EI_\zeta}{\rho_0}\cos\varphi_0\right)^2}{I_\zeta^2} + \dfrac{\left(\mathfrak{M}_f\cos\alpha - \dfrac{EI_\eta}{\rho_0}\sin\varphi_0\right)^2}{I_\eta^2}}, \\ \tang\varphi = -\dfrac{\dfrac{\mathfrak{M}_f}{EI_\eta}\cos\alpha - \dfrac{\sin\varphi_0}{\rho_0}}{\dfrac{\mathfrak{M}_f}{EI_\zeta}\sin\alpha + \dfrac{\cos\varphi_0}{\rho_0}}. \end{cases}$$

On dit que la flexion est *simple* quand, dans toute l'étendue de la pièce, le plan de flexion et celui du couple fléchissant coïncident, ou lorsque les directions des droites GF, $G\eta'$ se confondent. Dans ce cas, on a $\alpha = \varphi + 90°$, ou encore

$$\frac{E}{\rho_0}\sin(\varphi - \varphi_0) + \mathfrak{M}_f\left(\frac{1}{I_\zeta} - \frac{1}{I_\eta}\right)\sin\varphi\cos\varphi = 0,$$

ce qui ne peut avoir lieu, en général, qu'autant que l'on a simultanément

$$\varphi = \varphi_0 = 0, \qquad \text{d'où} \quad \alpha = \pm 90°,$$

ou

$$\varphi = \varphi_0 = 90°, \quad \text{d'où} \quad \alpha = 0 \text{ ou } 180°.$$

Donc : *pour que la flexion soit simple, il faut, en général, que le plan osculateur à la courbe moyenne non déformée et celui du couple fléchissant coïncident et passent par l'un des axes principaux d'inertie de la section.* Dans ce cas, on a

$$EI\left(\frac{1}{\rho}-\frac{1}{\rho_0}\right)=\mathfrak{M}_f,$$

I étant le moment d'inertie principal perpendiculaire au plan de flexion.

Supposons maintenant que l'on ait $\rho_0=\infty$, ce qui a lieu notamment lorsque la pièce est prismatique. Les formules (10) deviennent

$$(11)\quad \left\{\begin{aligned} &\frac{1}{\rho}=\frac{\mathfrak{M}_f}{E}\sqrt{\frac{\sin^2\alpha}{I_\zeta^2}+\frac{\cos^2\alpha}{I_\eta^2}},\\ &\operatorname{tang}\alpha\operatorname{tang}\varphi=-\frac{I_\zeta}{I_\eta}.\end{aligned}\right.$$

On voit, d'après la seconde de ces équations, que *la trace du plan du couple et la parallèle* Gζ *à l'axe de flexion sont deux diamètres conjugués de l'ellipse d'inertie de la section,* et, comme corollaire, que l'angle des plans de flexion et du couple atteint son maximum quand le dernier de ces plans passe par l'une des diagonales du rectangle circonscrit à l'ellipse; le plan de flexion passe alors par l'autre diagonale.

Si l'on a $I_\zeta<I_\eta$, le maximum et le minimum de la courbure sont

$$\frac{1}{\rho}=\frac{\mathfrak{M}_f}{EI_\zeta},\quad \frac{1}{\rho}=\frac{\mathfrak{M}_f}{EI_\eta},$$

et Gη et Gζ sont les traces des plans de *plus facile* et de *moins facile flexion.*

Chacune de ces formules est comprise dans la suivante :

$$\mathfrak{M}_f=\frac{EI}{\rho},$$

dans laquelle $\frac{EI}{\rho}$ est le moment développé par les forces élastiques longitudinales, résultat auquel nous a conduit la théorie mathématique de l'élasticité, dans le cas de prismes dont la section satisfait à des conditions spéciales.

Ainsi les hypothèses qui nous ont servi de point de départ paraissent être justifiées par la concordance des résultats auxquels elles conduisent avec ceux de la théorie mathématique de l'élasticité appliquée à quelques cas particuliers.

4° *Résistance à la flexion.* — Occupons-nous maintenant des conditions de résistance à la rupture. On peut généralement admettre, sans grande erreur, que la résistance à la traction et à la compression ont la même valeur Γ; les conditions relatives à la rupture s'exprimeront donc par les deux inégalités

$$\Gamma > \max.\left(\frac{\eta'_0}{\rho_0} - \frac{\eta'}{\rho} + \delta_0\right),$$

$$\Gamma > \max.\left(\frac{\eta'}{\rho} - \frac{\eta'_0}{\rho_0} - \delta_0\right).$$

Pour déterminer chacun des maxima, on calculera d'abord celui qui se rapporte à une section quelconque, c'est-à-dire en regardant s comme constant, dans l'équation donnée, $f(\eta, \zeta, s) = 0$, de la surface latérale de la pièce; on obtiendra ainsi une certaine fonction de s dont on cherchera le maximum.

Dans le cas d'une flexion simple, on a,

$$\Gamma > \max.\left[-\eta\left(\frac{1}{\rho} - \frac{1}{\rho_0}\right) + \delta_0\right],$$

$$\Gamma > \max.\left[\eta\left(\frac{1}{\rho} - \frac{1}{\rho_0}\right) - \delta_0\right]$$

Soient β, β' les valeurs maximum de $-\eta$ et η pour le contour de la section Ω, on aura

$$\Gamma > \max.\left[\delta_0 + \beta\left(\frac{1}{\rho} - \frac{1}{\rho_0}\right)\right],$$

$$\Gamma > \max.\left[\beta'\left(\frac{1}{\rho} - \frac{1}{\rho_0}\right) - \delta_0\right].$$

ou

$$\Gamma > \frac{1}{E}\max.\left(\frac{P_\xi}{\Omega} + \beta\frac{\mathfrak{M}_r}{I}\right),$$

$$\Gamma > \frac{1}{E}\max.\left(\beta'\frac{\mathfrak{M}_r}{I} - \frac{P_\xi}{\Omega}\right),$$

les maxima n'ayant plus rapport qu'au passage d'une section à une autre ou à la variable s.

5° *Solides d'égale résistance.* — Supposons que les profils d'une pièce soumise à des forces qui produisent une flexion simple soient représentés par l'équation

$$\varphi(\eta, \zeta, a) = 0,$$

φ étant une fonction donnée et a un paramètre ne dépendant que de s et qui est indéterminé.

Proposons-nous de déterminer la forme de la fonction a qui satisfait à la condition que la traction élastique maximum soit constante et égale à une fraction déterminée $\frac{1}{n}$ de la résistance à la rupture; nous aurons

$$\frac{1}{n}\Gamma = \frac{P_\xi}{\Omega} + \frac{\beta}{I}\mathfrak{M}_f.$$

Or β, Ω, I, P_ξ, $\mathfrak{M}_f$ ne peuvent dépendre que de la position de la section ou de s; on a donc une équation qui fera connaître a en fonction de cette variable.

Les solides déterminés de cette manière ont reçu le nom de *solides d'égale résistance.*

6° *De la tension en un point d'un fil élastique.* — En supposant que les dimensions transversales d'un corps soient très-petites pour que nous puissions en négliger les puissances supérieures à la seconde, nous nous trouverons dans les conditions d'un fil élastique. Le fil se compose généralement de différentes parties sollicitées par des forces continues, c'est-à-dire proportionnelles aux arcs élémentaires, limitées chacune par les points d'application de deux forces consécutives d'intensité finie.

Soient

$ab = ds$ un élément de l'une de ces parties, ou encore du cercle osculateur en a;

G le centre de gravité de l'élément de volume déterminé par les sections transversales en a et b.

Les composantes élastiques normales à ces deux sections,

ou tangentes au fil, seront respectivement

$$-T = -E\Omega\delta_0, \quad T + \frac{dT}{ds}ds,$$

et ne donnent par rapport au point G qu'à un moment de l'ordre de ds^2 que nous devons négliger.

Les moments dus aux composantes élastiques normales pour les deux sections se réduisent en un seul de l'ordre de $I\,ds$, qui, pour qu'il y ait équilibre, doit être égal et de sens contraire à celui $q\,ds$ dû aux composantes de glissement $-q$, $q + \frac{dq}{ds}ds$, dans les sections transversales en a et b, d'où il suit que q est de l'ordre I ou du quatrième ordre et doit être négligé. Ainsi donc, comme nous l'avons admis *a priori* au n° 82 sans toutefois faire intervenir l'extensibilité, on est conduit à ne considérer que la résultante des actions moléculaires normales à la section du fil ou sa tension.

184. *Intégration de l'équation des flexions dans un cas spécial, quelle que soit l'importance de la déformation.* — Considérons le cas où la fibre moyenne, à l'état naturel, étant circulaire, le profil générateur de la surface du corps se déplace de manière que l'un de ses axes principaux soit dirigé vers le centre de la circonférence. Si les forces extérieures sont situées dans le plan de la fibre moyenne, elles ne donneront lieu, d'après ce que nous avons vu précédemment, qu'à une flexion simple.

Soient

Ox la tangente en un point O de la fibre moyenne déformée;
Oy la portion de la normale au même point, dirigée vers le centre de courbure.

Supposons que la portion du corps située au delà de G, par rapport à O, soit sollicitée par des forces constantes en grandeur et en direction agissant aux points $A_1, A_2, \ldots, A_n$ de la fibre moyenne, ayant pour composantes

$Q_1, \quad Q_2, \ldots, \quad Q_n$ parallèles à Ox,
$P_1, \quad P_2, \ldots, \quad P_n$ » Oy.

Soient

i l'un quelconque des nombres 1, 2,.. , n;
x, y les coordonnées du point G après la déformation;
x_i, y_i celles de A_i;
ds l'élément de la fibre moyenne au point G que nous considérerons comme invariable, en négligeant, devant l'unité, la dilatation de la fibre moyenne;
θ l'inclinaison sur Ox de la tangente en G;

Nous aurons

$$P_\eta = \cos\theta \Sigma P_i - \sin\theta \Sigma Q_i,$$
$$P_\xi = \sin\theta \Sigma P_i + \cos\theta \Sigma Q_i,$$
$$\mathfrak{M}_\zeta = \Sigma[P_i(x_i - x) - Q_i(y_i - y)],$$
$$\cos\theta = \frac{dx}{ds}, \quad \sin\theta = \frac{dy}{ds}, \quad \frac{1}{\rho} = \frac{d\theta}{ds};$$

d'où

$$(1) \quad \left\{ \begin{aligned} \mu\Omega\gamma_0 &= (\cos\theta\Sigma P_i - \sin\theta\Sigma Q_i), \\ E\Omega\delta_0 &= (\sin\theta\Sigma P_i + \cos\theta\Sigma Q_i), \\ EI\left(\frac{1}{\rho} - \frac{1}{\rho_0}\right) &= \Sigma[P_i(x_i - x) - Q_i(y_i - y)]. \end{aligned} \right.$$

Les deux premières de ces équations feront connaître γ_0 et δ_0, lorsqu'au moyen de la dernière on aura calculé les éléments de la déformation.

La courbure $\frac{1}{\rho_0}$ étant constante par hypothèse, ou nulle si le cercle devient une droite, la troisième des équations (1) peut s'écrire ainsi

$$(2) \quad \frac{d\theta}{ds} = \frac{1}{\rho} = a + bx + cy,$$

a, b, c étant des fonctions connues des x_i, y_i, équation que nous avons déjà rencontrée (Chapitre VI, n° 91) et dont nous avons ramené l'intégration à des quadratures.

185. *Faibles flexions d'un prisme, produites par des efforts transversaux.* — Considérons un prisme soumis, en outre

des forces telles que P_i et Q_i, à une pression uniformément répartie sur la projection de la fibre moyenne déformée sur la tangente à la naissance, prise pour axe des x, et dont nous représenterons par p la valeur par unité de longueur. Nous supposerons dans ce qui suit, comme cela a lieu le plus généralement, que l'angle θ soit assez petit pour que l'on puisse en négliger les puissances supérieures à la première, devant l'unité, et que les rapports, tels que $\frac{Q_i}{P_i}$, ne soient pas assez grands pour que l'on ne puisse pas considérer les $Q_i(y_i - y)$ comme n'étant pas négligeables par rapport aux $P_i(x_i - x)$.

En négligeant ainsi les termes du second ordre en θ et $\frac{dy}{dx}$, on voit que :

1° $$E\Omega\delta_0 = \Sigma Q_n,$$

de sorte que, si tous les Q_i sont nuls, on aura $\delta_0 = 0$ pour tous les points de la fibre moyenne, c'est-à-dire que sa longueur n'aura pas varié ;

2° $$\frac{1}{\rho} = \frac{\frac{d^2y}{dx^2}}{\left(1 + \frac{dy^2}{dx^2}\right)^{\frac{3}{2}}} = \frac{d^2y}{dx^2}.$$

3° Un arc de la fibre moyenne déformée, compté à partir du point O, peut être considéré comme étant égal à sa projection sur Ox.

4° Si l est la longueur OB du prisme, mesurée à partir du point O, les pressions pds ou pdx exercées sur GB auront une résultante $p(l - x)$, agissant au milieu de GB et dont le moment, par rapport à G, sera $p\left(\frac{l^2 - x^2}{2}\right)$.

Nous aurons ainsi, pour l'équation différentielle de la portion OA_1 de la fibre,

$$(1) \qquad EI\frac{d^2y}{dx^2} = \Sigma P_i(x_i - x) + p\frac{(l^2 - x^2)}{2}.$$

Il n'est plus nécessaire, dans le cas restreint dont nous nous occupons, de supposer que Ox est tangent en O à la fibre moyenne; il suffit, en raison du degré d'approximation adopté, que cet axe soit parallèle à la tangente menée en un point quelconque de l'arc formé par cette fibre, remarque qui nous sera utile plus loin et sur laquelle nous n'aurons pas à revenir.

En intégrant successivement l'équation (1) et désignant par C, C' deux constantes arbitraires, nous aurons

$$(2)\quad \begin{cases} EI\dfrac{dy}{dx} = x\left(\Sigma P_i x_i + \dfrac{pl^2}{2}\right) - \dfrac{x^2}{2}\Sigma P_i - \dfrac{p}{6}x^3 + C, \\ EIy = \dfrac{x^2}{2}\left(\Sigma P_i x_i + \dfrac{pl^2}{2}\right) - \dfrac{x^3}{6}\Sigma P_i - \dfrac{p}{24}x^4 + Cx + C'. \end{cases}$$

On obtiendra les équations semblables, relatives à l'arc A_1A_2, en supposant dans les précédentes $P_1 = 0$ et remplaçant C, C' par deux autres constantes arbitraires C_1 et C'_1; ces deux nouvelles constantes se détermineront en fonction de C et C', en exprimant que, pour le point A_1, c'est-à-dire pour $x = a_1$, les équations des deux arcs OA_1, A_1A_2 donnent les mêmes valeurs pour y et $\dfrac{dy}{dx}$; et ainsi de suite.

On voit ainsi que les équations des courbes, auxquelles appartiennent les arcs successifs de la fibre moyenne, ne dépendront que des deux constantes C, C', que l'on éliminera enfin, d'après le mode employé pour fixer la position de la pièce, comme nous allons le voir par les exemples ci-après.

Cas particuliers :

1° Le prisme est encastré en O; on a

$$y = 0, \quad \frac{dy}{dx} = 0, \quad \text{pour } x = 0,$$

d'où

$$C = 0, \quad C' = 0.$$

Supposons, par exemple, que $p = 0$ et que les P_i se réduisent à une seule force P, agissant à l'extrémité libre de la fibre moyenne.

Nous aurons

$$(3)\qquad \left\{\begin{aligned} &\mathrm{EI}\,\frac{d^2y}{dx^2} = \mathrm{P}(l-x),\\ &\mathrm{EI}\,\frac{dy}{dx} = \mathrm{P}\left(lx - \frac{x^2}{2}\right),\\ &\mathrm{EI}\,y = \mathrm{P}\left(l - \frac{x}{3}\right)\frac{x^2}{2}, \end{aligned}\right.$$

et de plus

$$\mathrm{E}\Omega\delta_0 = \Sigma \mathrm{Q}_i = \mathrm{Q},$$

en posant $\Sigma \mathrm{Q}_i = \mathrm{Q}$.

Le maximum de $\mathrm{EI}\,\dfrac{d^2y}{dx^2}$ ou de $\dfrac{\mathrm{EI}}{\rho}$ correspondra à $x = 0$ et sera, par conséquent, $\mathrm{P}l$, d'où l'on déduit (183, 4°) pour la condition de résistance à l'extension

$$\Gamma > \frac{\mathrm{Q}}{\Omega} + \frac{\mathrm{P}l\beta}{\mathrm{I}}.$$

La flèche f, ou l'ordonnée de l'extrémité libre de la fibre, correspondant à $x = l$, a pour valeur

$$f = \frac{\mathrm{P}l^3}{3\mathrm{EI}}.$$

Admettons maintenant que l'on ait $\mathrm{Q} = 0$, on aura

$$(4)\qquad \Gamma > \frac{\mathrm{P}l\beta}{\mathrm{I}};$$

et, pour qu'il n'y ait pas glissement, que

$$(5)\qquad \Gamma_1 \quad \text{ou} \quad \tfrac{2}{5}\Gamma > \frac{\mathrm{P}}{\Omega}.$$

La tendance à la rupture par extension ou par compression (en supposant $\Gamma = \Gamma'$) l'emportera ou non sur la tendance à la rupture par glissement ou inversement, selon que l'on aura

$$\frac{\mathrm{P}l\beta}{\Gamma} \gtrless \frac{5}{2}\,\frac{\mathrm{P}}{\Omega},$$

ou

$$(6)\qquad \beta \gtrless \frac{5}{2}\,\frac{\Gamma}{\Omega l},$$

et cette double inégalité permettra de connaître quelle est celle des deux conditions (4) et (5) dont il faut faire usage.

Supposons maintenant que la pièce, au lieu d'être un prisme, ait une section qui varie de telle manière que la traction élastique maximum soit constante et égale à la fraction $\frac{1}{n}$ de la résistance à la rupture. Plaçons-nous dans le cas où la section est rectangulaire et où ses côtés perpendiculaires au plan xOy ont une longueur constante 2α; soit 2β la longueur des deux autres côtés, nous aurons

$$I = \frac{4\alpha\beta^3}{3}, \quad \mathfrak{M}_i = P(l-x),$$

d'où, en supposant $Q_i = 0$ (ou P_ξ du n° **183, 5°**),

$$\frac{\Gamma}{n} = \frac{3}{4}\,\frac{P(l-x)}{\alpha\beta^3}\,\beta \quad \text{et} \quad \beta^2 = \frac{3}{4}\,\frac{P(l-x)}{\alpha}.$$

Le profil longitudinal du solide d'égale résistance est donc une parabole, dont le sommet se trouve au point d'application de la force P.

2° *Le prisme repose sur deux appuis.* — Nous supposerons les supports établis de manière que leur contact avec la pièce ait lieu suivant une même parallèle à son axe et sur une étendue d'ailleurs assez faible pour que l'on puisse les considérer, sans erreur appréciable, comme se réduisant à deux points géométriques.

Soient

O, O′ les centres de gravité des sections correspondant aux points d'appui;

N, N′ les réactions des supports en ces points;

l la distance OO′.

Prenons le point O pour origine et la direction de OO′ pour l'axe des x.

Nous aurons, en faisant sortir N′ de ΣP_i,

$$(7) \qquad EI\frac{d^2y}{dx^2} = \Sigma P_i(a_i - x) + \frac{p}{2}(l^2 - x^2) - N'(l-x);$$

or la portion du prisme au delà de O, par rapport à O′, n'étant sollicitée par aucune force extérieure, il n'y a pas de couple élastique dans la section correspondant au premier de ces points, de sorte que, en prenant les moments par rapport au même point, on a

$$N'l = \Sigma P_i a_i + \frac{pl^2}{2}.$$

Les constantes introduites par l'intégration de l'équation (7) se détermineront en exprimant que $y = 0$, pour $x = 0$, et $x = l$.

3° *Les deux extrémités de la pièce sont encastrées.* — Soient

O, O′ les centres de gravité des sections correspondant aux encastrements;

OO′ la direction de l'axe Ox;

N′ la composante parallèle à Oy de la résultante élastique dans la section O′;

m le moment des actions moléculaires développées dans cette section.

Nous aurons, en remarquant que l'extrémité, adjacente à O′, de la pièce peut être considérée comme libre, et remplaçant l'encastrement par la force — N′ et le moment — m dus aux réactions auxquelles il donne lieu,

$$(8) \qquad EI\frac{d^2y}{dx^2} = \Sigma P_i(a_i - x) + \frac{p}{2}(l^2 - x^2) - N'(l - x) - m.$$

Les constantes C, C′, introduites par l'intégration, et N′ et m se détermineront en exprimant que pour $x = 0$ et $x = l$, on a

$$y = 0, \quad \frac{dy}{dx} = 0.$$

4° *Pièce encastrée par une extrémité et dont l'autre s'appuie sur un corps fixe.* — Soient Ox la direction de la tangente au point O de la fibre moyenne, qui correspond à l'encastrement; l et f l'abscisse et l'ordonnée du point d'appui. L'équation (8) se rapportera au cas actuel, en y faisant $m = 0$ et supposant que N′ est la réaction du point d'appui.

L'encastrement donnera deux conditions qui permettront de faire disparaître C et C'; l'inconnue N' se déterminera en exprimant que l'on a $y=f$, pour $x=l$.

186. *Faibles flexions des prismes, produites par des efforts longitudinaux.* — Si les composantes P_i et la pression uniforme p sont nulles, la flexion ne pourra avoir lieu sous l'action des forces Q_i qu'autant qu'elles auront, pour la portion de la fibre moyenne considérée, une résultante — Q, ou dirigée vers l'origine O, et que l'on aura fait subir à la pièce un déplacement préalable.

La troisième des équations (1) du n° 184 devient

$$(1)\qquad \frac{EI}{\rho} = -\Sigma Q_i(y_i - y),$$

ou, dans le cas d'une faible flexion,

$$EI\frac{d^2y}{dx^2} = -\Sigma Q_i(y_i - y) = -Q\left(y + \frac{\Sigma Q_i y_i}{Q}\right);$$

en posant $Q = -\Sigma Q_i$, cette équation a pour intégrale

$$(2)\qquad y = -\frac{\Sigma Q_i y_i}{Q} + C\cos\sqrt{\frac{Q}{EI}}\,x + C'\sin\sqrt{\frac{Q}{EI}}\,x,$$

C et C' étant des constantes que l'on devrait pouvoir éliminer, d'après le mode employé pour déterminer la position de la pièce, ce qui n'a pas lieu, ainsi qu'on le reconnaît dans le cas particulier suivant.

Supposons que la pièce encastrée à une extrémité O ne soit sollicitée que par une force unique $Q_1 = -Q$, appliquée à son extrémité; nous aurons

$$y = 0,\quad \frac{dy}{dx} = 0,\quad \text{pour } x = 0,$$

d'où

$$y = y_1\left(1 - \cos\sqrt{\frac{Q}{EI}}\,x\right) = 2y_1\sin^2\frac{1}{2}\sqrt{\frac{Q}{EI}}\,x;$$

or, pour $x = l$, on doit avoir $y = y_1$, ce qui exige que l'on ait

$$\sqrt{\frac{Q}{EI}} = \frac{j\pi}{2},$$

j étant un nombre entier, et y_1 reste indéterminé; or il est clair que cela n'est pas admissible, puisque, d'après l'expérience, la flexion peut avoir lieu quel que soit le rapport $\frac{Q}{EI}$.

Ce désaccord entre la théorie et l'expérience n'est qu'apparent et uniquement dû à ce que $\frac{d^2y}{dx^2}$ ne représente pas $\frac{1}{\rho}$ avec une approximation suffisante. Pour arriver à la solution du problème, il faut avoir recours au mode d'intégration indiqué au n° **184** et poser

$$\frac{1}{\rho} = \frac{d\theta}{ds}, \quad \frac{dx}{ds} = \cos\theta, \quad \frac{dy}{ds} = \sin\theta.$$

Il vient alors

$$EI\frac{d\theta}{ds} = Q(y_1 - y),$$

d'où, en différentiant par rapport à s,

$$EI\frac{d^2\theta}{ds^2} = -Q\sin\theta.$$

Nous ne pensons pas qu'il soit opportun d'entrer dans plus de détails sur ce sujet et nous nous bornerons à renvoyer au numéro précité, en remarquant que, dans le cas de faibles flexions, on pourra supposer $\sin\theta = \theta$, $\cos\theta = 1 - \frac{\theta^2}{2}$.

187. *Des pièces courbes légèrement fléchies.* — Plaçons-nous dans les mêmes conditions qu'au n° **184** dont nous conserverons les notations, sans toutefois nous imposer la condition que la fibre invariable à l'état naturel soit circulaire; nous supposerons seulement qu'elle est plane.

Nous distinguerons par l'indice o toutes les quantités qui se rapportent à l'état naturel de la pièce.

Si, comme cela a lieu le plus généralement, la déformation est très-faible, nous pourrons calculer P_η, P_ζ, $\mathfrak{M}_f$ en fonction des forces fléchissantes, comme s'il n'y avait pas eu de déformation, et négliger les puissances supérieures à la première de la différence $\Delta\theta = \theta - \theta_0$.

Nous aurons

$$\frac{1}{\rho} = \frac{d\theta}{ds}, \quad \frac{1}{\rho_0} = \frac{d\theta_0}{ds},$$

$$\text{EI}\left(\frac{d\theta}{ds} - \frac{d\theta_0}{ds}\right) = \mathfrak{M}_f,$$

$$\theta - \theta_0 = \Delta\theta = \frac{1}{\text{EI}} \int \mathfrak{M}_f ds.$$

En supposant que $\Delta\theta$ ait été obtenu en fonction de θ ou de s, on calculera x et y au moyen des formules suivantes :

$$x = \int \cos\theta\, ds = \int (\cos\theta_0 - \sin\theta_0 \Delta\theta)\, ds,$$

$$y = \int \sin\theta\, ds = \int (\sin\theta_0 + \cos\theta_0 \Delta\theta)\, ds,$$

ou

$$x - x_0 = -\int \sin\theta_0 . \Delta\theta . ds,$$

$$y - y_0 = \int \cos\theta_0 . \Delta\theta . ds.$$

Nous n'insisterons pas sur l'emploi de ces formules, dont le développement et les applications sont essentiellement du ressort des ouvrages spéciaux relatifs à la résistance des matériaux.

188. *Formules applicables aux faibles flexions des pièces circulaires.* — Lorsque la fibre moyenne d'une pièce, à section constante, a la forme circulaire, on peut substituer avec avantage aux formules du numéro précédent celles que nous allons établir.

Soient

O le centre du cercle;
Ox une droite de direction déterminée menée par ce point;
ρ_0 le rayon de la fibre moyenne à l'état naturel ;
θ_0 l'angle polaire Om_0x déterminant la position de l'un de ses points m_0;
θ ce que devient cet angle après la déformation ;
$r =$ Om le rayon vecteur correspondant;
V l'angle que forme la tangente en m avec ce rayon.

Nous pourrons poser

$$r = \rho_0(1 + u),$$

u étant une fonction de θ. Nous supposerons que cette fonction et ses dérivées, par rapport à θ, ne prennent que des valeurs assez petites pour que l'on puisse se contenter de tenir compte de leurs premières puissances. Nous aurons ainsi

$$\operatorname{tang} V = r\frac{d\theta}{dr} = \frac{1}{\frac{du}{d\theta}} \quad \text{ou} \quad V = 90^\circ - \frac{du}{d\theta}.$$

L'angle que forme la tangente avec l'axe Ox a pour valeur

$$(a) \qquad V + \theta = 90^\circ - \frac{du}{d\theta} + \theta.$$

Pour l'élément de longueur d'arc, nous avons

$$ds = \sqrt{r^2 d\theta^2 + dr^2} = \rho_0(1 + u)\,d\theta,$$

d'où, pour l'inverse du rayon de courbure ρ,

$$\frac{1}{\rho} = \frac{d(V + \theta)}{ds} = \frac{1}{\rho_0}\left(1 - u - \frac{d^2 u}{d\theta^2}\right).$$

La formule établie plus haut

$$\mathrm{EI}\left(\frac{1}{\rho} - \frac{1}{\rho_0}\right) = \mathfrak{M}$$

devient donc

$$(1) \qquad \frac{d^2 u}{d\theta_0^2} + u = -\frac{1}{\mathrm{EI}}\mathfrak{M},$$

en remarquant que, en vertu du degré d'approximation adopté, on peut prendre

$$\frac{d^2 u}{d\theta^2} = \frac{d^2 u}{d\theta_0^2}.$$

Dans le cas où $\mathfrak{M}$ est une fonction donnée de θ et où l'on peut obtenir une intégrale particulière u' de l'équation précédente, son équation générale sera

$$u = \mathrm{A}\cos(\theta_0 + \varepsilon) + u',$$

A et ε étant des constantes que l'on déterminera par les conditions relatives aux extrémités de la pièce.

Pour calculer la variation $\theta - \theta_0 = \Delta\theta$, désignons par δ la dilatation de la fibre moyenne en m_0, que l'on déterminera comme on l'a dit plus haut, et qui est une fonction connue de θ_0 ou de θ. Nous avons

$$\frac{(1+u)\,d\theta}{d\theta_0} - 1 = \delta,$$

d'où

$$\frac{d\Delta\theta}{d\theta_0} + u = \delta, \tag{2}$$

équation qui fera connaître $\Delta\theta$ lorsque u aura été déterminé et que l'on connaîtra une valeur de θ_0, pour laquelle $\Delta\theta$ devra être nul.

En éliminant u au moyen de l'équation (1), remplaçant $\Delta\theta$ par $\theta - \theta_0$, et ayant égard à la formule (a), l'équation (2) prend la forme

$$\frac{d}{d\theta_0}(V+\theta) = 1 + \delta + \frac{\mathfrak{M}}{EI}, \tag{3}$$

sous laquelle elle permet d'obtenir immédiatement l'angle $V+\theta$ formé par la normale avec l'axe fixe. Il est facile, d'ailleurs, d'établir directement l'équation (3).

Applications :

1° *Poutre circulaire d'égale section, reposant sur deux appuis situés dans un même plan horizontal et sollicitée par des forces verticales, proportionnelles aux projections horizontales des éléments de la fibre moyenne.* — Soient

A_0, A'_0 les points d'appui ;
O le centre;
A_1 le point milieu de la fibre moyenne à l'état naturel;
A un point quelconque de l'arc A_0A_1;
$\Theta = \widehat{A_0OA_1}$, $\theta = AOA_1$;
a la projection de A sur l'horizontale de A_0 ;
p la force verticale qui sollicite la pièce, rapportée à l'unité de longueur de la projection horizontale des éléments de la fibre moyenne;
N la réaction normale de chacun des appuis A_0, A'_0.

On voit sans difficulté que

$$2N = 2pR\sin\Theta \quad \text{ou} \quad N = pR\sin\Theta,$$

force dont le moment, par rapport à A, est

$$(a) \qquad -pR^2 \sin\Theta(\cos\theta_0 - \cos\Theta).$$

La résultante des forces continues agissant sur A_0A_1 passe par le milieu de $A_0 a$, a pour expression $p.Aa$ et son moment, par rapport à A, est

$$(b) \qquad \frac{pR^2}{2}(\cos\theta_0 - \cos\Theta)(\sin\Theta - \sin\theta_0).$$

Nous avons donc, en faisant la somme des expressions (a), (b),

$$(3) \qquad \mathfrak{M} = -\frac{pR^2}{2}\left[\sin(\Theta - \theta_0) + \frac{\sin 2\theta_0 - \sin 2\Theta}{2}\right].$$

En substituant cette valeur dans l'équation (1), on en trouvera facilement une intégrale particulière u'. On déterminera les constantes A, ε et celle qui résulte de l'intégration de l'équation (2), au moyen des conditions suivantes : 1° $\frac{du}{d\theta} = 0$, qui exprime qu'en A_1 la tangente est restée horizontale après la déformation; 2° $\Delta\theta = 0$, pour $\theta_0 = 0$; 3° $r\theta$ pour $\theta_0 = \Theta$ n'a pas changé de valeur ou

$$\left(\frac{u}{\Delta\theta}\right)_\Theta = \operatorname{tang}\Theta.$$

2° *Poutre qui se trouve dans les mêmes conditions que la précédente, à cela près que, par suite d'arrêts disposés en conséquence, ses extrémités ne peuvent pas se déplacer horizontalement.* — Soit N_1 l'intensité des réactions horizontales, évidemment égales entre elles, des deux arrêts. Au lieu de la formule (3), nous aurons la suivante :

$$(3') \quad \mathfrak{M} = \frac{pR^2}{2}\left[\sin(\Theta - \theta_0) + \frac{\sin 2\theta_0 - \sin 2\Theta}{2}\right] - N_1 R(\sin\Theta - \sin\theta_0).$$

Si nous avons ici une inconnue de plus N_1, au lieu de la dernière des conditions du cas précédent, nous en avons deux, savoir $u = 0$, $\Delta\theta = 0$, pour $\theta_0 = \Theta$, qui expriment que chacun des points A_0, A'_0 reste fixe, et le problème est complétement déterminé (1).

189. *Exemple de calcul d'une torsion et d'une flexion simultanées, sans qu'il soit nécessaire de supposer les déplacements très-petits. — Ressort à boudin.* — Considérons une portion d'hélice comprenant un nombre entier de spires, et dont les extrémités soient ramenées vers l'axe par deux courbes identiques situées chacune dans un plan perpendiculaire à cet axe: en projection sur le plan de l'une d'elles, ces deux courbes sont symétriquement situées par rapport au diamètre qui joint les extrémités de l'hélice.

Concevons qu'un cercle se meuve normalement au système de l'hélice et des deux courbes de raccordement, que son centre est censé décrire; on obtiendra un solide qui, formé d'une matière élastique, constituera un *ressort à boudin*.

En fixant à un point invariable l'une des extrémités du ressort, de manière que l'axe de l'hélice soit vertical, on fera fonctionner l'appareil en adaptant un poids Q à son extrémité inférieure.

Les courbes de raccordement ont pour objet de maintenir, à très-peu près, les extrémités de la fibre moyenne dans la même verticale, comme l'indique l'expérience. Ce fait sera théoriquement justifié d'ailleurs, en raison de ce que le moyen moment de flexion pour chacune des courbes est d'une faible importance, si, en admettant qu'il ait lieu rigoureusement, on trouve que la fibre moyenne déformée reste une hélice.

Soient

α_0 le complément de l'inclinaison sur l'axe du cylindre, de la tangente à l'hélice non déformée;

(1) Nous avons fait quelques autres applications intéressantes de la formule (1) dans les Mémoires suivants, auxquels nous renverrons le lecteur : *Serrage des bandages des roues du matériel des chemins de fer* (*Annales des Mines*, 1859); *Effets mécaniques du marteau-pilon américain* (*Annales des Mines*, 1872); *Profil rationnel des segments d'un piston de machine à vapeur* (*Annales des Mines*, 1874).

R_0 le rayon du cylindre;

(1) $$\rho_0 = \frac{R_0}{\cos^2\alpha_0}, \quad \tau_0 = \frac{R_0}{\sin\alpha_0 \cos\alpha_0}$$

les rayons de courbure et de cambrure de l'hélice;

r le rayon du cercle générateur dont le moment d'inertie, par rapport à son axe, est $\frac{\pi r^4}{2}$ et relativement à un diamètre $\frac{\pi r^4}{4}$.

Il serait assez difficile, dans la supposition que les deux extrémités du ressort restent sur la même verticale, de démontrer analytiquement que, quelque grande que soit la déformation, la fibre moyenne reste une hélice; mais nous établirons synthétiquement ce théorème, en faisant voir qu'il satisfait aux équations du problème.

Nous conserverons pour l'hélice déformée, les mêmes notations que pour l'hélice primitive en supprimant l'indice o.

Considérons une section transversale quelconque et décomposons la force Q en deux autres, l'une $Q\sin\alpha$ comprise dans le plan osculateur à l'hélice, et l'autre $Q\cos\alpha$ perpendiculaire à ce plan. Ces deux composantes remplissent les conditions voulues pour déterminer respectivement une flexion simple et une torsion. Nous aurons ainsi (183)

$$\frac{E\pi r^4}{4}\left(\frac{1}{\rho} - \frac{1}{\rho_0}\right) = -QR\sin\alpha,$$

$$\frac{\mu\pi r^4}{2}\left(\frac{1}{\tau} - \frac{1}{\tau_0}\right) = QR\cos\alpha.$$

Posant pour plus de simplicité $\frac{4Q}{E\pi r^4} = K$, $\frac{2Q}{\mu\pi r^4} = K'$ et, enfin, remplaçant les rayons de courbure et de cambrure par leurs valeurs fournies par les formules (1), on trouve

(2) $$\left\{\begin{aligned} &\frac{\cos^2\alpha}{R} - \frac{\cos^2\alpha_0}{R_0} = -KR\sin\alpha, \\ &\frac{\sin\alpha\cos\alpha}{R} - \frac{\sin\alpha_0\cos\alpha_0}{R_0} = K'R\cos\alpha. \end{aligned}\right.$$

Il nous reste à prouver que ces deux équations donnent pour α et R des valeurs réelles et positives. En éliminant d'abord entre elles les termes en $\frac{1}{R}$, on obtient

$$(3) \qquad R = \frac{1}{R_0} \frac{\cos\alpha_0 \sin(\alpha - \alpha_0)}{K' \cos^2\alpha + K \sin^2\alpha},$$

et en portant cette valeur dans la première des équations (2), on trouve

$$(4) \quad \left\{ \begin{array}{l} R_0^2 \cos\alpha (K' \cos^2\alpha + K \sin^2\alpha)^2 \\ \quad - \cos^2\alpha_0 \sin(\alpha - \alpha_0)(K' \cos\alpha_0 \cos\alpha + K \sin\alpha_0 \sin\alpha) = 0. \end{array} \right.$$

Il faut que cette équation en α ait au moins une racine réelle comprise entre α_0 et $\frac{\pi}{2}$, et c'est ce qui a lieu effectivement, puisqu'en substituant successivement ces deux limites on obtient des résultats de signes contraires.

En prenant $\tan\alpha$ pour inconnue, l'équation (4) se ramène à une équation du quatrième degré.

Nous ne nous arrêterons pas au cas des petits déplacements qu'il est facile de traiter, ni au détail du calcul relatif aux conditions de résistance qui sont les suivantes :

$$\Gamma > \frac{Q \sin\alpha}{\pi r^2}\left(1 + 4\frac{R}{r}\right), \quad \Gamma_1 > \frac{2QR\cos\alpha}{\pi r^3},$$

§ V. — *Vibrations des corps élastiques.*

190. — Lorsqu'un corps élastique est déformé sous l'action de forces extérieures, chacun de ses éléments matériels exécute une série de petits mouvements par rapport à la position de cet élément qui convient au nouvel état d'équilibre, si les forces extérieures sont permanentes, ou à la position primitive si, au contraire, ces forces viennent à cesser leur action dès que la déformation est produite.

Ces mouvements, d'une faible amplitude et qui sont très-rapides, sont appelés *mouvements vibratoires* ou *vibrations*.

La force vive vibratoire, en se communiquant graduellement aux particules du milieu ambiant et aux supports du corps, finit par devenir insensible ou s'annuler, et l'équilibre s'établit au bout d'un temps plus ou moins long.

Dans les questions de cette nature que l'on a à étudier au point de vue physique, les molécules des corps vibrants ne sont soumises qu'à l'action d'une seule force extérieure qui est la pesanteur; et, comme les équations du mouvement vibratoire sont linéaires, on peut faire abstraction de cette force, que l'on peut considérer comme constante, conformément à ce que nous avons vu au n° 65; ce qui revient à rapporter ce mouvement aux positions d'équilibre que prendraient les molécules sous l'action de la pesanteur.

Nous allons étudier, dans quelques cas particuliers simples, le mouvement vibratoire d'un corps élastique.

§ VI. — *Cordes vibrantes.*

191. — Soient A, B deux points invariables auxquels sont fixées les extrémités d'une corde suffisamment tendue pour qu'on puisse regarder sa fibre moyenne comme rectiligne et dont nous supposerons les dimensions transversales assez petites pour que l'on soit ramené à la considérer comme un simple fil élastique.

Concevons que, sous l'action d'efforts extérieurs, on donne à la corde une forme curviligne très-aplatie, ou telle que l'inclinaison de la tangente sur AB soit assez petite pour en négliger les puissances supérieures à la première; puis que, ces efforts venant à cesser, on abandonne la corde à elle-même ou que l'on imprime des vitesses initiales à ses différents points; elle exécutera une série d'oscillations dont nous nous proposons de déterminer la loi.

Soient

T_0 la tension de la corde à l'état d'équilibre;

A l'origine des coordonnées;

AB la direction de l'axe des x;

Ay, Az deux axes rectangulaires perpendiculaires à AB;

x l'abscisse, parallèle à Ax, d'un point m;

T_0 la tension de la corde avant la déformation;
$x+u$, y, z les coordonnées du même point à un instant quelconque du mouvement vibratoire;
T la tension correspondante en m;
l la longueur primitive AB;
p le poids de l'unité de longueur de la corde;
$mm' = ds$ un élément de la corde déformée.

Au degré d'approximation adopté, il nous est permis de supposer $ds = d(x+u) = dx + du$, et négliger les termes du second ordre en u, y et z.

La dilatation en m étant $\frac{du}{dx}$, nous pourrons poser

$$T = T_0 + q\frac{du}{dx}, \tag{1}$$

q étant une constante dépendant de la nature et de la section de la corde, que l'expérience fera connaître.

Si l'on exprime que, en projection sur les trois axes,

$$-T, \quad T + \frac{dT}{ds}ds = T + \frac{dT}{dx}dx$$

et les forces d'inertie se font équilibre sur l'élément mm', on trouve

$$\frac{dT}{dx} = \frac{p}{g}\frac{d^2u}{dt^2},$$
$$\frac{d}{dx}\left(T\frac{dy}{dx}\right) = \frac{p}{g}\frac{d^2y}{dt^2},$$
$$\frac{d}{dx}\left(T\frac{dz}{dx}\right) = \frac{p}{g}\frac{d^2z}{dt^2}.$$

d'où, en vertu de la formule (1),

$$\frac{d^2u}{dt^2} = \frac{gq}{p}\frac{d^2u}{dx^2}, \tag{2}$$

$$\left\{\begin{aligned} \frac{d^2y}{dt^2} &= \frac{gT_0}{p}\frac{d^2y}{dx^2}, \\ \frac{d^2z}{dt^2} &= \frac{gT_0}{p}\frac{d^2z}{dx^2}. \end{aligned}\right. \tag{3}$$

192. *Vibrations transversales.* — Les équations (3) dont dépendent ces vibrations étant identiques, il nous suffit d'étudier

l'une d'elles, la première par exemple, pour connaître les propriétés du mouvement définies par chacune des deux autres.

En posant, pour abréger,

$$a^2 = \frac{gT_0}{p}, \tag{4}$$

l'équation dont il s'agit devient

$$\frac{d^2y}{dt^2} = a^2\frac{d^2y}{dx^2}. \tag{5}$$

Elle est satisfaite par toute expression de la forme

$$y = M\sin(mat + \theta)\sin(mx + \xi),$$

dans laquelle M, m, θ, ξ sont des constantes arbitraires, par suite, par la somme de toutes les expressions semblables, obtenues en donnant toutes les valeurs imaginables à ces constantes. Or on doit avoir $y = 0$, pour $x = 0$, et $x = l$, quel que soit t; ces conditions seront satisfaites en supposant $\xi = 0$, $m = \frac{i\pi}{l}$, i étant un nombre entier positif. Nous sommes ainsi conduit à poser

$$y = \sum_{i=1}^{i=\infty}\left(A_i \sin\frac{\pi iat}{l} + B_i\cos\frac{\pi iat}{l}\right)\sin\frac{\pi ix}{l}, \tag{6}$$

A_i, B_i étant des constantes qui dépendent des conditions initiales du mouvement et que nous allons maintenant déterminer.

Soient

$$y = F(x), \quad \frac{dy}{dx} = f(x)$$

les fonctions de x supposées données, qui représentent l'ordonnée et la vitesse d'un point quelconque de la corde à l'instant initial, nous aurons, entre les limites $x = 0$, $x = l$,

$$\left\{\begin{aligned} F(x) &= \sum_1^\infty B_i \sin\frac{i\pi x}{l}, \\ f(x) &= \frac{\pi a}{l}\sum_1^\infty iA_i\sin\frac{i\pi x}{l}, \end{aligned}\right. \tag{7}$$

d'où, en multipliant par $\sin \frac{i\pi x}{l} dx$ et intégrant de o à l,

$$B_i = \frac{2}{l} \int_0^l F(x) \sin \frac{i\pi x}{l} dx,$$

$$A_i = \frac{2}{i\pi a} \int_0^l f(x) \sin \frac{i\pi x}{l} dx.$$

Ces formules, comme on le sait, ne supposent pas que les courbes représentées par les équations

$$y = F(x), \quad y = f(x)$$

soient continues; ces courbes peuvent être formées d'arcs de courbes différentes, mais qui devront naturellement se raccorder entre eux. Les intégrales ci-dessus se composeront chacune de la somme des intégrales relatives à chacune des formes de F ou f, dans les limites correspondantes de x, entre lesquelles elle est applicable.

Chacun des éléments de la somme Σ, pour une même valeur de t, correspond à une sinusoïde et l'on voit que le mouvement de la corde résulte de la superposition d'une infinité d'ondulations sinusoïdales.

Chaque point de la sinusoïde de l'ordre i reprendra la position et la vitesse relatives à un instant quelconque, lorsque $\frac{\pi i a t}{l}$ augmentera de 2π. Si donc on désigne par τ_i la durée de l'intervalle correspondant, ou de la vibration, et par $n_i = \frac{1}{\tau_i}$ le nombre de vibrations exécutées dans l'unité de temps, on aura

$$\frac{ia\tau_i}{l} = 2,$$

d'où

$$(8) \qquad \tau_i = \frac{2l}{ia} = \frac{2l}{i}\sqrt{\frac{p}{gT_0}}, \quad n_i = \frac{i}{2l}\sqrt{\frac{gT_0}{p}}.$$

Lorsque les coefficients A_1 et B_1 ne seront pas nuls simultanément, tous les points de la corde reviendront à la même position, au bout du temps τ_1, après avoir exécuté un nombre de vibrations exprimé par

$$(9) \qquad n_1 = \frac{1}{2l}\sqrt{\frac{gT_0}{p}},$$

qui correspond, en se plaçant au point de vue de l'acoustique, au *son fondamental*. On sait d'ailleurs que toutes les conséquences que l'on déduit de la formule (9) ont été vérifiées par l'expérience.

Les valeurs croissantes de n_i,

$$2n_1, \quad 3n_1, \quad 4n_1, \ldots,$$

définissent les harmoniques successifs du son fondamental. D'après M. Helmholtz, la qualité du timbre résulte de la coïncidence du son fondamental et de ses six premiers harmoniques et dépend des valeurs des A_i et B_i de $i = 1$ à $i = 6$.

Supposons que, par suite des conditions initiales du mouvement, on ait

$$(10) \qquad A_i = 0, \quad B_i = 0,$$

pour toutes les valeurs de i qui ne sont pas multiples d'un nombre entier donné m. La formule (6) ne renfermant que des arcs multiples de $m\pi\frac{at}{l}$, l'état et la position de la corde redeviendront les mêmes, toutes les fois que at augmentera d'un multiple de $\frac{2l}{m\pi}$ et l'élévation de ton dépendra du nombre

$$n_m = \frac{am}{2l} = \frac{m}{2l}\sqrt{\frac{gT_0}{p}}.$$

La formule précitée ne contenant que des multiples de $\frac{m\pi x}{l}$, on aura constamment $y = 0$ pour les points équidistants N, N′, ... de la corde, définis par

$$x = \frac{l}{m}, \quad x = \frac{2l}{m}, \ldots,$$

et ces points, au nombre de $m - 1$, resteront immobiles, comme les points extrêmes A et B, pendant toute la durée du mouvement, ce qui leur a fait donner le nom de *nœuds de vibrations*. Ces points, à l'origine du mouvement, n'ont pas été écartés de la droite AB et n'ont reçu aucune vitesse initiale.

Les arcs ACN, N C'N',..., situés alternativement de part et d'autre de la droite AB, vibreront comme des cordes isolées de longueur $\frac{l}{m}$, et la durée de leurs oscillations sera $\frac{2l}{ma}$.

La manière la plus simple de satisfaire aux conditions (10), eu égard aux relations (7), est de prendre, en appelant h une constante,

$$F(x) = h \sin \frac{m\pi x}{l}, \quad f(x) = 0,$$

ce qui suppose que, à l'origine, la vitesse en chaque point était nulle et que la corde était formée de m parties égales, situées alternativement d'un côté et de l'autre de AB. On a alors [1]

$$y = h \sin \frac{m\pi x}{l} \cos \frac{m\pi at}{l}.$$

193. *Vibrations longitudinales*. — L'étude de ces vibrations conduit à des résultats identiques aux précédents; la seule différence consiste en ce que la considération des sinusoïdes ayant x pour abscisse et u pour ordonnée ne constitue qu'un mode de représentation géométrique.

Si n'_1 est le nombre des vibrations exécutées dans l'unité de temps, définissant le son fondamental, on a

$$n'_1 = \frac{1}{2l}\sqrt{\frac{gq}{p}},$$

d'où

(1) $$n'_1 = n_1 \sqrt{\frac{g}{T_0}},$$

relation qui a été vérifiée expérimentalement par Cagniard-Latour.

---

[1] *Voir* le *Cours de Physique mathématique* de M. Émile Mathieu, p. 19, où l'auteur détermine les valeurs des coefficients A_i et B_i lorsque la corde pincée en son milieu a, à l'état initial, la forme d'un triangle isoscèle.

§ VII. — *Mouvements vibratoires des prismes.*

194. Supposons qu'un corps homogène cylindrique ou prismatique se trouve dans des conditions telles qu'il ne puisse éprouver, en dehors des déplacements longitudinaux, qu'une flexion simple et une torsion.

Nous aurons dans cette hypothèse à étudier :

Les vibrations *longitudinales ;*

Les vibrations *transversales ;*

Les vibrations *tournantes* ou dues à une torsion initiale.

Ces trois espèces de vibrations sont indépendantes l'une de l'autre (¹) et peuvent être étudiées séparément, comme on le reconnaîtra d'ailleurs par ce qui suit.

195. *Vibrations longitudinales.* — Prenons pour axe des x la direction de la fibre moyenne à l'état naturel, en laissant indéterminée la position de l'origine.

Soient

x, $x+u$ les abscisses d'une section transversale, à l'état naturel du corps et à un instant quelconque du mouvement;
p le poids spécifique de la matière;
l la longueur du prisme.

Conservons d'ailleurs les notations du n° 183.

Il est clair que la dilatation longitudinale a pour expression $\dfrac{du}{dx}$.

Si maintenant nous exprimons qu'un élément du prisme, déterminé par deux sections infiniment voisines est en équilibre, sous l'action des forces extérieures et de la réaction de l'inertie, on voit sans peine que l'on a

$$-\mathrm{E}\Omega\frac{du}{dx}+\mathrm{E}\Omega\left(\frac{du}{dx}+\frac{d^2u}{dx^2}dx\right)-\Omega\frac{p}{g}dx\frac{d^2u}{dt^2}=0,$$

(¹) Il n'en est généralement pas de même pour les lames curvilignes. *Voir* à ce sujet la Note placée à la fin du Chapitre.

d'où

(1) $$\frac{d^2u}{dt^2} = a^2\frac{d^2u}{dx^2},$$

en posant

(2) $$a^2 = \frac{Eg}{p}.$$

Nous allons maintenant examiner les cas principaux qui peuvent se présenter.

1° *Les deux extrémités du prisme sont encastrées.* — Il est clair que l'on rentre ici dans le cas des vibrations longitudinales d'une corde; on a donc, pour la durée des oscillations et le nombre de ces oscillations, exécutées par seconde, dans le cas du son le plus grave ou du son fondamental,

$$\tau_1 = 2l\sqrt{\frac{p}{Eg}}, \quad n_1 = \frac{1}{2l}\sqrt{\frac{Eg}{p}}.$$

2° *L'une des extrémités du prisme est encastrée, tandis que l'autre reste libre.* — En plaçant l'origine à l'encastrement, on a les conditions

$$u = 0, \quad \frac{du}{dt} = 0, \quad \text{pour } x = 0; \qquad E\Omega\frac{du}{dx} = 0, \quad \text{pour } x = l,$$

qui seront satisfaites, en même temps que l'équation (1), en posant

$$u = \sum_{i=0}^{i=\infty}\left[A_i \sin(2i+1)\frac{\pi a t}{2l} + B_i\cos(2i+1)\frac{\pi a t}{2l}\right]\sin\frac{2i+1}{2l}\pi x,$$

i étant un nombre entier quelconque.

Si, pour $t = 0$, on a

$$u = F(x), \quad \frac{du}{dt} = f(x),$$

on aura, en opérant comme au n° 192,

$$A_i = \frac{2}{l}\int_0^l F(x)\sin\frac{(2i+1)\pi x}{l}\,dx,$$

$$B_i = \frac{2}{(2i+1)\pi a}\int_0^l f(x)\sin\frac{(2i+1)\pi x}{2l}\,dx.$$

La durée d'une vibration relative au son fondamental sera

$$\tau = \frac{4l}{a} = 4l\sqrt{\frac{p}{Eg}},$$

c'est-à-dire le double de celle qui avait lieu dans le premier cas; donc le son longitudinal d'une verge fixée seulement par une extrémité est à un octave au-dessous du son de la même verge fixée par ses deux bouts.

3° *Le prisme est complètement libre.* — L'origine se trouvant en un point quelconque de la fibre moyenne, on a

$$E\Omega\frac{du}{dx} = 0,$$

pour $x = 0$ et $x = l$; on satisfait aux conditions du problème en posant

$$u = \frac{1}{l}\int_0^l F(x)dx + \frac{2}{l}\sum_{i=1}^{i=\infty}\cos\frac{i\pi x}{l}\cos\frac{i\pi at}{l}\int_0^l\cos\frac{i\pi x}{l}F(x)dx$$
$$+\frac{1}{l}\int_0^l f(x)dx + \frac{2}{\pi a}\sum_{i=1}^{i=\infty}\frac{1}{i}\cos\frac{i\pi x}{l}\sin\frac{i\pi at}{l}\int_0^l\cos\frac{i\pi x}{l}f(x)dx.$$

La durée d'une vibration et le son fondamental sont par suite les mêmes que lorsque le prisme est fixé par les deux bouts, ce qui est conforme à l'expérience.

4° *Prisme vertical pesant, dont une extrémité est fixe et l'autre soumise à l'action d'un poids* Q. — Nous avons

$$u = 0,\quad \frac{du}{dt} = 0,\quad \text{pour } x = 0,$$

$$E\Omega\frac{du}{dx} = Q - \frac{Q}{g}\frac{d^2u}{dt^2},\quad \text{pour } x = l.$$

Nous pouvons remplacer u par $u + \frac{Qx}{E\Omega}$, ce qui ne modifie pas la forme de l'équation (1), et les conditions précédentes deviennent

$$(\alpha)\qquad \begin{cases} u = 0,\quad \dfrac{du}{dt} = 0,\quad \text{pour } x = 0,\\ E\Omega\dfrac{du}{dx} = -\dfrac{Q}{g}\dfrac{d^2u}{dt^2},\quad \text{pour } x = l.\end{cases}$$

On satisfait aux deux premières, ainsi qu'à l'équation précitée, en posant

$$(3) \qquad u = \Sigma\,(A_m \sin mat + B_m \cos mat)\sin mx,$$

A_m, B_m, m étant les constantes arbitraires.

En exprimant que chaque élément de cette somme satisfait à la troisième des conditions (α), on trouve

$$(\beta) \qquad ml \operatorname{tang} ml = \frac{E\Omega g l}{Q a^2} = \frac{\Omega l p}{Q}.$$

Cette équation en m a une infinité de racines réelles, deux à deux égales et de signes contraires; mais il suffit de substituer les racines positives dans l'expression (3), puisqu'un couple de racines de signes contraires donnerait deux termes de même forme qui se réduiraient à un seul.

Désignons par m_1, $m_2, \ldots,$ $m_i, \ldots$ les racines positives de l'équation (β) rangées par ordre de grandeur, nous aurons

$$(\gamma) \qquad \begin{cases} F(x) = \Sigma B_{m_i} \sin m_i x, \\ \dfrac{1}{a} f(x) = \Sigma m A_{m_i} \sin m_i x, \end{cases}$$

d'où

$$F'(x) = \Sigma m_i B_{m_i} \cos m_i x,$$

$$\frac{1}{a} f'(x) = \Sigma m_i^2 A_{m_i} \cos m_i x.$$

Multiplions ces deux dernières équations par $\cos m_{i'} x\,dx$, i' étant un nombre entier quelconque, et effectuons les intégrations entre les limites o et l, nous aurons

$$\int_0^l F'(x)\cos m_{i'} x . dx = \sum_{i=1}^{\infty} m_i B_{m_i} \int_0^l \cos m_i x \cos m_{i'} x . dx,$$

$$\frac{1}{a}\int_0^l f'(x)\cos m_{i'} x . dx = \sum_{i=1}^{\infty} m_i^2 A_{m_i} \int_0^l \cos m_i x \cos m_{i'} x . dx.$$

Or on a, pour $i' = i$,

$$\int_0^l \cos^2 m_i x . dx = \frac{1}{4 m_i}(2 m_i l + \sin 2 m_i l),$$

et pour i' différent de i

$$(m_i^2 - m_{i'}^2)\int_0^l \cos m_{i'}x \cos m_i x . dx$$
$$= \cos m_i l \cos m_{i'} l (m_{i'} \operatorname{tang} m_{i'} l - m_i \operatorname{tang} m_i l),$$

expression qui est nulle d'après l'équation (β) que doivent vérifier m_i et $m_{i'}$. Les intégrales qui multiplient les coefficients autres que A_i et B_i étant nulles, il vient

$$B_{m_i} = \frac{4}{2m_i l + \sin 2m_i l}\int_0^l F'(x) \cos m_i x . dx,$$
$$A_{m_i} = \frac{4}{a m_i (2m_i l + \sin 2m_i l)}\int_0^l f'(x) \cos m_i x . dx.$$

196. *Examen du cas où la masse de la tige est très-petite par rapport à celle de la charge.* — Si le poids et l'inertie de la tige sont négligeables par rapport à ceux de la charge, la dilatation $\frac{du}{dx}$ sera la même en tous les points de cette tige pour chaque valeur de t, et égale à $\frac{\omega}{l}$, ω étant l'accroissement éprouvé par la longueur primitive l.

Comme la vitesse de translation de Q est $\frac{d\omega}{dt}$, on a

$$E\Omega \frac{\omega}{l} = Q - \frac{Q}{g}\frac{d^2\omega}{dt^2},$$

d'où

$$\omega = \frac{Ql}{E\Omega} + M \cos \sqrt{\frac{E\Omega g}{Ql}}\, t + N \sin \sqrt{\frac{E\Omega g}{Ql}}\, t,$$

M, N étant deux constantes qui dépendent de l'état initial du mouvement.

Si l'on remarque que $\frac{Ql}{E\Omega}$ est l'allongement permanent que subirait le prisme sous l'effort statique Q, on voit que l'extrémité de ce prisme est animée d'un mouvement oscillatoire de part et d'autre de celle de ses positions qui correspond à l'état d'équilibre, et que la durée d'une oscillation est

$$\tau = 2\pi \sqrt{\frac{Ql}{E\Omega g}}.$$

Si $w = 0$, $\frac{dw}{dt} = 0$ pour $t = 0$, ce qui aura lieu lorsque l'on adaptera, sans vitesse initiale, le poids Q à l'extrémité du prisme, on aura

$$w = \frac{Ql}{E\Omega}\left(1 - \cos\sqrt{\frac{E\Omega g}{Ql}}\,t\right).$$

L'amplitude de l'oscillation est égale à $\frac{2Ql}{E\Omega}$, ou au double de l'allongement relatif à l'équilibre.

On voit, d'après ces considérations, combien il est important de tenir compte des circonstances qui accompagnent la mise en charge d'un prisme relativement aux conditions de résistance qu'il doit remplir, puisque, dans l'exemple précédent, il faut que la section du prisme soit double de celle qui est nécessaire pour supporter l'effort statique.

197. *Vibrations transversales.* — Prenons pour axe des x la direction de la fibre moyenne à l'état naturel, et pour axe des y une perpendiculaire en un point de cette droite dans le plan de flexion ou d'oscillation.

Soient

y l'ordonnée, au bout du temps t, du point de la fibre moyenne qui a x pour abscisse;

T la force élastique de glissement dans la même section.

Nous continuerons à désigner par I le moment d'inertie de la section du prisme par rapport à la parallèle à l'axe de flexion menée par son centre de gravité.

Si nous considérons un élément de prisme déterminé par deux sections infiniment voisines, nous aurons, en projection sur l'axe Oy,

$$T - \left(T + \frac{dT}{dx}dx\right) - \frac{p}{g}\Omega\,dx\,\frac{d^2y}{dt^2} = 0,$$

d'où

$$(1) \qquad \frac{d^2y}{dt^2} + \frac{g}{p\Omega}\frac{dT}{dx} = 0.$$

Il nous reste maintenant à établir l'équation des moments

relativement à la perpendiculaire Gz au plan de flexion, menée par le centre de gravité G de l'élément dont il s'agit.

L'accélération angulaire autour de Gz est évidemment la dérivée seconde, par rapport à t, de l'inclinaison $\frac{dy}{dx}$ sur Ox de la tangente à la courbe, ou $\frac{d^3y}{dx\,dt^2}$; le moment d'inertie du même élément étant $\mathrm{I}.\frac{p}{g}dx$, il vient

$$-\mathrm{T}\frac{dx}{2}-\left(\mathrm{T}+\frac{d\mathrm{T}}{dx}dx\right)\frac{dx}{2}-\mathrm{EI}\frac{d^2y}{dx^2}+\mathrm{EI}\left(\frac{d^2y}{dx^2}+\frac{d^3y}{dx^3}dx\right)-\mathrm{I}\frac{p}{g}dx\frac{d^3y}{dx\,dt^2}=$$

d'où

$$\mathrm{T}=\mathrm{EI}\frac{d^3y}{dx^3}-\mathrm{I}\frac{p}{g}\frac{d^3y}{dx\,dt^2}. \tag{2}$$

En portant cette valeur dans l'équation (1), et posant, pour abréger,

$$a^4=\frac{\mathrm{EI}g}{p\Omega},\quad b^2=\frac{\mathrm{I}}{\Omega},$$

on obtient

$$\frac{d^2y}{dt^2}+a^4\frac{d^4y}{dx^4}-b^2\frac{d^4y}{dx^2dt^2}=0. \tag{3}$$

1° *La pièce repose sur deux appuis.* — Soit l la distance des deux appuis à l'un desquels nous placerons l'origine des coordonnées.

Pour $x=0$, $x=l$, on a non-seulement

$$y=0,$$

mais encore

$$\frac{d^2y}{dx^2}=0,$$

pour exprimer que le moment d'élasticité $\frac{\mathrm{EI}}{\rho}$ est nul sur les deux bases du prisme.

On satisfera à ces deux conditions en posant

$$y=\Sigma \mathrm{U}_i\sin\frac{i\pi x}{l},$$

i étant un nombre entier quelconque et U_i une fonction de t

seulement, satisfaisant à l'équation différentielle

$$(i^2\pi^2 b^2 + l^2)\frac{d^2 U_i}{dt^2} + i^4\pi^4\frac{a^4}{l^2}U_i = 0,$$

qui résulte de la substitution de la valeur ci-dessus de y dans l'équation (3). On déduit de là

$$U_i = A_i \sin\frac{i^2\pi^2 a^2 t}{l\sqrt{i^2\pi^2 b^2 + l^2}} + B_i \cos\frac{i^2\pi^2 a^2 t}{l\sqrt{i^2\pi^2 b^2 + l^2}},$$

A_i, B_i étant deux constantes arbitraires. Nous pourrons donc écrire

$$(4)\quad y = \sum_1^\infty \left(A_i \sin\frac{i^2\pi^2 a^2 t}{l\sqrt{i^2\pi^2 b^2 + l^2}} + B_i \cos\frac{i^2\pi^2 a^2 t}{l\sqrt{i^2\pi^2 b^2 + l^2}}\right)\sin\frac{i\pi x}{l},$$

et nous aurons, pour déterminer les A_i et B_i, les conditions

$$y = F(x) = \sum_1^\infty B_i \sin\frac{i\pi x}{l},$$

$$\frac{dy}{dt} = f(x) = \frac{\pi^2 a^2}{l}\sum_1^\infty A_i \frac{i^2}{\sqrt{i^2\pi^2 b^2 + l^2}}\sin\frac{i\pi x}{l},$$

qui définissent l'état initial du mouvement, entre les limites $x = 0$, $x = l$; d'où

$$B_i = \frac{2}{l}\int_0^l F(x)\sin\frac{i\pi x}{l}\,dx,$$

$$A_i = \frac{2\sqrt{i^2\pi^2 b^2 + l^2}}{i^2\pi^2 a^2}\int_0^l f(x)\sin\frac{i\pi x}{l}\,dx.$$

D'après la forme de l'intégrale (4) nous voyons que, en considérant l'ensemble des vibrations, chaque point de la fibre invariable ne reviendra pas exactement, en général, à sa position primitive au bout d'un laps de temps déterminé; mais, si nous n'avons égard qu'au son principal correspondant à $i = 1$, la durée τ_1 d'une vibration est donnée par la formule

$$\frac{\pi^2 a^2 \tau_1}{l\sqrt{\pi^2 b^2 + l^2}} = 2\pi,$$

d'où

$$\tau_1 = \frac{2l\sqrt{\pi^2 b^2 + l^2}}{\pi a^2},$$

et l'on a pour le nombre n_1 de vibrations exécutées par seconde

$$n_1 = \frac{\pi a^2}{2l\sqrt{\pi^2 b^2 + l^2}}.$$

Si la section du prisme est assez petite par rapport à sa longueur pour que l'on puisse négliger $\pi^2 \frac{b^2}{l^2} = \pi^2 \frac{I}{\Omega l^2}$ devant l'unité, il vient tout simplement

$$n_1 = \frac{\pi a^2}{2l^2} = \frac{\pi}{2l^2}\sqrt{\frac{EIg}{\Omega p}}.$$

2° *La verge est encastrée par une extrémité et l'autre reste libre.* — Nous supposerons pour plus de simplicité que la verge est assez mince pour que nous puissions négliger le terme en b^2, et écrire

$$(5) \qquad \frac{d^2y}{dt^2} + a^4 \frac{d^4y}{dx^4} = 0.$$

En plaçant l'origine à l'encastrement, nous aurons les conditions

$$(6) \qquad y = 0, \quad \frac{dy}{dx} = 0, \quad \text{pour } x = 0.$$

Pour la base libre, on doit avoir $\frac{EI}{\rho} = 0$, $T = 0$; par suite, en ayant égard à la valeur (2) de T, dont nous considérons le second terme comme négligeable, et appelant l la longueur de la verge, nous aurons ces conditions

$$(7) \qquad \frac{d^2y}{dx^2} = 0, \quad \frac{d^3y}{dx^3} = 0, \quad \text{pour } x = l.$$

L'équation (5) sera satisfaite en posant

$$y = r \sin m^2 a^2 t + s \cos m^2 a^2 t,$$

m étant une constante et r, s deux fonctions de x seulement, définies par les équations

$$(8) \qquad \frac{d^4 r}{dx^4} = m^4 r, \quad \frac{d^4 s}{dx^4} = m^4 s.$$

Si l'on intègre ces deux équations, que l'on exprime que r et s substitués à y satisfont aux conditions (6) et (7), on trouve que m doit satisfaire à l'équation

$$(9)\qquad (e^{ml}+e^{-ml})\cos ml-2=0,$$

et, en posant

$$(10)\qquad \begin{cases} X_m = & (e^{ml}+e^{-ml}-2\cos ml)[\sin mx+\frac{1}{2}(e^{mx}-e^{-mx})] \\ & -(e^{ml}-e^{-ml}-2\sin ml)[\cos mx+\frac{1}{2}(e^{mx}+e^{-mx})], \end{cases}$$

que

$$y = X_m(A_m \sin m^2a^2t + B_m \cos m^2a^2t),$$

expression dans laquelle A_m et B_m désignent deux constantes arbitraires.

Enfin on voit que l'équation (5) sera satisfaite, ainsi que les conditions (6) et (7), par

$$(11)\qquad y = \Sigma X_m(A_m \sin m^2a^2t + B_m \cos m^2a^2t),$$

le signe Σ se rapportant à toutes les racines réelles positives de l'équation (9), auxquelles les racines négatives sont respectivement égales en valeur absolue.

Il nous reste maintenant à déterminer les A_m et B_m, de manière à satisfaire aux conditions

$$(12)\qquad y = F(x),\quad \frac{dy}{dt} = f(x),\quad \text{pour } t=0.$$

L'équation (5), multipliée par $X_m\,dx$ et intégrée entre 0 et l, donne

$$(13)\qquad \int_0^l \frac{d^2X_my}{dt^2}\,dx + a^4\int_0^l X_m\frac{d^4y}{dx^4}\,dx = 0;$$

mais, en intégrant successivement par parties, on a

$$\int_0^l X_m\frac{d^4y}{dx^4}\,dx$$
$$= \left[X_m\frac{d^3y}{dx^3} - \frac{dX_m}{dx}\frac{d^2y}{dx^2} + \frac{d^2X_m}{dx^2}\frac{dy}{dx} - \frac{d^3X_m}{dx^3}y\right]_{x=0}^{x=l} + \int_0^l \frac{d^4X_m}{dx^4}y\,dx,$$

ou tout simplement, en vertu des conditions (6) et (7), auxquelles satisfont y et X_m,

$$\int_0^l X_m \frac{d^4 y}{dx^4}\,dx = \int_0^l \frac{d^4 X_m}{dx^4}\,y\,dx,$$

ou encore, en ayant égard aux équations (8), auxquelles X_m doit satisfaire,

$$\int_0^l X_m \frac{d^4 y}{dx^4}\,dx = m^4 \int_0^l X_m\,y\,dx.$$

L'équation (13) devient, par suite,

$$\frac{d^2}{dt^2}\int_0^l X_m\,y\,dx + a^4 m^4 \int_0^l X_m\,y\,dx = 0,$$

et a pour intégrale

$$(14)\qquad \int_0^l X_m\,y\,dx = C_m \sin a^2 m^2 t + D_m \cos a^2 m^2 t,$$

C_m, D_m étant deux constantes arbitraires, que l'on déterminera par les conditions (12) qui donnent

$$(15)\qquad \begin{cases} C_m = \displaystyle\int_0^l X_m\,F(x)\,dx, \\ D_m = \dfrac{1}{a^2 m^2}\displaystyle\int_0^l X_m\,f(x)\,dx. \end{cases}$$

Portons maintenant dans l'équation (14) la valeur (11) de y; pour toute racine m' de l'équation (9), différente de m, les termes en $\sin^2 m'^2 a^2 t$, $\cos m'^2 a^2 t$ doivent disparaître après la substitution, de sorte que l'on a

$$\int_0^l X_m X_{m'}\,dx = 0;$$

mais, pour le cas de $m' = m$, l'équation (14) donne

$$A_m \int_0^l X_m^2\,dx = C_m,$$

$$B_m \int_0^l X_m^2\,dx = D_m,$$

et les coefficients de A_m et B_m se trouvent ainsi déterminés.

3° *La pièce est complètement libre.* — Ce cas se traite comme le précédent, en remplaçant les conditions (6) par les suivantes :

$$\frac{d^2y}{dx^2} = 0, \quad \frac{d^3y}{dx^3} = 0, \quad \text{pour } x = 0,$$

que l'on devra joindre aux conditions (7).

198. *Des vibrations tournantes.* — Considérons un cylindre circulaire et supposons que, après lui avoir fait subir une torsion, on l'abandonne à lui-même; chacun de ses points exécutera des oscillations circulaires, dont nous nous proposons de trouver la loi.

Comme au n° 183 (*Torsion*), dont nous conserverons les notations, nous désignerons par $O\xi$ l'axe du cylindre.

Soient

ψ l'angle que forme pendant le mouvement, avec sa position naturelle, un rayon déterminé de la section correspondant à l'abscisse ξ;

$\psi + \frac{d\psi}{d\xi} d\xi$ l'angle semblable relatif à un rayon d'une section infiniment voisine.

Les deux sections ayant glissé l'une sur l'autre de l'angle $\frac{d\psi}{d\xi} d\xi$, il en résulte que le glissement des fibres rapporté à l'unité de distance est

$$b = \frac{d\psi}{d\xi},$$

et l'on a, pour le moment de torsion dans la première des sections

$$\mathfrak{M}_\xi = \mu I_\xi \frac{d\psi}{d\xi}.$$

Le moment résultant, pour l'élément de volume limité par les mêmes sections, est, par suite,

$$\mu I_\xi \frac{d^2\psi}{d\xi^2} d\xi;$$

or le moment d'inertie de cet élément, par rapport à $O\xi$, étant $\frac{p\,d\xi}{g} I_\xi$, il en résulte que

$$\frac{p}{g} I_\xi \frac{d^2\psi}{dt^2} = \mu I_\xi \frac{d^2\psi}{d\xi^2},$$

d'où

$$\frac{d^2\psi}{dt^2} = \frac{\mu g}{p} \frac{d^2\psi}{d\xi^2},$$

équation identique à celle dont dépendent les vibrations longitudinales et dont on déduira les mêmes conséquences.

NOTE.

MOUVEMENT VIBRATOIRE D'UNE LAME CIRCULAIRE.

Soient

O le centre de la circonférence formée par la fibre moyenne;
ρ_0 son rayon;
ω la section de la pièce;
I son moment d'inertie par rapport à la perpendiculaire au plan de la circonférence passant par son centre de gravité;
E le coefficient d'élasticité et p le poids spécifique de la matière;
a, a' deux points infiniment voisins de la fibre moyenne à l'état naturel;
θ, $\theta + d\theta$ les angles que forment les rayons Oa, Oa' avec la direction Ox d'un diamètre déterminé;
$r = \rho_0(1 + u)$, $\theta + w$ ce que deviennent le rayon Oa et l'angle θ après la déformation, u et w étant supposés assez petits pour que l'on puisse en négliger les secondes puissances;
$-N$, $N + \frac{dN}{d\theta}d\theta$, $-T$, $T + \frac{dT}{d\theta}d\theta$ les composantes élastiques développées suivant le rayon et sa perpendiculaire en a et a';
$\mathfrak{M}$, $-\left(\mathfrak{M} + \frac{d\mathfrak{M}}{d\theta}d\theta\right)$ les moments des couples élastiques dans les mêmes sections;
$X\frac{p}{g}\omega\rho_0 d\theta$, $Y\frac{p}{g}\omega\rho_0 d\theta$ les composantes suivant le rayon OG, mené au centre de gravité G, milieu de l'arc aa', et suivant sa perpendiculaire des forces qui agissent sur l'élément limité par les sections normales en a et a'.

En projetant sur les directions de X et Y, on trouve

$$\frac{dN}{d\theta}d\theta - T\,d\theta + X\frac{p}{g}\omega\rho_0 d\theta = 0,$$

$$\frac{dT}{d\theta}d\theta + N\,d\theta + Y\frac{p}{g}\omega\rho_0 d\theta = 0,$$

et, en prenant les moments par rapport au point a,

$$-\left(\mathfrak{M} - \mathfrak{M} - \frac{d\mathfrak{M}}{d\theta}d\theta\right) - \frac{N\rho_0}{2}d\theta = 0,$$

d'où

$$(1)\quad \left\{\begin{aligned} &\frac{d\mathrm{N}}{d\theta} - \mathrm{T} + \mathrm{X}\frac{p}{g}\,\omega\rho_0 = 0,\\ &\frac{d\mathrm{T}}{d\theta} + \mathrm{N} + \mathrm{Y}\frac{p}{g}\,\omega\rho_0 = 0,\\ &\frac{d\mathfrak{M}}{d\theta} = \frac{\mathrm{N}\rho_0}{2}.\end{aligned}\right.$$

En différentiant les deux dernières de ces équations, par rapport à θ, et éliminant N, au moyen de la première, on obtient

$$(2)\quad \left\{\begin{aligned} &\frac{d^2\mathrm{T}}{d\theta^2} + \mathrm{T} + \frac{p}{g}\,\omega\rho_0\left(\frac{d\mathrm{Y}}{d\theta} - \mathrm{X}\right) = 0,\\ &\frac{d^2\mathfrak{M}}{d\theta^2} = \frac{\rho_0}{2}\left(\mathrm{T} - \mathrm{X}\frac{p}{g}\,\omega\rho_0\right).\end{aligned}\right.$$

On a, d'après la formule (2) du n° 188, en y remplaçant $\Delta\theta$ par w, pour la dilatation de la fibre moyenne,

$$\delta = \frac{dw}{d\theta} + u,$$

d'où

$$(3)\qquad \mathrm{T} = \mathrm{E}\omega\left(\frac{dw}{d\theta} + u\right).$$

D'autre part, ρ étant le rayon de courbure de la pièce déformée, on a, en se reportant au même numéro,

$$\mathfrak{M} = \mathrm{EI}\left(\frac{1}{\rho} - \frac{1}{\rho_0}\right) = -\frac{\mathrm{EI}}{\rho_0}\left(\frac{d^2u}{d\theta^2} + u\right)$$

et

$$\mathrm{X} = -\rho_0\frac{d^2u}{dt^2},\quad \mathrm{Y} = -\rho_0\frac{d^2w}{dt^2},$$

par suite,

$$(4)\quad \left\{\begin{aligned} &\frac{d^2}{d\theta^2}\left(\frac{dw}{d\theta} + u\right) + \frac{dw}{d\theta} + u - \frac{p}{g}\,\frac{\rho_0^2}{\mathrm{E}}\,\frac{d^2}{dt^2}\left(\frac{dw}{d\theta} - u\right) = 0,\\ &\frac{\mathrm{EI}}{\rho_0}\,\frac{d^2}{d\theta^2}\left(\frac{d^2u}{d\theta^2} + u\right) + \frac{\rho_0^3}{2}\,\omega\frac{p}{g}\,\frac{d^2u}{dt^2} + \frac{\rho_0}{2}\,\mathrm{E}\omega\left(\frac{dw}{d\theta} + u\right) = 0.\end{aligned}\right.$$

Si l'on pose $\rho_0\,d\theta = dx$, $\rho_0 u = y$, $\rho_0 w = z$, puis que l'on suppose $\rho_0 = \infty$, on trouve

$$\frac{d^3z}{dx^3} - \frac{p}{g\mathrm{E}}\,\frac{d^3z}{dx\,dt^2} = 0,$$

$$\mathrm{EI}\,\frac{d^4y}{dx^4} + \frac{p}{g}\,\omega\,\frac{d^2y}{dt^2} = 0.$$

La première de ces équations n'est autre chose que la dérivée, par rapport à x, de l'équation des vibrations longitudinales d'un prisme, et la seconde l'équation des vibrations transversales d'une lame élastique.

Revenons à notre sujet. Les équations (2) deviennent incompatibles lorsque l'on y suppose $w = 0$ ou $u = 0$, d'où il suit qu'une vibration longitudinale ne peut pas se produire sans donner lieu à des vibrations transversales, et *vice versâ*.

En posant

$$(5)\qquad \left\{\begin{aligned} \mu^2 &= \frac{p}{g}\,\frac{\rho_0^2}{E},\\ \nu^2 &= \frac{p}{g}\,\frac{\rho_0^4\omega}{2EI},\\ \eta^2 &= \frac{\rho_0^2\omega}{EI};\end{aligned}\right.$$

$$(6)\qquad \frac{dw}{d\theta} + u = z,$$

les équations (4) deviennent

$$(7)\qquad \left\{\begin{aligned} &\frac{d^2z}{d\theta^2} + z - \mu^2\frac{d^2}{dt^2}(z - 2u) = 0,\\ &\frac{d^2}{d\theta^2}\left(\frac{du^2}{d\theta^2} + u\right) + \nu^2\,\frac{d^2u}{dt^2} + \eta^2 z = 0.\end{aligned}\right.$$

Si nous supposons que la pièce soit encastrée en son milieu et que son angle au centre soit $2\theta_1$, nous avons

$$(8)\qquad u = 0,\quad \frac{du}{d\theta} = 0,\quad \text{pour } \theta = 0,$$

et

$$T = 0,\quad N = 0,\quad \mathfrak{M} = 0,\quad \text{pour } \theta = \theta_1,$$

ou, en ayant égard à la troisième des équations (1),

$$(9)\qquad z = 0,\quad \frac{d}{d\theta}\left(\frac{d^2u}{d\theta^2} + u\right) = 0,\quad \frac{d^2u}{d\theta^2} + u = 0.$$

Nous ne chercherons pas à intégrer les équations (7), en satisfaisant aux conditions (8) et (9), notre but étant seulement d'établir que chaque système de vibrations ne peut exister indépendamment de l'autre.

CHAPITRE XII.

DE L'ÉQUILIBRE DES FLUIDES.

§ I. — *Généralités.*

199. *Équations générales de l'équilibre des fluides.* — Nous avons vu (35) qu'un fluide est un système matériel tel, que la pression sur un élément plan, mené par un point de la masse, lui est normale et conserve la même valeur, quelle que soit l'orientation de cet élément.

Soient

ρ la densité d'un fluide en l'un de ses points m, dont les coordonnées, par rapport à trois axes rectangulaires, sont x, y, z;
p la pression en ce point.

La densité variera avec la pression et la température, suivant une certaine loi, qui dépendra de la nature du fluide. Nous supposerons que la température est elle-même une fonction connue de x, y, z, de sorte que nous pourrons écrire

$$\rho = f(p, x, y, z), \tag{1}$$

la forme de la fonction f étant une donnée de la question.

D'après le n° 156, on a, pour les équations d'équilibre d'un fluide,

$$\left\{\begin{aligned} \frac{dp}{dx} &= \rho X, \\ \frac{dp}{dy} &= \rho Y, \\ \frac{dp}{dz} &= \rho Z, \end{aligned}\right. \tag{2}$$

qui, jointes à la relation (1), permettront de trouver les expressions de ρ et p en fonction de x, y, z.

En faisant la somme de ces équations, multipliées respectivement par dx, dy, dz, on obtient

$$dp = \rho(X\,dx + Y\,dy + Z\,dz) \tag{3}$$

et l'on voit ainsi que, pour qu'il y ait équilibre, il faut que l'expression

$$\rho(X\,dx + Y\,dy + Z\,dz)$$

soit une différentielle exacte, dont nous désignerons l'intégrale par $F(x, y, z)$. Nous aurons ainsi

$$p = F(x, y, z) + C, \tag{4}$$

C étant une constante arbitraire, que nous déterminerons, connaissant la pression en un point donné.

Lorsque le fluide ne remplit pas exactement le vase dans lequel il est contenu, il est nécessaire qu'il s'exerce, sur chaque élément de la surface libre, une pression qui devra satisfaire à l'équation (4).

Lorsque

$$X\,dx + Y\,dy + Z\,dz$$

est la différentielle exacte d'une fonction φ des coordonnées, on a

$$dp = \rho\,d\varphi, \tag{5}$$

ce qui exige que ρ soit une fonction de p ou une fonction de φ.

Si les différents points de la masse ne sont soumis à l'action d'aucune force extérieure ou que

$$X = 0, \quad Y = 0, \quad Z = 0,$$

on a

$$dp = 0,$$

de sorte que la pression est constante dans toute la masse. Dans le cas d'un liquide supposé incompressible, ρ étant indépendant de p, il faut que la température soit uniforme.

Supposons qu'un liquide, qui n'est soumis à l'action d'aucune force extérieure, soit renfermé dans une enveloppe et concevons que l'on remplace deux portions ω, ω' de cette enveloppe par deux pistons; en exerçant, au moyen du premier, une pression p sur ω, d'après ce que nous venons de voir, il faudra, pour ne pas troubler l'équilibre, exercer la même pression sur ω'. Soient δs, $\delta s'$ les déplacements virtuels des deux pistons, considérés comme positifs ou négatifs, selon qu'ils ont lieu ou non dans le sens de la pression, on a, pour la condition relative à l'invariabilité du volume,

$$\omega\delta s + \omega'\delta s' = 0,$$

d'où

$$p\omega\delta s + p\omega'\delta s' = 0,$$

équation qui s'étend à un nombre quelconque de pistons et qui exprime que, lorsque l'on s'impose la condition que le volume ne varie pas, le principe du travail virtuel se vérifie pour une masse fluide dont les éléments ne sont soumis à l'action d'aucune force extérieure, sans qu'il y ait lieu de faire intervenir le travail virtuel moléculaire.

200. L'expression de *surface de niveau*, dont nous nous sommes servi dans plusieurs circonstances, est empruntée à l'Hydrostatique.

On appelle *surface de niveau*, dans un fluide en équilibre, toute surface telle que la résultante des forces extérieures qui agissent en chacun de ses points lui soit normale, ce qui s'exprime par la condition

$$(6) \qquad X\,dx + Y\,dy + Z\,dz = 0,$$

qui est l'équation différentielle des surfaces de niveau.

Il résulte de l'équation (3) que la pression est constante pour tous les points d'une surface de niveau.

Si le premier membre de l'équation (6) est la différentielle exacte d'une fonction φ des coordonnées, l'équation générale des surfaces de niveau sera

$$\varphi = C,$$

C étant une constante arbitraire, dont on déterminera la valeur lorsque l'on voudra obtenir l'équation de la surface de niveau passant par un point déterminé.

Si, par exemple, toutes les forces extérieures sont dirigées vers un centre fixe et sont fonctions de la distance de leur point d'application à ce centre, les surfaces de niveau sont des sphères dont ce point est le centre.

Lorsque $X\,dx + Y\,dy + Z\,dz$ n'est pas une différentielle exacte, l'équation des surfaces de niveau est l'intégrale de l'équation

$$\rho(X\,dx + Y\,dy + Z\,dz) = 0,$$

dont le premier membre est toujours une différentielle exacte, comme nous l'avons vu plus haut.

201. *Expression de la pression dans une masse fluide, dont la température est uniforme, lorsque* $X\,dx + Y\,dy + Z\,dz$ *est une différentielle exacte.* — La densité du fluide étant indépendante de la température ou de x, y, z, l'équation (1) se réduit à la suivante :

$$\rho = f(p),$$

et l'équation (3) donne

$$d\varphi = \frac{dp}{\rho} = \frac{dp}{f(p)},$$

d'où

$$\varphi = \int \frac{dp}{f(p)}.$$

La constante introduite par l'intégration se déterminera par la valeur, supposée donnée, de la pression en un point de la masse. On pourra tirer de là p, par suite ρ, en fonction de φ.

Dans le cas d'un liquide, ρ étant constant, on a

$$p = \rho\varphi + C,$$

C étant une constante arbitraire.

S'il s'agit d'un gaz, on a entre p et ρ une relation de la forme

$$p = k\rho,$$

dans laquelle k est une constante, et il vient par suite

$$(6) \qquad \frac{dp}{p} = \frac{d\varphi}{k},$$

d'où

$$p = Ce^{\frac{\varphi}{k}}, \quad \rho = \frac{C}{k}e^{\frac{\varphi}{k}}.$$

Si la température n'est pas constante, k sera variable; mais, d'après l'équation (6), ce coefficient ne pourra être qu'une fonction de φ, de sorte que la température sera constante pour tous les points d'une même surface de niveau et l'on aura

$$p = \mathrm{C} e^{\int \frac{d\varphi}{k}}, \quad \rho = \frac{\mathrm{C}}{k} e^{\int \frac{d\varphi}{k}}.$$

Ces formules sont applicables à l'atmosphère, en considérant la Terre comme sphérique et faisant abstraction de son mouvement de rotation; φ étant une fonction de la distance au centre de la Terre, les surfaces de niveau sont des sphères concentriques avec la Terre. Pour que l'atmosphère fût en équilibre, il faudrait donc que la température fût partout la même, à égale distance de la surface de la Terre, ce qui n'a pas lieu, en raison de l'action solaire. Cet équilibre ne peut donc réellement exister.

§ II. — *Des fluides pesants.*

202. *Pression en un point.* — Considérons une masse fluide assez restreinte pour que l'on puisse regarder la pesanteur de chacun de ses points comme ayant une direction constante; en prenant Oz suivant la verticale du lieu, dans le même sens que la pesanteur, on a

$$\mathrm{X} = 0, \quad \mathrm{Y} = 0, \quad \mathrm{Z} = g.$$

Il vient par suite

$$dp = \rho g\, dz, \tag{1}$$

et l'équation des surfaces de niveau donne

$$z = \text{const.},$$

c'est-à-dire que toutes les surfaces de niveau sont des plans horizontaux.

Soit p_0 la pression correspondant à l'une de ces surfaces, que nous choisirons pour plan des xy, nous aurons

$$p = p_0 + \int_0^z g\rho\, dz. \tag{2}$$

Or l'intégrale du second membre de cette équation, quand même on tient compte de la variation de g avec la distance au centre de la Terre, n'est autre chose que le poids d'un prisme vertical, ayant pour base l'unité de surface et x pour hauteur; donc : *La pression en un point d'un fluide pesant est égale à la pression exercée sur un plan horizontal, augmentée du poids du prisme vertical fluide, d'une section égale à l'unité de surface, ayant pour hauteur la portion de la verticale comprise entre le point considéré et la surface de niveau.*

Si le fluide est un liquide, on a

$$(3) \qquad p = p_0 + \rho g z.$$

Dans le cas d'un gaz, dont la température est constante, on a

$$p = k\rho,$$

d'où, en vertu de l'équation (1),

$$dp = g\,\frac{p}{k}\,dz,$$

et

$$(4) \qquad \log\frac{p}{p_0} = \frac{gz}{k}$$

$$(5) \qquad p = p_0\,e^{\frac{g}{k}z}.$$

203. *Principe d'Archimède.* — Soient

ω un élément plan sur lequel s'exerce la pression normale p;
α l'angle que forme la direction de p avec une droite fixe Ox;
$a = \omega\cos\alpha$ la projection de ω sur un plan perpendiculaire à Ox.

La composante de la pression élémentaire $p\omega$ sur Ox est

$$\omega p\cos\alpha = pa,$$

c'est-à-dire qu'elle est égale à la pression élémentaire correspondant à la projection de l'élément ω sur un plan perpendiculaire à l'axe de projection.

Considérons maintenant un corps solide plongé dans une masse fluide pesante qui exerce sur sa surface des pressions élémentaires dont nous nous proposons de déterminer les résultantes.

Soient

p_0 la pression correspondant à un plan de niveau déterminé AA′;

x la distance à ce plan d'une molécule quelconque du fluide.

Concevons que l'on décompose tout le système en tranches infiniment minces par des plans horizontaux et considérons un anneau de la surface du corps déterminé par l'une de ces tranches; il est facile de voir que toutes les composantes horizontales des pressions élémentaires s'entre-détruisent : en effet, si l'on décompose un segment du corps limité par cet anneau en éléments, par une série de plans verticaux parallèles à une même direction, on voit, d'après le lemme ci-dessus, que les composantes des pressions élémentaires sur les deux facettes qui terminent l'un de ces éléments, estimées parallèlement à ses arêtes, sont égales et de sens contraire.

Décomposons maintenant le corps en éléments prismatiques par deux séries orthogonales de plans verticaux.

Soient

a la section droite de l'un de ces éléments;

q, q' les poids des prismes liquides verticaux ayant pour bases les facettes supérieure et inférieure de l'un de ces éléments, supposées ramenées horizontalement en les faisant tourner autour d'une horizontale située dans leur plan, et dont les arêtes verticales sont limitées au plan AA′.

Les composantes verticales des pressions élémentaires sur ces deux facettes sont respectivement

$$(p_0 + q)a, \quad (p_0 + q')a,$$

et agissent l'une de haut en bas et l'autre de bas en haut; leur résultante agissant de bas en haut est par suite

$$a(q' - q),$$

et est ainsi égale au poids du fluide déplacé par l'élément de volume du corps.

Il résulte de là que *les pressions se réduisent à une force verticale, agissant de bas en haut, égale au poids de la masse du fluide déplacé par le corps et passant par le centre de gravité de cette masse.*

Tel est le principe d'Archimède établi pour tous les fluides pesants, quelle qu'en soit la nature.

Ce principe s'applique encore évidemment lorsqu'un corps n'est que partiellement immergé dans un liquide dont AA' est la surface libre.

204. *Arrangement des liquides hétérogènes.* — Considérons deux liquides, de densité ρ et ρ', renfermés dans un même vase, et supposons qu'un volume v du second liquide, suffisamment petit pour qu'il ne présente pas de solution de continuité, soit en suspension dans la masse du premier.

La masse $v\rho'$ sera sollicitée par son poids $vg\rho'$ et, en sens inverse, par la résultante des pressions $vg\rho$, forces dont la résultante est

$$vg(\rho'-\rho).$$

Si ρ' est supérieur à ρ, la masse $vg\rho'$ tendra à descendre; si l'inverse a lieu, elle tendra à s'élever. Il ne pourra donc y avoir équilibre que lorsque les deux liquides seront séparés l'un de l'autre, le plus dense occupant la partie inférieure du vase, la surface de séparation étant d'ailleurs nécessairement un plan horizontal.

On étendra sans peine cette démonstration au cas où il y aurait plus de deux liquides.

Les liquides ne se rangent pas toujours comme nous venons de l'indiquer : ainsi, en versant avec précaution de l'alcool coloré à la surface d'une masse d'eau contenue dans un verre, on observe nettement le plan de séparation des deux liquides; mais, si l'on agite le tout avec une baguette, on obtient un mélange intime des deux liquides dont les éléments ne tendent plus à se séparer. Il y a tout lieu de croire que ce phénomène est dû à des forces attractives, bien plus énergiques que la pesanteur, qui se développent entre les molécules d'eau et d'alcool et qui maintiennent les particules de chacun de ces liquides dans les interstices de celles de l'autre. Cette explication peut également s'appliquer aux gaz, qui non-seulement ne se séparent plus une fois qu'ils ont été mélangés, mais encore finissent toujours par se mélanger, quel que soit l'ordre de leur superposition.

205. *Centre de pression d'un liquide pesant sur une surface plane.* — Considérons une portion d'un plan (P) plongé dans un liquide pesant, limitée par un périmètre fermé comprenant une aire A.

Soient

Oy l'intersection du plan de A avec le plan du niveau du liquide;

Ox' la perpendiculaire abaissée du centre de gravité de A sur cette intersection;

Oz la portion de la verticale du point O dirigée dans le même sens que la pesanteur;

Ox l'horizontale en O, perpendiculaire à Oy;

$d\omega$ un élément superficiel de l'aire A correspondant aux coordonnées x', y, z, respectivement parallèles à Ox', Oy, Oz;

x'_1, z_1 les coordonnées du centre de gravité de cette aire, par rapport à Ox', Oz;

α l'angle $x'Oz$;

p_0 la pression exercée sur le plan de niveau xOy;

P la pression totale exercée par le liquide sur l'aire A.

On a

$$z = x'\cos\alpha, \quad z_1 = x'_1\cos\alpha.$$

La pression exercée sur $d\omega$ étant

$$(1) \qquad p_0 d\omega + g\rho z\, d\omega,$$

on a

$$(2) \quad P = p_0 \int d\omega + \rho g \int z\, d\omega = p_0 A + \rho g A z_1 = p_0 A + \rho g A x'_1 \cos\alpha,$$

ce qui, en langage ordinaire, peut s'exprimer ainsi :

La pression totale exercée sur une aire plane est égale au poids du tronc de prisme ou cylindre vertical, limité au niveau ayant pour base cette aire, augmenté de la pression extérieure.

Le point d'application de la résultante P de toutes les pressions élémentaires exercées sur A a reçu le nom de *centre de pression*, et nous allons maintenant chercher à en déterminer les coordonnées x'_2, y_2, parallèles à Ox' et Oy.

En prenant les moments par rapport à ces deux axes, on a les relations

$$Py_2 = \int (p_0 d\omega + \rho gz d\omega) y = \rho g \cos\alpha \int x'y\, d\omega,$$

$$Px'_2 = \int (p_0 d\omega + \rho gz d\omega) x' = p_0 A x'_1 + \rho g \cos\alpha \int x'^2 d\omega,$$

et l'on est ainsi ramené à trouver deux intégrales dont l'une est le moment d'inertie de l'aire par rapport à l'axe Oy.

206. *Réduction des pressions élémentaires sur une paroi courbe.* — Lorsqu'il s'agit d'une paroi courbe, les pressions élémentaires, n'étant pas parallèles, ne peuvent généralement pas se réduire à une force unique, et alors il n'y a pas de centre de pression; mais ces pressions pourront toujours se réduire à deux forces non situées dans le même plan, que l'on déterminera en appliquant à la surface pressée les équations d'équilibre relatives à un corps solide.

Soient, à cet effet,

Ox, Oy deux droites rectangulaires tracées dans le plan du niveau;

Oz la verticale du point O;

P_x, P_y, P_z les projections sur Ox, Oy, Oz de la résultante des pressions élémentaires transportées parallèlement à elles-mêmes en un même point;

da, db, dc les projections de l'élément $d\omega$ de la paroi sur les plans coordonnés perpendiculaires à ces axes;

(y_1, z_1), (x_2, z_2), (x_3, y_3) les coordonnées des centres de gravité des projections a, b, c de la surface sur ces mêmes plans;

$\mathfrak{M}_x$, $\mathfrak{M}_y$, $\mathfrak{M}_z$ les moments résultants des pressions élémentaires par rapport aux axes Ox, Oy, Oz;

p_0 la pression sur le niveau.

On a

$$(1)\quad\left\{\begin{aligned}
\mathrm{P}_x &= \int p\,da = p_0 a + \rho g \int z\,da = p_0 a + \rho g a z_1,\\
\mathrm{P}_y &= \ldots\ldots\ldots\ldots\ldots\ldots\ldots\ldots = p_0 b + \rho g b z_2,\\
\mathrm{P}_z &= \ldots\ldots\ldots\ldots\ldots\ldots\ldots\ldots = p_0 c + \rho g \int z\,dc;\\
\mathfrak{M}_x &= \int p(y\,dc - z\,db) = p_0 \int (y\,dc - z\,db) + \rho g \int (zy\,dc - z^2\,db)\\
&= p_0(c y_3 - b z_2) + \rho g \int (zy\,dc - z^2\,db),\\
\mathfrak{M}_y &= \int p(z\,da - x\,dc) = p_0(a z_1 - c x_3) + \rho g \int (z^2\,da - zx\,dc),\\
\mathfrak{M}_z &= \int p(x\,db - y\,da) = p_0(b x_2 - a y_1) + \rho g \int (zx\,db - zy\,da).
\end{aligned}\right.$$

Pour qu'il y ait une résultante unique, il faut que P soit compris dans le plan du couple résultant, ou que P soit perpendiculaire à son axe, ce qui exige que l'on ait

$$(3)\qquad \mathfrak{M}_x \mathrm{P}_x + \mathfrak{M}_y \mathrm{P}_y + \mathfrak{M}_z \mathrm{P}_z = 0.$$

Cette condition n'est d'ailleurs qu'une conséquence immédiate des trois relations

$$\begin{aligned}
\mathrm{P}_y z - \mathrm{P}_z y &= \mathfrak{M}_x,\\
\mathrm{P}_z x - \mathrm{P}_x z &= \mathfrak{M}_y,\\
\mathrm{P}_x y - \mathrm{P}_y x &= \mathfrak{M}_z,
\end{aligned}$$

dont deux pourront être prises pour représenter la droite suivant laquelle est dirigée la résultante et, en les joignant à l'équation de la surface, $f(x, y, z) = 0$, on pourra déterminer les coordonnées du centre de pression.

Si la surface a un plan de symétrie et si l'on fait en sorte que ce plan soit vertical, il y a un centre de pression; et, en effet, toutes les pressions se réduisent deux à deux à des forces comprises dans le plan ci-dessus.

Application à une demi-sphère. — Le plan $x\mathrm{O}z$ sera pour nous le plan vertical passant par le centre de la sphère.

Soient (*fig.* 87)

R son rayon;

α l'inclinaison de son cercle de base ACB sur le plan de niveau xOy, Oy étant l'intersection de ce plan et de celui du cercle ci-dessus;

h l'ordonnée parallèle à Oz du centre C de la surface.

Fig. 87.

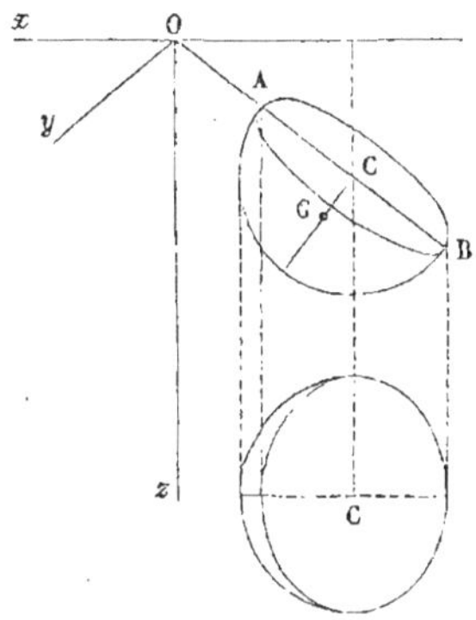

En remarquant que $b = 0$, nous n'avons à considérer que les trois formules

$$P_x = p_0 a + \rho g a z_1,$$

$$P_z = p_0 c + \rho g \int z dc,$$

$$\mathfrak{M}_y = p_0(a z_1 - c x_3) + \rho g \left(\int z^2 da - \int z x dc \right).$$

La somme des projections des éléments de la demi-sphère sur un plan quelconque étant égale à la projection du cercle ACB, nous voyons que

$$a = \pi R^2 \sin\alpha, \quad c = \pi R^2 \cos\alpha,$$

et nous avons par suite

$$P_x = \pi R^2 \sin\alpha (p_0 + \rho g h),$$

$$P_z = \pi R^2 p_0 \cos\alpha + \rho g \int z dc,$$

$$\mathfrak{M}_y = p_0 \frac{\pi R^2 h}{\sin\alpha} + \rho g \left(\int z^2 da - \int z x dc \right).$$

Il nous reste donc à trouver trois intégrales; or $\int z\,dc$ est le volume déterminé par l'hémisphère, augmenté de celui du tronc du cylindre vertical, projetant horizontalement AB, d'où

$$(b)\qquad \left\{\begin{aligned} P_z &= \pi R^2 \cos\alpha\, p_0 + \rho g\left(\tfrac{2}{3}\pi R^3 + \pi R^2 h \cos\alpha\right) \\ &= \pi R^2 \cos\alpha\,(p_0 + \rho g h) + \tfrac{2}{3}\rho g \pi R^3. \end{aligned}\right.$$

L'intégrale $\int z^2\,da$ étant le moment d'inertie, par rapport à Oy, de la projection elliptique du cercle AB sur le plan yOz, on a

$$\int z^2\,da = \pi R^2 \sin\alpha\left(\frac{R^2}{4}\sin^2\alpha + h^2\right).$$

L'expression $\int zx\,dc$ est celle du moment, par rapport à Oy, du volume de l'hémisphère et du cylindre tronqué. Le moment du cylindre tronqué est

$$-\pi R^2 h^2 \frac{\cos^2\alpha}{\sin\alpha}.$$

Soit G le centre de gravité de l'hémisphère; on a

$$CG = \tfrac{3}{8}R,$$

et, pour la coordonnée, changée de signe, du point G, parallèle à Ox,

$$-x = OC\cos\alpha - CG\sin\alpha = h\cot\alpha - \tfrac{3}{8}R\sin\alpha;$$

le moment de l'hémisphère est, par suite,

$$-\left(h\cot\alpha - \tfrac{3}{8}R\sin\alpha\right)\tfrac{2}{3}\pi R;$$

donc

$$\begin{aligned} \mathfrak{M}_y &= \frac{p_0 h}{\sin\alpha}\pi R^2 + \pi R^2\left[\sin\alpha\left(h^2 + R^2\frac{\sin^2\alpha}{4}\right) + \tfrac{2}{3}R\left(h\cot\alpha - \tfrac{3}{8}R\sin\alpha\right)\right] \\ &= \frac{\pi R^2 h p_0}{\sin\alpha} + \pi R^2\left(h^2\sin\alpha + \tfrac{2}{3}Rh\cot\alpha - \frac{R^2}{4}\sin\alpha\cos^2\alpha\right). \end{aligned}$$

Les équations

$$\mathfrak{M}_y = P_z x - P_x z,$$
$$(x + h\cot\alpha)^2 + (z - h)^2 = R^2$$

détermineront les coordonnées du centre de pression.

207. *Forme de la surface libre d'un liquide pesant, tournant d'un mouvement uniforme autour d'un axe vertical.* — Si l'on communique à un vase renfermant un liquide pesant un mouvement de rotation autour d'une verticale, la surface libre de ce liquide, d'abord plane, se déformera graduellement et tendra vers une forme permanente qu'elle atteindra bientôt et dont nous allons déterminer la nature.

Soient

Oz la portion de l'axe de rotation de sens opposé à celui de la gravité ;
z la distance d'un point m de la surface libre du liquide au plan horizontal passant par l'origine O ;
r la distance du point m à l'axe de rotation ;
ω la vitesse angulaire.

En égalant à une constante arbitraire mC le travail total de la pesanteur mg et de la force centrifuge $m\omega^2 r$, on a

$$-gz + \frac{\omega^2 r^2}{2} = C$$

pour l'équation des surfaces de niveau du liquide, lorsque l'équilibre relatif est établi ; chacune de ces surfaces est donc de révolution autour de Oz, comme on devait le prévoir, et la section méridienne, dont les coordonnées rectangulaires sont r et z, est une parabole ayant son sommet situé sur l'axe de rotation.

Pour déterminer la constante C relative à la surface libre, il faut exprimer que le volume du liquide est le même que s la rotation n'existait pas.

Supposons, par exemple, que le vase soit un cylindre circulaire, tournant autour de son axe de figure, et soient a son rayon, h la hauteur du liquide dans le cylindre lorsqu'il n'y a pas de mouvement de rotation. On a, pour exprimer que le volume liquide est constant,

$$2\pi \int_0^a rz\,dr = \pi a^2 h,$$

d'où

$$C = \frac{a^2\omega^2}{4} - gh.$$

La méridienne du paraboloïde de révolution qui forme la surface libre a, par suite, pour équation

$$z = h + \frac{\omega^2}{2g}\left(r^2 - \frac{a^2}{2}\right),$$

équation d'après laquelle le point de la surface libre qui se trouvait sur l'axe, lors du repos, a baissé autant que ceux qui étaient en contact avec le cylindre se sont élevés.

Une considération géométrique permet de déterminer immédiatement la forme de la surface libre. Soient, en effet, (*fig.* 88),

Fig. 88.

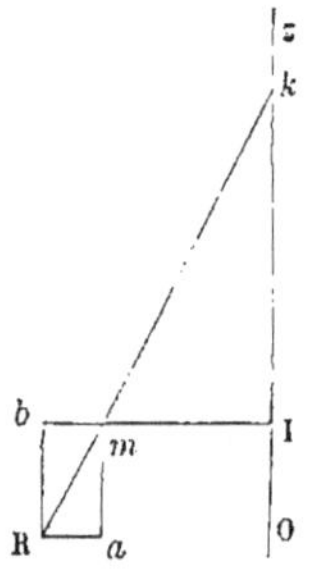

$m\mathrm{I} = r$; $mb = \omega^2 . m\mathrm{I}$; $ma = g$;
$m\mathrm{R}$ la résultante des accélérations précédentes;
k le point où sa direction rencontre l'axe $\mathrm{O}z$;

on a

$$\mathrm{I}k = ma\,\frac{m\mathrm{I}}{mb} = \frac{g}{\omega^2}.$$

La sous-normale $\mathrm{I}k$ de la méridienne étant constante, cette courbe est une parabole.

Remarque. — Quoiqu'il soit à peu près évident *à priori* que la surface libre du liquide ne peut arriver à une forme permanente que lorsque l'axe de rotation est vertical, il n'est peut-être pas inutile de le vérifier directement.

Soient

i l'inclinaison de l'axe de rotation Oz sur la verticale;
Ox, Oy deux axes rectangulaires menés par un point fixe du précédent et animés de la vitesse angulaire constante ω;
Ox' la trace de leur plan sur le plan vertical mené par Oz;
Oy' la perpendiculaire en O à cette droite dans le plan xOy.

Nous supposerons que l'on mesure le temps à partir d'une coïncidence de Ox avec Ox', de manière à pouvoir considérer l'angle xOx' comme étant égal à ωt.

L'accélération g a pour composantes $-g\cos i$, suivant Oz, et $g\sin i$, suivant Ox'; cette dernière se décompose en deux autres $g\sin i\cos\omega t$, $-g\sin i\sin\omega t$, respectivement parallèles à Ox et Oy. Si donc il y a équilibre relatif à la surface, on a

$$g\sin i(\cos\omega t.dx - \sin\omega t.dy) - g\cos i.dz + \omega^2 r dr = 0;$$

mais si x' et y' sont les coordonnées parallèles à Ox', Oy', qui correspondent à x et y, on a

$$x = x'\cos\omega t - y'\sin\omega t,$$
$$y = x'\sin\omega t + y'\cos\omega t,$$

et l'équation ci-dessus se réduit à la suivante :

$$g\sin i(dx' - y'\omega dt) - g\cos i.dz + \omega^2 r dr = 0,$$

équation qui ne peut s'intégrer que lorsque $i = 0$ et, dans ce cas, on retombe sur celle que nous avons obtenue plus haut.

Si $i = 90^\circ$, c'est-à-dire si l'axe de rotation est horizontal, on a

$$g(dx' - y'\omega dt) + \omega^2 r dr = 0;$$

dans la théorie des roues en dessus, on admet que la surface libre, évidemment cylindrique, de l'eau dans chaque auget est définie à chaque instant par la condition que la résultante de la pesanteur et de la force centrifuge soit normale à cette surface et l'on trouve, par une considération géométrique très-simple, que la section droite est un cercle. On arrive à ce résultat en négligeant dans l'équation précédente le terme $y' \omega dt$, simplification qu'il serait difficile de justifier. Il est donc nécessaire de faire intervenir l'inertie dans cette question qui rentre alors dans l'Hydrodynamique, dont nous nous occuperons plus loin.

208. *Digression sur la capillarité.* — Les principes de l'Hydrostatique ne permettent pas de donner l'explication des phénomènes capillaires dont la théorie suivante paraît rendre compte d'une manière satisfaisante.

Influence de la courbure. — Soient (*fig.* 89)

Fig. 89.

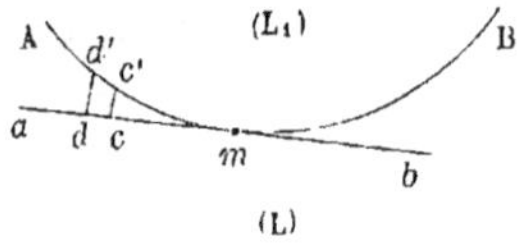

AmB une section normale, faite en un point m de la ligne de séparation de deux liquides (L_1), (L), superposés dans un tube capillaire, la concavité étant tournée vers (L_1);

ab la trace du plan tangent en m;

δ_1, δ les densités des deux liquides;

z la hauteur du point m au-dessus du niveau de la portion de (L) extérieure au tube.

Le point m est en équilibre sous l'action du poids mg et des actions qu'il reçoit des molécules de (L) et (L_1).

On peut considérer la résultante des actions moléculaires de (L_1) sur m comme étant due à celle Q_1 du même liquide, dans l'hypothèse où ab serait la surface de séparation, et à la résultante prise en sens contraire, $-Q'_1$, des actions provenant des molécules du ménisque.

Si nous désignons, pour (L), par Q et Q' les équivalents de Q_1 et Q'_1, l'action exercée par ce liquide sur m sera, de même, la résultante de Q et Q'. De sorte que les forces Q, Q', Q_1, $-Q'_1$, mg doivent se faire équilibre sur le point m.

Laplace et Gauss ont supposé que les liquides, dans les tubes capillaires, n'éprouvent aucune variation dans leur densité. Poisson, au contraire, a admis, en partant de considérations très-contestables, que la densité a subi une altération, dont il conviendrait de tenir compte dans le voisinage de la surface AmB. Lamé, dans ses *Leçons de Physique,* en se basant sur la faible compressibilité des liquides, considère cette variation comme nulle ou négligeable.

Nous nous rangerons à cette dernière manière de voir, qui nous conduit à considérer (L) et (L_1) comme homogènes dans toute leur masse et, par suite, les directions de Q et Q_1 comme étant normales à AmB.

Il faut donc, pour l'équilibre, que la résultante de mg, Q', Q'_1 soit aussi normale à la surface ou que le travail élémentaire de ces trois forces pour un déplacement de m sur cette surface soit nul, ou encore que le potentiel de mg, des actions du ménisque de (L) sur m, et de celles du ménisque de (L_1), prises en sens contraire, soit constant pour tout point de la surface.

Le potentiel de l'action de la molécule m' du ménisque de (L) sur m est de la forme $mm'f(r)$, $f(r)$ étant une certaine fonction de la distance r de ces deux molécules.

Considérons un élément de volume de ce ménisque, limité par deux plans normaux en m faisant entre eux un angle $d\theta$ et par deux cylindres concentriques, et soient c, d les intersections avec ab, et c', d' les intersections avec AB des génératrices de ces cylindres, comprises dans le plan de la figure et situées d'un même côté de m. Si l'on remarque que le rayon γ_1 de la sphère d'activité est très-petit, on peut supposer, pour toute molécule de l'élément de volume considéré, $r = \overline{mc}$ et, par suite, $\overline{cd} = dr$; le potentiel dû à l'action de la masse déterminée par l'élément de volume est, par suite,

$$m\rho f(r)\overline{cc'}r\,dr,$$

et pour toute la portion du ménisque limitée par les deux plans normaux

$$m\rho d\theta\int_0^{\gamma_1} f(r)\overline{cc'}r\,dr;$$

mais comme, en appelant ι le rayon de courbure de l'une des sections normales, on a

$$\overline{cc'} = \frac{r^2}{2\iota},$$

l'expression ci-dessus devient

$$\rho m \frac{d\theta}{2\gamma} \int_0^{\gamma_1} f(r) r^3 dr = m \frac{d\theta}{2\iota} \frac{k}{\pi},$$

en posant $\pi\rho \int_0^{\gamma_1} f(r) r^3 dr = k$, qui est une constante.

Soient R, R' les rayons de courbure principaux en m de la surface; l'angle θ étant censé mesuré à partir de la trace sur le plan tangent du plan normal correspondant au premier de ces rayons, on a

$$\frac{1}{\iota} = \frac{1}{R} \cos^2\theta + \frac{1}{R'} \sin^2\theta,$$

et le potentiel pour tout le ménisque est

$$\frac{mk}{2\pi} \int_0^{2\pi} \left(\frac{1}{R} \cos^2\theta + \frac{1}{R'} \sin^2\theta \right) d\theta = \frac{mk}{2} \left(\frac{1}{R} + \frac{1}{R'} \right).$$

Le potentiel du ménisque de (L_1) pourra se représenter de la même manière par

$$\frac{mk_1}{2} \left(\frac{1}{R} + \frac{1}{R'} \right).$$

Si donc on appelle mC une constante, nous aurons

$$-mgz + m \frac{k}{2} \left(\frac{1}{R} + \frac{1}{R'} \right) - m \frac{k_1}{2} \left(\frac{1}{R} + \frac{1}{R'} \right) = mC,$$

ou, en posant $k - k_1 = H$,

$$gz = \frac{H}{2} \left(\frac{1}{R} + \frac{1}{R'} \right) - C.$$

Dans le cas d'un seul liquide, (L_1) représentera l'atmosphère et l'on devra avoir $C = 0$, puisque, pour un diamètre suffisamment grand du tube, on doit avoir $R = \infty$, $R' = \infty$ et $z = 0$, et l'on a la formule connue

$$gz = \frac{H}{2} \left(\frac{1}{R} + \frac{1}{R'} \right).$$

Influence de la paroi du tube. — La *fig.* 90 est censée représenter la section normale en un point m de l'intersection

Fig. 90.

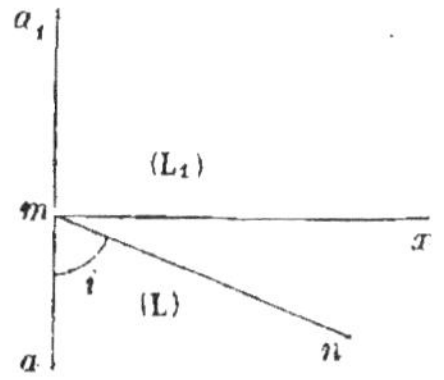

de la surface de contact de (L) et (L_1) avec celle de la paroi.
Soient

mn, aa_1 les tangentes en m aux deux sections faites respectivement dans ces deux surfaces par le plan de la figure;
i l'inclinaison de mn sur ma dans (L);
mx la normale à la paroi que nous supposerons formée d'une matière homogène.

Si la paroi était un plan indéfini, son action mN sur la masse m, qui se trouve en O, serait dirigée suivant Ox et N serait une constante.

Quelle que soit la forme de la paroi, on peut également considérer N comme constant; car il est clair que les actions sur m exercées par les molécules du ménisque de la paroi ne peuvent donner, suivant Ox, que des composantes de l'ordre de quantités que l'on peut négliger.

Nous négligerons également, mais avec moins d'autorité, l'influence du ménisque de (L) et (L_1), qui d'ailleurs est relativement faible, dans la détermination de la composante, suivant Ox, des actions qu'exercent les deux liquides sur m. Cette hypothèse doit être implicitement faite par Poisson, dans ses calculs, lorsqu'il arrive à conclure que i est constant.

Soit $mm'f(r)$ l'action exercée par une molécule m' de (L) sur O, r étant la distance des deux molécules. Concevons dans le liquide un cône ayant O pour sommet et d'une ouverture infiniment petite $d\omega$, dont les génératrices fassent, à un infiniment petit près, l'angle α avec Ox. La masse élémentaire $\rho r^2 d\omega dr$ de ce cône donnera, suivant Ox, la composante

$$m\rho r^2 d\omega\, dr\, f(r) \cos\alpha,$$

et l'on a pour tout le cône, en continuant à appeler γ_1 le rayon de la sphère d'activité,

$$m\rho\, d\omega \cos\alpha \int_0^{\gamma_1} f(r) r^2 dr = mq\, d\omega \cos\alpha,$$

q étant une constante dépendant de la nature de (L). Il vient, par suite, pour la composante normale totale due à l'action de ce liquide,

$$mq \int d\omega \cos\alpha,$$

l'intégrale se rapportant au fuseau sphérique, de centre O, d'un rayon égal à l'unité, limité par les plans On et Oa; mais il est clair que cette intégrale représente la projection du fuseau sur un plan perpendiculaire à Ox, c'est-à-dire $\frac{\pi}{2} - \frac{\pi}{2}\cos i$. L'expression ci-dessus devient donc

$$mq \frac{\pi}{2} (1 - \cos i).$$

En appelant q_1 l'équivalent de q pour (L_1), ce liquide donne, de même, la composante normale

$$mq_1 \frac{\pi}{2} (1 + \cos i).$$

Si donc on néglige l'action de la pesanteur, ou si, pour plus de rigueur, on suppose Oa vertical, on a

$$mN + mq \frac{\pi}{2} (1 - \cos i) + mq_1 \frac{\pi}{2} (1 + \cos i) = 0,$$

d'où

$$\cos i = \frac{2N + \pi(q + q_1)}{\pi(q - q_1)},$$

et l'angle i est ainsi constant.

§ III. — *Des corps flottants.*

209. *Équilibre des corps flottants.* — Pour qu'un corps *flottant*, c'est-à-dire plongé seulement en partie dans un liquide, soit en équilibre, il faut, d'après le principe d'Archimède, que son poids soit égal à celui du liquide déplacé et que son centre de gravité et celui de cette portion du liquide se trouvent sur la même verticale.

Supposons que le corps soit homogène et soient V, D son volume et sa densité ; v et d les quantités analogues relatives au liquide déplacé. On voit que la première des conditions précédentes se traduit par l'équation

$$VD = vd.$$

En la supposant satisfaite, on est ramené à résoudre le problème suivant : *Diviser par un plan le volume du corps en deux parties, dont on donne le rapport, de manière que leurs centres de gravité se trouvent sur une même perpendiculaire au plan.*

Le problème se résout immédiatement dans le cas d'un solide de révolution dont l'axe est vertical, et d'un prisme ou cylindre, dont les arêtes ou génératrices sont également verticales. Il suffit, en effet, de diviser le volume en deux segments qui soient dans un rapport donné, par un plan perpendiculaire à l'axe, aux arêtes ou génératrices.

Exemples :

210. 1° *Position d'équilibre d'un prisme triangulaire, qui flotte sur un liquide, en ayant ses arêtes horizontales.* — Les volumes du prisme et de sa partie plongée étant dans le même rapport que les aires de leurs sections droites, il suffit d'exprimer que les centres de gravité de ces sections se trouvent sur une perpendiculaire à la droite qui divise la section normale du prisme en deux parties, ayant entre elles un rapport donné.

Considérons, en premier lieu, le cas où un seul sommet C est immergé (*fig.* 91).

Fig. 91.

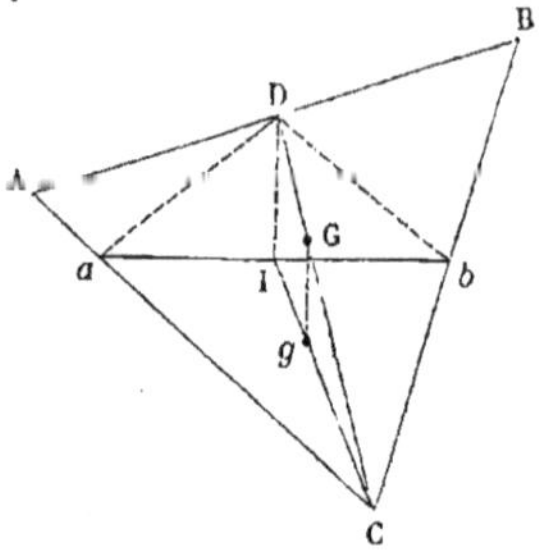

Soient

A, B les deux autres sommets;
μ le rapport de la densité du prisme à celle du liquide;
a, b les côtés opposés aux angles A et B;
D le milieu du côté AB;
$CD = l$, $\alpha = \widehat{ACD}$, $\beta = \widehat{DCB}$;
G le centre de gravité du triangle ABC, déterminé, comme on le sait, par la relation $CG = \frac{2}{3} CD$;
$aC = x$, $bC = y$ les portions immergées des côtés a et b;
I le milieu de ab;
g le centre de gravité du triangle aCb.

On a d'abord la relation

$$xy = \mu ab. \tag{1}$$

Il faut maintenant exprimer que Gg, ou DI, est perpendiculaire à la droite ab, ou encore que $aD = Db$, ce qui donne la relation

$$x^2 + l^2 - 2lx\cos\alpha = y^2 + l^2 - 2ly\cos\beta,$$

ou

$$x^2 - y^2 - 2l(x\cos\alpha - y\cos\beta) = 0. \tag{2}$$

On obtiendra x et y par l'intersection des hyperboles, représentées par les équations (1) et (2); si l'on veut calculer x, on trouve, par l'élimination de y,

$$x^4 - 2lx^3\cos\alpha + 2l\mu xab\cos\beta - \mu^2a^2b^2 = 0. \tag{3}$$

Cette équation a au moins deux racines réelles, l'une positive, qui ne pourra être admise que si elle est plus petite que a et qu'elle donne pour y une valeur inférieure à b, et l'autre négative qui ne convient pas à la question. Si les deux autres racines sont réelles, on voit, par la règle des signes de Descartes, qu'elles sont positives. Il ne peut donc y avoir que trois positions d'équilibre. Lorsque le triangle est isoscèle ou que

$$a = b, \quad \cos\alpha = \cos\beta = \frac{l}{a},$$

les équations (1) et (2) deviennent

$$(1') \qquad xy = \mu a^2, \qquad (2') \quad x^2 - y^2 = \frac{2l^2}{a}(x - y).$$

On a d'abord la solution

$$(4) \qquad x = y = a\sqrt{\mu}.$$

En supprimant le facteur $x - y$, la seconde équation devient

$$x + y = \frac{2l^2}{a},$$

et, en vertu de la relation (1'), les valeurs correspondantes de x et y sont les racines de l'équation

$$(5) \qquad x^2 - \frac{2l^2}{a}x + a^2\mu = 0.$$

Ces racines seront réelles et inégales, réelles et égales ou imaginaires, selon que l'on aura

$$(6) \qquad \mu \lesseqgtr \frac{l^4}{a^4}.$$

Dans le cas des racines égales, on reconnaît facilement que l'on retombe sur la solution (4).

Lorsque le triangle est équilatéral, on a

$$l^2 = \tfrac{3}{4}a^2$$

et la condition (6) devient

$$\mu \lesseqgtr \tfrac{9}{16}.$$

L'équation (5) donne alors

$$x = a\left(\tfrac{3}{4} \pm \sqrt{\tfrac{9}{16} - \mu}\right); \tag{7}$$

ces deux racines ne seront simultanément inférieures à a que si l'on a

$$\sqrt{9 - 16\mu} < 1, \quad \text{ou} \quad \mu > \tfrac{1}{2}.$$

Il y aura donc trois positions d'équilibre, si μ est compris entre $\frac{1}{2}$ et $\frac{1}{2} + \frac{1}{16}$.

Le cas où deux sommets A et B seraient immergés se ramène évidemment au précédent, en changeant μ en $1 - \mu$ dans les équations que nous venons d'établir.

Comme pour chaque sommet il peut y avoir trois solutions, ainsi que pour chaque groupe de deux sommets, il pourra y avoir dix-huit positions d'équilibre du prisme.

2° *Prisme droit homogène à base carrée, qui flotte sur un liquide, de manière que ses arêtes soient horizontales et que l'une de ses arêtes se trouve au-dessus du niveau du liquide.* — Comme dans le problème précédent, on est ramené à considérer la section droite du prisme.

Soient (*fig.* 92)

Fig. 92.

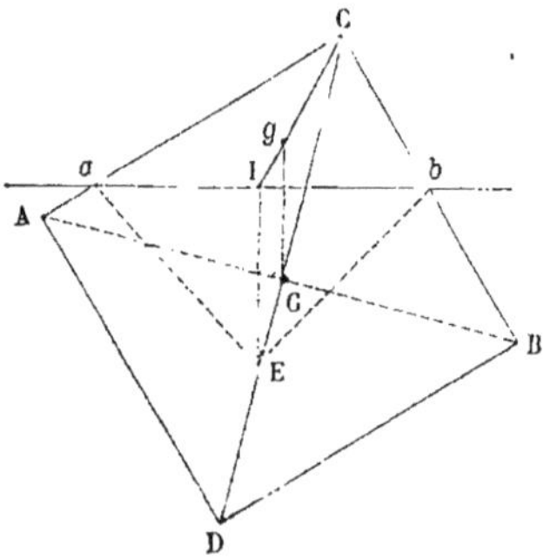

C le sommet émergé du carré;

D le sommet opposé;

A, B les deux autres sommets;

a la longueur du côté du carré;

G son centre;

$aC = x$, $bC = y$ les parties emergées des côtés AC et BC;
I le milieu de ab ;
g le centre de gravité de aCb.

Les aires aCb et ACBD devant avoir un rapport donné, que nous désignerons par $\frac{\mu}{2}$, nous aurons d'abord

(1) $$xy = a^2\mu.$$

Il faut exprimer maintenant que Gg est perpendiculaire à ab; à cet effet, menons par le point I la parallèle IE à Gg, jusqu'à sa rencontre E avec la diagonale CD, et joignons ce point à a et b. De ce que l'on a $CE = \frac{3}{2}CG$, les projections de CE sur AC et CB sont égales à $\frac{3}{4}a$; et, comme on doit avoir

$$aE = bE,$$

il vient

$$x^2 + \overline{CE}^2 - 2x\tfrac{3}{4}a = y^2 + \overline{CE}^2 - 2y\tfrac{3}{4}a,$$

d'où

$$(x-y)(x+y-\tfrac{3}{2}a) = 0,$$

équation qui se décompose dans les deux suivantes :

(2) $$x - y = 0,$$
(2′) $$x + y - \tfrac{3}{2}a = 0,$$

qui, jointes successivement à l'équation (1), devront donner toutes les solutions du problème.

La première donne

(3) $$x = y = a\sqrt{\mu},$$

et la seconde

(3′) $$x = \frac{a}{4}\left(3 \pm \sqrt{9-16\mu}\right),\quad y = \frac{a}{4}\left(3 \mp \sqrt{9-16\mu}\right),$$

les signes supérieurs se correspondant, ainsi que les signes inférieurs. Les deux positions symétriques que déterminent ces dernières valeurs ne sont possibles qu'autant que l'on a $\mu < \frac{9}{16}$ et $> \frac{1}{2}$. Dans le cas de l'égalité, ces deux positions se confondent avec celle qui est définie par la valeur (3).

3° *Cylindre droit homogène, flottant horizontalement, dont la base est un segment de parabole compris entre le sommet et une perpendiculaire à l'axe.* — Comme précédemment, nous n'avons à considérer que la section droite du cylindre.

Soient (*fig.* 93)

Fig. 93.

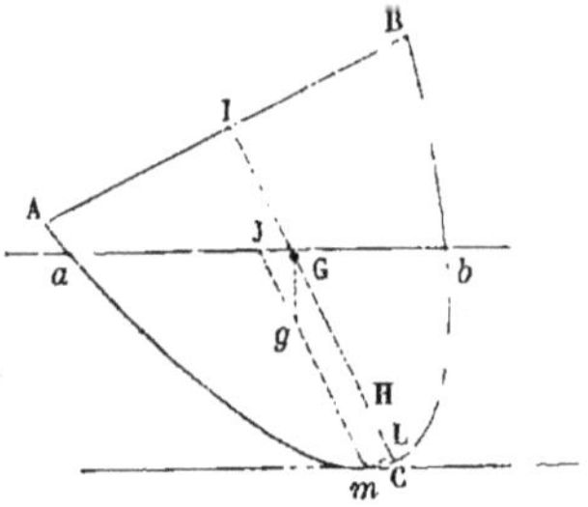

$2p$ le paramètre de la parabole;
C son sommet;
AB la perpendiculaire à l'axe qui limite le segment parabolique et dont I est le milieu;
G le centre de gravité de ce segment, évidemment situé sur CI;
a la longueur CI;
m le point de la parabole où la tangente est l'horizontale;
H le point où la normale en ce point rencontre l'axe CI;
θ l'inclinaison de cet axe sur l'horizon;
g le centre de gravité du segment immergé aCb, nécessairement situé sur le diamètre mJ, limité en J, à la ligne de flottaison ab;
$m\mathrm{J} = u$;
$m\mathrm{L} = y$ la perpendiculaire abaissée du point m sur CI.

Les positions d'équilibre du prisme seront évidemment définies par les valeurs de u et y.

Si nous exprimons d'abord que les aires ACB, aCb sont dans un rapport donné μ, nous aurons la relation

$$\tfrac{2}{3}a.\overline{\mathrm{AB}} = \tfrac{2}{3}u.\overline{ab}.\sin\theta\,\mu,$$

ou

$$a.\overline{\mathrm{AB}} = u.\overline{ab}.\sin\theta\,\mu;$$

or on sait que

$$\overline{\mathrm{AB}} = 2\sqrt{2pa}, \quad \overline{ab}.\sin\theta = 2\sqrt{2pu},$$

d'où

(1) $$u = a\mu^{-\frac{2}{3}}.$$

Il faut maintenant exprimer que la droite $\mathrm{G}g$ est verticale ou parallèle à $m\mathrm{H}$; c'est ce qui résulte de l'identité

$$\overline{\mathrm{CL}} + \overline{\mathrm{LH}} + \overline{mg} = \overline{\mathrm{CG}},$$

ou (¹)

(2) $$\frac{y^2}{2p} + p + \frac{3}{5}u = \frac{3}{5}a,$$

ou encore, en vertu de la relation (1),

$$y = \pm p\sqrt{2\left[\frac{3}{5}\frac{a}{p}\left(1 - \mu^{-\frac{2}{3}}\right) - 1\right]},$$

ce qui donne deux positions symétriques, à la condition toutefois que l'on ait

$$\mu < \left(1 - \frac{5}{3}\frac{p}{a}\right)^{-\frac{3}{2}}.$$

211. *Stabilité des corps flottants.* — Pour qu'un corps flottant soit en équilibre stable, il faut que, en lui faisant subir un petit déplacement, il tende à revenir à sa position primitive par une série d'oscillations.

Soient (*fig.* 94)

ab le niveau de ce liquide;
AB la section plane qu'il déterminait dans le corps, avant le dérangement;
G le centre de gravité du corps;
M sa masse;
ρ la densité du fluide;

(¹) On démontre facilement que le centre de gravité d'un segment parabolique limité par une corde se trouve sur le diamètre conjugué à cette corde, et à une distance de la courbe égale aux $\frac{3}{5}$ de la portion du diamètre comprise dans le segment.

V le volume ACB de la partie plongée dans sa position d'équilibre;

Fig. 94.

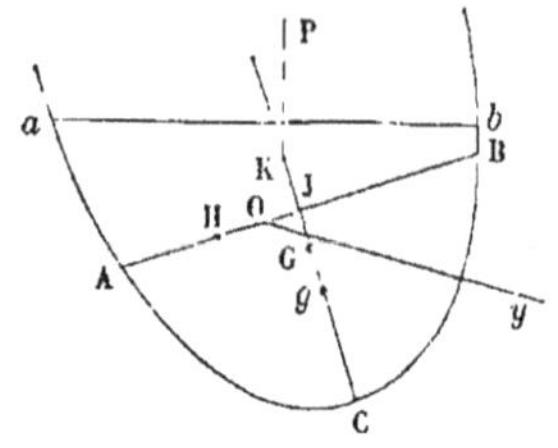

g le centre de gravité de V, situé avec G sur une perpendiculaire GJ à AB;

a la distance Gg;

θ l'angle des plans AB, ab, supposé très-petit, de même que la portion de toute verticale comprise entre les sections AB, ab; nous pourrons supposer $\sin\theta = \theta$, $\cos\theta = 1 - \frac{\theta^2}{2}$;

z_0, z les distances du centre de gravité G au niveau ab, lors de l'équilibre, et pour le déplacement correspondant à l'angle θ_1.

Nous prendrons pour plan de la figure le plan perpendiculaire à AB et ab ou à leur intersection et passant par G ou Gg.

On a d'abord

$$M = V\rho. \tag{1}$$

Les forces qui sollicitent le corps sont : le poids Mg de ce corps, celui $V\rho g$ du liquide déplacé ACB, pris en sens contraire, et le poids, également pris en sens contraire, du volume liquide déplacé par $AabB$. Les distances de g au niveau, lors de l'équilibre et après le déplacement, étant respectivement $z \pm a$, $z \pm a\cos\theta$, en prenant le signe $+$ ou le signe $-$, selon que g est situé au-dessous ou au-dessus de G, la portion du potentiel correspondant aux deux premières forces est

$$Mg(z - z_0) - V\rho g\left[z \pm a\left(1 - \frac{\theta^2}{2}\right) - (z_0 \pm a)\right] = \pm\frac{\theta^2}{2}\rho g V a. \tag{2}$$

Pour calculer la troisième partie du potentiel, concevons

que l'on décompose l'aire AB en éléments parallèles à l'horizontale Oy, menée par le centre de gravité de cette aire et qui rencontre au point O la droite AB, prise elle-même pour axe des x.

Soient

Ω l'aire AB;
$d\omega$ l'un des éléments parallèles à Oy;
u, x les distances respectives de cet élément à ab et Oy;
u_0 la valeur de u correspondant au point O;
I le moment d'inertie de l'aire Ω, par rapport à Oy.

La poussée du fluide due au volume déplacé $AabB$ est la résultante des poids pris en sens contraire, $\rho g u\, d\omega \cos\theta = \rho g u\, d\omega$ des prismes verticaux, ayant pour bases $d\omega$, d'où il suit que le potentiel de cette force est

$$(3)\qquad -\rho g \int d\omega \int_0^u u\,du = -\frac{\rho g}{2} \int u^2 d\omega;$$

mais on a

$$u = u_0 - x\sin\theta = u_0 - x\theta, \qquad \int x\,d\omega = 0,$$

d'où

$$\int u^2 d\omega = u_0^2 \Omega + \theta^2 \int x^2 d\omega = u_0^2 \Omega + I\theta^2.$$

Le potentiel total, ou la somme des expressions (2) et (3), est ainsi représenté par

$$(4)\qquad -\frac{\rho g}{2}\left[\theta^2(I \mp Va) + u_0^2 \Omega\right],$$

et nous avons vu (62) qu'il faut, pour que l'équilibre soit stable, que cette quantité soit négative, ce qui aura toujours lieu lorsque l'on devra prendre le signe inférieur de VA. Donc :

L'équilibre sera toujours stable, lorsque le centre de gravité du corps se trouvera au-dessous de celui du liquide.

L'équilibre sera encore stable pour tout déplacement, lorsque, G se trouvant au-dessus de g, on aura

$$\text{Minimum de } I > Va,$$

ou lorsque *le moment principal d'inertie minimum de l'aire, déterminée par le plan de flottaison, par rapport à son centre de gravité, sera au moins égal au produit du volume du fluide déplacé par la distance de son centre de gravité à celui du corps.*

212. *Métacentre.* — Si nous supposons maintenant que le plan ACB soit un plan de symétrie, O sera le centre de gravité de la section AB.

Le volume $AabB$ pouvant être considéré comme équivalent au tronc de prisme vertical, ayant pour base Ω et limité au plan ab, la poussée correspondante est $g\rho\Omega u_0$. La somme des moments, par rapport à Oy, des poids, pris en sens inverse, des prismes élémentaires verticaux dans lesquels on peut le supposer décomposé, est

$$(5) \qquad -g\rho\int ux\cos\theta\,d\omega = -g\rho\int x(u_0-\theta x)\,d\omega = g\rho I\theta.$$

Le point H, où la poussée ci-dessus rencontre la droite AB, est ainsi situé à gauche de O et l'on a

$$HO = \frac{I\theta}{\Omega u_0}.$$

Soient J le point de rencontre de la direction de Gg avec AB et $b = OJ$; le moment de la poussée $g\rho\Omega u_0$, par rapport à G, sera, aux termes du second ordre près,

$$g\rho\Omega u_0\left(\frac{I\theta}{\Omega u_0}+b\right).$$

Le moment de la poussée due au volume plongé ACB étant

$$\mp g\rho Va\cos\theta = \mp g\rho Va,$$

la somme des moments des forces qui sollicitent le corps, par rapport à la perpendiculaire en G au plan ACB, a pour expression

$$(6) \qquad \mathfrak{M} = g\rho[\theta(I\mp Va)+\Omega b u_0].$$

Soit K le point où la poussée totale

$$P = g\rho\Omega u_0 + Vg\rho$$

rencontre la direction Gg. Il est clair que $GK = \frac{\mathfrak{M}}{V\rho g\theta}$, d'où

$$GK = \frac{1}{V}\left(I \mp Va + \frac{b\Omega u_0}{\theta}\right).$$

La position du point K dépend ainsi, en général, du rapport entre le déplacement vertical défini par u_0 et le déplacement angulaire θ, de sorte que la considération de ce point ne conduit à aucune conséquence, relativement à la stabilité, excepté toutefois lorsque le centre de gravité de Ω se trouve sur la verticale du centre de gravité G. On a, en effet, dans ce cas,

$$b = 0 \quad \text{et} \quad GK = \frac{1}{V}(I \mp Va).$$

La position du point K, où, pour un déplacement infiniment petit du corps, la poussée rencontre la verticale du centre de gravité de ce corps, est alors complétement déterminée. Ce point a reçu de Bouguer le nom de *métacentre*. On voit que, dans le cas particulier que nous étudions, il faut, pour que l'équilibre soit stable, que le métacentre se trouve au-dessus du centre de gravité du corps ou que

$$I \mp Va > 0,$$

ce qui est conforme au résultat auquel conduisent les considérations exposées au numéro précédent.

213. *Des oscillations des corps flottants.* — Continuons à supposer que le plan ACB est un plan de symétrie; supprimons l'indice de u_0 et soient $GJ = C$, σ la distance du centre de gravité de G à ab; on a évidemment

$$(7) \qquad M\frac{d^2\sigma}{dt^2} = -\rho g\Omega u.$$

Or $\sigma = u + C\cos\theta = u + C$, en négligeant les termes du second ordre; d'où

$$(8) \qquad \frac{d^2u}{dt^2} = -\frac{g\Omega}{V}u,$$

équation dont l'intégrale générale est

$$u = \alpha \sin \sqrt{\frac{\Omega g}{V}}\, t + \beta \cos \sqrt{\frac{\Omega g}{V}}\, t,$$

α et β étant deux constantes arbitraires.

Soit w_0 la valeur initiale de la vitesse de translation verticale w du corps; on a $u = 0$, $\frac{du}{dt} = w_0$, pour $t = 0$; par suite

$$(9) \qquad \begin{cases} u = w_0 \sqrt{\frac{V}{\Omega g}} \sin \sqrt{\frac{\Omega g}{V}}\, t, \\ w = w_0 \cos \sqrt{\frac{\Omega g}{V}}\, t, \end{cases}$$

équations qui déterminent complétement le mouvement oscillatoire vertical du solide; quant à la vitesse translatoire horizontale, elle reste constante.

Soit A le moment d'inertie du corps, par rapport à la perpendiculaire en G au plan ACB; on a, en ayant égard à la formule (6) :

$$(10) \qquad A \frac{d^2\theta}{dt^2} = -g\rho[\theta(I \mp Va) + b.\Omega u],$$

d'où

$$(11) \qquad \frac{d^2\theta}{dt^2} = -\frac{g\rho}{A}\left[\theta(I \mp Va) + b\Omega w_0 \sqrt{\frac{V}{\Omega g}} \sin \sqrt{\frac{\Omega g}{V}}\, t\right].$$

En posant

$$\theta = \theta' + \frac{\frac{\rho\Omega b w_0}{A}\sqrt{\frac{V}{\Omega g}}}{\frac{\Omega}{V} - \frac{\rho}{A}(I \mp Va)} \sin \sqrt{\frac{\Omega g}{V}}\, t,$$

l'équation précédente devient

$$\frac{d^2\theta'}{dt^2} = -\frac{g\rho}{A}(I \mp Va)\theta',$$

et il est facile d'en trouver l'intégrale.

Tout ce qui précède, relativement à la stabilité de l'équilibre et aux oscillations des corps flottants s'applique très-facilement à l'ellipsoïde; mais nous ne nous arrêterons pas à cette question, qui n'offre de l'intérêt qu'au point de vue de l'Analyse.

§ IV. — *Mesure des hauteurs par les observations barométriques.*

214. Si nous supposons l'atmosphère en équilibre, il doit y avoir une certaine dépendance entre la distance de deux de ses points, situés sur une même verticale, et les pressions ou les hauteurs barométriques correspondantes. C'est cette relation que nous allons déterminer et qui permet de calculer la hauteur du point le plus élevé au-dessus de l'autre par l'observation simultanée des deux hauteurs barométriques en ces mêmes points.

Soient

R la portion de la verticale des deux stations inférieure et supérieure, m_0, m_1, déterminée par le centre de la Terre et la surface de la mer censée prolongée en conséquence, s'il y a lieu;
g l'accélération de la gravité correspondant à la surface de la mer;
z la portion de la verticale $m_0 m_1$, comprise entre la surface de la mer et l'un quelconque m des points intermédiaires entre les deux stations;
z_0, z_1 les valeurs de z pour les points m_0 et m_1;
p, ρ, θ la pression, la densité et la température en m;
p_0, ρ_0, θ_0 et p_1, ρ_1, θ_1 les valeurs respectives p, ρ, θ aux points m_0, m_1.

L'accélération de la pesanteur en m est

$$g\frac{R^2}{(R+z)^2} = g\left(1 - \frac{2z}{R}\right),$$

en négligeant le carré du rapport $\frac{z}{R}$, qui, pour les hauteurs que nous pouvons atteindre, reste très-petit ; on a d'ailleurs

$$p = k\rho(1 + \alpha\theta),$$

k étant une constante et $\alpha = 0{,}00367$ le coefficient de dilatation des gaz.

Il vient donc, en considérant l'atmosphère à l'état d'équilibre,

$$dp = -\rho g\left(1 - \frac{2z}{R}\right)dz = -\frac{gp}{k(1 + \alpha\theta)}\left(1 - \frac{2z}{R}\right)dz.$$

On ne commettra pas une erreur appréciable, eu égard à la petitesse de α, en considérant la température comme constante et égale à la moyenne $\frac{\theta_0 + \theta_1}{2}$ des températures aux deux stations (1) ; mais alors l'équation précédente peut s'intégrer

---

(1) M. Peslin, par une application de la Thermodynamique (*Bulletin de la Société scientifique de France*, n° 67, t. III), est arrivé, relativement à la variation de θ avec z, à des conséquences curieuses qui paraissent d'accord avec les résultats de l'observation.

Soient

η la hauteur verticale qui correspond à un abaissement de 1 degré de température ;

q la proportion de vapeur contenue dans l'air. M. Peslin trouve

$$\eta = 101^{\mathrm{m}}(1 + 1{,}023q)$$

pour l'air non saturé, et très-approximativement

$$\eta = 101\,\frac{1 + 192q}{1 + 32q}$$

pour l'air saturé.

On pourrait donc poser

$$\theta = \theta_0 - \frac{z}{\eta};$$

mais les variations de q avec z seront généralement irrégulières et ne pourront être déterminées au moment même d'une observation. De sorte que l'introduction de la valeur ci-dessus de θ dans l'expression de dp ne ferait pas avancer la question, à moins de prendre comme approximation $\eta = 101^{\mathrm{m}}$, ce qui ne peut pas conduire à une erreur bien sensible, en raison de la faible valeur numérique de α ; mais alors la formule finale obtenue serait peut-être un peu trop compliquée au point de vue des applications.

et donne, en appelant ζ la hauteur $z_1 - z_0$ de m_1, au-dessus de m_0,

$$(1) \qquad \zeta\left(1-\frac{\zeta}{R}\right)=\frac{k(1+\alpha\theta)}{g}\log\text{nép}\,\frac{p_0}{p_1}.$$

A Paris, où $g = 9,8088$, M. Regnault a trouvé $1^k,293187$, pour le poids spécifique de l'air sec à zéro, sous la pression $p = 10333$, correspondant à une colonne de mercure de $0^m,76$, d'où l'on déduit

$$k=\frac{10333}{1,293187}\times 9,8088.$$

D'autre part, nous avons vu (82, 1re Partie) que l'on a, à la latitude λ,

$$\begin{aligned} g &= 9,831084 - 0,050057\cos^2\lambda \\ &= 9,806056(1-0,002552\cos 2\lambda). \end{aligned}$$

En substituant les valeurs précédentes dans la formule (1), remplaçant les logarithmes népériens par les logarithmes vulgaires, ce qui revient à introduire le facteur 0,4342945 au dénominateur, on trouve

$$(2) \qquad \zeta\left(1-\frac{\zeta}{R}\right)=\frac{18409(1+\alpha\theta)}{1-0,002552\cos 2\lambda}\log\frac{p_0}{p_1}.$$

Pour faire la part de l'état hygrométrique de l'air, on force un peu la valeur du coefficient α que l'on prend égal à 0,004, de sorte que l'on doit supposer $\alpha\theta = 0,002(\theta_0 + \theta_1)$.

Pour appliquer la formule (2), on remplacera p_0 et p_1 par les hauteurs barométriques correspondantes ramenées à zéro; on négligera d'abord le terme très-petit $\frac{\zeta}{R}$, ce qui donnera une première valeur approchée ζ' de ζ; enfin la hauteur corrigée sera donnée par l'équation

$$(3) \qquad \zeta=\frac{18409(1+\alpha\theta)}{1-0,002552\cos 2\lambda}\left(1+\frac{\zeta'}{R}\right)\log\frac{p_0}{p_1}.$$

Ramond, à la suite d'un grand nombre d'observations faites dans les Pyrénées, où l'on a sensiblement $\cos 2\lambda = 0$, a été conduit à poser

$$\zeta = 18393(1 + \alpha\theta)\log\frac{p_0}{p_1}, \tag{4}$$

tandis que la formule (3) donne, dans les mêmes conditions et en négligeant $\frac{\zeta}{R}$ devant l'unité,

$$\zeta = 18409(1 + \alpha\theta)\log\frac{p_0}{p_1}, \tag{5}$$

valeur qui diffère très-peu de la précédente.

CHAPITRE XIII.

DU MOUVEMENT DES FLUIDES

(HYDRODYNAMIQUE).

§ I. — *Équations du mouvement.*

215. *Considérations générales.* — Lorsqu'un fluide est en mouvement, ses molécules décrivent des trajectoires déterminées. Chacune de ces trajectoires se compose généralement d'arcs de courbes continues réunis les uns aux autres par des courbes spiraloïdes à simple ou double courbure dont, dans l'état actuel de la science, il est impossible de déterminer les équations. Ces courbes spiraloïdes se produisent lors d'un changement brusque de vitesse, comme cela a lieu lorsque la section d'un tuyau s'élargit brusquement et détermine ce que l'on appelle des *remous* ou *tourbillonnements*.

En Hydrodynamique, on ne considère que les portions d'un fluide pour chacune desquelles les trajectoires des molécules sont continues. Les formes de ces trajectoires varient elles-mêmes d'une manière continue en passant de l'une à l'autre des molécules situées à un instant déterminé sur une surface normale à ces mêmes trajectoires.

Nous pourrons ainsi, dans l'hypothèse actuelle, considérer la masse du fluide comme continue en tenant compte bien entendu, lorsqu'il y aura lieu de le faire, de la variation de densité d'un point à un autre point de la masse. Il n'en est pas ainsi pour les remous, dont nous renverrons l'étude, en ce qui concerne les faits généraux, à l'Hydraulique, dont nous nous occuperons plus loin.

216. *Équations aux différentielles partielles.* — Soient, au bout du temps t,

x, y, z les coordonnées de la molécule m;

$u = \frac{dx}{dt}$, $v = \frac{dy}{dt}$, $w = \frac{dz}{dt}$ les composantes correspondantes de la vitesse V de ce point;

u', v', w' les accélérations auxquelles elles donnent lieu.

En nous reportant aux notations et aux équations du n° 199, et en tenant compte de l'inertie, nous aurons

$$\frac{1}{\rho}\frac{dp}{dx} = X - u',$$
$$\frac{1}{\rho}\frac{dp}{dy} = Y - v',$$
$$\frac{1}{\rho}\frac{dp}{dz} = Z - w'.$$

A un même instant, ou pour une même valeur du temps, la vitesse de la molécule qui traverse un point géométrique a, de l'espace absolu, ayant pour coordonnées x, y, z, ne dépendra que de ces coordonnées; mais cette même vitesse variera d'un instant à l'autre; sa projection u_1 sur Ox pourra donc être représentée par une expression de la forme

$$u_1 = f(t, x, y, z),$$

et l'on aura $u = u_1$ en attribuant à x, y, z les valeurs en fonction du temps, qui définissent le mouvement de m. L'accélération u' étant la dérivée totale de u par rapport au temps, il viendra, en mettant en évidence les dérivées partielles,

$$u' = \frac{du}{dt} + \frac{du}{dx}\frac{dx}{dt} + \frac{du}{dy}\frac{dy}{dt} + \frac{du}{dz}\frac{dz}{dt} = \frac{du}{dt} + u\frac{du}{dx} + v\frac{du}{dy} + w\frac{du}{dz}.$$

On aura de même

$$v' = \frac{dv}{dt} + u\frac{dv}{dx} + v\frac{dv}{dy} + w\frac{dv}{dz},$$
$$w' = \frac{dw}{dt} + u\frac{dw}{dx} + v\frac{dw}{dy} + w\frac{dw}{dz}.$$

Les équations ci-dessus deviendront ainsi

$$(1)\quad \left\{\begin{aligned} \frac{1}{\rho}\frac{dp}{dx} &= X - \frac{du}{dt} - \left(u\frac{du}{dx} + v\frac{du}{dy} + w\frac{du}{dz}\right),\\ \frac{1}{\rho}\frac{dp}{dy} &= Y - \frac{dv}{dt} - \left(u\frac{dv}{dx} + v\frac{dv}{dy} + w\frac{dv}{dz}\right),\\ \frac{1}{\rho}\frac{dp}{dz} &= Z - \frac{dw}{dt} - \left(u\frac{dw}{dx} + v\frac{dw}{dy} + w\frac{dw}{dz}\right). \end{aligned}\right.$$

A ces trois équations il faudra en joindre une autre exprimant, comme on l'a supposé, que la masse fluide est continue. Concevons à cet effet un parallélépipède dont l'un des sommets A ait pour coordonnées x, y, z et dont les arêtes partant de ce point soient dx, dy, dz.

Par la face $dydz$ adjacente à A il entre dans le parallélépipède, dans le temps dt, la masse fluide $\rho\, dydz\, u\, dt$; mais il en sort $dydz\left(\rho u + \frac{d\rho u}{dx}dx\right)dt$; de sorte que, en définitive, les deux faces considérées donnent lieu à une augmentation de la masse de l'élément de volume égale à

$$-\,dx\,dy\,dz\,dt\,\frac{d\rho u}{dx}.$$

Les deux couples de faces opposées donnant des expressions analogues, l'augmentation totale de la masse est

$$-\,dx\,dy\,dz\,dt\left(\frac{d\rho u}{dx} + \frac{d\rho v}{dy} + \frac{d\rho w}{dz}\right);$$

d'autre part cette augmentation est exprimée par

$$dx\,dy\,dz\,\frac{d\rho}{dt}\,dt.$$

En égalant ces deux valeurs, on trouve, pour l'équation cherchée,

$$(2)\quad \frac{d\rho}{dt} + \frac{d\rho u}{dx} + \frac{d\rho v}{dy} + \frac{d\rho w}{dz} = 0.$$

On peut établir sans calcul l'équation de continuité dans un système de coordonnées quelconques en remarquant qu'elle exprime que la variation éprouvée dans le temps dt par la masse d'un élément de volume est nulle. En effet, au bout de ce temps infiniment petit,

$$\begin{array}{lll} x & \text{devient} & x + u\,dt, \\ y & \text{»} & y + v\,dt, \\ z & \text{»} & z + w\,dt, \\ \rho & \text{»} & \rho + \frac{d\rho}{dt}dt + \frac{d\rho}{dx}dx + \frac{d\rho}{dy}dy + \frac{d\rho}{dz}dz; \end{array}$$

par conséquent, en négligeant les termes d'un ordre supérieur au quatrième, la variation éprouvée par la masse $\rho\,dx\,dy\,dz$ est

$$\begin{aligned} &\left(\rho + \frac{d\rho}{dt}dt + \frac{d\rho}{dx}dx + \frac{d\rho}{dy}dy + \frac{d\rho}{dz}dz\right) \\ &\quad \times \left(dx + \frac{du}{dx}dt\right)\left(dy + \frac{dv}{dy}dt\right)\left(dz + \frac{dw}{dz}dt\right) - \rho\,dx\,dy\,dz \\ &\quad = dx\,dy\,dz\,dt\left(\frac{d\rho}{dt} + \frac{d\rho u}{dx} + \frac{d\rho v}{dy} + \frac{d\rho w}{dz}\right), \end{aligned}$$

expression qui est nulle d'après l'équation (2).

217. *Conditions relatives à la surface.* — Les équations précédentes s'appliquent à tous les points de l'intérieur du fluide, et, s'il est indéfini, il ne reste à y joindre que les conditions relatives à l'état initial.

Lorsque le fluide est terminé, on suppose ordinairement que les points, qui étaient d'abord en contact avec une paroi mobile ou immobile, y restent indéfiniment, et que les points qui appartenaient primitivement à la surface libre ne cessent jamais d'en faire partie. Ces hypothèses restreignent beaucoup la question, et, malgré cela, il y a encore bien peu de cas où les calculs puissent s'effectuer complétement.

Soit $F(x, y, z, t)$ l'équation d'une surface sur laquelle un point du fluide doit constamment se trouver. Supposons que, pour une certaine valeur de t, ses coordonnées y satisfassent; au bout du temps dt, on aura

$$F(x + u\,dt,\quad y + v\,dt,\quad z + w\,dt,\quad t + dt) = 0,$$

d'où

$$\frac{dF}{dt} + u\frac{dF}{dx} + v\frac{dF}{dy} + w\frac{dF}{dz} = 0, \tag{3}$$

équation de condition dont le premier terme disparaît si la paroi est fixe.

Cette équation devra avoir lieu pendant toute la durée du mouvement et pour les points qui se trouvaient primitivement en contact avec la paroi dont il s'agit, et l'on en aura de semblables pour toutes les parties de la surface qui ne sont pas libres.

La surface libre est soumise à une pression connue p_0 qui est ordinairement la même en tous ses points, mais qui peut varier avec le temps. L'équation de cette surface est

$$p - p_0 = 0,$$

d'où l'on conclut la condition

$$\frac{dp}{dt} + u\frac{dp}{dx} + v\frac{dp}{dy} + w\frac{dp}{dz} = 0. \tag{4}$$

Les équations (3) et (4) concourent avec celles qui résultent de l'état initial à la détermination des fonctions arbitraires introduites par l'intégration des équations (1) et (2).

218. *Forme que prennent les équations aux différentielles partielles lorsque* $X\,dx + Y\,dy + Z\,dz$, $u\,dx + v\,dy + w\,dz$ *sont des différentielles exactes.* — Supposons que l'on ait

$$u\,dx + v\,dy + w\,dz = d\varphi,$$
$$X\,dx + Y\,dy + Z\,dz = dU,$$

φ, U étant des fonctions de x, y, z; nous désignerons la première sous le nom de *fonction des vitesses*, en conservant à la seconde le nom de potentiel.

Les équations (1) deviennent

$$\frac{1}{\rho}\frac{dp}{dx} = \frac{dU}{dx} - \left(\frac{d^2\varphi}{dx\,dt} + \frac{d\varphi}{dx}\frac{d^2\varphi}{dx^2} + \frac{d\varphi}{dy}\frac{d^2\varphi}{dx\,dy} + \frac{d\varphi}{dz}\frac{d^2\varphi}{dx\,dz}\right),$$
$$\frac{1}{\rho}\frac{dp}{dy} = \frac{dU}{dy} - \left(\frac{d^2\varphi}{dy\,dt} + \frac{d\varphi}{dx}\frac{d^2\varphi}{dx\,dy} + \frac{d\varphi}{dy}\frac{d^2\varphi}{dy^2} + \frac{d\varphi}{dz}\frac{d^2\varphi}{dy\,dz}\right),$$
$$\frac{1}{\rho}\frac{dp}{dz} = \frac{dU}{dz} - \left(\frac{d^2\varphi}{dz\,dt} + \frac{d\varphi}{dx}\frac{d^2\varphi}{dx\,dz} + \frac{d\varphi}{dy}\frac{d^2\varphi}{dy\,dz} + \frac{d\varphi}{dz}\frac{d^2\varphi}{dz^2}\right).$$

En ajoutant ces équations multipliées respectivement par dx, dy, dz, on obtient

$$(5) \qquad \frac{dp}{\rho} = dU - d\frac{d\varphi}{dt} - \frac{1}{2}d\left(\frac{d\varphi^2}{dx^2} + \frac{d\varphi^2}{dy^2} + \frac{d\varphi^2}{dz^2}\right),$$

toutes les différentielles étant prises par rapport à x, y, z en considérant t comme constant. Cette équation pourra s'intégrer lorsque ρ sera constant ou sera une fonction connue de p, comme cela a lieu respectivement pour les liquides et les gaz à une température constante. La même équation peut encore se mettre sous la forme

$$(5') \qquad \frac{dp}{\rho} = dU - d\frac{d\varphi}{dt} - \frac{1}{2}dV^2,$$

ce qui la rend indépendante du choix des coordonnées.

Remarque. — En laissant en évidence les dérivées partielles, par rapport au temps, au lieu de les exprimer en fonction de φ, on a

$$(a) \quad \frac{dp}{\rho} = dU - \left(\frac{du}{dt}dx + \frac{dv}{dt}dy + \frac{dw}{dt}dz\right) - \frac{1}{2}\left(\frac{d\varphi^2}{dx^2} + \frac{d\varphi^2}{dy^2} + \frac{d\varphi^2}{dz^2}\right);$$

on voit ainsi que, si $\frac{dp}{\rho}$ est une différentielle exacte, il en est de même de

$$\frac{du}{dt}dx + \frac{dv}{dt}dy + \frac{dw}{dt}dz.$$

Dans le cas d'une fonction des vitesses, l'équation (2) prend la forme

$$(6) \qquad \frac{d\rho}{dt} + \frac{d\rho\frac{d\varphi}{dx}}{dx} + \frac{d\rho\frac{d\varphi}{dy}}{dy} + \frac{d\rho\frac{d\varphi}{dz}}{dz} = 0.$$

La loi de la densité ρ étant supposée connue d'après la nature du fluide, les équations (5), (6) feront connaître p et φ; et, quand les fonctions arbitraires auront été déterminées, on déduira u, v, w en différentiant la fonction φ.

219. *Théorème de Lagrange.* — « Lorsque $udx + vdy + wdz$ est, à une certaine époque, une différentielle exacte, il en est encore de même à un instant quelconque du mouvement. »

Il suffit évidemment de démontrer qu'il en est ainsi lorsque le temps augmente d'une quantité infiniment petite τ.

Soit

$$u_1 = u + \tau \frac{du}{dt}, \quad v_1 = v + \tau \frac{dv}{dt}, \quad w_1 = w + \tau \frac{dw}{dt}$$

ce que deviennent u, v, w au bout du temps $t + \tau$, $\frac{du}{dt}$, $\frac{dv}{dt}$, $\frac{dw}{dt}$ étant les dérivées partielles, par rapport à t, de ces vitesses.

On déduit de là

$$u_1 dx + v_1 dy + w_1 dz = udx + vdy + wdz + \tau \left(\frac{du}{dt} dx + \frac{dv}{dt} dy + \frac{dw}{dt} dz\right),$$

qui est bien une différentielle exacte, d'après une remarque faite plus haut.

Si donc $udx + vdy + wdz$ est une différentielle exacte à l'état initial, ce que l'on pourra toujours vérifier immédiatement, il en sera encore de même à toute autre époque. Il est bon de remarquer que cette condition sera remplie toutes les fois que les vitesses initiales des molécules seront nulles.

220. *Équations du mouvement d'un fluide en coordonnées cylindriques.* — Reportons-nous aux notations et aux formules (18) du n° 163 et désignons par R', T', Z' les composantes de l'accélération de la molécule (r, θ, z) du fluide, suivant le rayon r, sa perpendiculaire dans le plan normal à l'axe Oz et la parallèle à cet axe; soient, de plus,

$$u = \frac{dr}{dt}, \quad \omega r = r\frac{d\theta}{dt}, \quad w = \frac{dz}{dt}$$

les composantes suivant les mêmes directions de la vitesse de la même molécule.

Nous distinguerons, en la plaçant entre parenthèses, une dérivée totale de la dérivée partielle correspondante. Supposons que ρ soit une fonction de p et posons $P = \int \frac{dp}{\rho}$; nous aurons

$$\frac{dP}{dr} = R - R',$$
$$\frac{dP}{rd\theta} = T - T',$$
$$\frac{dP}{dz} = Z - Z'.$$

Mais, en considérant deux vitesses consécutives de la même molécule, ou plutôt leurs composantes parallèles aux axes, on reconnaît facilement que

$$R' = \left(\frac{du}{dt}\right) - \omega^2 r = \frac{du}{dt} + u\frac{du}{dr} + \omega\frac{du}{d\theta} + w\frac{du}{dz} - \omega^2 r,$$
$$T' = \left(\frac{d\omega r}{dt}\right) = 2\omega u + ru\frac{d\omega}{dr} + r\omega\frac{d\omega}{d\theta} + rw\frac{d\omega}{dz},$$
$$Z' = \frac{dw}{dt} + u\frac{dw}{dr} + \omega\frac{dw}{d\theta} + w\frac{dw}{dz}.$$

Il vient donc

$$(1)\quad \left\{\begin{aligned} &\frac{du}{dt} + u\frac{du}{dr} + \omega\frac{du}{d\theta} + w\frac{du}{dz} - \omega^2 r + \frac{dP}{dr} = R,\\ &r\left(\frac{d\omega}{dt} + u\frac{d\omega}{dr} + \omega\frac{d\omega}{d\theta} + w\frac{d\omega}{dz}\right) + 2\omega u + \frac{dP}{rd\theta} = T,\\ &\frac{dw}{dt} + u\frac{dw}{dr} + \omega\frac{dw}{d\theta} + w\frac{dw}{dz} + \frac{dP}{dz} = Z.\end{aligned}\right.$$

Au bout du temps dt,

ρ est devenu $\rho + \frac{d\rho}{dt}dt + u\frac{d\rho}{dx}dt + \omega\frac{d\rho}{d\theta}dt + w\frac{d\rho}{dz}dt,$

r » $r + udt,$

θ » $\theta + \omega dt,$

z » $z + wdt.$

En exprimant que la masse $\rho dr.rd\varphi.dz$ n'a pas varié pendant le temps dt (216), on trouve sans peine, pour l'équation de continuité,

$$(2)\qquad \frac{d\rho}{dt} + \frac{d\rho u}{dr} + \frac{d\rho\omega}{d\theta} + \frac{d\rho w}{dz} + \frac{\rho u}{r} = 0.$$

Plaçons-nous maintenant dans le cas d'une fonction des vitesses et d'un potentiel, nous avons

$$d\varphi = u\,dr + \omega r\,d\theta + w\,dz, \quad dU = R\,dr + T r\,d\theta + Z\,dz.$$

L'équation (5') du n° 218 donne immédiatement

$$(3) \qquad dP = dU - d\frac{d\varphi}{dt} - \frac{1}{2} d\left(\frac{d\varphi^2}{dr^2} + \frac{d\varphi^2}{r^2 d\theta^2} + \frac{d\varphi^2}{dz^2}\right),$$

et l'équation (2) devient

$$(4) \qquad \frac{d\rho}{dt} + \frac{d\rho\frac{d\varphi}{dr}}{dr} + \frac{1}{r^2}\frac{d\rho\frac{d\varphi}{d\theta}}{d\theta} + \frac{d\rho\frac{d\varphi}{dz}}{dz} + \frac{\rho}{r}\frac{d\varphi}{dr} = 0.$$

221. *Application au mouvement d'un fluide, lorsque tout est symétrique autour d'un axe.* — Pour que u, ω, w, P, ρ soient indépendants de θ, il faut qu'il en soit de même des valeurs initiales de ces fonctions et de R, T, Z et que le fluide soit à chaque instant limité par une surface de révolution autour de l'axe de symétrie Oz; nous supposerons, de plus, $T = 0$, ce qui aura lieu, notamment, lorsque les molécules du fluide seront attirées vers un point fixe ou mobile situé sur l'axe Oz.

Les équations (1) et (2) deviennent, dans l'hypothèse actuelle,

$$(5) \qquad \left\{\begin{aligned} &\frac{dP}{dr} + \frac{du}{dt} + u\frac{du}{dr} + w\frac{du}{dz} - \omega^2 r = R,\\ &\frac{d\omega}{dt} + u\frac{d\omega}{dr} + w\frac{d\omega}{dz} + \frac{2\omega u}{r} = 0,\\ &\frac{dP}{dz} + \frac{dw}{dt} + u\frac{dw}{dr} + w\frac{dw}{dz} = Z;\end{aligned}\right.$$

$$(6) \qquad \frac{d\rho}{dt} + \frac{d\rho u}{dr} + \frac{d\rho w}{dz} + \frac{\rho u}{r} = 0.$$

Si l'on remarque que la somme des trois premiers termes de la seconde des équations (5) est la dérivée totale de ω, par rapport au temps, on a, en suivant une molécule dans son mouvement,

$$\left(\frac{d\omega}{dt}\right) + \frac{2\omega}{r}\frac{dr}{dt} = 0,$$

d'où, en désignant par a une constante,

$$\omega r^2 = a. \tag{7}$$

Donc : *la vitesse angulaire d'une molécule autour de l'axe de symétrie, en divers points de sa trajectoire, varie en raison inverse du carré de sa distance à l'axe* (¹), ce qui donne une explication des tourbillons. En général, a variera d'une molécule à une autre.

222. *Examen du cas où la constante a, relative au mouvement de rotation, a la même valeur pour toutes les molécules.* — Supposons que les forces extérieures dérivent d'un potentiel, ou que

$$\mathrm{R}\,dr + \mathrm{Z}\,dz = d\mathrm{U},$$

il vient

$$(8)\quad \left\{ \begin{aligned} \frac{d\mathrm{P}}{dr} + \frac{du}{dt} + u\frac{du}{dr} + w\frac{du}{dz} &= \frac{d}{dr}\left(\mathrm{U} - \frac{a^2}{2r^2}\right), \\ \frac{d\mathrm{P}}{dz} + \frac{dw}{dt} + u\frac{dw}{dr} + w\frac{dw}{dz} &= \frac{d}{dz}\left(\mathrm{U} - \frac{a^2}{2r^2}\right). \end{aligned} \right.$$

En retranchant l'une de l'autre ces deux équations différentiées respectivement par rapport à z et r, et posant

$$\frac{du}{dz} - \frac{dw}{dr} = \eta, \tag{9}$$

on trouve

$$\frac{d\eta}{dt} + u\frac{d\eta}{dr} + w\frac{d\eta}{dz} + \left(\frac{du}{dr} + \frac{dw}{dz}\right)\eta = 0,$$

ou encore

$$\left(\frac{d\eta}{dt}\right) + \left(\frac{du}{dr} + \frac{dw}{dz}\right)\eta = 0. \tag{10}$$

En développant l'équation (2), après avoir supprimé le terme $\frac{d\rho\omega}{d\theta}$, et remplaçant $\frac{u}{r}$ par $\frac{dr}{rdt}$, on obtient

$$\frac{du}{dr} + \frac{dw}{dz} = -\left(\frac{d\rho}{\rho\,dt}\right) - \frac{dr}{rdt}; \tag{11}$$

(¹) M. Svanberg, de Stockholm, paraît avoir le premier énoncé cette proposition.

par suite, en supprimant les parenthèses, devenues inutiles, des dérivées totales,

$$(12)\qquad \frac{d\eta}{dt} = \eta\left(\frac{d\rho}{\rho\,dt} + \frac{dr}{r\,dt}\right),$$

équation dont l'intégrale est

$$\eta = \frac{du}{dz} - \frac{dw}{dr} = b\rho r,$$

b étant une constante indépendante de la position de chaque molécule, mais pouvant varier d'une molécule à une autre.

Si b est nul à un instant donné pour toutes les molécules, il en sera de même pendant toute la durée du mouvement et l'on aura constamment la relation

$$\frac{du}{dz} = \frac{dw}{dr},$$

qui exprime que $u\,dr + w\,dz = d\varphi$ est une différentielle exacte, ce qui est une vérification du théorème de Lagrange.

Les équations (3) et (4) deviennent alors, en supprimant les dérivées par rapport à θ et comprenant dans φ la fonction arbitraire du temps introduite par l'intégration de la première,

$$(13)\qquad P = U - \frac{d\varphi}{dt} - \frac{1}{2}\left(\frac{d\varphi^2}{dr^2} + \frac{d\varphi^2}{dz^2}\right) - \frac{a^2}{2r^2},$$

$$(14)\qquad \frac{d\rho}{dt} + \frac{d\rho\frac{d\varphi}{dr}}{dr} + \frac{\rho}{r}\frac{d\varphi}{dr} + \frac{d\rho\frac{d\varphi}{dz}}{dz} = 0,$$

formules que nous appliquerons, un peu plus loin, au mouvement des liquides.

§ II. — *Du mouvement des fluides incompressibles.*

223. En considérant les liquides comme incompressibles, nous devons supposer ρ constant dans les équations du para-

graphe précédent. L'équation de continuité devient

$$(1)\qquad \frac{du}{dx}+\frac{dv}{dy}+\frac{dw}{dz}=0,$$

ou

$$(2)\qquad \frac{d^2\varphi}{dx^2}+\frac{d^2\varphi}{dy^2}+\frac{d^2\varphi}{dz^2}=0,$$

lorsqu'il y a une fonction de la vitesse. On a, de plus, dans ce cas, en intégrant l'équation (5) du n° **218**,

$$(3)\qquad \frac{p}{\rho}=\mathrm{U}-\frac{d\varphi}{dt}-\frac{1}{2}\left(\frac{d\varphi^2}{dx^2}+\frac{d\varphi^2}{dy^2}+\frac{d\varphi^2}{dz^2}\right).$$

Lorsque le liquide est uniquement soumis à l'action de la pesanteur, on a $\mathrm{U}=gz$, en dirigeant l'axe des z suivant la verticale, et l'équation précédente devient

$$(3')\qquad \frac{p}{\rho}=gz-\frac{d\varphi}{dt}-\frac{1}{2}\left(\frac{d\varphi^2}{dx^2}+\frac{d\varphi^2}{dy^2}+\frac{d\varphi^2}{dz^2}\right).$$

Comme nous l'avons déjà dit plus haut, il n'y a qu'un très-petit nombre de questions que l'on puisse résoudre en partant des équations de l'Hydrodynamique, à moins de faire intervenir une hypothèse particulière sur le mouvement, celle des tranches, ce qui fait descendre l'Hydrodynamique au niveau des sciences d'application, parmi lesquelles elle prend le nom d'*Hydraulique*; elle sera ultérieurement pour nous, à ce point de vue, l'objet d'une étude spéciale.

Nous allons maintenant faire connaître les quelques applications que l'on a pu faire des équations de l'Hydrodynamique, considérée comme science pure, en renvoyant, pour ce qui concerne les marées et le mouvement de l'atmosphère, à notre *Traité de Mécanique céleste*.

224. *Du mouvement permanent d'un liquide pesant.* — Lorsque l'on maintient un liquide pesant à un niveau constant, dans un vase muni d'un orifice, le mouvement devient permanent au bout d'un certain temps, c'est-à-dire que toutes les molécules qui se succèdent en un même point de l'espace sont animées en ce point de la même vitesse en grandeur et en direction et que la pression correspondante est indépendante du temps.

Si l'on suit une molécule m, on a

$$\frac{1}{\rho}\frac{dp}{dx} = -\frac{du}{dt},\quad \frac{1}{\rho}\frac{dp}{dy} = -\frac{dv}{dt},\quad \frac{1}{\rho}\frac{dp}{dz} = g - \frac{dw}{dt}.$$

En ajoutant ces équations, multipliées respectivement par dx, dy, dz, on obtient

$$\frac{1}{\rho}dp = g\,dz - (u\,du + v\,dv + w\,dw).$$

Soient

V_0, V les vitesses ;
p_0, p_1 les pressions correspondant aux ordonnées z_0, z_1 ;
$\Pi = \rho g$ le poids spécifique du liquide.

Il vient, en intégrant l'équation précédente,

$$(4)\qquad V^2 - V_0^2 = 2g\left(z - z_0 + \frac{p_0 - p}{\Pi}\right).$$

Supposons maintenant que V_0, p_0 se rapportent au niveau du liquide placé dans l'atmosphère et V, $p = p_0$ à un orifice pratiqué dans la paroi du vase et censé assez petit pour que l'on puisse considérer la vitesse comme étant sensiblement la même en chacun de ses points. Comme les volumes du liquide qui traversent simultanément, par seconde, le plan de niveau et celui de l'orifice et qui mesurent ce que l'on appelle la *dépense* ou le *débit* sont égaux, le rapport $\left(\frac{V_0}{V}\right)^2$ sera très-petit et négligeable devant l'unité, et, en désignant par h la hauteur $z - z_0$ du niveau au-dessus de l'orifice, la formule (4) donne

$$V^2 = 2gh,$$

c'est-à-dire que *la vitesse d'écoulement est la même que celle qu'acquerrait un corps pesant en tombant dans le vide d'une hauteur égale à celle du liquide dans le vase.*

Lorsqu'il y a une fonction de la vitesse, l'équation (3') donne, pour la vitesse V du liquide en un point $(x, y, z$ de la masse fluide,

$$\frac{p}{\rho} = gz - \frac{V^2}{2} + C,$$

C étant la constante arbitraire à laquelle se réduit la fonction arbitraire du temps que nous avons comprise dans φ; de sorte que les vitesses sont égales en chacun des points d'une même section horizontale, pour lesquels la pression est la même et, par suite, en tous les points du plan de niveau; mais ces vitesses n'ont pas nécessairement la même direction. L'équation précédente donne immédiatement, comme plus haut,

$$\frac{V^2 - V_0^2}{2g} = h + \frac{p_0 - p}{\Pi}.$$

225. *De l'écoulement, par un orifice horizontal, d'un liquide pesant contenu dans un vase dont la paroi est de révolution autour d'un axe vertical.* — Les formules (13) et (14) du n° **222** donnent, en supposant que, à l'origine du temps, les molécules n'étaient animées d'aucun mouvement rotatoire ou que $a = 0$,

$$(5) \qquad \frac{p}{\rho} = U - \frac{d\varphi}{dt} - \frac{1}{2}\left(\frac{d\varphi^2}{dr^2} + \frac{d\varphi^2}{dz^2}\right),$$

$$(6) \qquad \frac{d^2\varphi}{dr^2} + \frac{1}{r}\frac{d\varphi}{dr} + \frac{d^2\varphi}{dz^2} = 0.$$

Distinguons par l'indice 1 toutes les quantités qui se rapportent aux molécules qui glissent, suivant la paroi, pour une valeur quelconque de z, r_1 étant une fonction donnée de cette variable. On exprimera évidemment que le glissement a lieu en posant

$$(7) \qquad u_1 = w_1 \frac{dr_1}{dz}.$$

Si nous désignons par q le volume qui s'est écoulé du vase au bout du temps t, $\frac{dq}{dt}\,dt$ sera le volume qui traverse, dans le temps dt, une section horizontale quelconque du vase et l'on aura

$$\frac{dq}{dt}\,dt = \int_0^{r_1} 2\pi r\,dr\,w\,dt = 2\pi\,dt \int_0^{r_1} w\,r\,dr.$$

Il est facile de vérifier que cette expression est indépendante de z ou que

$$\frac{d}{dz}\int_0^{r_1} wr\,dr = \int_0^{r_1} \frac{dw}{dz} r\,dr + r_1 w_1 \frac{dr_1}{dz} = 0;$$

car l'équation (6) peut se mettre sous la forme

$$\frac{dru}{dr} + r\frac{dw}{dz} = 0,$$

et la formule précédente devient

$$-\int_0^{r_1} \frac{dru}{dr} dr + r_1 w_1 \frac{dr_1}{dz} = 0,$$

ou

$$u_1 = w_1 \frac{dr_1}{dz},$$

ce qui n'est autre chose que la condition (7) que l'on pourra donc considérer comme comprise dans l'équation

$$(8) \qquad Q = 2\pi \int_0^{r_1} wr\,dr,$$

$Q = \frac{dq}{dt}$ étant uniquement une fonction de t.

Comme on ne connaît pas la solution la plus générale de l'équation (6), le problème proposé ne sera soluble que dans un nombre limité de cas que nous allons maintenant faire connaître en supposant que le niveau reste constant et que le mouvement soit devenu permanent.

Admettons que φ soit développable en série, suivant les puissances ascendantes de r, et désignons ce développement par

$$\varphi = \sum A_n r^n,$$

n étant un nombre entier positif quelconque et les coefficients A_n des fonctions inconnues de z liées entre elles par des relations que l'on obtiendra en substituant cette expression dans l'équation (6), et égalant à zéro les coefficients des mêmes puissances de r. Il vient ainsi

$$
\begin{aligned}
A_1 &= 0, \\
A_2 &= -\frac{1}{2^2}\frac{d^2A_0}{dz^2}, \\
A_3 &= 0, \\
&\ldots\ldots \\
A_{2n} &= -\frac{1}{(2n)^2}\frac{d^2A_{2n-2}}{dz^2}, \\
A_{2n+1} &= 0, \\
&\ldots\ldots\ldots
\end{aligned}
$$

d'où

$$A_{2n} = \frac{(-1)^n}{2^2.4^2\ldots(2n)^2}\frac{d^{2n}A_0}{dz^{2n}}$$

et

$$\varphi = \sum_{n=0}\frac{(-1)^n}{2^2.4^2\ldots(2n)^2}\frac{d^{2n}A_0}{dz^{2n}}r^{2n}.$$

Comme $\frac{d\varphi}{dr}$, $\frac{d\varphi}{dz}$ ne renferment pas A_0, mais seulement ses dérivées, nous poserons

$$\Psi = \frac{dA_0}{dz},$$

et nous aurons

$$
(9)\qquad \begin{cases}
u = \dfrac{d\varphi}{dr} = \displaystyle\sum_{n=1}\frac{(-1)^n}{2^2.4^2\ldots(2n-2)^2.2n}\frac{d^{2n-1}\Psi}{dz^{2n-1}}r^{2n-1}, \\
w = \dfrac{d\varphi}{dz} = \displaystyle\sum_{n=0}\frac{(-1)^n}{2^2.4^2\ldots(2n)^2}\frac{d^{2n}\Psi}{dz^{2n}}r^{2n}.
\end{cases}
$$

Il ne reste donc plus que la fonction arbitraire Ψ qu'il faut déterminer d'après la forme du vase ou d'après la condition (8), Q étant une constante, qui représente le débit, et qui est également une inconnue de la question ; on obtient ainsi

$$(10)\qquad \frac{Q}{2\pi} = r_1^2\sum_{n=0}\frac{(-1)^n}{2^2.4^2\ldots(2n)^2.2(n+1)}\frac{d^{2n}\Psi}{dz^{2n}}r_1^{2n},$$

équation linéaire en Ψ dont on ne pourra tirer parti qu'autant que Ψ sera une fonction algébrique.

Supposons que l'on ait, pour définir la forme du vase, la relation suivante, qui comprend une grande variété de courbes :

$$(11) \qquad r_1^2 \sum_{n=1}^{n} \frac{(-1)^n}{2^2.4^2\ldots(2n)^2.2(n+1)} \frac{d^{2n}F}{dz^{2n}} r_1^{2n} = C,$$

C étant une constante donnée, F un polynôme également donné, du degré $2n$ ou $2n+1$; comme on a $\frac{d^{2n+2}F}{dz^{2n+2}} = 0$, on voit, en comparant entre elles les formules (10) et (11), que l'on peut prendre

$$(12) \qquad \Psi = \frac{Q}{2\pi C} F,$$

par suite

$$(13) \qquad \begin{cases} u = \dfrac{Q}{2\pi C} \displaystyle\sum_{n=1} \frac{(-1)^n}{2^2.4^2\ldots(2n-2)^2.2n} \frac{d^{2n-1}F}{dz^{2n-1}} r^{2n-1}, \\ w = \dfrac{Q}{2\pi C} \displaystyle\sum_{n=0} \frac{(-1)^n}{2^2.4^2\ldots(2n)^2} \frac{d^{2n}F}{dz^{2n}} r^{2n}. \end{cases}$$

Soient

h la profondeur du vase;

r'_1, α le rayon de l'orifice et l'inclinaison de la méridienne aux points correspondants.

La pression du liquide sur le pourtour de l'orifice étant égale à la pression atmosphérique, la vitesse correspondante V est donnée par la formule

$$V^2 = V_0^2 + 2gh,$$

ou

$$V^2 = 2gh,$$

en négligeant la vitesse à la surface de niveau; mais $u = V \sin\alpha$, $w = V\cos\alpha$; par suite

$$u = \sin\alpha\sqrt{2gh},$$

$$w = \cos\alpha\sqrt{2gh}.$$

En portant ces valeurs dans les équations (13), en y supposant z égal à l'ordonnée z'_1 du centre de l'orifice, il vient

$$Q = 2\pi r_1'^2 \sin\alpha\sqrt{2gh}\,\frac{C}{\sum_{n=1}\frac{(-1)^n}{2^2.4^2\ldots(2n-2)^2.2n}\cdot\frac{d^{2n-1}F}{dz_1'^{2n-1}}r_1'^{2n+1}}$$

$$= 2\pi r_1'^2 \cos\alpha\sqrt{2gh}\,\frac{C}{\sum_{n=0}\frac{(-1)^n}{2^2.4^2\ldots(2n)^2}\cdot\frac{d^{2n}F}{dz_1'^{2n}}r_1'^{2(n+1)}},$$

ou

(14) $$Q = \pi r_1'^2 \mu\sqrt{2gh},$$

en posant

(15) $$\begin{cases} \mu = \dfrac{2C\sin\alpha}{\sum_{n=1}\frac{(-1)^n}{2^2.4^2\ldots(2n-2)^2 2n}\frac{d^{2n-1}F}{dz_1'^{2n-1}}r_1'^{2n+1}} \\ \;\;= \dfrac{2C\cos\alpha}{\sum_{n=0}\frac{(-1)^n}{2^2.4^2\ldots(2n)^2}\frac{d^{2n}F}{dz_1'^{n}}r_1'^{2(n+1)}}, \end{cases}$$

Si l'on avait $\mu = 1$, la formule (14) donnerait le débit si toutes les molécules qui traversent l'orifice étaient animées de vitesses verticales. Le facteur μ, que l'on appelle le coefficient de *dépense*, ou de *contraction* en se plaçant à un point de vue physique que nous nous réservons de faire connaître en Hydraulique, représente la correction que l'on doit faire subir au résultat auquel conduit l'hypothèse précitée pour faire la part de l'obliquité sur la verticale, croissant avec r, des trajectoires des molécules arrivées dans le plan de l'orifice.

Le cas le plus simple que l'on ait à examiner est celui où l'on a $n = 0$, c'est-à-dire où

$$\frac{r_1'^2}{2}(1 + \alpha z) = C,$$

α étant une constante; on trouve facilement alors que

$$\mu = \cos\alpha,$$

ce qui s'accorde avec les résultats de quelques expériences sur l'écoulement de l'eau par des ajutages coniques convergents.

Sans entrer dans plus de détails sur le sujet qui nous occupe, nous ferons remarquer que, quelle que soit la forme de la paroi, on peut par interpolation, dans des limites déterminées, en profitant de l'indétermination de n, faire en sorte que tout profil puisse très-approximativement être représenté par une équation de la forme (11), de sorte que dans tous les cas on pourra obtenir une valeur approchée du coefficient de dépense.

226. *Des mouvements ondulatoires d'un liquide pesant.* — Si l'on fait pénétrer sur une très-petite profondeur, à partir de la surface de niveau, un corps solide dans une masse d'eau en repos, les molécules de la masse entrent en mouvement, mais leurs vitesses restent très-petites, c'est-à-dire de l'ordre de grandeur de la cause qui les détermine. Il se produit des ondes obéissant à des lois que nous nous proposons de déterminer.

Nous prendrons pour plan des xy celui du niveau du liquide à l'état de repos, en dirigeant l'axe des z dans le sens de la pesanteur.

En raison de la petitesse supposée des vitesses, nous négligerons les secondes puissances de leurs composantes parallèles aux axes coordonnés.

Les équations (2) et (3) du n° 223 deviennent par suite

$$\frac{d^2\varphi}{dx^2}+\frac{d^2\varphi}{dy^2}+\frac{d^2\varphi}{dz^2}=0, \tag{1}$$

$$\frac{p}{\rho}=gz-\frac{d\varphi}{dt}. \tag{2}$$

Nous pourrons considérer p comme étant l'excédant de la pression réelle, en un point, sur la pression atmosphérique, puisque cela revient à comprendre dans φ le produit de cette dernière par le temps.

Soit z' l'ordonnée, au bout du temps t, du point géométrique (x, y) de la surface; nous aurons pour condition relative à cette surface, où $p=0$,

$$gz'=\frac{d\varphi}{dt} \quad \text{pour} \quad z=0, \tag{3}$$

d'où

$$g\frac{dz'}{dt} = \frac{d^2\varphi}{dt^2},$$

ou

$$(4) \qquad g\frac{d\varphi}{dz} = \frac{d^2\varphi}{dt^2} \quad \text{pour} \quad z = 0.$$

Si h est la hauteur supposée constante de la masse d'eau, nous aurons aussi

$$(5) \qquad \frac{d\varphi}{dz} = 0, \quad \text{pour} \quad z = h.$$

227. *Examen du cas où le liquide est renfermé dans un canal indéfini limité latéralement par deux parois planes, verticales et parallèles entre elles.* — Nous prendrons le plan zOx parallèle aux parois latérales du canal.

Dans l'hypothèse actuelle nous considérerons l'ébranlement comme produit par le contact, avec la surface de niveau, d'un cylindre placé perpendiculairement aux parois latérales; ce cylindre pourra être supposé circulaire, puisque dans le cas contraire on pourrait le remplacer, pour la faible partie immergée, par son cylindre osculateur. Nous fixerons l'origine des coordonnées au milieu de l'intersection du plan méridien vertical du cylindre avec le plan yOx.

Les vitesses ne pouvant avoir lieu que dans des plans parallèles à zOx, φ sera indépendant de y, et nous aurons, au lieu de l'équation (1), la suivante :

$$(1') \qquad \frac{d^2\varphi}{dx^2} + \frac{d^2\varphi}{dz^2} = 0,$$

équation qui sera satisfaite en posant

$$\varphi = (Me^{-mz} + M'e^{mz}) \cos m(x - \alpha),$$

M, M′, m, α étant des fonctions arbitraires du temps.

Pour satisfaire à la condition (5), quel que soit x, il faut que

$$Me^{-mh} - M'e^{mh} = 0,$$

d'où l'on tire

$$M = Te^{mh}, \quad M' = Te^{-mh},$$

T étant une nouvelle indéterminée; on a alors

$$\varphi = \mathrm{T}[e^{m(h-z)} + e^{-m(h-z)}]\cos m(x-\alpha).$$

Pour satisfaire à la condition (4), quel que soit x, on voit qu'il faut que m et α soient deux constantes, et que l'on ait

$$\frac{d^2\mathrm{T}}{dt^2} = -a^2\mathrm{T},$$

en posant

$$(6) \qquad a^2 = \frac{mg(e^{mh} - e^{-mh})}{(e^{mh} + e^{-mh})}.$$

On déduit de là

$$\mathrm{T} = \mathrm{N}\sin at + \mathrm{N}'\cos at,$$

N, N′ étant deux constantes arbitraires : on pourra donc prendre pour l'intégrale complète de l'équation (1′) qui convient au problème

$$(7) \quad \varphi = \Sigma[e^{m(h-z)} + e^{-m(h-z)}](\mathrm{N}\sin at + \mathrm{N}'\cos at)\cos m(x-\alpha),$$

expression dans laquelle le signe Σ s'étendra à toutes les valeurs possibles des constantes N, N′, m, α.

Soient maintenant

$$\left.\begin{aligned} \varphi &= g\mathrm{F}(x) \\ \frac{d\varphi}{dt} &= gf(x) \end{aligned}\right\} \text{pour } z = 0,\ t = 0,$$

les données relatives à l'état initial de la surface. D'après la formule (3), l'équation

$$(8) \qquad z' = f(x)$$

sera celle de la forme initiale de la surface libre.

Nous aurons ainsi

$$(9) \quad \left\{\begin{aligned} \mathrm{F}(x) &= \sum \frac{\mathrm{N}'}{g}(e^{mh} + e^{-mh})\cos m(x-\alpha), \\ f(x) &= \sum \frac{a\mathrm{N}}{g}(e^{mh} + e^{-mh})\cos m(x-\alpha). \end{aligned}\right.$$

Pour plus de simplicité nous nous bornerons à considérer le cas où le fluide est en repos à l'instant initial, ce qui revient à supposer $F(x) = 0$ ou $N' = 0$; on se placera dans ces conditions lorsque, après avoir enfoncé le cylindre dans le fluide et avoir donné à ce dernier le temps de revenir au repos, on retirera subitement le cylindre en abandonnant le fluide à l'action de la pesanteur.

Si l'on désigne par l et $-l$ les largeurs de la zone de contact du cylindre avec le liquide de part et d'autre de Oy, l'équation (8) ne devra subsister que pour les valeurs de x comprises en l et $-l$, et l'on devra avoir $z' = 0$ pour toute autre valeur de x, et de plus, en raison de la symétrie, $f(x) = f(-x)$.

On aura donc, d'après une formule connue,

$$f(x) = \frac{1}{l}\int_0^l f(x)\,dx + \frac{2}{l}\sum_1^\infty \cos\frac{i\pi x}{l}\int_0^l f(x)\cos\frac{i\pi x}{l}\,dx,$$

expression qui comporte pour i toute la série des nombres entiers depuis l'unité jusqu'à l'infini.

En comparant cette expression à la seconde des formules (9), on voit que l'on doit supposer $m = \frac{i\pi}{l}$, $\alpha = 0$; on a, par conséquent,

$$\frac{a}{g}\mathrm{N}\left(e^{\frac{i\pi h}{l}} + e^{-\frac{i\pi h}{l}}\right) = \frac{2}{l}\int_0^l f(x)\cos\frac{i\pi x}{l}\,dx,$$

en prenant seulement la moitié du second membre lorsque $i = 0$, valeur à laquelle correspond $a = 0$: il vient donc

$$(10)\qquad \varphi = \frac{2g}{al}\sum_1^\infty \frac{e^{i\pi\left(\frac{h-z}{l}\right)} + e^{-i\pi\left(\frac{h-z}{l}\right)}}{a\left(e^{i\pi\frac{h}{l}} + e^{-i\pi\frac{h}{l}}\right)} \sin at \cos\frac{i\pi x}{l}\int_0^l f(x)\cos\frac{i\pi x}{l}\,dx.$$

Cette expression, jointe à la formule (6), donne la solution du problème proposé, quelle que soit la profondeur. Quelque petite qu'elle soit, on ne pourra pas réduire toutes les exponentielles au premier terme de leur développement, puisque $i\pi\frac{h}{l}$ peut devenir très-grand; nous ne nous arrêterons donc pas à ce cas particulier, qui n'offre aucun intérêt spécial.

228. *Hypothèse d'une profondeur infinie.* — Supposons que la profondeur h soit assez grande pour qu'on puisse la supposer infinie.

La formule (6) donne

$$a = \sqrt{mg} = \sqrt{\frac{i\pi g}{l}},$$

par suite,

$$(11)\quad \varphi = 2\sqrt{\frac{g}{\pi l}}\sum_1^\infty \frac{e^{-\frac{i\pi z}{l}}}{\sqrt{i}}\sin\sqrt{\frac{i\pi g}{l}}\,t\cos\frac{i\pi x}{l}\int_0^l f(x)\cos\frac{i\pi x}{l}\,dx.$$

On reconnaît sans peine que cette intégrale satisfait à l'équation (4), quel que soit z; donc la pression est indépendante du temps, c'est-à-dire qu'une même molécule éprouve la même pression, pendant toute la durée du mouvement.

En négligeant les termes d'un ordre supérieur au premier en x, on peut prendre

$$z' = \frac{x^2}{p} = f(x)$$

pour équation de la partie immergée du cylindre, p étant le double du rayon de courbure de la section droite; on reconnaît alors que

$$\int_0^l f(x)\cos\frac{i\pi x}{l}\,dx = (-1)^i\frac{2l^3}{\pi^2 i^2 p}.$$

Si l'on désigne par ω la portion immergée de la section droite du cylindre, on a

$$\omega = \frac{2}{p}\int_0^l x^2\,dx = \frac{2}{3p}\,l^3;$$

la valeur de l'intégrale ci-dessus devient par suite

$$(-1)^i\frac{3\omega}{\pi^2 i^2}.$$

Il vient donc

$$(12)\qquad \varphi = \frac{6\omega}{\pi^2}\sqrt{\frac{g}{\pi l}}\sum_1^\infty (-1)^i\frac{e^{-\frac{i\pi z}{l}}}{i^{\frac{5}{2}}}\cos\frac{i\pi x}{l}\sin\sqrt{\frac{i\pi g}{l}}\,t.$$

On voit, d'après cela, que le mouvement de chaque molécule fluide se composera d'une infinité de mouvements oscillatoires indépendants les uns des autres.

229. *Étude d'une oscillation partielle.*— Il nous suffit donc d'étudier les propriétés de celui de ces mouvements partiels qui correspond au terme général de la formule précédente.

Si nous posons

$$(13)\qquad \begin{cases} A = -(-1)^i \dfrac{6\omega}{\pi^2}\sqrt{\dfrac{g}{\pi l}}, \\ u = \dfrac{d\varphi}{dx}, \quad w = \dfrac{d\varphi}{dz}, \end{cases}$$

nous aurons

$$(14)\qquad \begin{cases} \varphi = -\dfrac{Ae^{-\frac{i\pi z}{l}}}{i^{\frac{5}{2}}}\cos\dfrac{i\pi x}{l}\sin\sqrt{\dfrac{i\pi g}{l}}\,t, \\ u = \dfrac{\pi A e^{-\frac{i\pi z}{l}}}{li^{\frac{3}{2}}}\sin\dfrac{i\pi x}{l}\sin\sqrt{\dfrac{i\pi g}{l}}\,t, \\ w = \dfrac{\pi A e^{-\frac{i\pi z}{l}}}{li^{\frac{3}{2}}}\cos\dfrac{i\pi x}{l}\sin\sqrt{\dfrac{i\pi g}{l}}\,t. \end{cases}$$

On voit, d'après ces formules, que toutes les molécules du fluide entrent simultanément en mouvement à partir de l'instant initial.

Si nous désignons par V la vitesse de la molécule (x, z), nous aurons

$$(15)\qquad V = \sqrt{u^2 + w^2} = \frac{\pi A e^{-\frac{i\pi z}{l}}\sin\sqrt{\frac{i\pi g}{l}}\,t}{li^{\frac{3}{2}}},$$

avec la relation

$$(16)\qquad \frac{u}{w} = \operatorname{tang}\frac{i\pi x}{l}.$$

Donc :

1° *Toutes les molécules, primitivement situées dans un même plan vertical, exécutent simultanément des oscillations rectilignes parallèles, isochrones, mais dont les amplitudes décroissent rapidement quand la profondeur augmente.*

2° *A un même instant, la vitesse est indépendante de la position horizontale de la molécule.*

Proposons-nous maintenant d'étudier, indépendamment l'un de l'autre, les deux systèmes d'oscillations verticales et horizontales.

230. *Oscillations verticales.* — Pour étudier les propriétés du mouvement des molécules, primitivement situées dans un même plan horizontal, il nous suffit de voir ce qui a lieu pour le niveau, puisque cela revient, dans la troisième des formules (14), à comprendre l'exponentielle dans la constante A.

Cette même formule se réduit donc à

$$w = \frac{dz'}{dt} = \frac{\pi A}{l i^{\frac{3}{2}}} \cos\frac{i\pi x}{l} \sin\sqrt{\frac{i\pi g}{l}}\, t,$$

d'où

$$z' = -\frac{A}{i^2}\sqrt{\frac{\pi}{gl}} \cos\frac{i\pi x}{l} \cos\sqrt{\frac{i\pi g}{l}}\, t.$$

Pour chaque valeur de t, le profil sera donc une cosinusoïde dont les abscisses correspondant aux maxima et minima et aux points d'inflexion seront indépendantes du temps.

Lorsque deux parties consécutives de la courbe, l'une saillante et l'autre en creux, auront atteint leur maximum de développement, la première s'affaissera graduellement de manière à produire, pour l'observateur, le même effet que si elle s'avançait vers le creux pour le combler; de sorte que la partie saillante, ou l'*onde*, aura paru s'avancer jusqu'à l'emplacement du creux primitif, lorsque celui-ci sera remplacé par un maximum positif. L'intervalle de temps τ_i, nécessaire pour que ce déplacement apparent ait lieu, correspond évidemment à celui pour lequel w change de signe, en conservant la même valeur absolue : on a donc

$$\tau_i = \frac{\pi}{\sqrt{\frac{\pi g i}{l}}} = \sqrt{\frac{\pi l}{gi}}.$$

La différence des abscisses correspondant à un maximum et à un minimum étant $\frac{l}{i}$, on peut dire que l'onde s'est, en apparence, propagée avec la vitesse

$$W = \frac{l}{i\tau_i} = \sqrt{\frac{gl}{\pi i}}.$$

Cette vitesse va ainsi en décroissant quand i augmente; mais, comme le maximum de z' par rapport à x et t varie en raison inverse du carré de i, il s'ensuit que, au delà d'une certaine valeur de i, soit 6 par exemple, les ondes doivent paraître insensibles.

231. *Oscillations horizontales.* — En représentant fictivement par z' l'accroissement variable de x pour une molécule, la seconde des équations (14) donnera, en l'intégrant, une sinusoïde, qui ne différera de la cosinusoïde précédente qu'en ce que les abscisses des maxima et minima de l'une des courbes seront celles des nœuds de l'autre et réciproquement. On rentre donc complétement dans le cas précédent.

232. *De la houle.* — La mer est constamment animée d'un mouvement relatif par rapport au noyau terrestre. Ce mouvement résulte de la superposition de mouvements ondulatoires partiels faisant partie de l'une des deux catégories suivantes :

1° Le mouvement oscillatoire connu sous la double dénomination de *flux* et de *reflux* est dû à la différence des accélérations imprimées aux molécules de la mer et au centre de la Terre, résultant des attractions de la Lune et du Soleil. Les ondes dues à ces deux attractions se superposent et forment un ensemble grandiose d'ondulations; leur vitesse apparente de propagation étant très-lente par rapport aux vitesses semblables des ondes de la seconde catégorie, on peut les considérer comme en repos dans l'étude de ces dernières.

2° Les ondes constituant la *houle*, le *clapotis*, etc., déterminées par des causes diverses, le vent, la tempête, etc., et que nous avons spécialement en vue d'étudier.

Nous supposerons, comme cela a lieu en réalité, que les déplacements des molécules de la mer sont très-petits relativement au rayon terrestre par rapport auquel la profondeur variable de la mer est également très-petite.

Soient

O le centre de la Terre;
ω sa vitesse angulaire;
θ le complément de la latitude du point m d'une surface de niveau de la mer supposée en équilibre;
ϖ la longitude de m, mesurée à partir d'un méridien déterminé, dans le sens de la rotation;
g la pesanteur proprement dite, c'est-à-dire l'accélération due à l'attraction de toute la masse de la Terre sur le point m; elle sera constante pour tous les points de chaque surface de niveau si l'on néglige l'aplatissement aux pôles;
ρ la densité de la mer, en prenant pour unité la densité moyenne de la Terre;
r le rayon moyen de la surface de niveau passant par le point m;
$r + w_0$ le rayon Om;
$r + w$ ce qu'il devient pendant le mouvement;
u, v les projections du déplacement de m sur la méridienne de la sphère moyenne de la surface de niveau, en allant vers l'équateur, et sur la tangente au parallèle de la même sphère dans le sens de la rotation.

Nous supposerons w_0, w, u, v assez petits pour n'avoir à tenir compte que de leurs premières puissances. Dans cette hypothèse, les angles θ et ϖ sont devenus pendant le mouvement

$$\theta' = \theta + \frac{u}{r}, \quad \varpi' = \varpi + \frac{v}{r \sin\theta},$$

comme on le reconnaît en faisant une figure; la pression a varié et n'est plus la même en tous les points de la couche de niveau déformée.

On trouve facilement, pour les composantes de l'accélération, force centrifuge composée (84 et 85, Ire Partie) du point m

arrivé en m',

$$2\omega \sin\theta \frac{dv}{dt} \quad \text{suivant } w,$$

$$-2\omega\left(\cos\theta \frac{du}{dt} + \sin\theta \frac{dw}{dt}\right) \quad \text{»} \quad v,$$

$$2\omega \cos\theta \frac{dv}{dt} \quad \text{»} \quad u.$$

Les composantes correspondantes dues à l'inertie sont respectivement $-\frac{d^2w}{dt^2}$, $-\frac{d^2v}{dt^2}$, $-\frac{d^2u}{dt^2}$.

Le travail virtuel de ces accélérations pour un déplacement élémentaire sur la surface de niveau déformée sera, aux termes du second ordre près, le même que si m' se trouvait sur la sphère moyenne au point m_1 où elle est percée par le rayon Om. Le travail virtuel élémentaire des composantes suivant ce rayon devra donc être considéré comme nul, et l'on aura pour la somme de travail des autres composantes

$$\left[-2\omega\left(\cos\theta \frac{du}{dt} + \sin\theta \frac{dw}{dt}\right) - \frac{d^2v}{dt^2}\right] r\sin\theta\, d\varpi$$
$$+\left(2\omega\cos\theta \frac{dv}{dt} - \frac{d^2u}{dt^2}\right) r\, d\theta.$$

Le travail de la pesanteur étant

$$-g\,dw,$$

et celui de la force centrifuge

$$\frac{\omega^2}{2} d\left[(r+w)^2 \sin^2\left(\theta + \frac{u}{r}\right)\right] = \omega^2 d\left(\frac{r^2}{2}\sin^2\theta + rw\sin^2\theta + ru\sin\theta\cos\theta\right);$$

on a, en appelant p la pression en m',

$$\left[-2\omega\left(\cos\theta \frac{du}{dt} + \sin\theta \frac{dw}{dt}\right) - \frac{d^2v}{dt^2}\right] r\sin\theta\, d\varpi$$
$$+\left(2\omega\cos\theta \frac{dv}{dt} - \frac{d^2u}{dt^2}\right) r\, d\theta - g\,dw$$
$$+\omega^2 d\left(\frac{r^2}{2}\sin^2\theta + rw\sin^2\theta + ru\sin\theta\cos\theta\right) = \frac{dp}{\rho}.$$

La petite longueur w_0 pouvant être considérée comme ayant la même valeur pour le point m et celui de la surface de niveau situé sur Om', on a, pour le second point,

$$\omega^2 d\left(\frac{r^2}{2} + rw_0 \sin^2\theta + ru \sin\theta \cos\theta\right) - g\,dw_0 = 0.$$

Si donc on représente par z l'élévation $w - w_0$ de la molécule m au-dessus de la surface de niveau, il vient, en retranchant membre à membre les deux équations ci-dessus,

$$(1)\quad \left\{\begin{aligned} &\left[-2\omega\left(\cos\theta\,\frac{du}{dt} + \sin\theta\,\frac{dw}{dt}\right) - \frac{d^2 v}{dt^2}\right] r \sin\theta\, d\varpi \\ &+ \left(2\omega\cos\theta\,\frac{dv}{dt} - \frac{d^2 u}{dt^2}\right) r\,d\theta - g\,dz + \omega^2 r\,d(z\sin^2\theta) = \frac{dp}{\rho}\ (^1). \end{aligned}\right.$$

Nous prendrons maintenant pour unité de longueur le rayon moyen de la surface d'équilibre de la mer. La profondeur de la mer, que nous désignerons par γ, au point m de cette surface, étant très-petite, on pourra supposer que les déplacements éprouvés par les points situés sur un même rayon lors de l'équilibre sont les mêmes, ce qui paraît conforme aux résultats de certaines observations de Bougainville et de Bremontier [2].

La formule (1) donne ainsi à la surface de la mer, en négligeant la force centrifuge, qui est très-petite par rapport à g,

$$(2)\quad \left\{\begin{aligned} &\left[-2\omega\left(\cos\theta\,\frac{du}{dt} + \sin\theta\,\frac{dw}{dt}\right) - \frac{d^2 v}{dt^2}\right] \sin\theta\, d\varpi \\ &+ \left(2\omega\cos\theta\,\frac{dv}{dt} - \frac{d^2 u}{dt^2}\right) d\theta - g\,dz = 0. \end{aligned}\right.$$

La profondeur γ_1 en m' étant égale à la profondeur correspondant au même rayon, lors de l'équilibre, augmentée de z, on a

$$\gamma_1 = \gamma + \frac{d\gamma}{d\theta} u + \frac{d\gamma}{d\varpi} \frac{v}{\sin\theta} + z.$$

---

(1) Cette équation est applicable aux marées en introduisant, dans le premier membre, le potentiel élémentaire dV dû aux attractions du Soleil et de la Lune (*voir* à ce sujet mon *Traité élémentaire de Mécanique céleste*, Chap. VII).

(2) *Recherches sur le mouvement des ondes*, 1809.

L'élément de surface sphérique $-d\cos\theta\, d\varpi$, relatif au point m, est devenu, en m',

$$-\frac{d\cos(\theta+u)}{d\cos\theta}\,\frac{d}{d\varpi}\left(\varpi+\frac{v}{\sin\theta}\right)d\cos\theta\, d\varpi$$
$$=-d\cos\theta\, d\varpi\left(1+\frac{d(u\sin\theta)}{\sin\theta\, d\theta}+\frac{dv}{\sin\theta\, d\varpi}\right).$$

L'équation de continuité s'obtiendra en exprimant que le produit de cet élément par γ_1, représentant le volume du prisme élémentaire correspondant, est égal à $-\gamma\, d\cos\theta\, d\varpi$, ce qui conduit à

$$(3)\qquad z=-\frac{d(\gamma u\sin\theta)}{\sin\theta\, d\theta}-\frac{d.\gamma v}{\sin\theta\, d\varpi}.$$

Comme la profondeur γ est très-petite, cette formule montre que z sera lui-même très-petit par rapport à u et v et par suite que w est négligeable dans le premier terme de l'équation (2), qui, en vertu de l'indépendance des variations de θ et ϖ, se décompose dans les suivantes :

$$(4)\qquad \begin{cases} \dfrac{d^2u}{dt^2}-2\omega\cos\theta\dfrac{dv}{dt}=-g\dfrac{dz}{d\theta}, \\[2ex] \dfrac{d^2v}{dt^2}+2\omega\cos\theta\dfrac{du}{dt}=-\dfrac{g}{\sin\theta}\dfrac{dz}{d\varpi}. \end{cases}$$

Enfin, en posant $\mu=\cos\theta$, les équations (4) et (3) deviennent

$$(5)\qquad \begin{cases} \dfrac{d^2u}{dt^2}-2\omega\mu\dfrac{dv}{dt}=-g\sqrt{1-\mu^2}\dfrac{dz}{d\mu}, \\[2ex] \dfrac{d^2v}{dt^2}+2\omega\mu\dfrac{du}{dt}=-\dfrac{g}{\sqrt{1-\mu^2}}\dfrac{dz}{d\varpi}, \\[2ex] z=\dfrac{d\gamma u\sqrt{1-\mu^2}}{d\mu}-\dfrac{1}{\sqrt{1-\mu^2}}\dfrac{d\gamma v}{d\varpi}. \end{cases}$$

Telles sont les équations différentielles de la houle et qui doivent faire connaître u, v, z en fonction de t, μ, ϖ.

Elles sont satisfaites par les valeurs

$$z=\Sigma A_i\cos it+\Sigma A'_i\sin it,$$
$$u=\Sigma B_i\cos it+\Sigma B'_i\sin it,$$
$$v=\Sigma C_i\cos it+\Sigma C'_i\sin it,$$

i étant un nombre quelconque, et A_i, B_i, C_i, A'_i, ... des fonctions de μ et ϖ définies par les équations

$$B_i = g\,\frac{i\sqrt{1-\mu^2}\,\dfrac{dA}{d\mu} - \dfrac{2\omega\mu}{\sqrt{1-\mu^2}}\,\dfrac{dA'_i}{d\varpi}}{i(i^2-4\omega^2\mu^2)},$$

$$C_i = g\,\frac{-2\omega\mu\sqrt{1-\mu^2}\,\dfrac{dA_i}{d\mu} + \dfrac{1}{i\sqrt{1-\mu^2}}\,\dfrac{dA'_i}{d\varpi}}{i(i^2-4\omega^2\mu^2)},$$

$$A_i = \frac{d\gamma B_i\sqrt{1-\mu^2}}{d\mu} - \frac{1}{\sqrt{1-\mu^2}}\,\frac{d\gamma C_i}{d\varpi},$$

$$B'_i = g\,\frac{i\sqrt{1-\mu^2}\,\dfrac{dA'_i}{d\mu} + \dfrac{2\omega\mu}{\sqrt{1-\mu^2}}\,\dfrac{dA_i}{d\varpi}}{i(i^2-4\omega^2\mu^2)},$$

$$C'_i = g\,\frac{2\omega\mu\sqrt{1-\mu^2}\,\dfrac{dA'_i}{d\mu} + \dfrac{1}{\sqrt{1-\mu^2}}\,\dfrac{dA_i}{d\varpi}}{i(i^2-4\omega^2\mu^2)},$$

$$A'_i = \frac{d\gamma B_i\sqrt{1-\mu^2}}{d\mu} - \frac{1}{\sqrt{1-\mu^2}}\,\frac{d\gamma C'_i}{d\varpi}.$$

Pour chaque valeur de i, ces coefficients dépendront de six fonctions arbitraires de μ et ϖ. Ces fonctions se détermineront par les conditions que z, u, v, $\frac{dz}{dt}$, $\frac{du}{dt}$, $\frac{dv}{dt}$ sont pour $t=0$ des fonctions connues de μ et ϖ; elles devront, de plus, satisfaire aux conditions $u=0$, $v=0$, pour le contour de la partie émergée de la terre, qui sera représenté par une équation de la forme $f(\mu, \varpi)=0$.

Le problème se simplifie considérablement si l'on suppose la profondeur et les conditions initiales du mouvement indépendantes de la longitude; car les A_i, B_i, ... deviennent indépendants de ϖ, et, au lieu d'équations aux différentielles partielles, on n'a plus que des équations différentielles par rapport à μ. Le problème est encore plus simple dans le cas d'une mer de profondeur constante.

Il serait intéressant d'étudier le cas d'une mer limitée par deux méridiens et dont la profondeur serait définie par

$$\gamma = k(1-\mu^2)^n(\varpi_1-\varpi)\varpi,$$

ϖ_1 et k étant deux constantes et n un exposant positif.

§ III. — *Du mouvement d'un corps dans un liquide pesant.*

233. *Équations du mouvement d'un liquide pesant, rapporté à trois axes rectangulaires mobiles.* — Soient, au bout du temps t,

x', y', z' les coordonnées d'une molécule m du liquide, parallèles à trois axes rectangulaires fixes $O'x'$, $O'y'$, $O'z'$;

p le rapport de la pression au même point, à la densité du liquide, ou encore la valeur de cette pression, en supposant, comme nous le ferons dans ce qui suit, cette densité égale à l'unité;

$V_{x'}$, $V_{y'}$, $V_{z'}$ les composantes parallèles aux trois axes de la vitesse V de la molécule m.

Nous aurons, en nous plaçant dans le cas d'une fonction de la vitesse,

$$(a)\qquad \left\{\begin{aligned} V_{x'} &= \frac{dx'}{dt} = \frac{d\varphi}{dx'},\\ V_{y'} &= \frac{dy'}{dt} = \frac{d\varphi}{dy'},\\ V_{z'} &= \frac{dz'}{dt} = \frac{d\varphi}{dz'},\end{aligned}\right.$$

d'où

$$(b)\qquad V = \sqrt{\frac{d\varphi^2}{dx'^2}+\frac{d\varphi^2}{dy'^2}+\frac{d\varphi^2}{dz'^2}}.$$

L'équation de continuité

$$(d)\qquad \frac{d^2\varphi}{dx'^2}+\frac{d^2\varphi}{dy'^2}+\frac{d^2\varphi}{dz'^2}=0,$$

jointe aux conditions spéciales du problème, fera connaître la fonction φ.

Si nous désignons par Z la distance du point m à un plan horizontal fixe, considérée comme positive ou négative, selon qu'elle est située au-dessous ou au-dessus de ce plan, par g l'accélération de la pesanteur, on a, pour déterminer la pression p, l'équation

$$(c) \qquad p = gZ - \frac{d\varphi}{dt} - \frac{V^2}{2}.$$

Remarque. — La vitesse V étant normale à la surface représentée par l'équation

$$\varphi = \text{const.},$$

et l'expression (b) conservant la même valeur, quel que soit le système d'axes rectangulaires [1], les formules (a) et (b) subsistent pour tout autre système d'axes rectangulaires que l'on voudra substituer aux premiers.

Maintenant soient, au bout du temps t,

x, y, z les coordonnées de la molécule m, parallèles à trois axes rectangulaires Ox, Oy, Oz, dont l'origine O et l'orientation varient à chaque instant;

a la vitesse du point O;

n, p, q les composantes de la rotation instantanée du système des trois axes, suivant Ox, Oy, Oz.

Pour abréger, il nous arrivera souvent de désigner par u l'une quelconque des coordonnées x, y, z et par suite de distinguer par l'indice u la composante d'une vitesse, d'une accélération ou d'une force estimée suivant Ou.

En supposant que l'on exprime φ en fonction des coordonnées x, y, z substituées à x', y', z', au moyen des formules connues de la transformation des coordonnées, on a, d'après une remarque faite plus haut,

$$(a') \qquad V_u = \frac{d\varphi}{du},$$

$$(b') \qquad V = \sqrt{\frac{d\varphi^2}{dx^2} + \frac{d\varphi^2}{dy^2} + \frac{d\varphi^2}{dz^2}},$$

$$(c') \qquad p = gZ - \frac{d\varphi}{dt} - \frac{1}{2}\left(\frac{d\varphi^2}{dx^2} + \frac{d\varphi^2}{dy^2} + \frac{d\varphi^2}{dz^2}\right).$$

(1) *Voir* la Note placée à la fin de ce Chapitre.

La forme (d) donnée à l'équation de continuité, résultant essentiellement des relations (a), doit subsister pour les axes mobiles, en vertu de la formule (a'), de sorte que l'on a

$$(d') \qquad \frac{d^2\varphi}{dx^2} + \frac{d^2\varphi}{dy^2} + \frac{d^2\varphi}{dz^2} = 0.$$

Enfin la vitesse relative du point m, par rapport aux axes mobiles, étant la résultante de la vitesse absolue V et de la vitesse d'entraînement, prise en sens contraire, ses composantes, estimées suivant les mêmes axes, sont données par

$$(e) \qquad \left\{ \begin{aligned} \frac{dx}{dt} &= \frac{d\varphi}{dx} - a_x + pz - qy, \\ \frac{dy}{dt} &= \frac{d\varphi}{dy} - a_y + qx - nz, \\ \frac{dz}{dt} &= \frac{d\varphi}{dz} - a_z + ny - px. \end{aligned} \right.$$

234. *Résultantes et moments des pressions d'un liquide sur la surface d'un corps qu'il recouvre.* — Supposons que les axes ci-dessus Ox, Oy, Oz soient invariablement reliés au corps et qu'ils soient menés par son centre de gravité O.

Soient

P_u la somme des composantes des pressions qui s'exercent sur les éléments de la surface du corps, estimées suivant l'axe Ou;

$\mathfrak{M}_u$ la somme des moments de ces pressions, par rapport au même axe, la convention relative aux signes des moments étant la même que pour les rotations;

p_0 la pression sur la surface du corps au point (x, y, z);

$d\omega$ l'élément correspondant de la surface;

N la normale à cet élément.

On a

$$(f) \qquad \left\{ \begin{aligned} &P_u = -\int p_0 \cos(N, u)\, d\omega, \\ &\mathfrak{M}_x = \int p_0[z\cos(N, y) - y\cos(N, z)]\, d\omega, \quad \mathfrak{M}_y = \ldots, \quad \mathfrak{M}_z = \ldots, \end{aligned} \right.$$

ces intégrales étant prises pour toute la surface du corps.

Remarque. — Avant d'aller plus loin, nous ferons remarquer : 1° que si p_0 renferme un terme constant, ce terme disparaît dans les intégrales ; 2° que, d'après la formule (d'), le terme de p_0 qui dépend de la pesanteur ne donne dans les P_u que les composantes du poids du fluide déplacé, prises en sens contraire, et n'a, par suite, aucune influence sur les $\mathfrak{M}_u$.

235. *Équations du mouvement du corps.*

Lemme. — *Relations entre les projections de la vitesse de l'origine de trois axes rectangulaires mobiles sur ces axes et les projections analogues de l'accélération de ce point.*

Soit φ l'accélération de l'origine O, ou la vitesse absolue de l'extrémité de la droite OA qui représente la vitesse a de O. En projection sur Ox, la vitesse relative du point A, par rapport aux axes, étant $\frac{da_x}{dt}$, et sa vitesse d'entraînement $pa_z - qa_y$, il vient

$$\frac{da_x}{dt} + pa_z - qa_y = \varphi_x,$$

d'où

$$(\alpha)\quad \begin{cases} \dfrac{da_x}{dt} = \varphi_x + qa_y - pa_z, \\ \text{et, de même,} \\ \dfrac{da_y}{dt} = \varphi_y + na_z - qa_x, \\ \dfrac{da_z}{dt} = \varphi_z + pa_x - na_y. \end{cases}$$

Revenons à la question qui nous occupe.

Soient

M la masse du corps;

g_u la projection de l'accélération de la gravité sur l'axe Ou;

P'_u la composante, suivant le même axe, des forces qui agissent sur le corps, autres que la pesanteur et les pressions;

$\mathfrak{M}'_u$ le moment résultant de ces forces par rapport au point O.

Les formules (α) s'appliqueront au mouvement du centre de gravité O du corps, en y supposant

$$M\varphi_u = Mg_u + P_u + P'_u,$$

et les équations de ce mouvement, suivant les trois axes, seront

$$(g)\quad \begin{cases} M\dfrac{da_x}{dt} = Mg_x + M(qa_y - pa_z) + P_x + P'_x \ldots \\ M\dfrac{da_y}{dt} = \ldots. \\ M\dfrac{da_z}{dt} = \ldots. \end{cases}$$

Les équations du mouvement du corps autour de son centre de gravité, en désignant par A, B, C les moments d'inertie de ce corps par rapport aux axes Ox, Oy, Oz sont

$$(h)\quad \begin{cases} A\dfrac{dn}{dt} + (C - B)pq = \mathfrak{M}_n + \mathfrak{M}'_n, \\ B\dfrac{dp}{dt} = \ldots, \\ C\dfrac{dq}{dt} = \ldots. \end{cases}$$

236. *Équations du mouvement du liquide en coordonnées curvilignes.* — Soient, en désignant par ρ, ρ_1, ρ_2 trois constantes arbitraires,

$$\rho = f(x, y, z), \quad \rho_1 = f_1(x, y, z), \quad \rho_2 = f_2(x, y, z)$$

les équations de trois séries de surfaces orthogonales, qui, par leurs intersections, nous serviront à définir tous les points de l'espace. La première de ces équations sera censée représenter la surface du corps, lorsque ρ prendra la valeur particulière ρ_0 et donnera les points situés à l'infini pour $\rho = \infty$.

Il nous arrivera souvent, pour abréger, de représenter par ρ_i ou ρ_j l'un quelconque des paramètres arbitraires ρ, ρ_1, ρ_2, que nous allons maintenant substituer aux coordonnées rectilignes x, y, z (¹).

En posant

$$h_i = \sqrt{\left(\frac{d\rho_i}{dx}\right)^2 + \left(\frac{d\rho_i}{dy}\right)^2 + \left(\frac{d\rho_i}{dz}\right)^2},$$

(¹) Les arbitraires ρ_i, ρ_j, considérées comme fonctions des coordonnées, doivent satisfaire aux conditions (4) et (4') de la Note placée à la fin du Chapitre.

nous aurons, au lieu des équations (b'), (c') et (d'), les suivantes :

(1) $$V = \sqrt{h^2\left(\frac{d\varphi}{d\rho}\right)^2 + h_1^2\left(\frac{d\varphi}{d\rho_1}\right)^2 + h_2^2\left(\frac{d\varphi}{d\rho_2}\right)^2} \quad (^1),$$

(2) $$p = gZ - \left(\frac{d\varphi}{dt}\right) - \frac{d\varphi}{d\rho}\frac{d\rho}{dt} - \frac{d\varphi}{d\rho_1}\frac{d\rho_1}{dt} - \frac{d\varphi}{d\rho_2}\frac{d\rho_2}{dt} - \frac{1}{2}\left(h^2\frac{d\varphi^2}{d\rho^2} + h_1^2\frac{d\varphi^2}{d\rho_1^2} + h_2^2\frac{d\varphi^2}{d\rho_2^2}\right),$$

(3) $$\frac{d}{d\rho}\left(\frac{h}{h_1 h_2}\frac{d\varphi}{d\rho}\right) + \frac{d}{d\rho_1}\left(\frac{h_1}{h h_2}\frac{d\varphi}{d\rho_1}\right) + \frac{d}{d\rho_2}\left(\frac{h_2}{h h_1}\frac{d\varphi}{d\rho_2}\right) = 0 \quad (^2).$$

Dans l'équation (2), on a remplacé la dérivée totale $\frac{d\varphi}{dt}$ de l'équation (c') par sa valeur en fonction des dérivées partielles de φ; nous distinguerons ces dernières par des parenthèses quand il pourra y avoir ambiguïté.

237. Occupons-nous maintenant de la transformation des équations (e), qui donnent le mouvement relatif du liquide, par rapport au corps.

En divisant par dt la relation

$$\frac{1}{h_i^2}d\rho_i = \frac{dx}{d\rho_i}dx + \frac{dy}{d\rho_i}dy + \frac{dz}{d\rho_i}dz \quad (^3),$$

on obtient, en ayant égard aux équations précitées,

(4) $$\left\{\begin{aligned} \frac{1}{h^2}\frac{d\rho}{dt} &= \frac{d\varphi}{d\rho} - \left(a_x\frac{dx}{d\rho} + a_y\frac{dy}{d\rho} + a_z\frac{dz}{d\rho}\right) + n\left(y\frac{dz}{d\rho} - z\frac{dy}{d\rho}\right) \\ &\quad + p\left(z\frac{dx}{d\rho} - x\frac{dz}{d\rho}\right) + q\left(x\frac{dy}{d\rho} - y\frac{dx}{d\rho}\right), \\ \frac{1}{h_1^2}\frac{d\rho_1}{dt} &= \dots, \\ \frac{1}{h_2^2}\frac{d\rho_2}{dt} &= \dots, \end{aligned}\right.$$

---

(1) Formule (11) de la Note.
(2) Formule (13) de la Note.
(3) Formule (8) de la Note.

formules qui, multipliées respectivement par h, h_1, h_2, feront connaître les composantes normales aux trois surfaces ρ, ρ_1, ρ_2 de la vitesse relative d'une particule fluide, par rapport au corps (¹).

238. *Expressions des dérivées partielles* $\left(\frac{d\rho_i}{dt}\right)$. — Pour que l'on puisse déterminer la pression p au moyen de l'équation (2), la fonction φ étant supposée connue, il faut que l'on y remplace préalablement les dérivées partielles $\left(\frac{d\rho_i}{dt}\right)$ par leurs valeurs en fonction des éléments du mouvement, que nous allons maintenant déterminer.

Les ρ_i pouvant être considérés comme des fonctions des coordonnées x', y', z', substituées à x, y, z, on a, en ayant égard aux formules (a) du n° 233,

$$\begin{aligned}\frac{d\rho_i}{dt} &= \left(\frac{d\rho_i}{dt}\right) + \frac{d\rho_i}{dx'}\frac{dx'}{dt} + \frac{d\rho_i}{dy'}\frac{dy'}{dt} + \frac{d\rho_i}{dz'}\frac{dz'}{dt} \\ &= \left(\frac{d\rho_i}{dt}\right) + \frac{d\rho_i}{dx'}\frac{d\varphi}{dx'} + \frac{d\rho_i}{dy'}\frac{d\varphi}{dy'} + \frac{d\rho_i}{dz'}\frac{d\varphi}{dz'} = \left(\frac{d\rho_i}{dt}\right) + h_i^2\frac{d\varphi}{d\rho_i} \quad (^2);\end{aligned}$$

et, en égalant les trois valeurs qui résultent de cette équation à celles que donnent les équations (4), on trouve

$$(5)\quad \left\{\begin{aligned}\frac{1}{h^2}\left(\frac{d\rho}{dt}\right) &= -\left(a_x\frac{dx}{d\rho} + a_y\frac{dy}{d\rho} + a_z\frac{dz}{d\rho}\right) + n\left(y\frac{dz}{d\rho} - z\frac{dy}{d\rho}\right) \\ &\qquad + p\left(z\frac{dx}{d\rho} - x\frac{dz}{d\rho}\right) + q\left(x\frac{dy}{d\rho} - y\frac{dx}{d\rho}\right), \\ \frac{1}{h_1^2}\left(\frac{d\rho_1}{dt}\right) &= \ldots, \\ \frac{1}{h_2^2}\left(\frac{d\rho_2}{dt}\right) &= \ldots,\end{aligned}\right.$$

valeurs qu'il s'agissait de déterminer.

(¹) Formule (5) de la Note divisée par dt.
(²) Formule (9) de la Note.

239. *Expressions des quantités* P_u *et* $\mathfrak{M}_u$ *en coordonnées curvilignes.* — On a [1]

$$\cos(N, u) = \frac{1}{h}\frac{d\rho}{du} = h\frac{du}{d\rho},$$

$$d\omega = \frac{d\rho_1\,d\rho_2}{h_1 h_2},$$

par suite

$$(6)\quad \begin{cases} P_x = -\displaystyle\int \frac{h}{h_1 h_2} p_0 \frac{dx}{d\rho}\,d\rho_1\,d\rho_2, \quad P_y = \ldots, \quad P_z = \ldots, \\ \mathfrak{M}_x = \displaystyle\int \frac{h}{h_1 h_2} p_0 \left(z\frac{dy}{d\rho} - y\frac{dz}{d\rho}\right) d\rho_1\,d\rho_2, \quad \mathfrak{M}_y = \ldots, \quad \mathfrak{M}_z = \ldots. \end{cases}$$

240. *Conditions particulières du problème dans l'hypothèse d'un fluide indéfini.* — La fonction φ, intégrale de l'équation aux différentielles partielles (3), doit être déterminée de manière à satisfaire aux conditions suivantes :

1° La composante normale à la surface du corps, de la vitesse relative de chaque molécule fluide en contact avec elle, devant être nulle, puisqu'il ne peut y avoir qu'un glissement le long de cette surface, il faut que l'on ait (237)

$$\frac{1}{h}\frac{d\rho}{dt} = 0, \quad \text{pour } \rho = \rho_0,$$

ou, en vertu de la première des équations (4),

$$(7)\quad \left[\frac{d\varphi}{d\rho} - \left(a_x\frac{dx}{d\rho} + a_y\frac{dy}{d\rho} + a_z\frac{dz}{d\rho}\right) + n\left(y\frac{dz}{d\rho} - z\frac{dy}{d\rho}\right) + \ldots\right]_{\rho=\rho_0} = 0.$$

2° La vitesse absolue de chacune des molécules fluides situées à l'infini étant nulle, si le mouvement n'est produit que par le déplacement du corps, il faut, en vertu de la formule (1), que

$$(8)\quad \left(h_i\frac{d\varphi}{d\rho_i}\right)_{\rho_i=\infty} = 0.$$

[1] Formules (3), (3') et (6) de la Note.

241. *Forme générale de la fonction* φ. — La condition (7) sera satisfaite en posant

$$(9)\qquad \varphi = \mathcal{E} + \mathcal{A}_x a_x + \mathcal{A}_y a_y + \mathcal{A}_z a_z + \mathcal{B}_x n + \mathcal{B}_y p + \mathcal{B}_z q,$$

$\mathcal{E}$ étant uniquement fonction du temps et les $\mathcal{A}_u$ et $\mathcal{B}_u$ des fonctions des ρ_i et non de t, satisfaisant, substitués à φ, à l'équation (3), ainsi qu'aux conditions

$$(10)\qquad \left\{\begin{aligned} &\frac{d\mathcal{A}_x}{d\rho} = \frac{dx}{d\rho}, \quad \frac{d\mathcal{B}_x}{d\rho} = z\frac{dy}{d\rho} - y\frac{dz}{d\rho},\\ &\frac{d\mathcal{A}_y}{d\rho} = \frac{dy}{d\rho}, \quad \frac{d\mathcal{B}_y}{d\rho} = \ldots,\\ &\frac{d\mathcal{A}_z}{d\rho} = \frac{dz}{d\rho}, \quad \frac{d\mathcal{B}_z}{d\rho} = \ldots, \end{aligned}\right\} \text{ pour } \rho = \rho_0.$$

Si l'on porte les valeurs (5) et (9) dans l'équation (2), puis la valeur de p_0, qui s'en déduit, dans les intégrales (6), on reconnaît que chacune de ces dernières est formée de trois parties : la première est due à la perte de poids dans le liquide, comme à l'état de repos; la deuxième est une fonction linéaire de $\frac{da_x}{dt}, \frac{da_y}{dt}, \frac{da_z}{dt}, \frac{dn}{dt}, \frac{dp}{dt}, \frac{dq}{dt}$; la troisième une fonction homogène du second ordre des a_u, n_u. Quant à $\frac{d\mathcal{E}}{dt}$, il disparaît, puisqu'il joue le rôle d'une constante dans l'intégration.

242. *Cas où la surface du corps est symétrique par rapport aux axes principaux d'inertie passant par le centre de gravité de ce corps :*

1° *Forme de la fonction* φ. — Lorsque le corps est symétrique par rapport aux axes Ox, Oy, Oz, ρ est une fonction de x, y, z, qui conserve la même valeur et le même signe, lorsque l'on change le signe de l'une quelconque de ces variables; en d'autres termes, ρ est une *fonction paire* des trois coordonnées rectilignes. Il est d'ailleurs facile de reconnaître que $\frac{d\rho}{du}$ est le produit d'une fonction paire par u, qui change de signe avec u, en conservant la même valeur absolue; en d'autres termes, c'est une *fonction impaire* de u.

Cela posé, nous remarquerons que la première et la quatrième des conditions (10) peuvent se mettre sous la forme [1]

$$\left.\begin{aligned} &\frac{d\mathcal{A}_x}{dx}\frac{d\rho}{dx}+\frac{d\mathcal{A}_x}{dy}\frac{d\rho}{dy}+\frac{d\mathcal{A}_x}{dz}\frac{d\rho}{dz}=\frac{d\rho}{dx},\\ &\frac{d\mathcal{B}_x}{dx}\frac{d\rho}{dx}+\frac{d\mathcal{B}_x}{dy}\frac{d\rho}{dy}+\frac{d\mathcal{B}_x}{dz}\frac{d\rho}{dz}=\left(z\frac{d\rho}{dz}-y\frac{d\rho}{dz}\right),\end{aligned}\right\}\text{ pour } \rho=\rho_0,$$

et comme $\dfrac{d\rho}{du}$ est une fonction impaire de u, on voit que ces deux conditions, considérées comme équations différentielles, exigent que

$$\mathcal{A}_x = x\mathrm{D}_x, \quad \mathcal{B}_x = yz\mathrm{E}_x,$$

en désignant, d'une manière générale, par D_u, E_u deux fonctions paires des coordonnées rectilignes. On est donc conduit à admettre, pour la fonction φ, la forme

$$(11)\quad \varphi = \mathcal{E} + x\mathrm{D}_x a_x + y\mathrm{D}_y a_y + z\mathrm{D}_z a_z + yz\mathrm{E}_x n + xz\mathrm{E}_y p + xy\mathrm{E}_z q.$$

2° *Valeurs des quantités* P_u *et* $\mathfrak{M}_u$. — Supposons que l'on remplace φ par sa valeur (11) dans l'équation (2), que l'on porte ensuite la valeur résultante de la pression p_0 à la surface du corps dans celles des équations (f), qui donnent P_x et $\mathfrak{M}_x$; on reconnaîtra, par une discussion simple basée sur la symétrie de la surface du corps, que les termes de p_0 qui ne s'annulent pas par l'intégration sont ceux qui sont impairs en x pour P_x et impairs en y et z pour $\mathfrak{M}_x$. Si donc on remarque que, à la surface du corps, x, y, z sont indépendants de t, on devra prendre tout simplement,

$$-p_0 = -g\mathrm{Z} + x\mathrm{D}_x\frac{da_x}{dt} + x\frac{dy\mathrm{D}_y}{dy}\frac{dy\mathrm{E}_y}{dy}a_y q + x\frac{dz\mathrm{D}_z}{dz}\frac{dz\mathrm{E}_z}{dz}a_z p \quad \text{pour } \mathrm{P}_x,$$

$$-p_0 = yz\mathrm{E}_x\frac{dn}{dt} + yz\frac{d\mathrm{D}_y}{dx}\frac{d\mathrm{D}_z}{dx}a_y a_z + \frac{dx\mathrm{E}_y}{dy}\frac{dx\mathrm{E}_z}{dx}pq \quad \text{pour } \mathfrak{M}_x.$$

Portons ces valeurs dans celles des formules (6) qui donnent

---

[1] Formule (7) de la Note.

P_x et $\mathfrak{M}_x$; désignons par M′ la masse du volume liquide déplacé par le corps, et soient

$$(12)\quad \left\{\begin{aligned}
m_x &= -\int \frac{h}{h_1 h_2}\frac{dx}{d\rho}\, x D_x\, d\rho_1\, d\rho_2 = -\int x D_x\, dy\, dz \quad (^1),\\
\alpha_x &= -\int \frac{h}{h_1 h_2}\frac{dy D_y}{dy}\frac{dy E_y}{dy}\frac{dx}{d\rho}\, d\rho_1\, d\rho_2 = -\int \frac{dy D_y}{dy}\frac{dy E_z}{dy}\, dy\, dz,\\
\alpha'_x &= -\int \frac{h}{h_1 h_2}\frac{dz D_z}{dz}\frac{dz E_z}{dz}\frac{dx}{d\rho}\, d\rho_1\, d\rho_2 = -\int \frac{dz D_z}{dz}\frac{dE_x}{dz}\, dy\, dz,\\
i_x &= -\int \frac{h}{h_1 h_2} yz E_x\left(y\frac{dz}{d\rho} - \frac{dy}{d\rho}\right) d\rho_1\, d\rho_2 = -\int yz E_x (y\, dy - z\, dz)\, dx,\\
\beta_x &= -\int \frac{h}{h_1 h_2} yz \frac{dD_y}{dx}\frac{dD_z}{dx}\left(y\frac{dz}{d\rho} - z\frac{dy}{d\rho}\right) d\rho_1\, d\rho_2\\
&= -\int yz \frac{dD_y}{dx}\frac{dD_z}{dx}(y\, dy - z\, dz)\, dx,\\
\gamma_x &= -\int \frac{h}{h_1 h_2} yz \frac{dx E_y}{dx}\frac{dx E_z}{dx}\left(y\frac{dz}{d\rho} - z\frac{dy}{d\rho}\right) d\rho_1\, d\rho_2\\
&= -\int yz \frac{dx E_y}{dx}\frac{dx E_z}{dx}(y\, dy - z\, dz)\, dx
\end{aligned}\right.$$

les constantes résultant de ces diverses intégrations pour toute la surface du corps ; il viendra, en ayant égard à une remarque que nous avons faite à la fin du n° 234,

$$(13)\quad \left\{\begin{aligned}
-P_x &= m_x \frac{da_x}{dt} + \alpha_x a_y q + \alpha'_x a_z p + M' g_x,\\
-\mathfrak{M}_x &= i_x \frac{dn}{dt} + \beta_x a_y a_z + \gamma_x pq.
\end{aligned}\right.$$

En permutant entre elles les lettres x, y, z, on trouvera des expressions analogues pour les autres P_u et $\mathfrak{M}_u$.

243. *Équations du mouvement du corps.* — Il résulte de là que les équations (g) et (h) du n° 235, relatives au mouve-

(1) Il ne faut pas perdre de vue que

$$\frac{h}{h_1 h_2}\frac{dx}{d\rho}\, d\rho_1\, d\rho_2 = \cos(N, x)\, d\omega = dy\, dz, \qquad \frac{h}{h_1 h_2}\frac{dy}{d\rho}\, d\rho_1\, d\rho_2 = dx\, dz, \ldots$$

ment du corps, deviennent

$$(14)\quad \left\{\begin{aligned} &(\mathrm{M}+m_x)\frac{da_x}{dt} = (\mathrm{M}-\mathrm{M}')g_x - \alpha_x a_y n_z - \alpha'_x a_z n_y \\ &\qquad\qquad + \mathrm{M}(n_z a_y - n_y a_z) + \mathrm{P}'_x, \\ &(\mathrm{M}+m_y)\frac{da_y}{dt} = \ldots, \\ &(\mathrm{M}+m_z)\frac{da_z}{dt} = \ldots; \end{aligned}\right.$$

$$(15)\quad \left\{\begin{aligned} &(\mathrm{A}+i_x)\frac{dn}{dt} + (\mathrm{C}-\mathrm{B}+\gamma_x)pq = \beta_x a_y a_z + \mathfrak{M}'_x, \\ &(\mathrm{B}+i_y)\frac{dp}{dt} + \ldots, \\ &(\mathrm{C}+i_z)\frac{dq}{dt} + \ldots. \end{aligned}\right.$$

Les constantes m_u et i_u sont de véritables corrections, résultant de l'influence du fluide, apportées à la masse du corps dans la direction de l'axe Ou et au moment d'inertie autour de cet axe.

Quoique les équations (14) et (15) donnent, par l'intégration, la loi du mouvement du corps, le problème n'est pas cependant résolu, puisque la détermination des constantes est subordonnée à celle de D_x, $\mathrm{E}_x, \ldots$, ou des fonctions $x\mathbf{D}_x$, $yz\mathrm{E}_x, \ldots$, qui doivent satisfaire à l'équation (3), ainsi qu'aux conditions (8) et (10), et c'est ce que nous ferons plus loin en nous occupant de l'ellipsoïde.

244. *Hypothèse d'une translation.* — Pour que le corps soit animé d'une simple translation, il faut qu'en supposant $n=0$, $p=0$, $q=0$, les $\mathfrak{M}'_u$ satisfassent à la condition de rendre constamment nuls les seconds membres des équations (15), et il ne reste plus alors que les équations (14), qui sont comprises dans la suivante :

$$(\mathrm{M}+m_u)\frac{da_u}{dt} = (\mathrm{M}-\mathrm{M}')g_u + \mathrm{P}'_u.$$

On voit ainsi que, en dehors de la perte du poids résultant du principe d'Archimède, l'influence du fluide ne se traduit que par les corrections à introduire dans la masse du corps suivant trois directions rectangulaires fixes, qui ne sont pas nécessairement, dans le cas actuel, celles des axes principaux d'inertie, ce choix n'étant utile que pour donner la forme (15) aux équations relatives à la rotation.

Les équations (4) qui définissent le mouvement relatif des particules fluides se réduisent à la forme générale

$$\frac{1}{h_i^2}\frac{d\rho_i}{dt} = \frac{d\varphi}{d\rho_i} - \left(a_x\frac{dx}{d\rho_i} + a_y\frac{dy}{d\rho_i} + a_z\frac{dz}{d\rho_i}\right)$$
$$= a_x\frac{d(D_x - 1)x}{d\rho_i} + a_y\frac{d(D_y - 1)y}{d\rho_i} + a_z\frac{d(D_z - 1)z}{d\rho_i},$$

et la vitesse relative $\frac{1}{h_i}\frac{d\varphi}{dt}$, par rapport au corps, de la particule m, estimée normalement à la surface ρ_i, ne dépend que des composantes a_u de la vitesse de translation, dont les rapports ne dépendent eux-mêmes que de la forme de la courbe décrite par chacun des points du corps. On a donc ce théorème :

Les trajectoires apparentes, par rapport au corps, des particules fluides ne dépendent que de la forme du corps et de celle de la courbe que décrit chacun de ses points.

Il suit de là que, si le centre de gravité du corps se meut sur une courbe donnée, les trajectoires apparentes des molécules liquides seront déterminées sans que l'on soit obligé de faire intervenir les forces extérieures qui agissent sur le corps.

Supposons que le corps ne soit sollicité que par la pesanteur et que l'un de ses axes de symétrie O_u soit dirigé suivant sa verticale. Il est clair que, abandonné à lui-même sans vitesse initiale, il prendra un mouvement vertical de translation uniformément varié, défini par l'équation

$$\frac{da_u}{dt} = \frac{M - m_u}{M + m_u}g,$$

et le fluide n'aurait ainsi pour effet que de réduire l'accélération de la gravité dans une proportion déterminée, ce qui n'est évidemment pas d'accord avec ce qui se passe sous nos yeux, du moins à partir du moment où la vitesse du corps a acquis une valeur notable.

Si la gravité n'existait pas ou était neutralisée par une autre force extérieure, ou encore si le corps avait la même densité que le liquide, sa vitesse resterait constante, et la demi-force vive qu'il dépenserait à mettre en mouvement les particules fluides situées à l'avant serait compensée par celle que lui communiqueraient les molécules qui arrivent à l'arrière, en comblant à mesure le vide qui tend à se former dans cette région, ce qui n'est pas non plus admissible. C'est qu'effectivement, dans ce cas, comme nous le ferons mieux voir d'ailleurs en Hydraulique, il y a des changements brusques de mouvement qui rendent inapplicables les formules de l'Hydrodynamique, basées, comme nous l'avons dit dès l'origine, sur l'hypothèse d'une continuité absolue.

245. *Hypothèse d'un mouvement de rotation autour d'un axe fixe.* — Nous ne considérerons que le cas où la rotation a lieu autour d'une parallèle à l'un des axes principaux Ox du corps passant par son centre de gravité.

Soient

l la distance du point O à l'axe de rotation;

δ l'angle constant qu'elle forme avec Oy;

$I = A + Ml^2$ le moment d'inertie du corps autour de l'axe fixe;

$\mathfrak{M}' = \mathfrak{M}'_x + P'_y l \sin\delta - P'_z l \cos\delta$ le moment total, par rapport à cet axe, des forces extérieures agissant sur le corps, y compris son poids modifié conformément au principe d'Archimède, que nous comprendrons dans les P'_y, P'_z, $\mathfrak{M}'_x$ pour simplifier l'écriture.

On a

$$p = 0, \quad q = 0, \quad a_y = -nl\sin\delta, \quad a_z = +nl\cos\delta, \quad a_x = 0.$$

La deuxième et la troisième des équations (14), et la première des équations (15), les seules que nous ayons à considérer, se réduisent à

$$(M + m_y)\, l \sin\delta \frac{dn}{dt} + n^2 l \cos\delta\, (M + \alpha_y) = -P'_y,$$

$$(M + m_z)\, l \cos\delta \frac{dn}{dt} - n^2 l \sin\delta\, (M - \alpha_z) = P'_z,$$

$$(A + i_x) \frac{dn}{dt} - n^2 \beta_x l \sin\delta \cos\delta = \mathfrak{M}'_x.$$

En ajoutant membre à membre ces trois équations, multipliant respectivement les deux premières par $l\sin\delta$, $l\cos\delta$, et posant

$$(\beta) \quad (\alpha_y - \alpha_z - \beta_x)\, l^2 \sin\delta \cos\delta = \beta, \quad (m_y \sin^2\delta + m_z \cos^2\delta)\, l^2 = i,$$

on obtient

$$(16) \qquad (I + i) \frac{dn}{dt} = \mathfrak{M} + \beta n^2.$$

Il suit de là que l'effet produit par le fluide sur le corps est le même que celui qui résulterait de l'action d'une force perpendiculaire au plan passant par son centre de gravité et par l'axe, à une distance invariable de ce dernier, et représentée par la somme de deux termes dont l'un est proportionnel à l'accélération angulaire et l'autre au carré de la vitesse angulaire. M. Didion a été conduit à une forme analogue, à une constante près, pour représenter la résistance de l'air sur les plateaux soumis à ses expériences.

En supposant l'axe Ox horizontal et appliquant l'équation (16) au pendule, elle prend la forme sous laquelle nous l'avons donnée au n° 24 pour le pendule simple oscillant dans un milieu résistant.

Si le corps est assujetti à tourner autour d'un axe fixe, incliné d'une manière quelconque sur les axes coordonnés Ox, Oy, Oz, on arrive, en suivant une marche semblable à la précédente, à une équation de même forme que l'équation (16), mais dont les coefficients sont plus compliqués, et la résistance du milieu se traduit de la même manière que plus haut.

Occupons-nous maintenant du mouvement des particules fluides. Quelle que soit la forme du corps, que sa surface ait ou non des axes de symétrie, nous pourrons prendre l'axe fixe pour l'axe x, et l'expression (9) de φ, abstraction faite de $\mathcal{E}$, se réduit à

$$\varphi = \mathfrak{B}_x n,$$

et, en la portant dans les équations (4), on trouve

$$\frac{1}{h^2}\frac{d\rho}{dt} = n\left(\frac{d\mathfrak{B}_x}{d\rho} + y\frac{dz}{d\rho} - z\frac{dy}{d\rho}\right),$$

$$\frac{1}{h_1^2}\frac{d\rho_1}{dt} = \ldots,$$

$$\frac{1}{h_2^2}\frac{d\rho_2}{dt} = \ldots.$$

On voit ainsi que les trajectoires apparentes des particules fluides ne dépendent que de la forme et du mouvement du corps, et non des forces qui agissent sur lui, théorème analogue à celui auquel nous sommes arrivé au n° 244.

246. *Du mouvement d'un ellipsoïde dans un liquide. — Formules relatives au système de coordonnées ellipsoïdal.* — Ce système de coordonnées sera donné par les équations

$$(17)\qquad \left\{\begin{aligned} &\frac{x^2}{A+\rho} + \frac{y^2}{A_1+\rho} + \frac{z^2}{A_2+\rho} = 1,\\ &\frac{x^2}{A+\rho_1} + \frac{y^2}{A_1+\rho_1} + \frac{z^2}{A_2+\rho_1} = 1,\\ &\frac{x^2}{A+\rho_2} + \frac{y^2}{A_1+\rho_2} + \frac{z^2}{A_2+\rho_2} = 1,\end{aligned}\right.$$

qui seront censées représenter respectivement un ellipsoïde et ses hyperboloïdes homofocaux à une et à deux nappes, surfaces qui, comme on le sait, se coupent mutuellement à angle droit.

Nous supposerons que la première des équations (17) représente la surface du corps en posant $\rho = 0$, et que, pour tous les points de la masse liquide non en contact avec cette surface, on a

$$(18)\qquad \rho > 0.$$

Si l'on admet que $A > A_1 > A_2$, il faut que

$$(19)\qquad A > -\rho_2 > A_1 > -\rho_1 > A_2,$$

pour que la deuxième et la troisième des équations (17) représentent bien respectivement un hyperboloïde à une nappe et un hyperboloïde à deux nappes.

Les valeurs des ρ_i en fonction de x, y, z sont les racines de l'équation du troisième degré en ρ_i qui résulte de l'une quelconque des équations (17). Si l'on résout ces mêmes équations par rapport aux coordonnées rectilignes, on obtient (¹)

$$(20)\qquad \left\{\begin{aligned} x^2 &= \frac{(A+\rho)(A+\rho_1)(A+\rho_2)}{(A-A_1)(A-A_2)},\\ y^2 &= \frac{(A_1+\rho)(A_1+\rho_1)(A_2+\rho_2)}{(A_1-A_2)(A_1-A)},\\ z^2 &= \frac{(A_2+\rho)(A_2+\rho_1)(A_2+\rho_2)}{(A_2-A)(A_2-A_1)}.\end{aligned}\right.$$

On trouve ensuite (²)

$$(21)\qquad h = \sqrt{\frac{(A+\rho)(A_1+\rho)(A_2+\rho)}{(\rho-\rho_1)(\rho-\rho_2)}},\quad h_1 = \ldots,\quad h_2 \ \ldots .$$

247. *Détermination de la fonction* φ. — En vertu des valeurs (20) et (21) l'équation (3) se réduit à la suivante :

$$(22)\qquad (\rho_1-\rho_2)\frac{d^2\varphi}{d\zeta^2} + (\rho_2-\rho)\frac{d^2\varphi}{d\zeta_1^2} + (\rho_2-\rho_1)\frac{d^2\varphi}{d\zeta_2^2} = 0,$$

en posant

$$(23)\qquad d\zeta_i = \frac{d\rho_i}{\sqrt{(A+\rho_i)(A_1+\rho_i)(A_2+\rho_i)}}.$$

Si l'on remplace maintenant, dans les conditions (10), les $\mathcal{A}_u$ et $\mathcal{B}_u$ par leurs valeurs en D_u et E_u du n° 242, les $\left(\dfrac{du}{d\rho}\right)_{\rho=0}$ étant

(¹) On arrive assez simplement à ces résultats, en retranchant successivement de la première des équations (17) chacune des deux autres; on obtient ainsi les valeurs de $\frac{x^2}{z^2}$, $\frac{y^2}{z^2}$ qui, portées dans la première des équations précitées, après l'avoir divisée par z^2, font connaître l'expression de cette dernière quantité sous la forme donnée dans le texte.

(²) Par application de la formule (2') de la Note.

donnés par les formules (20), on obtient, en indiquant par l'indice zéro les quantités qui se rapportent à $\rho = 0$,

$$(24)\quad \left\{\begin{array}{ll} 2\left(\dfrac{dD_x}{d\rho}\right)_0 = \dfrac{1-(D_x)_0}{A}, & 2\left(\dfrac{dE_x}{d\rho}\right)_0 = \dfrac{1-(E_x)_0}{A_2} - \dfrac{1+(E_x)_0}{A_1}, \\ 2\left(\dfrac{dD_y}{d\rho}\right)_0 = \dfrac{1-(D_y)_0}{A_1}, & 2\left(\dfrac{dE_y}{d\rho}\right)_0 = \dfrac{1-(E_y)_0}{A} - \dfrac{1+(E_y)_0}{A_2}, \\ 2\left(\dfrac{dD_z}{d\rho}\right)_0 = \dfrac{1-(D_z)_0}{A_2}; & 2\left(\dfrac{dE_z}{d\rho}\right)_0 = \dfrac{1-(E_z)_0}{A_1} - \dfrac{1+(E_z)_0}{A_2}. \end{array}\right.$$

Les conditions (8) se transforment dans les suivantes :

$$(25)\quad \left\{\begin{array}{ll} h\left(\dfrac{dD_x}{d\zeta} + \dfrac{D_x}{x}\dfrac{dx}{d\zeta}\right)_{\rho=\infty} = 0, & h\left(\dfrac{dE_x}{d\zeta} + \dfrac{E_x}{yz}\dfrac{dyz}{d\zeta}\right)_{\rho=\infty} = 0, \\ h_1\left(\dfrac{dD_y}{d\zeta_1} + \dfrac{D_y}{y}\dfrac{dy}{d\zeta_1}\right)_{\rho=\infty} = 0, & h_1\left(\dfrac{dE_y}{d\zeta_1} + \dfrac{E_y}{xz}\dfrac{dxz}{d\zeta_1}\right)_{\rho=\infty} = 0, \\ h_2\left(\dfrac{dD_z}{d\zeta_2} + \dfrac{D_z}{z}\dfrac{dz}{d\zeta_2}\right)_{\rho=\infty} = 0, & h_2\left(\dfrac{dE_z}{d\zeta_2} + \dfrac{E_z}{xy}\dfrac{dxy}{d\zeta_2}\right)_{\rho=\infty} = 0. \end{array}\right.$$

248. *Hypothèse des* D_u *et* E_u *indépendants des paramètres* ρ_1 *et* ρ_2. — Examinons maintenant si l'hypothèse qui consiste à considérer les D_u et E_u comme indépendants de ρ_1, ρ_2 est compatible avec les conditions du problème.

En remplaçant, dans l'équation (22), φ par les coefficients de a_u, n_u de l'expression (11) de cette fonction, on trouve

$$\frac{d^2D_x}{d\zeta^2}(A+\rho) + \frac{dD_x}{d\zeta}\frac{d(A+\rho)}{d\zeta} = 0,$$

$$\frac{d^2E_x}{d\zeta^2} + \frac{dE_x}{d\zeta}\frac{d}{d\zeta}\log(A_1+\rho)(A_2+\rho) = 0,$$

$$\frac{d^2D_y}{d\zeta^2}(A_1+\rho) + \frac{dD_y}{d\zeta}\frac{d(A_1+\rho)}{d\zeta} = 0,$$

$$\frac{d^2E_y}{d\zeta^2} + \frac{dE_y}{d\zeta}\frac{d}{d\zeta}\log(A+\rho)(A_2+\rho) = 0,$$

$$\frac{d^2D_z}{d\zeta^2}(A_2+\rho) + \frac{dD_z}{d\zeta}\frac{d}{d\zeta}(A_2+\rho) = 0,$$

$$\frac{d^2E_z}{d\zeta^2} + \frac{dE_z}{d\zeta}\frac{d}{d\zeta}\log(A+\rho)(A_1+\rho) = 0 \quad ([1]),$$

([1]) Ces équations s'obtiennent facilement; car si, par exemple, on remplace d'où, en intégrant et appelant H, H', H'', K, K', K'' six constantes arbitraires,

$$(26)\quad \begin{cases} (A+\rho)\dfrac{dD_x}{d\zeta}=H, & (A_1+\rho)(A_2+\rho)\dfrac{dE_x}{d\zeta}=K,\\ (A_1+\rho)\dfrac{dD_y}{d\zeta}=H', & (A+\rho)(A_2+\rho)\dfrac{dE_y}{d\zeta}=K',\\ (A_2+\rho)\dfrac{dD_z}{d\zeta}=H'', & (A+\rho)(A_1+\rho)\dfrac{dE_z}{d\zeta}=K'', \end{cases}$$

et les intégrales de ces équations satisfaisant aux conditions (25) du problème sont

$$(27)\quad \begin{cases} D_x=-H\displaystyle\int_\rho^\infty \frac{d\zeta}{A+\rho}=-HS,\\ D_y=-H'\displaystyle\int_\rho^\infty \frac{d\zeta}{A_1+\rho}=-H'S',\\ D_z=-H''\displaystyle\int_\rho^\infty \frac{d\zeta}{A_2+\rho}=-H''S'',\\ E_x=-K\displaystyle\int_\rho^\infty \frac{d\zeta}{(A_1+\rho)(A_2+\rho)}=-\frac{K}{A_1-A_2}(S''-S'),\\ E_y=-K'\displaystyle\int_\rho^\infty \frac{d\zeta}{(A+\rho)(A_2+\rho)}=-\frac{K}{A_2-A}(S-S''),\\ E_z=-K''\displaystyle\int_\rho^\infty \frac{d\zeta}{(A+\rho)(A_1+\rho)}=-\frac{K''}{A-A_1}(S'-S); \end{cases}$$

et φ s'exprimera ainsi, au moyen de trois transcendantes

---

dans l'équation (22) φ par yzE_x, en remarquant que par hypothèse E_x est indépendant de ζ_1, ζ_2, on trouve

$$(\rho_1-\rho_2)yz\frac{d^2E_x}{d\zeta^2}+2(\rho_1-\rho_2)\frac{dyz}{d\zeta}\frac{dE_x}{d\zeta}$$
$$+E_x\left[(\rho_1-\rho_2)\frac{d^2yz}{d\zeta^2}+(\rho_2-\rho)\frac{d^2yz}{d\zeta_1^2}+(\rho-\rho_1)\rho\frac{d^2yz}{d\zeta_2^2}\right]=0,$$

expression dont le dernier terme est nul. Il vient donc

$$\frac{d^2E_x}{d\zeta^2}+\frac{1}{y^2z^2}\frac{dy^2z^2}{d\zeta}\frac{dE_x}{d\zeta}=0,$$

et, en remplaçant y^2 et z^2 par leurs valeurs (20), on retombe sur l'équation en E_x du texte.

semblables S, S′, S″, ou tout simplement au moyen de la suivante :

$$-\zeta = \int_0^\infty \frac{d\rho}{\sqrt{(A+\rho)(A_1+\rho)(A_2+\rho)}},$$

qui résulte de l'intégration de l'équation (23), puisque l'on a

$$S = 2\frac{d\zeta}{dA}, \quad S' = 2\frac{d\zeta}{dA_1}, \quad S'' = 2\frac{d\zeta}{dA_2}.$$

249. *Calcul des coefficients* H *et* K. — Si l'on distingue par l'indice zéro la valeur de chacune des fonctions S, correspondant à $\rho = 0$, et que l'on porte les expressions (27) de D_u, E_u dans les équations de condition (24), on trouve

$$\frac{2H}{\sqrt{AA_1A_2}} = 1 + HS_0,$$

$$\frac{2H'}{\sqrt{AA_1A_2}} = 1 + H'S'_0,$$

$$\frac{2H''}{\sqrt{AA_1A_2}} = 1 + H''S''_0,$$

$$\frac{2K}{\sqrt{AA_1A_2}} = -\frac{(A_1-A_2)^2 + (A_1+A_2)(S'_0 - S''_0)K}{A_2 - A_1},$$

$$\frac{2K'}{\sqrt{AA_1A_2}} = -\frac{(A_2-A)^2 + (A_2+A)(S''_0 - S_0)K'}{A_1 - A},$$

$$\frac{2K''}{\sqrt{AA_1A_2}} = -\frac{(A-A_1)^2 + (A_1+A)(S_0 - S'_0)K''}{A - A_2},$$

d'où

$$H = \frac{1}{\Sigma_0 - S_0}, \quad K = -\frac{(A_2-A_1)^2}{(A_2-A_1)\Sigma_0 + (A_2+A_1)(S''_0 - S'_0)},$$

$$H' = \frac{1}{\Sigma_0 - S'_0}, \quad K' = -\frac{(A-A_2)^2}{(A-A_2)\Sigma_0 + (A+A_2)(S_0 - S''_0)},$$

$$H'' = \frac{1}{\Sigma_0 - S''_0}, \quad K'' = -\frac{(A_1-A)^2}{(A_1-A)\Sigma_0 + (A_1+A)(S'_0 - S_0)},$$

en posant

$$\Sigma = S + S' + S'' = \frac{2}{\sqrt{(A+\rho)(A_1+\rho)(A_2+\rho)}},$$

$$\Sigma_0 = \frac{1}{\sqrt{AA_1A_2}}.$$

La fonction φ a donc pour expression

$$(28)\quad \left\{\begin{aligned}\varphi = -\Bigg[&\frac{xS}{\Sigma_0 - S_0}a_x + \frac{yS'}{\Sigma_0 - S'_0}a_y + \frac{zS''}{\Sigma_0 - S''_0}a_z\\ &-\frac{(A_1 - A_2)(S' - S'')yz}{(A_1 - A_2)\Sigma_0 + (A_1 + A_2)(S' - S''_0)}n\\ &-\frac{(A_2 - A)(S'' - S)xz}{(A_2 - A)\Sigma_0 + (A_2 + A)(S'_0 - S''_0)}p\\ &-\frac{(A - A_1)(S - S')xy}{(A - A_1)\Sigma_0 + (A + A_1)(S_0 - S'_0)}q\Bigg].\end{aligned}\right.$$

Les S, Σ, H sont évidemment positifs, et l'on a

$$H < H' < H''.$$

Les K sont négatifs ou les trois derniers termes de φ sont positifs; car on a, par exemple,

$$\begin{aligned}-\frac{K}{A_2 - A_1} &= \frac{1}{\Sigma_0 - \displaystyle\int_0^\infty \frac{(A_1 + \rho + A_2 + \rho - 2\rho)\,d\zeta}{(A_1 + \rho)(A_2 + \rho)}}\\ &= \frac{1}{\Sigma_0 - S'_0 - S''_0 + 2\displaystyle\int_0^\infty \frac{\rho\,d\zeta}{(A_1 + \rho)(A_2 + \rho)}}\\ &= \frac{1}{S_0 + 2\displaystyle\int_0^\infty \frac{\rho\,d\zeta}{(A_1 + \rho)(A_2 + \rho)}},\end{aligned}$$

valeur qui est essentiellement positive.

On pourrait mettre les fonctions S sous la forme de transcendantes elliptiques; mais cela est d'autant moins intéressant que l'on détruirait la symétrie des formules.

250. *Valeurs des corrections de la masse et des moments d'inertie.* — Les D_u, E_u, étant indépendants de ρ_1 et ρ_2, conservent la même valeur pour tous les points de la surface ρ; il vient par suite, en continuant à distinguer par l'indice zéro les valeurs correspondant à la surface du corps, et en appliquant la première et la quatrième des formules (12),

$$(29)\quad \left\{\begin{aligned} m_x &= -(D_x)_0 \int x\,dy\,dz = -(D_x)_0 M',\\ i_x &= -(E_x)_0\left(\int y^2 z\,dy\,dx - \int z^2 y\,dx\,dz\right) = -(E_x)_0(C' - B'),\end{aligned}\right.$$

A′, B′, C′ étant les moments d'inertie de la masse fluide déplacée par le corps par rapport aux axes Ox, Oy, Oz. On obtiendra les valeurs semblables pour les autres m_u et i_u, et, en y remplaçant les D_u et E_u par leurs valeurs obtenues plus haut, on reconnaîtra d'après la discussion qui termine le numéro précédent que ces quantités sont toutes positives.

251. *Calcul des coefficients* α_u, α'_u, β_u, γ_u. — Si l'on désigne par F l'une quelconque des quantités D_u et E_u, on a

$$\frac{dF}{du} = \frac{dF}{d\rho}\frac{d\rho}{du}.$$

D'autre part les équations (20) donnent, pour la surface du corps, ou pour $\rho = 0$,

$$\frac{dx}{d\rho} = \frac{x}{2A}, \quad \frac{dy}{d\rho} = \frac{y}{2A_1}, \quad \frac{dz}{d\rho} = \frac{z}{2A_2}.$$

Au moyen de ces relations, les formules (12) donnent facilement

$$-\alpha_x = \frac{1}{4A_1^2}\left(\frac{dD_y}{d\rho}\frac{dE_y}{d\rho}\right)_0 \int y^4\,dy\,dz + (D_y E_y)_0 \int dy\,dz + \frac{1}{2A_1}\left(\frac{d.E_y D_y}{d\rho}\right)_0 \int y^2\,dy\,dz,$$

$$-\beta_x = \frac{1}{4A_1^2}\left(\frac{dD_y}{d\rho}\frac{dD_x}{d\rho}\right)_0 \int x^2 yz(y\,dy - z\,dz)\,dx,$$

$$-\gamma_x = \frac{1}{4A_1^2}\left(\frac{dE_y}{d\rho}\frac{dE_z}{d\rho}\right)_0 \int x^4 yz(y\,dy - z\,dz)\,dx + (E_y E_z)_0 \int yz(y\,dy - z\,dz)\,dx + \frac{1}{2A}\left(\frac{d.E_y E_z}{d\rho}\right)_0 \int x^2 yz(y\,dy - z\,dz)\,dx.$$

Le coefficient α'_x s'obtiendra en permutant entre elles les lettres y et z dans l'expression α_x.

Les intégrales qui entrent dans les expressions précédentes se déduisent de celles qui sont relatives à la sphère d'un rayon égal à l'unité, en posant

$$\frac{x^2}{A} = x_1^2, \quad \frac{y^2}{A_1} = y_1^2, \quad \frac{z^2}{A_2} = z_1^2,$$

et ces dernières s'obtiennent facilement en substituant les

coordonnées polaires aux coordonnées rectilignes : on trouve ainsi

$$(30)\left\{\begin{aligned}
\alpha_x &= -\pi\sqrt{A_1A_2}\left(\frac{1}{16}\frac{dD_y}{d\rho}\frac{dE_y}{d\rho}+D_yE_y+\frac{1}{2}\frac{d.D_yE_y}{d\rho}\right)_0,\\
\alpha'_x &= -\pi\sqrt{AA_2}\left(\frac{1}{16}\frac{dD_z}{d\rho}\frac{dE_z}{d\rho}+D_zE_z+\frac{1}{2}\frac{d.D_zE_z}{d\rho}\right)_0,\\
\beta_x &= -\frac{\pi(A_1-A_2)}{3.7.2^5}\sqrt{AA_1A_2}\left(\frac{dD_y}{d\rho}\frac{dD_z}{d\rho}\right)_0,\\
\gamma_x &= -\frac{\pi}{3}(A_1-A_2)\sqrt{AA_1A_2}\left(\frac{1}{8.3}\frac{dE_y}{d\rho}\frac{dE_z}{d\rho}+E_yE_z+\frac{1}{7.2^4}\frac{d.E_yE_z}{d\rho}\right)_0.
\end{aligned}\right.$$

On obtiendra des expressions semblables pour les autres constantes α, α', β, γ, et l'on n'aura plus qu'à y substituer les valeurs des D_u et E_u trouvées plus haut.

252. *Du mouvement du liquide.* — Nous n'examinerons que les deux cas particuliers où l'ellipsoïde est animé d'une translation parallèle à l'un de ses axes principaux, ou d'une rotation autour de cet axe, pour lesquels les orbites relatives des molécules fluides ne dépendent que du mouvement du corps. Ces deux cas sont d'ailleurs les seuls pour lesquels les recherches sur le mouvement du liquide puissent être poussées un peu loin.

1° *Mouvement de translation de l'ellipsoïde parallèle à un axe principal.* — Supposons que cet axe soit celui des x ; les n_u sont nuls, et il ne reste des a_u que $a_x = a$; on a alors

$$\varphi = xD_x = -a\frac{xS}{\Sigma_0 - S_0},$$

et les formules (4) du n° **237**, eu égard aux valeurs (21) et (28) des n^{os} **246** et **249**, donnent les équations

$$\begin{aligned}
&\frac{(\rho-\rho_1)(\rho-\rho_2)}{(A+\rho)(A_1+\rho)(A_2+\rho)}\frac{d\rho}{a\,dt}\\
&\qquad = -\frac{2x}{A+\rho}\left(1+\frac{S}{\Sigma_0-S_0}\right)-\frac{4x}{(\Sigma_0-S_0)(A+\rho)\sqrt{(A+\rho)(A_1+\rho)(A_2+\rho)}},\\
&\frac{(\rho_1-\rho_2)(\rho_1-\rho)}{(A+\rho_1)(A_1+\rho_1)(A_2+\rho_1)}\frac{d\rho_1}{a\,dt} = -\frac{2x}{A+\rho_1}\left(1+\frac{S}{\Sigma_0-S_0}\right),\\
&\frac{(\rho_2-\rho)(\rho_2-\rho_1)}{(A+\rho_2)(A_1+\rho_2)(A_2+\rho_2)}\frac{d\rho_2}{a\,dt} = -\frac{2x}{A+\rho_2}\left(1+\frac{S}{\Sigma_0-S_0}\right),
\end{aligned}$$

qui se réduisent à la forme

$$- \rho)\,d\Omega = \frac{d\rho_1}{(A_1+\rho_1)(A_2+\rho_1)},$$

$$- \rho_1)\,d\Omega = \frac{d\rho_2}{(A_1+\rho_2)(A_2+\rho_2)},$$

$$- \rho_2)\,d\Omega = \frac{d\rho}{(A_1+\rho)(A_2+\rho)}\left[1-\frac{1}{1-\frac{1}{2}(\Sigma_0-S_0+S)\sqrt{(A+\rho)(A_1+\rho)(A_2+\rho)}}\right],$$

comme on le reconnaît en divisant successivement la deuxième et la troisième de ces équations par la première, de manière à éliminer le temps.

En ajoutant respectivement ces trois équations multipliées respectivement par

$$A_2+\rho_1,\quad A_2+\rho_2,\quad A_2+\rho;$$

puis par

$$A_1+\rho_1,\quad A_1+\rho_2,\quad A_1+\rho,$$

on trouve

$$2\frac{dy}{y} = \frac{d\rho}{A_1+\rho}\cdot\frac{1}{1-\frac{1}{2}(\Sigma_0-S_0+S)\sqrt{(A+\rho)(A_1+\rho)(A_2+\rho)}},$$

$$2\frac{dz}{z} = \frac{d\rho}{A_2+\rho}\cdot\frac{1}{1-\frac{1}{2}(\Sigma_0-S_0+S)\sqrt{(A+\rho)(A_1+\rho)(A_2+\rho)}};$$

d'où

$$(31)\quad \begin{cases} 2\log y = \displaystyle\int \frac{d\rho}{A_1+\rho}\,\frac{1}{1-\frac{1}{2}(\Sigma_0-S_0+S)\sqrt{(A+\rho)(A_1+\rho)(A_2+\rho)}}, \\ 2\log z = \displaystyle\int \frac{d\rho}{A_2+\rho}\,\frac{1}{1-\frac{1}{2}(\Sigma_0-S_0+S)\sqrt{(A+\rho)(A_1+\rho)(A_2+\rho)}}, \end{cases}$$

et les coordonnées de chaque molécule fluide se trouvent ainsi exprimées en fonction du paramètre de l'ellipsoïde sur lequel elle se trouve, homofocal de la surface du corps. C'est là tout ce que l'on peut obtenir et y et z ne peuvent même pas se calculer approximativement par les développements des fonctions elliptiques.

Si l'on considère des molécules assez éloignées du corps pour que l'on puisse négliger les sixièmes puissances de

$\sqrt{\frac{A}{\rho}}, \sqrt{\frac{A_1}{\rho}}, \sqrt{\frac{A_2}{\rho}}, \ldots$, les équations (31) donnent

$$\log \frac{y}{y_0} = \frac{S'}{\Sigma_0 - S_0}, \quad y = y_0\left[1 + \frac{S'}{\Sigma_0 - S_0}\right],$$

$$\log \frac{z}{z_0} = \frac{S''}{\Sigma_0 - S_0}, \quad z = z_0\left[1 + \frac{S''}{\Sigma_0 - S_0}\right],$$

et les orbites des molécules fluides ou les ondes produites sont sensiblement parallèles à l'axe des x.

En négligeant seulement les quatrièmes puissances des mêmes quantités, on a

$$y = y_0\left[1 + \frac{2}{3(\Sigma_0 - S_0)\sqrt{\rho^3}}\right],$$

$$z = z_0\left[1 + \frac{2}{3(\Sigma_0 - S_0)\sqrt{\rho^3}}\right].$$

On voit ainsi que la courbe est plane et que son plan passe par l'axe des x. On peut, avec la même approximation, considérer, dans le second terme de chacune de ces équations, ρ comme étant égal au carré du rayon r mené de la particule considérée au centre du corps, et l'équation de la trajectoire, rapportée à l'axe $O\eta$ compris dans son plan et perpendiculaire à l'axe Ox est

$$\eta = \eta_0\left(1 + \frac{2}{3(\Sigma_0 - S_0)r^3}\right).$$

La courbe, comme on le voit, se rapproche beaucoup de la ligne droite.

2° *L'ellipsoïde tourne autour d'un axe principal.* — Supposons que cet axe soit celui des x; les a_u disparaissant, il ne reste des n_u que $n_x = n$, et l'on a

$$\varphi = \lambda(S' - S'')yzn,$$

en posant

$$\lambda = \frac{A_1 - A_2}{(A_1 - A_2)\Sigma_0 + (A_1 + A_2)(S'_0 - S''_0)}.$$

Les équations (4) du n° 237 deviennent

$$\frac{d\rho}{dt} = \frac{n\gamma z}{2}\left(\frac{1}{A_1+\rho} - \frac{1}{A_2+\rho}\right) + \lambda(S'-S'')\left(\frac{1}{A_1+\rho} - \frac{1}{A_2+\rho}\right) + \frac{2\lambda d(S'-S'')}{d\rho}.$$

$$\frac{d\rho_1}{dt} = \frac{n\gamma z}{2}\left(\frac{1}{A_1+\rho_2} - \frac{1}{A_2+\rho_1}\right) + \lambda(S'-S'')\left(\frac{1}{A_1+\rho_1} - \frac{1}{A_2+\rho_1}\right),$$

$$\frac{d\rho_2}{dt} = \frac{n\gamma z}{2}\left(\frac{1}{A_1+\rho_2} - \frac{1}{A_2+\rho_2}\right) + \lambda(S'-S'')\left(\frac{1}{A_1+\rho_2} - \frac{1}{A_2+\rho_2}\right).$$

On reconnaît facilement, en opérant comme plus haut, que ces équations prennent la forme

$$(\mu + \nu\rho_1)(\rho_2 - \rho)\,d\Omega = \frac{d\rho_1}{A+\rho_1},$$

$$(\mu + \nu\rho_2)(\rho - \rho_1)\,d\Omega = \frac{d\rho_2}{A+\rho_2},$$

$$(\mu + \nu\rho)(\rho_1 - \rho_2)\,d\Omega = \frac{d\rho}{A+\rho}(1-f),$$

μ, ν désignant deux constantes et, en posant

$$f = \frac{2\lambda(A_2-A_1)}{2\lambda(A_2-A) - [(A_2-A_1)+\lambda(S'-S'')(A_2+A_1+2\rho)]\sqrt{(A+\rho)(A_1+\rho)(A_2+\rho)}};$$

ces trois équations, ajoutées membre à membre, donnent

$$2\log x = \int \frac{f\,d\rho}{A+\rho},$$

formule que l'on pourra remplacer par une autre plus simple, mais approximative, pour les points très-éloignés, comme nous l'avons fait plus haut, en nous occupant du mouvement de translation.

253. *Remarque relative au cas où l'ellipsoïde est de révolution.* — Dans ce cas, les fonctions S s'expriment en fonction de logarithmes et d'arcs tang.; tous les termes de φ dépendant de la rotation autour de l'axe inégal disparaissent, et cette rotation ne produit aucun mouvement dans le liquide, ce qui devait être, puisque nous avons négligé le frottement du liquide contre le corps.

254. *Mouvement d'une sphère dans un liquide.* — Ce cas particulier du mouvement d'un corps dans un liquide se déduit de ce qui précède, en supposant

$$A = A_1 = A_2 = R^2,$$

R étant le rayon de la sphère.

Si r est la distance du centre de gravité du corps à une particule liquide quelconque, on a

$$R^2 + \rho = r^2,$$

et l'on trouve

$$S = S' = S'' = \frac{2}{3}\frac{1}{r^2},$$

par suite

$$\varphi = -\frac{R^2}{2r^3}(xa_x + ya_y + za_z).$$

Les termes dépendant de la rotation disparaissent, comme on devait s'y attendre, de sorte qu'il nous suffit, dans la recherche du mouvement du liquide, de supposer que la sphère n'est animée que d'un mouvement de translation.

On obtient ainsi, pour la correction de la masse en toute direction,

$$m = \frac{M'}{2},$$

et comme les constantes, calculées au n° 251, sont nulles, on voit qu'une sphère se meut dans un liquide comme si sa masse se trouvait augmentée de la moitié de celle du fluide qu'elle déplace.

Soient

θ l'angle formé par r avec la droite Ox prise pour axe polaire;

ϖ l'angle que font entre eux les plans mOx et xOy, r, θ, ϖ étant, si l'on veut, les paramètres d'un système de surfaces sphériques orthogonales.

Nous distinguerons par un, deux, trois accents les composantes des vitesses estimées respectivement suivant le rayon, la méridienne et la tangente au parallèle. Nous aurons

$$x = r\cos\theta,\quad y = r\sin\theta\cos\varpi,\quad z = r\sin\theta\sin\varpi,$$

$$\varphi = -\frac{R^3}{2r^2}[a_x\cos\theta + (a_y\cos\varpi + a_z\sin\varpi)\sin\theta] = -\frac{R^3}{2r^2}a',$$

et, au lieu des équations (e) du n° **233**,

$$\frac{dr}{dt} = V' - a',\quad r\frac{d\theta}{dt} = V' - a',\quad r\sin\theta\frac{d\varpi}{dt} = V''' - a'''.$$

Or la différentielle totale $d\varphi$ n'étant autre chose que le travail élémentaire de la vitesse V considérée comme une force, on voit que

$$V' = \frac{d\varphi}{dr},\quad V'' = \frac{1}{r}\frac{d\varphi}{d\theta},\quad V''' = \frac{1}{r\sin\theta}\frac{d\varphi}{d\varpi},$$

et par suite

$$(32)\qquad \begin{cases} \dfrac{dr}{dt} = -\dfrac{r^3 - R^3}{r^3}a',\quad r^2\dfrac{d\theta}{dt} = -\dfrac{2r^3 + R^3}{2r^2}a'', \\ r^2\sin^2\theta\dfrac{d\varpi}{dt} = -\dfrac{2r^3 + R^3}{2r^2}a'''. \end{cases}$$

Si le mouvement se réduit à une translation parallèle à l'axe des x, on a

$$\frac{a'}{a''} = -\cot\theta,\quad a''' = 0;$$

la dernière des équations précédentes montre alors que l'angle ϖ est constant ou que la courbe est comprise dans un plan passant par l'axe des x, plan que nous pourrons prendre pour celui des xy. Les deux autres équations donnent alors

$$\frac{dr}{d\theta} = -\frac{r^3 - R^3}{2r^3 + R^3}2r\cot\theta,$$

d'où, en appelant ε^2 une constante,

$$(r^3 - R^3)\sin^2\theta = \varepsilon^2 r.$$

Pour des points éloignés du corps, ou pour des valeurs de ε suffisamment grandes par rapport à R, on peut prendre la valeur approchée

$$r\sin\theta = \varepsilon\left(1 + \frac{R^3\sin^3\theta}{2\varepsilon^3}\right),$$

équation qui représente une courbe ne différant d'une parallèle à l'axe des x que de $\frac{1}{2}\frac{R^3 \sin^3\theta}{\varepsilon^2}$, écart dont le maximum est $\frac{1}{2}\frac{R^3}{\varepsilon^2}$; pour $\varepsilon = 2R$, l'écart maximum est $\frac{R}{8}$ ou est égal au seizième de la distance au centre de la sphère de la droite à laquelle on compare la courbe.

Dans le cas où le mouvement est parallèle au plan zOy, on trouve

$$\frac{dr}{d\theta} = \frac{r^3 - R^3}{2r^3 + R^3} 2r \operatorname{tang}\theta,$$

d'où

$$(33) \quad \begin{cases} (r^3 - R^3)\cos^2\theta = \mu^2 r; \\ \text{ou} \\ (r^3 - R^3)x^2 = \mu^2 r^3, \end{cases}$$

μ étant une constante qui est la valeur de x, pour $r = \infty$.

255. *Mouvement, dans un liquide, d'un pendule terminé par une sphère.* — Supposons que l'on fasse osciller un pendule, formé d'un fil terminé par une sphère, dans une masse liquide indéfinie, et soit ψ l'angle formé par ce fil avec la verticale prise pour axe des z, l'axe des x étant la perpendiculaire au plan d'oscillation menée par le point de suspension.

D'après la seconde des formules (β) du n° 245, on a $i = m$, et l'équation (16) donne, en ayant égard à ce qui précède,

$$\left[A + \left(M + \frac{M'}{2}\right)l^2\right]\frac{d^2\psi}{dt^2} = -gl(M - M')\sin\psi.$$

En désignant par λ et λ' les longueurs du pendule synchrone dans le vide et dans le fluide, on a

$$\lambda = \frac{A + Ml^2}{Ml}, \quad \lambda' = \frac{A_x + \left(M + \frac{M'}{2}\right)l^2}{(M - M')l},$$

d'où, en négligeant les puissances de $\frac{M'}{M}$ supérieures à la première,

$$\lambda' = \lambda\left(1 + \frac{M'}{M}\right),$$

en posant

$$\nu = 1 + \frac{l}{2\lambda}.$$

Ainsi le fluide a pour effet d'augmenter la longueur du pendule synchrone d'une quantité proportionnelle au rapport de la masse liquide déplacée à la masse du corps, qui croît avec le rayon de la sphère, comme on le reconnaît, en remplaçant A, M, M′ par leurs valeurs en fonction de ce rayon.

A cause de $\lambda > l$, on a $\nu < \frac{3}{2} = 1,5$, tandis que, d'après Duchemin, ν est compris entre 1,6 et 1,7; d'où une différence qui ne peut pas être expliquée par l'influence du frottement.

On a

$$\varphi = -\frac{R^3 l}{2}\frac{x}{r^3}\frac{d\psi}{dt};$$

par suite, pour le mouvement du fluide,

$$\frac{dr}{d\psi} = -\frac{r^3 - R^3}{r^3} l^2 \sin\theta \sin\varpi,$$

$$\frac{r^2\, d\theta}{d\psi} = -\frac{2r^3 + R^3}{2r^2} l \cos\theta \sin\varpi,$$

$$r^2 \sin^2\theta \frac{d\varpi}{d\psi} = -\frac{2r^3 + R^3}{2r^2} l \sin\theta \cos\varpi + r^2 \sin^2\theta.$$

La première et la troisième de ces équations donnent, en ayant égard à la seconde des relations (33),

$$0 = \frac{d\varpi}{dr}\sin\varpi - \frac{2r^3 + R^3}{2r(r^3 - R^3 + \mu^2 r)}\cos\varpi + \frac{r^3}{(r^3 - R^3) l \sin\theta},$$

d'où, en multipliant par

$$\operatorname{tang}\theta = \frac{1}{\mu}\sqrt{\frac{r^3 - R^3 - \mu^2 r}{r}},$$

et intégrant

$$\cos\varpi \operatorname{tang}\theta = \frac{1}{\mu l}\int \frac{r^2\, dr}{r(r^3 - R^3)} = \frac{1}{\mu l}\left[\sqrt{r(r^3 - R^3)} + \frac{R^3}{4}\int \frac{dr}{\sqrt{r(r^3 - R^3)}}\right].$$

Posant

$$\int_0^{\chi} \frac{d\chi}{\sqrt{1 - \frac{1}{4}(2 + \sqrt{3}) \sin \chi}} = u,$$

$$r = \frac{R}{1 - \sqrt{3} \operatorname{tang}^2 \chi} = R \frac{1 + \cos \operatorname{am} u}{1 - \sqrt{3} + (1 + \sqrt{3}) \cos \operatorname{am} u},$$

il vient

$$\int_R^r \frac{dr}{\sqrt{r(r^3 - R^3)}} = \frac{u}{R \sqrt[4]{3}},$$

$$\sqrt{r(r^3 - R^3)} = R \sqrt[4]{3} \frac{dr}{du} = \frac{2 R^3 \sqrt{3\sqrt{3}} \sin \operatorname{am} u}{\left[1 - \sqrt{3} + (1 + \sqrt{3}) \cos \operatorname{am} u\right]^2},$$

par suite

$$\cos \varpi \operatorname{tang} \theta = \text{const.} + \left\{ \frac{u}{\sqrt[4]{3}} + \frac{\sqrt{3\sqrt{3}} \sin \operatorname{am} u}{\left[1 - \sqrt{3} + (1 + \sqrt{3}) \cos \operatorname{am} u\right]} \right\} \frac{R^2}{\mu l},$$

et cette équation, jointe à la première des formules (33), détermine complétement les orbites des molécules liquides.

§ IV. — *Équations du mouvement des liquides, en ayant égard à leur viscosité.*

256. Nous avons admis jusqu'ici que les molécules d'un liquide étaient essentiellement mobiles, c'est-à-dire qu'en faisant subir, quelque rapidement que ce soit, un déplacement à une molécule, toutes celles qui l'environnaient venaient instantanément, par des changements subits de position, former autour d'elle, dans sa sphère d'activité, un milieu isotrope.

Or il n'en est pas exactement ainsi, attendu qu'un liquide, quel que soit son degré de fluidité, possède une certaine cohésion, déterminant ce que l'on nomme la *viscosité*.

La viscosité ne joue aucun rôle lorsque l'on ne considère que le passage d'un état d'équilibre à un autre, ce qui suppose, pour arriver à ce dernier, que l'on a attendu le temps voulu pour que les vitesses des molécules soient devenues insensibles. Mais les choses se passent autrement lorsque la masse est en mouvement : en effet, si une molécule m éprouve une série de déplacements successifs s, celles qui se trouvaient dans sa sphère d'activité ne se déplaceront pas de la même façon et certaines d'entre elles, d'abord extérieures à cette sphère, viendront en remplacer d'autres qui s'y trouvaient. Il n'y a donc plus isotropie autour de m, d'où doivent résulter, sur un élément plan ω passant constamment par cette molécule, des composantes tangentielles de la pression; mais, comme les actions moléculaires attractives paraissent diminuer encore plus rapidement, quand la distance augmente, pour les liquides que pour les solides, on peut *à fortiori* les assimiler à ces derniers, supposés isotropes relativement à l'estimation des effets résultant des déplacements s. Or, pour un temps extrêmement petit Δt considéré comme constant, les déplacements de m, estimés parallèlement à Ox, Oy, Oz, sont $u\Delta t$, $v\Delta t$, $w\Delta t$, ou sont proportionnels aux composantes u, v, w de la vitesse.

Les formules (1) du n° 171 s'appliqueront encore ici, en donnant à u, v, w leur nouvelle signification et en introduisant dans le second membre de la troisième la pression p, que nous avons supposée nulle dans les corps solides. Il vient ainsi, en ayant égard à l'équation de continuité,

$$(1)\quad \left\{\begin{aligned} p_{zx} &= p_{xz} = -\mu\left(\frac{du}{dz} + \frac{dw}{dx}\right),\\ p_{zy} &= p_{yz} = -\mu\left(\frac{dv}{dz} + \frac{dw}{dy}\right),\\ p_{zz} &= p - \mu\left(\frac{du}{dx} + \frac{dv}{dy} + 3\frac{dw}{dz}\right) = p - 2\mu\frac{dw}{dz}.\end{aligned}\right.$$

En substituant ces valeurs dans la troisième des équations (1') du n° 156, faisant sortir de Z le terme relatif à l'inertie et enfin ayant égard à l'équation de continuité, on trouve

$$(2)\quad \left\{\begin{aligned} &\frac{1}{\rho}\frac{dp}{dz} = Z - \frac{dw}{dt} - u\frac{dw}{dx} - v\frac{dw}{dy} - w\frac{dw}{dz} + \mu\left(\frac{d^2w}{dx^2} + \frac{d^2w}{dy^2} + \frac{d^2w}{dz^2}\right),\\ &\text{et l'on a de même}\\ &\frac{1}{\rho}\frac{dp}{dx} = X - \frac{du}{dt} - u\frac{du}{dx} - v\frac{du}{dy} - w\frac{du}{dz} + \mu\left(\frac{d^2u}{dx^2} + \frac{d^2u}{dy^2} + \frac{d^2u}{dz^2}\right),\\ &\frac{1}{\rho}\frac{dp}{dy} = Y - \frac{dv}{dt} - u\frac{dv}{dx} - v\frac{dv}{dy} - w\frac{dv}{dz} + \mu\left(\frac{d^2v}{dx^2} + \frac{d^2v}{dy^2} + \frac{d^2v}{dz^2}\right).\end{aligned}\right.$$

Il nous reste maintenant à établir les conditions relatives à la surface. La troisième des formules (3) du n° 157, eu égard aux valeurs (1), donne

$$p'_z = p\cos\gamma - \mu\left[2\frac{dw}{dz}\cos\gamma + \left(\frac{dv}{dz}+\frac{dw}{dy}\right)\cos\beta + \left(\frac{du}{dz}+\frac{dw}{dx}\right)\cos\alpha\right];$$

mais on a, pour exprimer que le fluide ne peut pas se mouvoir perpendiculairement à la paroi,

$$(3)\qquad w\cos\gamma + v\cos\beta + u\cos\alpha = 0,$$

par suite

$$(4)\qquad p'_z = p\cos\gamma - \mu\left(\frac{dw}{dz}\cos\gamma + \frac{dw}{dy}\cos\beta + \frac{dw}{dx}\cos\alpha\right).$$

Nous sommes donc ramené à trouver une autre expression de p'_z.

Jusqu'à nouvel ordre, supposons que l'élément ω de la paroi soit perpendiculaire à l'axe des z, nous pourrons faire l'application des formules (α) du n° **171**, en vertu d'une remarque dont nous les avons fait suivre, en observant : 1° que ρ doit être remplacé par la densité ρ' de la paroi et que $\delta\rho' = 0$; 2° que, à l'état statique, on a

$$p_{zx} = -\frac{\rho'}{2}\,\mathrm{som}\, m\varphi(r)lh = 0,$$

$$p_{zy} = -\frac{\rho'}{2}\,\mathrm{som}\, m\varphi(r)lk = 0,$$

$$p_{zz} = p - \frac{\rho'}{2}\,\mathrm{som}\, m\varphi(r)l^2.$$

Il vient ainsi

$$p_{zx} = -\frac{\rho'}{2}\left[\mathrm{som}\, m\varphi'(r)lh\,\delta r + \mathrm{som}\, m\varphi(r)(l\,\delta h + h\,\delta l)\right],$$

$$p_{zy} = -\frac{\rho'}{2}\left[\mathrm{som}\, m\varphi'(r)lk\,\delta r + \mathrm{som}\, m\varphi(r)(l\,\delta k + k\,\delta l)\right],$$

$$p_{zz} = -\frac{\rho'}{2}\left[\mathrm{som}\, m\varphi'(r)l^2\delta r + 2\,\mathrm{som}\, m\varphi(r)l\,\delta l\right].$$

Les déplacements δh, δk, δl doivent être considérés comme proportionnels aux projections correspondantes de la vitesse et, comme elles varient très-peu d'un point à un autre de la sphère d'activité, nous pouvons les supposer constantes pour tous ces points et poser $\delta h = \lambda u$, $\delta k = \lambda v$, $\delta l = 0$, λ étant une constante; d'où

$$\delta r = \frac{h\delta h + k\delta k}{r} = \lambda \frac{(uh + vk)}{r},$$

par suite

$$p_{zx} = -\frac{\rho'\lambda}{2}\left[u \operatorname{som} m\varphi'(r)\frac{lh^2}{r} + v \operatorname{som} m\varphi'(r)\frac{lkh}{r} + u \operatorname{som} m\varphi(r)\, l\right],$$

$$p_{zy} = -\frac{\rho'\lambda}{2}\left[u \operatorname{som} m\varphi'(r)\frac{lkh}{r} + v \operatorname{som} m\varphi'(r)\frac{lk^2}{r} + v \operatorname{som} m\varphi(r)\, l\right],$$

$$p_{zz} = p - \frac{\rho'\lambda}{2}\left[u \operatorname{som} m\varphi'(r)\frac{l^2 h}{r} + v \operatorname{som} m\varphi'(r)\frac{l^2 k}{r}\right].$$

Or les éléments des sommes qui renferment h et k, à des puissances impaires, s'entre-détruisent deux à deux, et ces sommes sont, par suite, nulles; d'autre part

$$\operatorname{som} m\varphi'(r)\frac{lh^2}{r} = \operatorname{som} m\varphi'(r)\frac{lk^2}{r}.$$

Posant donc

$$E = \frac{\rho'\lambda}{2}\left[\operatorname{som} m\varphi'(r)\frac{lh^2}{r} + \operatorname{som} m\varphi(r)\, l\right],$$

E étant une constante qui dépend de la nature du liquide et de celle de la paroi, nous aurons

$$p_{zx} = -Eu,$$
$$p_{zy} = -Ev,$$
$$p_{zz} = p.$$

Ainsi la pression en un point de la paroi a une composante normale égale à la pression statique et une composante tangentielle proportionnelle à la vitesse et dirigée en sens inverse; nous avons d'ailleurs, quelle que soit l'orientation des axes,

$$p'_z = p\cos\gamma - Ew.$$

L'expérience ne justifie pas cette déduction théorique, du moins pour des vitesses qui ne sont pas très-petites, comme nous le verrons en Hydraulique, et la résistance au mouvement due à la paroi croît plus rapidement que la simple vitesse. Néanmoins nous continuerons nos recherches dans les hypothèses actuelles.

L'équation (4) devient

$$(5)\quad \begin{cases} \mathrm{E}w + \mu\left(\dfrac{dw}{dz}\cos\gamma + \dfrac{dw}{dy}\cos\beta + \dfrac{dw}{dz}\cos\alpha\right) = 0, \\ \text{et l'on a de même} \\ \mathrm{E}v + \mu\left(\dfrac{dv}{dy}\cos\beta + \dfrac{dv}{dx}\cos\alpha + \dfrac{dv}{dz}\cos\gamma\right) = 0, \\ \mathrm{E}u + \mu\left(\dfrac{du}{dx}\cos\alpha + \dfrac{du}{dy}\cos\beta + \dfrac{du}{dz}\cos\gamma\right) = 0. \end{cases}$$

Telles sont les conditions relatives à la surface.

257. *Écoulement d'un liquide pesant dans un tuyau rectiligne dont la section est rectangulaire.* — Nous prendrons les plans xOy, xOz parallèles aux deux couples de faces du tuyau, suivant l'axe duquel est dirigé Ox, droite qui fait l'angle θ avec l'horizon, les faces du second couple étant censées verticales. Toutes les molécules du fluide sont supposées se mouvoir suivant des directions parallèles à l'axe du tuyau; on a donc ainsi

$$v = 0,\quad w = 0,\quad \mathrm{X} = g\sin\theta,\quad \mathrm{Y} = 0,\quad \mathrm{Z} = g\cos\theta;$$

l'équation de continuité se réduit à

$$\frac{du}{dx} = 0,$$

de sorte que u est uniquement fonction de y et z, ou que toutes les molécules situées sur une même parallèle à l'axe du tuyau doivent avoir à chaque instant la même vitesse.

Nous aurons donc

$$(6)\quad \begin{cases} \rho g\sin\theta - \dfrac{dp}{dx} = \rho\dfrac{du}{dt} - \mu\left(\dfrac{d^2u}{dy^2} + \dfrac{d^2u}{dz^2}\right), \\ \dfrac{dp}{dy} = 0, \\ \rho g\cos\theta - \dfrac{dp}{dz} = 0, \end{cases}$$

avec les conditions

$$(7)\qquad \begin{cases} Eu + \mu\dfrac{du}{dy} = 0, & \text{pour } y = \pm b; \\ Eu + \mu\dfrac{du}{dz} = 0, & \text{pour } z = \pm c, \end{cases}$$

$2b$ et $2c$ étant les côtés de la section du tuyau parallèles à Oy et Oz.

Soient p', p'' les pressions en deux points de l'axe du tuyau, l'un pris pour origine des coordonnées et l'autre défini par $x = l$. On satisfera aux conditions résultant de ces valeurs, ainsi qu'aux deux dernières des équations (6), en posant

$$p = p' - (p' - p'')\frac{x}{l} + \rho g z \cos\theta.$$

La première de ces équations devient

$$(8)\qquad \rho\frac{du}{dt} = \rho g\frac{\zeta}{l} + \mu\left(\frac{d^2u}{dy^2} + \frac{d^2u}{dz^2}\right),$$

dans laquelle

$$(9)\qquad \zeta = l\sin\theta + \frac{p' - p}{\rho g}$$

représente la différence des niveaux que prendrait le liquide dans deux tubes non fermés, dont les extrémités inférieures se trouveraient à l'un et à l'autre des points ci-dessus.

On satisfait à l'équation (8) en posant

$$(10)\qquad u = \Sigma\left(Pe^{-\frac{\mu}{\rho}(m^2+n^2)t} + Q\right)\cos my \cos nz,$$

m et n étant deux nombres quelconques, P un coefficient arbitraire et Q un coefficient déterminé par la condition

$$(11)\qquad \frac{\rho g\zeta}{\mu l} = \Sigma Q(m^2 + n^2)\cos my \cos nz.$$

En exprimant que chacun des éléments de la somme (10) satisfait aux conditions (7), on obtient les équations

$$(12)\qquad \begin{cases} mb \operatorname{tang} mb = \dfrac{Eb}{\mu}, \\ nc \operatorname{tang} nc = \dfrac{Ec}{\mu}, \end{cases}$$

qui donneront chacune pour m et n une infinité de valeurs, au moyen desquelles on formera les termes des séries qui entrent dans l'expression de u.

Pour déterminer Q, multiplions l'équation (11) par

$$dy\,dz\cos m'y\cos n'z,$$

m' et n' satisfaisant aux équations (12), et intégrons ensuite entre les limites $y=0$, $y=b$ et $z=0$, $z=c$; nous obtiendrons

$$\frac{\rho g\zeta}{\mu l}\int_0^b dy\int_0^c dz\cos m'y\cos n'z$$
$$=\Sigma Q(m^2+n^2)\int_0^b dy\int_0^c dz\cos my\cos m'y\sin nz\sin n'z.$$

En se reportant au n° 196 (p. 141 et 142) on reconnaît que l'intégrale du second membre est nulle lorsque m' et n' sont respectivement différents de m et n, et que, si l'égalité a lieu, cette intégrale se réduit à

$$\frac{2mb+\sin 2mb}{4m}\cdot\frac{2nc+\sin 2nc}{4n},$$

et comme l'intégrale du premier membre est alors

$$\frac{\sin mb}{m}\cdot\frac{\sin nc}{n},$$

il vient

$$\frac{\rho g\zeta}{\mu l}\frac{\sin mb}{m}\cdot\frac{\sin nc}{n}=Q(m^2+n^2)\frac{2mb+\sin 2mb}{4m}\cdot\frac{2nc+\sin 2nc}{4n}.$$

Soit $f(y, z)$ la vitesse initiale du filet fluide dont la position est fixée par les coordonnées y, z; on doit avoir

$$f(y,z)=\Sigma(P+Q)\cos my\cos nz,$$

et l'on déterminera P + Q, par suite P, en opérant de la même manière que pour Q.

D'après la forme de l'intégrale (10), on voit que le mouvement du fluide s'approche continuellement d'un état régulier et permanent, indépendant des conditions initiales, et qui est défini par

$$u = \frac{4.4\rho g\zeta}{\mu l}\sum\frac{\sin mb \sin nc \cos my \cos nz}{(m^2+n^2)(2mb+\sin 2mb)(2nc+\sin 2nc)}.$$

La vitesse moyenne correspondante, $U = \frac{1}{4bc}\int_{-b}^{b} dy \int_{-c}^{c} u\,dz$, a pour valeur

$$U = \frac{4.4\rho g\zeta}{\mu l bc}\sum\frac{\sin^2 mb \sin^2 nc}{mn(m^2+n^2)(2mb+\sin 2mb)(2nc+\sin 2nc)}.$$

Si b et c sont très-petits, les premières valeurs de mb et nc données par les équations (12) sont à peu près $\sqrt{\frac{Eb}{\mu}}$, $\sqrt{\frac{Ec}{\mu}}$. Les valeurs suivantes des mêmes quantités différeront très-peu de π, 2π, 3π,..., de sorte que les valeurs qu'il faut attribuer à m et n sont respectivement $\sqrt{\frac{E}{\mu b}}$, $\frac{\pi}{b}$, $\frac{2\pi}{b}$, $\frac{3\pi}{b}$,..., et $\sqrt{\frac{E}{\mu c}}$, $\frac{\pi}{c}$, $\frac{2\pi}{c}$, $\frac{3\pi}{c}$,.... Les nombres de chacune de ces suites, dans l'hypothèse dont il s'agit, étant très-grands par rapport aux premiers, tous les termes de U, à raison du facteur $\frac{1}{mn(m^2+n^2)}$, peuvent être négligés par rapport au premier et l'on a donc approximativement

$$U = \frac{\rho g\zeta}{El}\,\frac{bc}{b+c}.$$

On reconnaîtra sans peine que la même analyse s'applique au mouvement d'un liquide dans un canal rectangulaire découvert lorsque toutes les molécules se meuvent suivant des parallèles aux plans qui forment les parois du lit.

258. *Écoulement d'un liquide pesant par un tuyau rectiligne dont la section est circulaire.* — Nous supposerons que les vitesses initiales sont égales pour les filets situés à la même distance de l'axe, de manière que la vitesse u, à un instant quelconque, soit uniquement fonction du rayon r.

L'équation (8) prend la forme (¹)

$$(13)\qquad \rho\frac{du}{dt} = \frac{\rho g\zeta}{l} + \mu\left(\frac{d^2u}{dr^2} + \frac{1}{r}\frac{du}{dr}\right).$$

Les conditions (5) se réduisent à la dernière, qui peut se mettre sous la forme

$$(14)\qquad Eu + \mu\frac{du}{dr} = 0, \quad \text{pour } r = r_1,$$

r_1 étant le rayon du tuyau.

Posons

$$u = se^{-\frac{mt}{\rho}},$$

m étant un nombre quelconque et s une fonction de r; en substituant cette expression dans l'équation (13) et faisant d'abord abstraction du terme constant $\frac{\rho g\zeta}{l}$, il vient

$$(15)\qquad \frac{d^2s}{dr^2} + \frac{1}{r}\frac{ds}{dr} + \frac{ms}{\mu} = 0,$$

équation qui est satisfaite par la série

$$s = 1 - \frac{mr^2}{\mu 2^2} + \frac{m^2}{\mu^2}\frac{r^4}{2^2.4^2} - \frac{m^3}{\mu^3}\frac{r^6}{2^2.4^2.6^2} + \ldots,$$

dont la somme est donnée par l'intégrale définie (²)

$$s = \frac{1}{\pi}\int_0^\pi \cos\left(r\sqrt{\frac{m}{\mu}}\sin q\right)dq.$$

La condition (14) donne

$$(16)\qquad \left\{\begin{aligned} &\frac{E}{\mu}\left(1 - \frac{m}{\mu}\frac{r_1^2}{2^2} + \frac{m^2}{\mu^2}\frac{r_1^4}{2^2.4^2} - \frac{m^3}{\mu^3}\frac{r_1^6}{2^2.4^2.6^2} + \ldots\right)\\ &\quad = 2\frac{m}{\mu}\frac{r_1}{2^2} - 4\frac{m^2}{\mu^2}\frac{r_1^3}{2^2.4^2} + 6\frac{m^3}{\mu^3}\frac{r_1^5}{2^2.4^2.6^2} - \ldots,\end{aligned}\right.$$

(¹) Il résulte en effet de la comparaison des équations (2) du nº 223 et (6) du nº 225 que la valeur de $\frac{d^2\varphi}{dx^2} + \frac{d^2\varphi}{dy^2} + \frac{d^2\varphi}{dz^2}$ en coordonnées cylindriques, lorsque φ est indépendant de l'angle polaire et de z, est $\frac{d^2\varphi}{dr^2} + \frac{1}{r}\frac{d\varphi}{dr}$.

(²) *Théorie de la Chaleur* de Fourier, p. 378.

ou bien

$$
(16') \quad \left\{ \begin{aligned} & \frac{E}{\mu} \int_0^{\pi} \cos\left(r_1 \sqrt{\frac{m}{\mu}} \sin q\right) dq \\ & \quad = \sqrt{\frac{m}{\mu}} \int_0^{\pi} \sin\left(r_1 \sqrt{\frac{m}{\mu}} \sin q\right) \sin q \, dq, \end{aligned} \right.
$$

équation qui donnera pour m une infinité de valeurs.

En mettant en parallèle l'équation obtenue en égalant à zéro le second membre de l'équation (13) avec l'équation (15), on est conduit à prendre, pour la valeur générale de u,

$$
u = \Sigma P s e^{-\frac{mt}{\rho}} + \Sigma Q s,
$$

P et Q étant des coefficients constants qui seront déterminés par les conditions

$$
\frac{\rho g \zeta}{l} = \Sigma Q m s,
$$

$$
f(r) = \Sigma (P + Q) s,
$$

entre les limites $r = 0$ à $r = r_1$, $f(r)$ étant la vitesse initiale de la couche cylindrique de rayon r.

Il s'agit donc de trouver l'expression du coefficient A d'un terme quelconque du second membre de l'équation

$$
f(r) = \Sigma A s.
$$

Si nous posons $\sigma = rs$, la formule (15) donne, en remplaçant m par une autre racine m_1 de l'équation (16),

$$
(17) \qquad \frac{d^2 \sigma}{dr^2} - \frac{d \frac{\sigma}{r}}{dr} + \frac{m_1}{\mu} \sigma = 0;
$$

nous aurons

$$
\int_0^{r_1} \sigma f(r)\, dr = \Sigma A \int_0^{r_1} \sigma s \, dr,
$$

et, en vertu de l'équation (15),

$$
\int_0^{r_1} \sigma s \, dr = -\frac{\mu}{m} \int \sigma \left(\frac{d^2 s}{dr^2} + \frac{1}{r} \frac{ds}{dr} \right),
$$

mais on a, en intégrant par parties,

$$\int \sigma \frac{d^2 s}{dr^2}\, dr = \sigma \frac{ds}{dr} - \int \frac{ds}{dr}\, d\sigma = \sigma \frac{ds}{dr} - s \frac{d\sigma}{dr} + \int \frac{d^2\sigma}{dr^2}\, s\, dr,$$

$$\int \frac{\sigma}{r} \frac{ds}{dr}\, dr = \frac{\sigma}{r} s - \int \frac{d\frac{\sigma}{r}}{dr}\, s\, dr,$$

par suite

$$\frac{m}{\mu} \int_0^{r_1} \sigma s\, dr = \left(\frac{\sigma s}{r} + \sigma \frac{ds}{dr} - s \frac{d\sigma}{dr}\right)_{r_1}^{0} + \int_0^{r_1} \left(\frac{d\frac{\sigma}{r}}{dr} s - \frac{d^2\sigma}{dr^2} s\right) dr,$$

ou, en vertu de l'équation (17),

$$\frac{m - m_1}{\mu} \int_0^{r_1} \sigma s\, dr = \left(\frac{\sigma s}{r} + \sigma \frac{ds}{dr} - s \frac{d\sigma}{dr}\right)_{r_1}^{0}.$$

Si l'on désigne par $\Psi\left(\sqrt{\frac{m}{\mu}}\, r\right) = s$ la fonction de r qui satisfait à l'équation (13), on doit prendre

$$\sigma = r\Psi\left(\sqrt{\frac{m_1}{\mu}}\, r\right),$$

et il vient

$$\frac{m - m_1}{\mu} \int_0^{r_1} \sigma s\, dr = \left[r \sqrt{\frac{m}{\mu}}\, \Psi'\left(\sqrt{\frac{m}{\mu}}\, r\right) \cdot \Psi\left(\sqrt{\frac{m_1}{\mu}}\, r\right) - r \sqrt{\frac{m_1}{\mu}}\, \Psi\left(\sqrt{\frac{m}{\mu}}\, r\right) \cdot \Psi'\left(\sqrt{\frac{m_1}{\mu}}\, r\right)\right]_{r_1}^{0},$$

ou

$$(18)\quad \int_0^{r_1} \sigma s\, dr = \frac{\mu r_1}{m_1 - m} \left[\sqrt{\frac{m}{\mu}}\, \Psi'\left(\sqrt{\frac{m}{\mu}}\, r_1\right) \cdot \Psi\left(\sqrt{\frac{m_1}{\mu}}\, r_1\right) - \sqrt{\frac{m_1}{\mu}}\, \Psi\left(\sqrt{\frac{m}{\mu}}\, r_1\right) \cdot \Psi'\left(\sqrt{\frac{m_1}{\mu}}\, r_1\right)\right].$$

Les fonctions Ψ devant satisfaire à la condition (14), c'est-à-dire à

$$(19)\qquad \frac{E}{\mu} \Psi + \frac{d\Psi}{dr} = 0,$$

pour $r = r_1$, on a

$$\frac{E}{\mu} = -\frac{\sqrt{\frac{m}{\mu}}\,\Psi'\left(\sqrt{\frac{m}{\mu}}\,r_1\right)}{\Psi\left(\sqrt{\frac{m}{\mu}}\,r_1\right)} = -\frac{\sqrt{\frac{m_1}{\mu}}\,\Psi'\left(\sqrt{\frac{m_1}{\mu}}\,r_1\right)}{\Psi\left(\sqrt{\frac{m_1}{\mu}}\,r_1\right)},$$

Le second membre de l'équation (18) est donc nul, excepté pour $m = m_1$, valeur pour laquelle il se présente sous la forme $\frac{0}{0}$. Pour en trouver l'expression dans ce cas, posons

$$p = \sqrt{\frac{m}{\mu}},\quad q = \sqrt{\frac{m_1}{\mu_1}};$$

il vient

$$\int_0^{r_1} \sigma s\,dr = r_1\,\frac{[p\Psi'(pr_1)\Psi(qr_1) - q\Psi(pr_1)\Psi'(qr_1)]}{q^2 - p^2}.$$

En différentiant les deux termes de cette fraction par rapport à q, puis faisant $p = q$, on trouve

$$\int_0^{r_1} \sigma s\,dr = \frac{r_1}{2p}\left\{pr_1[\Psi'(pr_1)]^2 - \Psi(pr_1)\Psi'(pr_1) - pr_1\Psi(pr_1)\Psi''(pr_1)\right\};$$

mais, comme Ψ satisfait aux équations (15) et (19) pour $r = r_1$, on a

$$\Psi'(pr_1) = -\frac{E}{p\mu},\quad \Psi''(pr_1) = -\Psi(pr_1) + \frac{E\Psi(pr_1)}{p^2\mu r_1},$$

par suite

$$\int_0^{r_1} \sigma s\,dr = \frac{r_1^2\Psi^2(pr_1)}{2}\left(1 + \frac{E^2}{p^2\mu^2}\right) = \frac{r_1^2 s_1^2}{2}\left(1 + \frac{E^2}{m\mu}\right),$$

s_1 étant la valeur de s pour $r = r_1$.

Il résulte de là que le coefficient A sera déterminé par l'équation

$$\int_0^{r_1} sr f(r)\,dr = A\,\frac{r_1^2 s_1^2}{2}\left(1 + \frac{E^2}{m\mu}\right),$$

d'où

$$A = \frac{2\int_0^{r_1} rs f(r)\,dr}{r_1^2 s_1^2\left(1 + \frac{E^2}{m\mu}\right)}.$$

Pour calculer Q, on posera $A = Qm$, $f(r) = \frac{\rho g \zeta}{l}$, d'où

$$Q = \frac{\rho g \zeta}{l} \cdot \frac{2\int_0^{r_1} s r dr}{m r_1^2 s_1^2 \left(1 + \frac{E^2}{m\mu}\right)}.$$

Par conséquent la portion de la valeur de u qui représente la vitesse constante que le fluide tend toujours à prendre, indépendamment de son état initial, et qu'il acquiert sensiblement au bout d'un certain temps, est

$$u = \frac{\rho g \zeta}{l r_1^2} \sum \frac{2s\int_0^{r_1} s r dr}{m s_1^2 \left(1 + \frac{E^2}{m\mu}\right)},$$

ou bien

$$u = \frac{\rho g \zeta}{l} \sum \frac{1}{m\left(1 + \frac{E^2}{m\mu}\right)} \frac{1 - \frac{m}{\mu}\frac{r_1^2}{2.2^2} + \frac{m^2}{\mu^2}\frac{r_1^4}{3.2^2.4} - \ldots}{1 - \frac{m}{\mu}\frac{r_1^2}{2^2} + \frac{m^2}{\mu^2}\frac{r_1^4}{2^2.4^2} - \ldots}.$$

La vitesse moyenne $U = \frac{1}{\pi r_1^2}\int_0^{2\pi} d\varphi \int_0^{r_1} r u\, dr$ sera

$$U = \frac{\rho g \zeta}{l} \sum \frac{1}{m\left(1 + \frac{E^2}{m\mu}\right)} \frac{1 - \frac{m}{\mu}\frac{r_1^2}{2.2^2} + \frac{m^2}{\mu^2}\frac{r_1^4}{3.2^2.4^2} - \ldots}{1 - \frac{m}{\mu}\frac{r_1^2}{2^2} + \frac{m^2}{\mu^2}\frac{r_1^4}{2^2.4^2} - \ldots}.$$

Si l'on suppose le diamètre du tuyau très-petit, la première valeur de m sera $\frac{2E}{r_1}$ et toutes les autres valeurs seront très-grandes par rapport à celle-ci. Il en résulte que l'on peut prendre

$$U = \frac{\rho g \zeta}{E l} \frac{r_1}{2\left(1 + \frac{E r_1}{2\mu}\right)},$$

ou simplement

$$U = \frac{\rho g \zeta}{E l} \frac{r_1}{2}.$$

Cette formule, à laquelle on peut facilement arriver directement, s'accorde assez bien avec les résultats des expériences de Girard sur différents liquides et de Poiseuille sur le mercure; mais, d'après ce dernier physicien, lorsque le liquide mouille le verre, la vitesse paraît croître proportionnellement au carré du rayon.

§ V. — *Du mouvement des fluides élastiques.*

259. On sait que, sous une augmentation ou une diminution de pression, la température d'un gaz permanent s'élève ou s'abaisse et qu'il faut un certain temps, d'autant plus long que la nature du récipient qui le renferme est moins perméable à la chaleur, pour qu'il reprenne la température ambiante.

Les gaz étant, d'autre part, mauvais conducteurs, il s'ensuit que, lorsque le mouvement n'est pas extrêmement lent, les effets calorifiques dus aux variations de pression se localisent, et qu'il convient d'en tenir compte.

Nous démontrerons, dans la Thermodynamique, que si p, p_0 sont les pressions et ρ, ρ_0 les densités correspondantes d'une même masse de gaz sous des volumes différents, enfermés dans une capacité imperméable à la chaleur, on a

$$\frac{p}{p_0} = \left(\frac{\rho}{\rho_0}\right)^{\frac{c}{c'}},$$

c et c' étant les chaleurs spécifiques sous pression et volume constants, dont le rapport est constant pour un même gaz et égal notamment à 1,419 pour l'air.

Nous devrons donc substituer, dans les formules du n° 218, la valeur

$$\rho = \rho_0 \left(\frac{p}{p_0}\right)^{\frac{c}{c}};$$

ce qui leur fera prendre une forme particulière, que nous n'écrirons pas, attendu que l'on n'a pu en faire aucune application, si l'on excepte toutefois les marées atmosphériques, pour l'étude desquelles nous renverrons à notre *Traité de Mécanique céleste*, et aux petits mouvements que nous allons étudier.

Nous reviendrons, à la fin de l'Hydraulique, sur l'écoulement d'un gaz dans l'hypothèse des tranches.

260. *Des petits mouvements des fluides élastiques.* — En nous plaçant dans les conditions d'une fonction de la vitesse, nous supposerons que la masse n'est soumise à aucune force extérieure, et que les mouvements sont assez lents pour que l'on puisse négliger les carrés des vitesses et par suite les variations relatives correspondantes des pressions et des densités.

Posons

(1) $$\rho = \rho_0(1 + \gamma),$$

γ étant la *condensation* positive ou négative, dont nous ne conserverons que la première puissance. Nous aurons, en vertu de la première des formules précédentes,

$$p = p_0\left(1 + \frac{c}{c'}\gamma\right),$$

d'où

$$\frac{dp}{\rho} = a^2\frac{d\gamma}{1 + \gamma},$$

en posant

$$a^2 = \frac{c}{c'}\frac{p_0}{\rho_0}.$$

La formule (5′) du n° 218 donne, en négligeant les carrés des composantes de la vitesse,

$$a^2\log(1 + \gamma) = -\frac{d\varphi}{dt},$$

ou, en remarquant que l'on peut prendre $\log(1 + \gamma) = \gamma$,

(2) $$\gamma = -\frac{1}{a^2}\frac{d\varphi}{dt}.$$

L'équation (6) du même numéro devient, en y remplaçant ρ par sa valeur (1) et négligeant γ devant l'unité,

(3) $$\frac{d\gamma}{dt} + \frac{d^2\varphi}{dx^2} + \frac{d^2\varphi}{dy^2} + \frac{d^2\varphi}{dz^2} = 0,$$

et enfin, par l'élimination de γ au moyen de l'équation (2),

$$(4) \qquad \frac{d^2\varphi}{dt^2} = a^2\left(\frac{d^2\varphi}{dx^2} + \frac{d^2\varphi}{dy^2} + \frac{d^2\varphi}{dz^2}\right).$$

On est donc ramené à intégrer une équation aux différentielles partielles à coefficients constants.

261. *Mouvement d'un gaz dans un tuyau.*— Supposons que le mouvement ait lieu de manière que toutes les molécules gazeuses, situées à un instant quelconque dans une section droite, restent constamment dans la même section et que leurs vitesses soient parallèles à la direction des génératrices que nous prendrons pour celle de l'axe des x.

Il est clair que φ et γ ne dépendront que de x, et que nous aurons

$$(5) \qquad \left\{ \begin{aligned} &\gamma = -\frac{1}{a^2}\frac{d\varphi}{dt}, \\ &\frac{d^2\varphi}{dt^2} = a^2\frac{d^2\varphi}{dx^2}, \end{aligned} \right.$$

pour les équations du mouvement.

La dernière de ces équations est celle qui se rapporte au mouvement des cordes vibrantes (**191**); on reconnaît facilement que la somme qui y satisfait peut être mise sous la forme suivante :

$$(6) \qquad \varphi = \Sigma A_m \sin m\left(t - \frac{x}{a} + \alpha_m\right) + \Sigma B_m \sin m\left(t + \frac{x}{a} + \beta_m\right),$$

m, A_m, B_m, α_m, β_m étant des constantes que l'on déterminera d'après l'état initial du mouvement et les conditions du problème.

Pour chaque valeur de m il existe, en général, deux systèmes de vibrations, mais dont l'un rentre dans l'autre en changeant x en $-x$; de sorte que, en choisissant convenablement l'origine des abscisses, on est conduit à considérer une vibration définie par la formule

$$\varphi = A_m \sin m\left(t - \frac{x}{a}\right),$$

d'où, pour la condensation γ et la vitesse $u = \frac{d\varphi}{dx}$,

$$\gamma = -\frac{m A_m}{a^2} \cos m \left(t - \frac{x}{a}\right),$$

$$u = -\frac{m A_m}{a} \cos m \left(t - \frac{x}{a}\right),$$

d'où

$$\gamma = \frac{u}{a}.$$

On peut considérer la masse fluide comme étant décomposée en tranches infiniment minces, perpendiculaires aux génératrices du cylindre, éprouvant des dilatations et contractions variables avec le temps et leurs positions moyennes, et animées de mouvements oscillatoires périodiques.

Si les conditions initiales sont telles que la tranche correspondant à $x = 0$ entre seule en mouvement, on a pour sa vitesse

$$u_0 = -\frac{m A_m}{a},$$

d'où

$$u = u_0 \cos m \left(t - \frac{x}{a}\right).$$

Cette tranche déterminera le mouvement de la suivante, et ainsi de suite; mais la vitesse u_0 ne sera communiquée à la tranche située à la distance x de l'origine qu'au bout du temps défini par la relation

$$t - \frac{x}{a} = 0,$$

d'où

$$x = at;$$

donc le mouvement vibratoire se propagera dans le milieu avec une vitesse constante

$$V = a = \sqrt{\frac{c}{c'} \frac{p_0}{\rho_0}},$$

qui sera, en nous plaçant au point de vue de l'Acoustique, la *vitesse de propagation du son.*

Pour l'air à la température θ et à la pression normale 0,76, on a

$$\frac{c}{c'} = 1,419, \quad p_0 = 10333^{kg}, \quad \rho_0 = \frac{1,2932}{9,8088}\,\frac{1}{1+0,00367\,\theta},$$

d'où

$$V = 332^m,40\sqrt{1+0,00367\,\theta}.$$

D'après cette formule, la vitesse de la propagation du son à la température zéro est de $332^m,40$, chiffre qui diffère très-peu de la moyenne $330^m,70$ des résultats obtenus en 1866 par M. Regnault au camp de Satory.

Les considérations précédentes, relatives à la vitesse de la propagation du son dans un milieu, s'appliquent sans peine aux corps solides élastiques, dont nous avons étudié les mouvements vibratoires au Chapitre XI.

La condensation et la vitesse étant les mêmes pour la tranche définie par x au bout du temps $t + \frac{x}{V}$ que pour la tranche correspondant à l'origine au bout du temps t, les deux mouvements vibratoires sont identiques, et il suffit par conséquent d'étudier celui de cette dernière défini par

$$(7) \qquad u = u_0 \cos mt.$$

L'amplitude d'une vibration complète ou $\frac{2u_0}{m}$ est ce que l'on appelle la *longueur de l'onde*. L'onde est ainsi composée de deux *demi-ondes*, l'une *condensante*, l'autre *dilatante*.

Nous allons maintenant examiner les différents cas qui peuvent se présenter.

1° *Cas d'un tuyau indéfini.* — Supposons que les conditions initiales soient exprimées par

$$(8) \qquad \frac{d\varphi}{dx} = f(x), \quad \frac{d\varphi}{dt} = -a^2 F(x), \quad \text{lorsque } t = 0,$$

pour toutes les valeurs de x comprises entre $-\infty$ et $+\infty$; comme l'intégrale (6) peut se mettre sous la forme

$$\varphi = \psi(x - at) + \chi(x + at),$$

ψ et χ étant des fonctions arbitraires, nous aurons

$$\psi'(x) + \chi'(x) = f(x),$$

$$\psi'(x) - \chi'(x) = \frac{1}{a} F(x),$$

d'où l'on déduira $\psi'(x)$ et $\chi'(x)$; par suite

$$u = \frac{f(x-at) + aF(x-at)}{2} + \frac{f(x+at) - aF(x+at)}{2},$$

$$a\gamma = -\frac{f(x-at) + aF(x-at)}{2} + \frac{f(x+at) - aF(x+at)}{2}.$$

Si l'ébranlement est limité, c'est-à-dire si les conditions (8) ne sont vérifiées qu'entre les limites $x = 0$ et $x = l$, l étant une constante, on retombe sur la solution du cas suivant.

2° *Cas d'un tuyau fermé à ses deux extrémités.* — Appelons l la longueur du tuyau et plaçons l'origine dans le plan de l'une des fermetures.

Aux conditions (8), qui ne doivent être satisfaites qu'entre $x = 0$ et $x = l$, il faut joindre les suivantes :

$$(9) \qquad \frac{d\varphi}{dx} = 0, \quad \text{pour } x = 0 \quad \text{et} \quad \text{pour } x = l.$$

Un élément de la somme (6) peut se mettre sous la forme

$$\varphi = (M_m \cos mx + N_m \sin mx)(P_m \sin amt + Q_m \cos amt).$$

Pour qu'il satisfasse aux conditions (9), il faut que $N_m = 0$, $\sin ml = 0$, d'où

$$m = \frac{i\pi}{l},$$

i étant un nombre entier quelconque positif ou négatif; mais on peut se borner aux valeurs positives de i, parce que les valeurs de φ correspondant aux valeurs négatives ne différeraient pas des premières, en raison de l'indétermination des coefficients.

Nous pouvons donc poser

$$\varphi = \sum_1^\infty \cos\frac{i\pi x}{l}\left(A_i \sin\frac{ai\pi t}{l} + B_i \cos\frac{ai\pi t}{l}\right),$$

d'où, en remplaçant, après la différentiation, $\frac{A_i i\pi}{l}$, $\frac{B_i i\pi}{l}$ par A_i et B_i

$$(10)\quad \begin{cases} u = -\sum_1^\infty \sin\frac{i\pi x}{l}\left(A_i \sin\frac{ai\pi t}{l} + B_i\cos\frac{ai\pi t}{l}\right), \\ a\gamma = -\sum_1^\infty \cos\frac{i\pi x}{l}\left(A_i \cos\frac{ai\pi t}{l} - B_i\sin\frac{ai\pi t}{l}\right), \end{cases}$$

et enfin, en vertu des conditions (8),

$$(11)\quad \left\{\begin{aligned} &\sum_1^\infty B_i\sin\frac{i\pi x}{l} = -f(x) \\ &\sum_1^\infty A_i\cos\frac{i\pi x}{l} = -aF(x) \end{aligned}\right\} \text{ entre } x = 0 \text{ et } x = l;$$

d'où

$$B_i = -\frac{2}{l}\int_0^l f(x)\sin\frac{i\pi x}{l}\,dx,$$

$$A_i = -\frac{2a}{l}\int_0^l F(x)\cos\frac{i\pi x}{l}\,dx.$$

Si l'on considère en particulier l'état initial pour lequel la série se réduirait à un seul terme, on a deux équations de la forme

$$u = \sin\frac{i\pi x}{l}\left(A_i\sin\frac{ai\pi t}{l} + B_i\cos\frac{ai\pi t}{l}\right),$$

$$a\gamma = \cos\frac{i\pi x}{l}\left(A_i\cos\frac{ai\pi t}{l} - B_i\sin\frac{ai\pi t}{l}\right).$$

La durée d'une vibration est $\frac{2l}{ia}$; les points où le gaz est immobile dans le tuyau, ou les *nœuds*, sont donnés par $u = 0$, d'où

$$x = \frac{kl}{i},$$

k étant un nombre entier : ils divisent ainsi la longueur du tuyau en parties égales.

Les points où la condensation est nulle, ou ce que l'on appelle les *ventres*, sont donnés par

$$\cos\frac{i\pi x}{l} = 0, \quad \text{d'où} \quad x = \left(\frac{2k+1}{2i}\right)l;$$

ils sont donc situés au milieu des intervalles successifs des nœuds.

3° *Cas où le tuyau est ouvert à ses deux extrémités.* — La condensation étant nulle aux deux extrémités, il faut que l'on ait

$$\frac{d\varphi}{dt} = 0, \quad \text{pour} \quad x = 0 \quad \text{et} \quad x = l,$$

conditions auxquelles on satisfera en posant

$$\varphi = \sum_1^\infty \sin\frac{i\pi x}{l}\left(A_i \sin\frac{ai\pi t}{l} + B_i \cos\frac{ai\pi t}{l}\right),$$

d'où, en remplaçant, après la différentiation, $\frac{i\pi}{l} A_i$ et $\frac{i\pi}{l} B_i$ par A_i et B_i,

$$u = \sum_1^\infty \cos\frac{i\pi x}{l}\left(A_i \sin\frac{ai\pi t}{l} + B_i \cos\frac{ai\pi t}{l}\right);$$

$$a\gamma = -\sum_1^\infty \sin\frac{i\pi x}{l}\left(A_i \cos\frac{ai\pi t}{l} - B_i \sin\frac{ai\pi t}{l}\right).$$

Les conditions relatives à l'état initial donnent

$$\sum_1^\infty B_i \cos\frac{i\pi x}{l} = f(x),$$

$$\sum_1^\infty A_i \sin\frac{i\pi x}{l} = -aF(x),$$

d'où

$$B_i = \frac{2}{l}\int_0^l f(x)\cos\frac{i\pi x}{l}\,dx.$$

$$A_i = -\frac{2\omega}{l}\int_0^l F(x)\sin\frac{i\pi x}{l}\,dx.$$

Un mouvement simple sera représenté par les équations suivantes :

$$u = \cos\frac{i\pi x}{l}\left(A_i \sin\frac{ai\pi t}{l} + B_i \cos\frac{ai\pi t}{l}\right),$$

$$a\gamma = \sin\frac{i\pi x}{l}\left(B_i \sin\frac{ai\pi t}{l} - A_i \cos\frac{ai\pi t}{l}\right).$$

La durée d'une vibration est $\frac{2l}{ia}$; les ventres et les nœuds sont respectivement donnés par

$$x = \frac{kl}{i}, \quad x = \frac{(2k+1)l}{2i},$$

k étant un nombre entier, et l'on voit ainsi que les ventres sont situés à égale distance des nœuds successifs.

4° *Cas d'un tuyau ouvert d'un côté et fermé de l'autre.* — Supposons que le tuyau soit ouvert à l'extrémité située à l'origine des coordonnées et que l'autre extrémité soit fermée; on doit avoir

$$\frac{d\varphi}{dt} = 0, \quad \text{pour } x = 0,$$

$$\frac{d\varphi}{dx} = 0, \quad \text{pour } x = l,$$

conditions auxquelles on satisfait en posant

$$\varphi = \sum_1^\infty \sin\frac{(2i+1)\pi x}{2l}\left[A_i \sin\frac{(2i+1)\pi at}{2l} + B_i \cos\frac{(2i+1)\pi at}{2l}\right],$$

i étant un nombre entier positif quelconque.

On déduit de là, en remplaçant $A_i\,\frac{2i+1}{2l}$ et $B_i\,\frac{2i+1}{2l}$ par A_i, B_i, après la différentiation,

$$u = \sum_1^\infty \cos\frac{(2i+1)\pi x}{2l}\left(A_i \sin\frac{(2i+1)\pi at}{2l} + B_i \cos\frac{(2i+1)\pi at}{2l}\right),$$

$$a\gamma = -\sum_1^\infty \sin\frac{(2i+1)\pi x}{2l}\left(A_i \cos\frac{(2i+1)\pi at}{2l} - B_i \cos\frac{(2i+1)\pi at}{2l}\right).$$

Pour satisfaire aux conditions initiales, il faut que

$$\Sigma B_i \cos\frac{(2i+1)\pi x}{2l} = f(x),$$

$$\Sigma A_i \sin\frac{(2i+1)\pi x}{2l} = -aF(x),$$

d'où

$$B_i = \frac{2}{l}\int_0^l f(x)\cos\frac{(2i+1)\pi x}{2l}\,dx,$$

$$A_i = -\frac{2a}{l}\int_0^l F(x)\cos\frac{(2i+1)\pi x}{2l}\,dx.$$

Si l'on considère le mouvement correspondant à une valeur quelconque de i, la durée de la période est $\frac{4l}{(2i+1)a}$, et les nœuds sont donnés par

$$\cos\frac{(2i+1)\pi x}{2l}=0,$$

d'où, en désignant par k un nombre entier,

$$x=\frac{2k+1}{2i+1}\,l.$$

Les nœuds successifs étant distants les uns des autres de $\frac{2l}{2i+1}$, le gaz se meut comme dans une série de tuyaux d'une longueur égale à cette distance et fermés à leurs extrémités.

Les ventres, déterminés par la relation

$$\sin\frac{(2i+1)\pi x}{2l}=0,\quad \text{d'où}\quad x=\frac{2kl}{2i+1},$$

se trouvent aux milieux des distances des nœuds successifs.

262. *Du mouvement dans un gaz indéfini dans tous les sens.* — Il faut nous reporter à l'équation (4) du n° 260, qui est satisfaite par la somme

$$\begin{aligned}\varphi=\Sigma\Big[&A_m\sin m\left(t-\frac{x}{a}+\alpha_m\right)+B_m\sin m\left(t-\frac{y}{a}+\beta_m\right)\\&+C_m\sin m\left(t-\frac{z}{a}+\gamma_m\right)+A'_m\sin m\left(t+\frac{x}{a}+\alpha'_m\right)\\&+B'_m\sin m\left(t+\frac{y}{a}+\beta'_m\right)+C'_m\sin m\left(t+\frac{z}{a}+\gamma'_m\right)\Big]\end{aligned}\quad (^1),$$

dans laquelle m est un nombre quelconque et A_m, B_m, C_m, α_m, β_m, γ_m, ... des constantes.

D'après la forme de la fonction φ, on voit que la vitesse de la propagation du son dans le sens des trois axes, dont l'orien-

(1) Cette valeur, étant la somme de deux fonctions arbitraires : l'une de $x-at$, $y-at$, $z-at$, et l'autre de $x+at$, $y+at$, $z+at$, est bien l'intégrale générale de l'équation (4).

tation est arbitraire, est égale à a, que, par suite, elle est constante dans toutes les directions, et est la même que dans un tuyau cylindrique; il suit de là que les ondes sont sphériques.

Les constantes de φ devront être déterminées par les conditions que, pour $t=0$, les dérivées partielles $\frac{d\varphi}{dx}$, $\frac{d\varphi}{dy}$, $\frac{d\varphi}{dz}$ et $\frac{d\varphi}{dt}$ soient des fonctions données des variables x, y, z. Comme la connaissance des dérivées partielles d'une fonction de trois variables entraîne celle de la fonction, à une constante près dont il est inutile de tenir compte dans le cas actuel, on voit que l'état initial sera défini par des conditions de la forme

$$(11) \qquad \varphi = F(x, y, z), \quad \frac{d\varphi}{dt} = f(x, y, z).$$

On y satisfait en même temps qu'à l'équation (4), en posant avec Poisson (¹)

$$(12) \quad \left\{ \begin{aligned} \varphi = {} & \frac{1}{4\pi}\int_0^{\pi} d\theta \int_0^{2\varpi} t\sin\theta\, d\varpi\, f(x+at\cos\theta,\ y+at\sin\theta\cos\varpi,\ z+at\sin\theta\sin\varpi) \\ & + \frac{1}{4\pi}\frac{d}{dt}\int_0^{\pi} d\theta \int_0^{2\varpi} t\sin\theta\, d\varpi\, F(x+at\cos\theta,\ y+at\sin\theta\cos\varpi,\ z+at\sin\theta\sin\varpi), \end{aligned} \right.$$

θ étant l'angle que forme avec Ox le rayon vecteur Om mené de l'origine au point (x, y, z), et ϖ l'angle des plans mOx, yOz.

Si nous désignons par α, β, γ les angles Omx, Omy, Omz, $d\omega$ l'élément correspondant de la surface de la sphère de centre O et dont le rayon est égal à l'unité, l'équation (12) peut se mettre sous la forme

$$\begin{aligned} \varphi = {} & \frac{1}{4\pi}\int t\,d\omega\, f(x+at\cos\alpha,\quad y+at\cos\beta,\quad z+at\cos\gamma) \\ & + \frac{1}{4\pi}\frac{d}{dt}\int t\,d\omega\, F(x+at\cos\alpha,\quad y+at\cos\beta,\quad z+at\cos\gamma), \end{aligned}$$

le signe $\int$ s'étendant à la surface entière de la sphère.

(¹) *Voir* notamment les *Leçons d'Analyse* de Duhamel.

NOTE.

PRINCIPES FONDAMENTAUX DE LA THÉORIE DES COORDONNÉES CURVILIGNES.

1. *La valeur de*

$$\Delta_1 F = \left(\frac{dF}{dx}\right)^2 + \left(\frac{dF}{dy}\right)^2 + \left(\frac{dF}{dz}\right)^2,$$

F étant une fonction de x, y, z, est indépendante, pour un même point de l'espace, du choix des axes coordonnés.

En effet la différentielle totale

$$dF = \frac{dF}{dx}dx + \frac{dF}{dy}dy + \frac{dF}{dz}dz$$

peut être considérée comme représentant le travail virtuel élémentaire de la force $\Delta_1 F$ normale à la surface $F = \text{const.}$ et, comme la valeur de dF dépendante du choix des coordonnées, il en est de même de la force ou de $\Delta_1 F$.

2. *Propriétés générales des coordonnées curvilignes.* — Soient, en désignant par ρ, ρ_1, ρ_2 trois constantes arbitraires,

$$(1) \qquad \rho = f(x, y, z), \quad \rho_1 = f_1(x, y, z), \quad \rho_2 = f_2(x, y, z)$$

les équations des trois séries de surfaces orthogonales qui, par leurs intersections, peuvent servir à définir tous les points de l'espace.

Pour abréger, nous représenterons par u l'une quelconque des coordonnées x, y, z; par ρ_i et ρ_j l'un ou l'autre des paramètres ρ, ρ_1, ρ_2.

Posons

$$(2) \qquad h_i = \sqrt{\left(\frac{d\rho_i}{dx}\right)^2 + \left(\frac{d\rho_i}{dy}\right)^2 + \left(\frac{d\rho_i}{dz}\right)^2}$$

et désignons par N_i la normale en un point de la surface ρ_i; l'angle qu'elle forme avec l'axe Ou sera donné par la formule

$$(3) \qquad \cos(N_i, u) = \frac{1}{h_i^2}\frac{d\rho_i}{du},$$

d'où il suit que, pour que les surfaces ρ_i et ρ_j se coupent à angle droit, il faut que

$$(4) \qquad \frac{d\rho_i}{dx}\frac{d\rho_j}{dx} + \frac{d\rho_i}{dy}\frac{d\rho_j}{dy} + \frac{d\rho_i}{dz}\frac{d\rho_j}{dz} = 0.$$

Appelons ds_i l'élément de la normale à la surface ρ_i; le travail élémentaire de la force h_i étant égal à $d\rho_i$, il vient

$$(5) \qquad ds_i = \frac{d\rho_i}{h_i}.$$

On voit ainsi qu'un élément d'arc tracé sur la surface ρ a pour expression

$$\sqrt{\frac{d\rho_1^2}{h_1^2} + \frac{d\rho_2^2}{h_2^2}};$$

que

$$(6) \qquad d\omega = \frac{d\rho_1 \, d\rho_2}{h_1 h_2}$$

représente un élément superficiel de la même surface, et enfin qu'un volume infiniment petit peut être défini par

$$\frac{1}{h h_1 h_2} d\rho \, d\rho_1 \, d\rho_2.$$

L'équation (5) donne

$$\frac{du}{ds_i} = h_i \frac{du}{d\rho_i};$$

or $\frac{du}{ds_i}$ n'est autre chose que le cosinus $\frac{1}{h_i} \frac{d\rho_i}{du}$ de l'angle que la normale à la surface ρ_i fait avec l'axe des u; on a donc cette formule de transformation

$$(7) \qquad \frac{d\rho_i}{du} = h_i^2 \frac{du}{d\rho_i},$$

et les formules (2), (3) et (4) deviennent respectivement

$$(2') \qquad h_i = \frac{1}{\sqrt{\left(\frac{dx}{d\rho_i}\right)^2 + \left(\frac{dy}{d\rho_i}\right)^2 + \left(\frac{dz}{d\rho_i}\right)^2}},$$

$$(3') \qquad \cos(\mathrm{N}, u) = h \frac{du}{d\rho},$$

$$(4') \qquad \frac{dx}{d\rho_i} \frac{dx}{d\rho_j} + \frac{dy}{d\rho_i} \frac{dy}{d\rho_j} + \frac{dz}{d\rho_i} \frac{dz}{d\rho_j} = 0.$$

Si maintenant on multiplie l'équation (7) par du, que l'on remplace ensuite u successivement par x, y, z, et enfin que l'on fasse la somme des résultats obtenus, on trouve

$$(8) \qquad \frac{1}{h_i^2} d\rho_i = \frac{dx}{d\rho_i} dx + \frac{dy}{d\rho_i} dy + \frac{dz}{d\rho_i} dz.$$

3. Supposons que, dans la fonction F du n° 1, on substitue aux coordonnées rectilignes x, y, z les coordonnées curvilignes ρ, ρ_1, ρ_2, au moyen des équations (1); la formule (6) conduit à ce résultat

$$(9)\quad \frac{d\rho_i}{dx}\frac{dF}{dx}+\frac{d\rho_i}{dy}\frac{dF}{dy}+\frac{d\rho_i}{dz}\frac{dF}{dz}=h_i^2\left(\frac{dx}{d\rho_i}\frac{dF}{dz}+\frac{dy}{d\rho_i}\frac{dF}{dy}+\frac{dz}{d\rho_i}\frac{dF}{dz}\right)=h_i^2\frac{dF}{d\rho_i}.$$

4. Si, dans la formule évidente

$$(10)\quad \frac{dF}{du}=\frac{dF}{d\rho}\frac{d\rho}{du}+\frac{dF}{d\rho_1}\frac{d\rho_1}{du}+\frac{dF}{d\rho_2}\frac{d\rho_2}{du},$$

on remplace successivement u par x, y, z, que l'on fasse la somme des carrés des résultats obtenus, en ayant égard à la relation (4), on trouve

$$(11)\quad (\Delta_1 F)^2=h^2\left(\frac{dF}{d\rho}\right)^2+h_1^2\left(\frac{dF}{d\rho_1}\right)^2+h_2^2\left(\frac{dF}{d\rho_2}\right)^2.$$

5. Une propriété connue, relative aux cosinus des angles que forment deux systèmes d'axes rectangulaires, donne

$$\frac{1}{h}\frac{d\rho}{dx}=\frac{1}{h_1}\frac{d\rho_1}{dz}\frac{1}{h_2}\frac{d\rho_2}{dy}-\frac{1}{h_1}\frac{d\rho_1}{dy}\frac{1}{h_2}\frac{d\rho_2}{dz},$$

d'où l'on déduit, en posant $\lambda=\dfrac{h}{h_1 h_2}$,

$$\frac{d\rho}{dx}=\lambda\left(\frac{d\rho_1}{dz}\frac{d\rho_2}{dy}-\frac{d\rho_1}{dy}\frac{d\rho_2}{dz}\right),$$

et de même

$$\frac{d\rho}{dy}=\lambda\left(\frac{d\rho_1}{dx}\frac{d\rho_2}{dz}-\frac{d\rho_1}{dz}\frac{d\rho_2}{dx}\right),$$

$$\frac{d\rho}{dz}=\lambda\left(\frac{d\rho_1}{dy}\frac{d\rho_2}{dx}-\frac{d\rho_1}{dx}\frac{d\rho_2}{dy}\right).$$

Si l'on différentie ces valeurs respectivement par rapport à x, y, z, que l'on ajoute les résultats obtenus, le terme en λ disparaît dans la somme et l'on a

$$\begin{aligned}\Delta_2\rho&=\frac{d^2\rho}{dx^2}+\frac{d^2\rho}{dy^2}+\frac{d^2\rho}{dz^2}\\&=\frac{d\lambda}{dx}\left(\frac{d\rho_1}{dz}\frac{d\rho_2}{dy}-\frac{d\rho_1}{dy}\frac{d\rho_2}{dz}\right)\\&\quad+\frac{d\lambda}{dy}\left(\frac{d\rho_1}{dx}\frac{d\rho_2}{dz}-\frac{d\rho_1}{dz}\frac{d\rho_2}{dx}\right)+\frac{d\lambda}{dz}\left(\frac{d\rho_1}{dy}\frac{d\rho_2}{dx}-\frac{d\rho_1}{dx}\frac{d\rho_2}{dy}\right);\end{aligned}$$

si l'on a égard à la relation générale,

$$\frac{d\lambda}{du} = \frac{d\lambda}{d\rho}\frac{d\rho}{du} + \frac{d\lambda}{d\rho_1}\frac{d\rho_1}{du} + \frac{d\lambda}{d\rho_2}\frac{d\rho_2}{du},$$

il ne reste dans le second membre de l'équation précédente que le terme en $\frac{d\lambda}{d\rho}$; il vient donc

$$\Delta_2 \rho = \frac{d\lambda}{d\rho}\left[\frac{d\rho}{dx}\left(\frac{d\rho_1}{dz}\frac{d\rho_2}{dy} - \frac{d\rho_1}{dy}\frac{d\rho_2}{dz}\right) + \ldots\right],$$

ou

$$\Delta_2 \rho = \frac{d\lambda}{d\rho}\frac{h^2}{\lambda} = h h_1 h_2 \frac{d\lambda}{d\rho}.$$

On a ainsi les relations

$$(12) \qquad \left\{\begin{aligned} \Delta_2 \rho \;&= h h_1 h_2 \frac{d\,\dfrac{h}{h_1 h_2}}{d\rho},\\ \Delta_2 \rho_1 &= h h_1 h_2 \frac{d\,\dfrac{h_1}{h h_2}}{d\rho_1},\\ \Delta_2 \rho_2 &= h h_1 h_2 \frac{d\,\dfrac{h_2}{h h_1}}{d\rho_2}. \end{aligned}\right.$$

6. Si l'on différentie l'équation (10) par rapport à u, que l'on ajoute, membre à membre, celles qui en dérivent, en remplaçant successivement u par x, y, z, on trouve

$$\Delta_2 F = h^2 \frac{dF}{d\rho} + h_1^2 \frac{dF}{d\rho_1} + h_2^2 \frac{dF}{d\rho_2} + \frac{dF}{d\rho}\Delta_2\rho + \frac{dF}{d\rho_1}\Delta_2\rho_1 + \frac{dF}{d\rho_2}\Delta_2\rho_2,$$

d'où, en ayant égard aux formules (12),

$$(13) \qquad \Delta_2 F = h h_1 h_2 \left(\frac{d\,\dfrac{h}{h_1 h_2}\dfrac{dF}{d\rho}}{d\rho} + \frac{d\,\dfrac{h_1}{h h_2}\dfrac{dF}{d\rho_1}}{d\rho_1} + \frac{d\,\dfrac{h_2}{h h_1}\dfrac{dF}{d\rho_2}}{d\rho_2} \right).$$

CHAPITRE XIV.

HYDRAULIQUE.

§ Ier. — *Généralités.*

263. L'*Hydraulique* est une science d'application ayant pour objet de représenter, théoriquement ou empiriquement, les lois relatives au mouvement des fluides pesants, et dans laquelle on fait intervenir, en outre des principes de la Mécanique, certaines hypothèses, auxquelles on a été conduit par l'observation, en vue de pouvoir résoudre les questions proposées.

En Hydraulique, on s'occupe principalement du mouvement permanent, défini, comme on le sait, par cette condition que la vitesse des molécules, qui passent successivement par un même point déterminé de l'espace, est, en ce même point, constante en grandeur et en direction. L'ensemble de toutes les molécules situées à un instant donné sur une trajectoire déterminée constitue ce que l'on appelle un *filet.* On comprend dès lors ce que signifie cette expression de *mouvement d'un fluide par filets.*

Pour ne pas avoir à y revenir, nous énoncerons ici les règles approximatives suivantes, dont on fait usage en Hydraulique :

1° Lorsqu'un courant à ciel ouvert est formé de filets liquides animés d'un mouvement rectiligne et uniforme, la pression est la même qu'à l'état statique, attendu que les forces extérieures se faisant équilibre sur chaque molécule d'un filet, les pressions que ce filet exerce ou supporte de la part des filets voisins sont les mêmes que si le liquide était en repos.

2° Il en est sensiblement de même quand, le mouvement

étant varié, l'accélération est faible, puisque l'on se trouve dans un état voisin de l'équilibre.

3° Si un fluide soumis à l'action de la pesanteur se meut par filets paraboliques, la pression est la même à l'intérieur de la gerbe qu'à l'extérieur, puisqu'il y a indépendance dans le mouvement des filets, qui n'exercent ainsi entre eux aucune action mutuelle.

Un tuyau sera limité pour nous par une surface engendrée par le périmètre d'un profil plan constant ou variable d'une manière continue, dont le plan, se déplace normalement à une courbe plane ou gauche, que le centre de gravité de l'aire est assujetti à décrire.

On admet en Hydraulique que toutes les molécules, qui, à un instant quelconque, se trouvent comprises entre deux sections infiniment voisines du tuyau ne cessent pas de se trouver entre deux sections de cette nature dans la suite du mouvement. C'est ce que l'on appelle l'*hypothèse des tranches,* qui n'est rationnelle que dans le cas de tuyaux de très-petite section, et à laquelle, comme nous le verrons plus tard, on est obligé de faire subir une correction lorsqu'il s'agit de grandes sections, comme celles que présentent les canaux.

§ II. — *Du mouvement des liquides uniquement soumis à l'action de la pesanteur.*

264. *Du mouvement non permanent dans un tuyau.* — Soient

s une portion de l'axe du tuyau mesurée à partir d'un point déterminé O;

ω l'aire de la section ab correspondant à s;

Π le poids spécifique du liquide;

V la vitesse de la tranche $aba'b'$ d'épaisseur ds et de masse $m = \frac{\Pi}{g}\omega\, ds$;

φ l'accélération de cette masse estimée dans le sens de la vitesse;

p, $p + \frac{dp}{ds} ds$ les pressions, rapportées à l'unité de surface, sur ab et $a'b'$.

La résultante, estimée dans le sens du mouvement, des pressions élémentaires qui s'exercent sur la surface totale de l'élément $aba'b'$, est égale à $-\omega \frac{dp}{ds} ds$; en effet les pressions élémentaires sur la paroi (aa', bb') ne pouvant donner dans cette direction qu'une quantité du premier ordre, on peut supposer qu'elles sont dues à la pression uniforme $\left(p + \frac{dp}{ds} ds\right)$, et ont ainsi pour résultante

$$-(ab - a'b')\left(p + \frac{dp}{ds} ds\right).$$

D'autre part, ab et $a'b'$ donnent lieu à la résultante

$$p.ab - \left(p + \frac{dp}{ds} ds\right) a'b',$$

expression qui, ajoutée à la précédente, donne bien le résultat annoncé.

Nous aurons donc ainsi

$$m\varphi = mg\cos(g, ds) - \omega \frac{dp}{ds} ds$$

ou

$$\frac{\varphi}{g} = \cos(g, ds) - \frac{1}{\Pi} \frac{dp}{ds}.$$

La vitesse V, à un même instant, varie d'un point à un autre du tuyau, et, en un même point de ce tuyau, elle varie dans les instants successifs du temps. C'est donc une fonction de s et de t; mais φ est la dérivée totale de V par rapport au temps, en remarquant que, pour la tranche considérée $aba'b'$, s est fonction du temps; on a donc

$$\varphi = \frac{dV}{dt} + \frac{dV}{ds}\frac{ds}{dt} = \frac{dV}{dt} + V\frac{dV}{ds},$$

par suite

$$\frac{V}{g}\frac{dV}{ds} + \frac{1}{g}\frac{dV}{dt} = \cos(g, ds) - \frac{1}{\Pi}\frac{dV}{ds}.$$

Si l'on appelle z la projection de s sur la verticale ou la distance du centre de gravité de ab au plan horizontal passant par O, on a

$$dz = ds \cos(g, ds),$$

par suite

$$\text{(A)} \qquad V\frac{dV}{g} + \frac{1}{g}\frac{dV}{dt}ds = dz - \frac{1}{\Pi}\frac{dp}{ds}ds,$$

formule qui s'applique à un fluide pesant quelconque, quelle que soit sa nature, c'est-à-dire la relation qui existe entre p et Π.

Soient

s_0, V_0, p_0, ω_0, z_0 les valeurs de s, V, p, ω et z qui se rapportent à une tranche liquide déterminée;

s_1, V_1, p_1, ω_1, z_1 les quantités correspondantes relatives aux molécules qui traversent au même instant une section déterminée par la valeur donnée s_1 de s.

On a

$$V_0\omega_0 = V_1\omega_1 = V\omega,$$

par suite

$$\text{(B)} \qquad V\frac{dV}{g} + \frac{\omega_1}{g}\frac{dV_1}{dt}\frac{ds}{\omega} = dz - \frac{1}{\Pi}\frac{dp}{ds}ds,$$

d'où

$$\frac{V_1^2 - V_0^2}{2g} + \frac{\omega_1}{g}\frac{dV_1}{dt}\int_{s_0}^{s_1}\frac{ds}{\omega} = z_1 - z_0 + \frac{1}{\Pi}(p_0 - p_1),$$

ou encore

$$\text{(1)} \qquad \frac{V_1^2}{2g}\left(1 - \frac{\omega_1^2}{\omega_0^2}\right) + \frac{\omega_1}{g}\frac{dV_1}{dt}\int_{s_0}^{s_1}\frac{ds}{\omega} = z_1 - z_0 + \frac{1}{\Pi}(p_0 - p_1).$$

265. *Application au cas où le liquide, étant contenu dans un vase, s'écoule dans l'atmosphère par un ajutage cylindrique vertical très-court.*

Nous attribuerons à l'ajutage une longueur strictement suffisante pour que les vitesses qui le traversent à la sortie puissent être considérées comme verticales; d'après l'expérience, cette longueur est très-petite et peut être négligée dans le calcul de l'intégrale de l'équation (1).

En supposant que ω_0 se rapporte au niveau et ω_1 à l'extrémité de l'ajutage, les pressions p_0 et p_1 sont égales à la pression atmosphérique, et, comme $z = s$, il vient

$$\frac{V_1^2}{2g}\left(1-\frac{\omega_1^2}{\omega_0^2}\right)+\frac{\omega_1}{g}\frac{dV_1}{dt}\int_{z_0}^{z_1}\frac{dz}{\omega}=z_1-z_0. \tag{1'}$$

1° *Le niveau est maintenu constant.* — En prenant l'origine O de z dans le plan du niveau, on a $z_0 = 0$; $\frac{\omega_1}{g}\int_{z_0}^{z_1}\frac{dz}{\omega}$ est une quantité constante que nous désignerons par K; on a, entre V_1 et t, l'équation

$$\frac{V_1^2}{2g}\left(1-\frac{\omega_1^2}{\omega_0^2}\right)+K\frac{dV_1}{dt}=z_1.$$

Si l'on pose

$$a=\frac{2gK}{1-\frac{\omega_1^2}{\omega_0^2}},\quad V'_1=\sqrt{\frac{2gz_1}{1-\frac{\omega_1^2}{\omega_0^2}}},$$

cette équation devient

$$dt=a\frac{dV_1}{V_1'^2-V_1^2},$$

d'où

$$t=\frac{a}{2V'_1}\log\frac{V'_1+V_1}{V_1'^2-V_1},$$

$$V_1=V'_1\frac{1-e^{-\frac{2V'_1}{a}t}}{1+e^{-\frac{2V'_1}{a}t}}.$$

La valeur de V_1 montre qu'au bout d'un certain temps, d'autant plus court que a ou ω_1 sera plus petit, les exponentielles sont sensiblement nulles, et que, par conséquent, V_1 converge vers la vitesse V'_1 correspondant au mouvement permanent qui sera ainsi rapidement atteint.

2° *Le vase supposé de forme prismatique à arêtes verticales se vide.* — Dans ce cas, on a $\omega = \omega_0$, et, en désignant par h la hauteur du niveau au-dessus du fond du vase, l'équation (1) donne

$$V_1^2\left(1-\frac{\omega_1^2}{\omega_0^2}\right)+2\frac{\omega_1}{\omega_0}\frac{dV_1}{dt}h=2gh;$$

or on a

$$V_0 = -\frac{dh}{dt} = V_1 \frac{\omega_1}{\omega_0},$$

d'où

$$\frac{dV_1}{dt} = \frac{dV_1}{dh}\frac{dh}{dt} = -\frac{\omega_1}{\omega_0} V_1 \frac{dV_1}{dh}.$$

L'équation ci-dessus devient donc

$$V_1^2\left(1 - \frac{\omega_1^2}{\omega_0^2}\right) - \frac{\omega_1^2}{\omega_0^2} h \frac{d(V_1^2)}{dh} = 2gh,$$

équation linéaire en V_1^2, dont l'intégrale est

$$V_1^2 = C e^{\frac{\omega_1^2}{\omega_0^2} - 1} + \frac{2gh}{1 - 2\frac{\omega_1^2}{\omega_0^2}},$$

C étant une constante que l'on déterminera par la condition que le vase commence à se vider ou que $V_1 = 0$ pour une valeur connue h_0 de h. Le temps sera *donné* en fonction de h par la formule

$$t = -\frac{\omega_0}{\omega_1}\int_{h_0}^{h} \frac{dh}{V_1},$$

dans laquelle on supposera $h = 0$, pour déterminer le temps au bout duquel le vase doit se vider.

266. *Du mouvement permanent.* — Nous aurons ici $\frac{dV_1}{dt} = 0$, et nous pourrons supposer que ω_0 se rapporte à une section déterminée du tuyau et ω_1 (dont nous supprimerons l'indice devenu inutile, de même que ceux de V_1 et p_1), à une section quelconque définie par la valeur de z mesurée à partir de la première. L'équation (B) devient ainsi

$$(2) \qquad \frac{V^2 - V_0^2}{2g} = \frac{p_0 - p}{\Pi} + z.$$

On peut arriver immédiatement à cette formule par la méthode suivante, dont nous ferons souvent l'application.

Au bout du temps infiniment petit θ, les molécules qui étaient dans les sections $a_0 b_0$ et ab sont venues respectivement dans les section $a'_0 b'_0$, $a' b'$; soit

$$(a) \qquad \mathrm{m} = \frac{\Pi}{g} \omega_0 V_0 \theta = \frac{\Pi}{g} \omega V \theta$$

la masse de $a_0 b_0 a'_0 b'_0$ égale à celle de $ab a' b'$.

Le demi-accroissement de la force vive $a_0 b_0 a b$ se réduit à

$$\mathrm{m} \frac{(V^2 - V_0^2)}{2},$$

puisque la force vive de la partie commune $a'_0 b'_0 ab$ n'a pas changé. Les pressions p_0 et p donnent le travail

$$p_0 \omega_0 V_0 \theta = \mathrm{m} \frac{p_0 g}{\Pi}, \quad - p \omega V \theta = \mathrm{m} \frac{pg}{\Pi}.$$

Le travail dû à la pesanteur se réduisant à

$$\mathrm{m} g z.$$

on a

$$(C) \qquad \frac{\mathrm{m}V^2 - \mathrm{m}V_0^2}{2} = \mathrm{m} g z + \mathrm{m} g \frac{(p_0 - p)}{\Pi},$$

et, en divisant par m, on retombe sur l'équation (2). Concevons que l'on établisse deux tubes verticaux non fermés à leurs extrémités supérieures ou *piézomètres* en $a_0 b_0$ et ab ; le liquide s'y élèvera respectivement en c_0 et c_1 à des hauteurs que nous désignerons par η_0 et η, correspondant aux pressions p_0 et p, et l'on aura

$$p_0 = \Pi \eta_0, \quad p = \Pi \eta,$$

d'où

$$\frac{V^2 - V_0^2}{2g} = \eta_0 + \eta + z.$$

Il est facile de voir que le second membre de cette équation représente la distance verticale de c_0 au-dessus de c ou ce que l'on appelle la *hauteur piézométrique*.

On peut donc énoncer ce théorème :

La différence des hauteurs dues aux vitesses en deux points d'un liquide pesant, animé d'un mouvement permanent, est égale à la hauteur piézométrique correspondante.

L'équation (2), en ayant égard à la relation (*a*), peut se mettre sous la forme

$$(3) \qquad V = \sqrt{\frac{2g\left(z + \frac{p_0 - p}{\Pi}\right)}{1 - \frac{\omega^2}{\omega_0^2}}},$$

qui donne la vitesse dans la section *ab*.

Nous ferons remarquer, d'après la formule (2), que la pression p est d'autant plus faible que la vitesse V est plus grande.

Remarque. — La formule (3) peut encore s'appliquer à l'écoulement permanent d'un liquide, contenu dans un vase, par un orifice très-petit pratiqué d'une manière quelconque dans la paroi.

En effet, on peut l'établir en considérant un faisceau de filets partant de la surface et aboutissant à l'orifice dans lequel les vitesses seront sensiblement égales, quoique pouvant avoir des directions différentes. On n'a plus qu'à admettre alors que les vitesses au niveau sont égales et verticales.

267. *Théorème de Daniel Bernoulli. — Contraction d'une veine fluide.* — Considérons un vase à niveau constant dont une portion de paroi soit plane, très-mince, horizontale ou verticale et dans laquelle on a pratiqué un orifice *a'b'* d'une section très-faible par rapport à celle du vase (*fig.* 95).

Fig. 95.

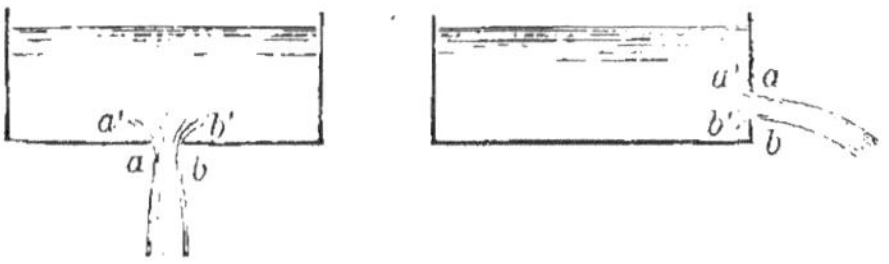

Par suite de l'obliquité des filets fluides par rapport à l'axe de l'orifice, la section de la veine éprouve, au delà de *a'b'*, une *contraction* en *ab* où elle est traversée normalement par les filets fluides.

La formule (3) peut donc s'appliquer ici en considérant ω_0 comme étant l'aire de la surface de niveau, ω comme celle de la *section contractée;* on a d'ailleurs, d'après la troisième des règles établies au numéro 263, $p = p_0$, puisque la pression atmosphérique s'exerce également sur $a_0 b_0$ et ab; il vient donc, en négligeant $\frac{\omega^2}{\omega_0^2}$ devant l'unité,

$$V = \sqrt{2gz}, \tag{4}$$

c'est-à-dire que la vitesse d'écoulement est égale à celle qui est due à la hauteur du liquide au-dessus de l'orifice, ce qui constitue ce que l'on appelle le *théorème de Daniel Bernoulli.*

La dépense d'un liquide en mouvement est le volume, estimé en mètres cubes, du fluide qui traverse une section déterminée censée normale à la direction des filets.

Soit, dans le cas actuel, Q la dépense, m le *coefficient de contraction*, c'est-à-dire le rapport de la section contractée à la section de l'orifice que nous désignerons maintenant par ω. La section contractée étant $m\omega$, il vient

$$Q = m\omega V = m\omega\sqrt{2gz}. \tag{5}$$

Il est clair que l'épaisseur plus ou moins grande d'une paroi n'a aucune influence sur le débit lorsque la veine se détache nettement du pourtour.

268. *Minimum du coefficient de contraction.* — Supposons qu'un vase, renfermant un liquide dont le niveau est maintenu constant, soit suspendu par des fils en un point fixe O; qu'il soit défini latéralement par une enveloppe cylindrique verticale, très-mince, dans laquelle on a pratiqué un orifice vertical $a'b'$ relativement très-petit.

Soit (*fig.* 85) $a_1 b_1$ l'intersection de la paroi opposée à l'orifice avec le cylindre normal au plan de la section contractée ab de cet orifice ayant pour base cette section. Le fluide prenant une vitesse sensible aux environs de a et b, la pression sur une certaine zone ($a'a''b'b''$) sera inférieure à la pression statique, de sorte que, pour maintenir l'équilibre du vase suspendu comme on l'a supposé, et en raison de ce que la pression est nulle en ab (en faisant abstraction de la pression atmosphérique qui ne joue ici aucun rôle), il faudra exercer sur $a_1 b_1$ une action **F** supérieure à la pression statique

Fig. 96.

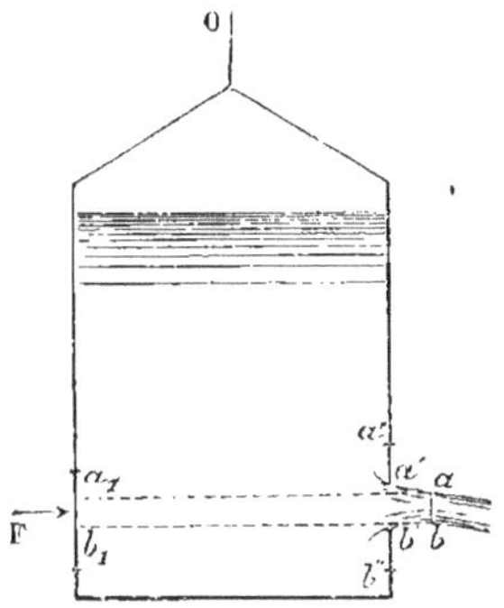

$\Pi \omega z$ et que nous pouvons représenter par

$$(6) \qquad F = i \Pi \omega z,$$

i étant au moins égal à l'unité.

Dans le temps infiniment petit θ, les molécules qui se trouvent en ab se déplacent et l'accroissement de leur quantité de mouvement est

$$\frac{\Pi}{g} Q \theta V;$$

mais, en prenant les moments par rapport au point O, on voit que cet accroissement est égal à l'impulsion $F\theta$ de la force **F**; il vient donc

$$(7) \qquad F = \Pi \frac{QV}{g}.$$

On déduit des formules (5), (6), (7), par l'élimination de **F** et V,

$$m = \frac{i}{2};$$

on voit ainsi que le coefficient de dépense sera généralement supérieur à $\frac{1}{2}$.

Dans le cas d'un orifice rentrant (*fig.* 97) les filets ne prennent une vitesse sensible qu'à l'orifice même, de sorte

Fig. 97

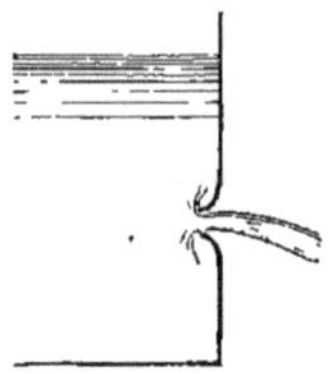

que l'on peut supposer $i = 1$, et l'on a pour le minimum de m

$$m = \frac{1}{2},$$

ce qui est conforme à une expérience de Borda.

269. *Résultats de l'expérience relatifs à la contraction d'une veine fluide en mince paroi.*

1° *Orifice circulaire.* — Soit d le diamètre de l'orifice : on a

$$m = 0,62 \quad \text{pour } d \begin{matrix} > 0^m,02 \\ < 0^m,16 \end{matrix}$$

et $z \leqq 6^m,80$.

2° Le coefficient de contraction pour un orifice quelconque ne dépend que de la largeur minimum de l'orifice et reste égal à 0,62, lorsque l'autre dimension n'est pas supérieure à vingt fois la première.

3° *Ajutages coniques très-courts.* — D'après Castel on a, en appelant $2\varphi'$ l'angle du cône,

pour $2\varphi' =$	8°	$m = 0,93$
»	15	0,94
»	20	0,92
»	30	0,90
»	40	0,87
»	50	0,85

On comprend pourquoi ce coefficient est très-voisin de l'unité, en raison de ce que la tendance au parallélisme des filets à la sortie de l'orifice (*fig.* 98) est facilitée par la forme même de cet orifice.

Fig. 98.

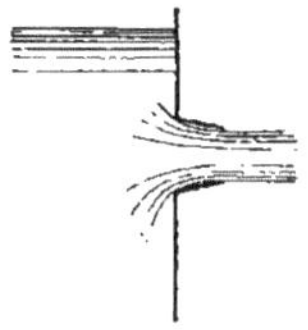

4° *Fausse paroi.* — Une *fausse paroi* est une portion matérielle du cylindre horizontal ayant pour base l'orifice, pénétrant dans la masse fluide (*fig.* 99). La contraction étant, ou

Fig. 99.

à peu près, supprimée suivant la fausse paroi, on obtient naturellement, pour un même orifice, un débit plus considérable.

D'après Bidone, on a

$$m = 0,62\left(1 + 0,152\frac{N}{P}\right),$$

formule empirique dans laquelle N est la longueur de la fausse paroi et P le périmètre de l'orifice.

Cette formule, qui n'est basée que sur un petit nombre d'expériences, ne doit pas être considérée comme offrant toutes les garanties voulues d'exactitude pour représenter les faits observés. Il n'est donc pas étonnant que très-souvent elle ne se retrouve pas d'accord avec les résultats des expériences du colonel Lesbros.

5° *Généralités relatives au cas où la contraction n'est pas complète.* — Lesbros a établi la règle suivante, qu'il n'a pas cru devoir transformer en formule empirique :

Le coefficient de dépense croît proportionnellement au rapport de la portion p du périmètre P *sur laquelle la contraction est supprimée à ce même périmètre.*

Comme pour $p = P$ on doit avoir $m = 1$, en supposant que le tuyau faisant suite à l'orifice ne soit pas prolongé au delà de la section contractée, on peut poser approximativement et sous toute réserve :

$$m = 0,62\left(1 + 0,61\,\frac{p}{P}\right).$$

270. *Induction théorique de Navier relative à la détermination du coefficient de contraction.*— Considérons un orifice horizontal plan ω pratiqué dans la paroi d'un vase, suivi ou non d'un ajutage conique, ayant un centre de figure O.

Menons, par la verticale Oz de ce centre, deux plans faisant entre eux un angle infiniment petit $d\theta$, qui déterminent dans ω deux fuseaux opposés par le sommet, dont nous représenterons l'aire totale par $d\omega$. Décomposons ensuite $d\omega$ en éléments égaux ayant pour centre le point O. Nous pourrons considérer chacun de ces éléments comme étant la section d'un filet déterminé par le plan de ω.

Soient

$V = \sqrt{2gz}$ la vitesse d'un filet dans cette section;

φ son inclinaison sur la verticale;

φ' le maximum de φ.

La moyenne vitesse verticale des filets dans $d\omega$ est évidemment

$$\frac{2\int_0^{\varphi'} V\cos\varphi\,d\varphi}{2\varphi'} = V\,\frac{\sin\varphi'}{\varphi'},$$

et l'on a pour la dépense correspondante

$$V\,\frac{\sin\varphi'}{\varphi'}\,d\omega = \frac{\sin\varphi'}{\varphi'}\sqrt{2gz}\,d\omega.$$

Il vient ainsi, pour le coefficient de contraction ou de dépense relatif à $d\omega$,

$$\frac{\sin\varphi'}{\varphi'},$$

et pour sa valeur moyenne dans la section entière

$$m = \frac{1}{2\pi}\int_0^{2\pi} \frac{\sin\varphi'}{\varphi'}\,d\theta$$

ou

$$(8) \qquad m = \frac{57,3}{2\pi}\int_0^{2\pi} \frac{\sin\varphi'}{\varphi'}\,d\theta,$$

en exprimant φ' en degrés.

Dans le cas d'un orifice plan, on a

$$\varphi' = \frac{\pi}{2},$$

d'où

$$m = 0,6366,$$

chiffre qui se rapproche beaucoup de 0,62, celui qui résulte de l'expérience.

Pour des orifices circulaires évasés à $2\varphi' = 20°$, $2\varphi' = 50°$, on trouve respectivement $m = 1,00$, $m = 0,93$, valeurs qui sont un peu supérieures à celles que nous avons indiquées au numéro précédent.

271. *Inversion de la veine fluide.* — Lorsque l'orifice n'est pas circulaire, le croisement des filets fluides donne lieu, au delà de la section contractée, à un phénomène connu sous le nom d'*inversion de la veine fluide*, et qui consiste en ce que la forme de la section de cette veine éprouve des variations telles, qu'elle finit par ne plus avoir le moindre rapport avec celle de l'orifice.

272. *Écoulement par un orifice de grandes dimensions.*

1° *Orifice horizontal.* — Admettons, faute d'autres éléments, que le rapport des sections des filets à la surface et dans la section contractée est constant et égal à celui des sections totales correspondantes ω_0 et $m\omega$, ω_0 étant la section de l'orifice.

En partant de la formule (3) et de la relation $Q = V\omega m = V_0\omega_0$, il vient

$$(9) \qquad Q = \frac{m\omega}{\sqrt{1 - m^2\frac{\omega^2}{\omega_0^2}}}\sqrt{2gz},$$

m étant un coefficient de contraction ou de dépense donné par l'expérience pour chaque nature d'orifice.

2° *Orifice vertical.* — Dans ce cas, on prendra la formule

$$(10) \qquad Q = \frac{m}{\sqrt{1 - m^2 \frac{\omega^2}{\omega_0^2}}} \int_0^{\omega} \sqrt{2gz}\, d\omega,$$

dans laquelle $d\omega$ désigne un élément horizontal de l'aire ω de l'orifice, déterminé par les ordonnées z et $z + dz$.

273. *Débit par un déversoir.* — Considérons un canal horizontal à section rectangulaire barré par un mur très-peu épais à sa partie supérieure qui est arasée horizontalement, par-dessus lequel l'eau peut s'écouler : nous aurons ce que l'on appelle un *déversoir*.

L'expérience fait connaître que le liquide, avant de passer sur le seuil du déversoir, éprouve une dénivellation notable.

Soient (*fig.* 100)

Fig. 100.

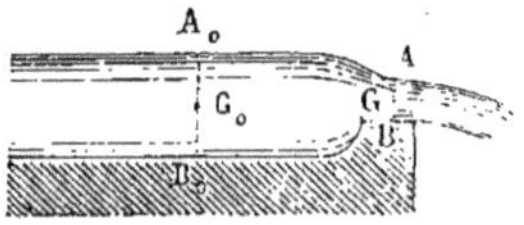

V_0 la vitesse des molécules qui traversent la section verticale A_0B_0 du canal, dont le centre de gravité est G_0;

V la vitesse sur le seuil du déversoir ou dans la section AB, dont G est le centre de gravité;

l_0 la largeur du canal, et l celle du déversoir;

z_0 et z les hauteurs de G_0 et G en contre-bas de A_0 et A;

ζ la dénivellation ou la hauteur verticale de A_0 au-dessus de A;

ω_0, ω les sections A_0B_0, AB;

p_a la pression atmosphérique.

La pression totale sur A_0B_0 étant

$$(p_a + \Pi z_0)\,\omega_0$$

et, sur AB,

$$(p_a + \Pi z)\,\omega,$$

il vient, d'après le principe des forces vives,

$$\frac{V^2 - V_0^2}{2g} = \frac{(p_a + \Pi z_0) - (p_a + \Pi z)}{\Pi} + (z - z_0 + \zeta) = \zeta,$$

d'où

$$(11) \qquad V = \sqrt{2g\zeta + V_0^2}.$$

Dans cette formule, on pourrait faire disparaître V_0 en partant de la relation $V_0\,\omega_0 = V\omega$; mais, au point de vue des applications, cette transformation serait plutôt nuisible qu'utile, comme nous allons le voir.

Supposons que l'on puisse mesurer la hauteur h de A_0 au-dessus du niveau du seuil du déversoir, la section du déversoir étant $l(h-\zeta)$; il vient, pour le débit,

$$(12) \qquad Q = l(h-\zeta)\sqrt{2g\zeta + V_0^2}.$$

Analytiquement le problème n'est pas soluble, puisqu'il dépend de deux quantités h et ζ qui doivent être liées entre elles par une loi que nous ne connaissons pas; mais, si nous admettons, ce qui est plus ou moins contestable, que les phénomènes naturels correspondent toujours à des conditions de maxima ou de minima, il vient pour la valeur de ζ, qui rend Q maximum,

$$\zeta = \frac{h}{3} - \frac{V_0^2}{3g},$$

par suite

$$Q = \frac{l}{3}\left(2h + \frac{V_0^2}{g}\right)\sqrt{\frac{2}{3}gh + \frac{V_0^2}{3}},$$

ou, en appelant h_0 la hauteur due à la vitesse,

$$(13) \qquad Q = \frac{2}{3}l(h+h_0)\sqrt{\frac{2g}{3}(h+h_0)} = 0{,}385\,l(h+h_0)\sqrt{2g(h+h_0)}.$$

Lorsqu'un déversoir correspond à une masse d'eau tranquille, comme celle d'un étang, par exemple, on peut négliger h_0, et il vient

$$(14) \qquad Q = 0{,}385\,lh\sqrt{2gh}.$$

La dépense réelle Q′, déduite de l'expérience, peut se représenter par la formule empirique

$$(15) \qquad Q' = mlh\sqrt{2gh},$$

m étant le coefficient de dépense.

D'après Poncelet et Lesbros, m irait en diminuant quand h augmente, mais ne varierait que de 0,424 à 0,385 dans leurs séries d'expériences; ces limites étant très-rapprochées l'une de l'autre, on prend généralement dans la pratique $m = 0,42$.

274. *Jaugeage par un déversoir.* — La formule (13) permet de déterminer facilement le débit d'un cours d'eau lorsqu'on a la possibilité de faire passer la lame liquide sur un déversoir. En effet, une règle et un niveau à bulle d'air permettent d'obtenir h; V_0, par suite h_0 (qui n'entre que comme élément de correction et qu'il suffit d'évaluer par approximation), peut se déterminer au moyen d'un flotteur en chêne qui donne la vitesse au niveau, peu différente de la vitesse moyenne, comme nous le verrons plus loin.

275. *De l'écoulement par une vanne.* — Il est clair que l'on doit appliquer ici la formule (5). L'expérience donne, pour la valeur du coefficient de dépense :

$m = 0,60$	vanne verticale,	contraction sur	4 côtés
0,63	»	»	3 »
0,65	»	»	2 »
0,69	»	»	1 »

Pour une vanne inclinée avec contraction sur un côté, on peut prendre

$m = 0,75$,	pour une inclinaison de	60 degrés	
0,80,	»	»	45 »

Pour les vannes d'écluses on prend $m = 0,63$.

§ III. — *Effets des changements brusques dans le mouvement des liquides.*

276. *Principe de Borda.* — Lorsque la vitesse des filets liquides varie brusquement en grandeur et en direction, comme cela arrive notamment quand la section d'un tuyau éprouve un élargissement brusque, il se produit des tourbillonnements avant que le liquide reprenne un mouvement régulier. La force vive que possède le liquide avant l'élargissement se décompose au delà en deux parties : l'une est due aux vitesses rotatoires des molécules qui produisent les tourbillonnements, et est bientôt détruite par l'effet de résistances analogues au frottement; l'autre est celle du fluide, lorsque son mouvement a lieu de nouveau, ou du moins très-sensiblement, par tranches.

En considérant les tourbillonnements comme le résultat du choc d'une masse liquide contre une autre animée d'une moindre vitesse et, en assimilant le choc à celui de deux corps mous, Borda a été conduit à poser en principe que de ce changement de mouvement doit résulter *une perte de travail mesurée par la demi-force vive,* par suite *une perte de charge, due à la vitesse perdue.*

Cette extension donnée ainsi, par un simple aperçu, au théorème de Carnot est très-contestable, car il s'en faut que le même raisonnement puisse s'appliquer dans deux circonstances aussi différentes.

Mais on peut justifier ainsi qu'il suit le principe dont il s'agit.

Soient (*fig.* 101)

Fig. 101.

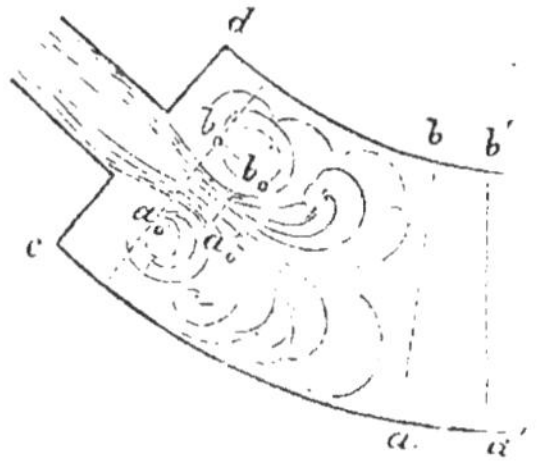

$a_0 b_0$ la section contractée ω_0 de la veine à son entrée dans la partie élargie d'un tuyau;

ab la section ω de cette partie, dans laquelle le mouvement commence à devenir régulier;

V_0, V les vitesses, p_0, p les pressions dans les sections $a_0 b_0$ et ab;

$acdb$ la portion de la paroi de la partie élargie, limitée à la section ab, qui se raccorde avec l'autre partie du tuyau.

Nous admettrons que la pression est très-sensiblement égale à p_0 dans la masse tourbillonnante, jusqu'à une petite distance de ab (dans l'étendue de laquelle elle devient assez rapidement égale à p, pour que l'on puisse considérer la transition comme ayant lieu brusquement).

Si ab est suffisamment grand par rapport à $a_0 b_0$, ou bien si le tuyau d'arrivée de l'eau pénètre sur une assez grande longueur dans la partie élargie, cette dernière, jusqu'à ab, ne sera pas complétement occupée par les tourbillonnements, dont la région sera limitée par une masse de liquide que l'on peut considérer comme stagnante. Mais, dans ce cas, on peut concevoir que le tuyau élargi soit remplacé jusqu'à ab par une paroi fictive limitant les tourbillonnements.

Désignons par U la vitesse perdue entre $a_0 b_0$ et ab, c'est-à-dire la différence géométrique de V_0 et V, et par u sa projection sur la direction de V.

On voit sans peine que

$$V_0^2 = V^2 + U^2 - 2Vu,$$

d'où

$$\frac{V^2}{2g} - \frac{V_0^2}{2g} = -\frac{U^2}{2g} + \frac{Vu}{g}. \tag{1}$$

Au bout du temps infiniment petit θ, les molécules qui se trouvaient en $a_0 b_0$ et ab sont venues respectivement en $a'_0 b'_0$, $a'b'$ et, appelant m la masse

$$a_0 b_0 a'_0 b'_0 = aba'b' = \frac{\Pi}{g}\omega V\theta = \frac{\Pi}{g}\omega_0 V_0 \theta,$$

l'accroissement de la quantité de mouvement en projection sur la direction de V, éprouvé par la masse fluide $a_0 b_0 ab$, lorsqu'elle vient en $a'_0 b'_0 a'b'$, est

$$\mathrm{m}u = \frac{\Pi}{g} V\omega u,$$

en remarquant que la quantité de mouvement de la partie commune $a'_0 b'_0 ab$ n'a pas changé.

En vertu de l'hypothèse que nous avons faite sur la pression dans la masse *abcd*, p_0, p donnent respectivement, suivant la direction de V, les impulsions

$$p_0\,\omega\theta \quad \text{et} \quad -p\omega\theta.$$

Soient W le volume du fluide ramené au repos, c'est-à-dire au poids spécifique Π, compris entre *cd* et *ab*; β l'angle que fait N avec la verticale. La pesanteur donnant l'impulsion

$$\Pi W \theta \cos\beta,$$

il vient, d'après un principe connu,

$$(2) \qquad \frac{\Pi}{g} V\omega u = (p_0 - p)\omega + \Pi W \cos\beta.$$

Comme la distance entre *cd*, *ab* est toujours petite; on peut, sans grande erreur, supposer ces deux sections égales et le volume W équivalent à celui qui est compris entre ces deux sections, quoiqu'il lui soit inférieur; alors $\frac{W\cos\beta}{\omega}$ devient la hauteur verticale z du centre de gravité de $a_0\,b_0$ au-dessus de celui de *ab*.

On a donc, en se reportant à l'équation (1) et en vertu de la valeur (2),

$$(3) \qquad \frac{V^2 - V_0^2}{2g} = z + \frac{p_0 - p}{\Pi} - \frac{U^2}{2g},$$

ce qui établit le principe énoncé.

Si l'axe de l'élargissement est rectiligne et se trouve dans le prolongement de celui du tuyau d'arrivée, on a

$$U = V_0 - V,$$

et la formule (3) devient

$$\frac{V(V - V_0)}{g} = \frac{p_0 - p}{\Pi} + z.$$

277. *Effet d'un étranglement qui succède à un élargissement brusque.* — Supposons qu'il y ait un étranglement au delà de *ab*, et soient ω'_0, V'_0, p'_0 la section contractée, la vi-

tesse, la pression relatives à cet étranglement; z_1 la hauteur du centre de gravité de ω'_0 en contre-bas de celui de ω. On a

$$\frac{V_0'^2 - V^2}{2g} = \frac{p - p'_0}{\Pi} + z_1;$$

mais

$$\frac{V^2 - V_0^2}{2g} = \frac{p_0 - p}{\Pi} + z - \frac{U^2}{2g};$$

par suite, en ajoutant,

$$\frac{V_0'^2 - V_0^2}{2g} = \frac{p_0 - p'_0}{\Pi} + z' - \frac{U^2}{2g},$$

z' étant la hauteur du centre de gravité de ω_0 au-dessus de celui de ω'.

Ainsi la formule fondamentale de l'Hydraulique s'applique encore dans ce cas, en tenant compte toutefois de la perte de charge due à l'élargissement brusque.

278. *Influence d'une succession d'élargissements brusques sur le mouvement d'un liquide.* — En accentuant en conséquence les quantités qui se rapportent aux élargissements successifs, on a

$$\frac{V_0'^2 - V_0^2}{2g} = \frac{p_0 - p'_0}{\Pi} + z'_0 - \frac{U^2}{2g},$$

$$\frac{V_0''^2 - V_0'^2}{2g} = \frac{p'_0 - p''_0}{\Pi} + z''_0 - \frac{U'^2}{2g},$$

. . . . ,

$$\frac{(V_0^{(n)})^2 - (V_0^{(n-1)})^2}{2g} = \frac{p_0^{(n-1)} - p_0^{(n)}}{\Pi} + z_0^{(n)} - \frac{(U^{(n-1)})^2}{2g},$$

d'où, en ajoutant,

$$\frac{(V_0^{(n)})^2 - V_0^2}{2g} = \frac{p_0 - p_0^{(n)}}{\Pi} + \Sigma z - \Sigma \frac{U^2}{2g}.$$

Cette relation n'est autre chose que celle qui résulte de l'application de la formule générale de l'Hydraulique aux deux orifices extrêmes, en y introduisant toutefois les pertes de charge dues aux élargissements brusques intermédiaires.

279. *Écoulement à l'air libre d'un vase maintenu à niveau constant par un ajutage cylindrique très-court.* — Nous supposerons l'ajutage horizontal et suffisamment court pour qu'il n'y ait pas lieu de faire intervenir le frottement dont nous nous occuperons plus loin.

Soient (*fig.* 102)

Fig. 102.

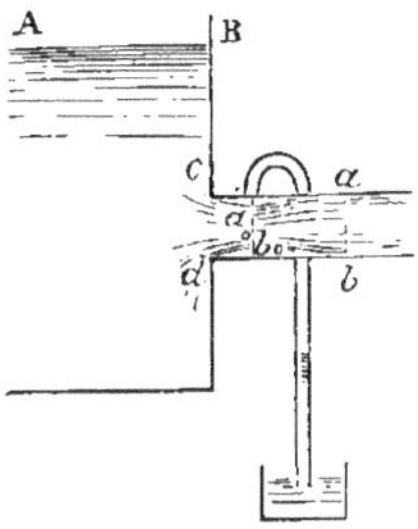

AB le niveau du liquide;

h sa hauteur au-dessus du centre de gravité de la section ω du tube;

ω_0 la section contractée a_0b_0 du liquide, située à quelque distance au delà de la naissance cd du tube.

Un peu au delà de a_0b_0, en ab, le liquide remplit complétement le tuyau en prenant une vitesse plus faible, d'où une perte de force vive dont il convient de tenir compte. Nous désignerons par p la pression atmosphérique qui s'exerce en AB et ab, p_0 la pression en $a_0\,b_0$, m le coefficient de contraction, V, V_0 les vitesses en ab et $a_0\,b_0$. Nous aurons

$$\omega_0 = \omega m,$$
$$V\omega = V_0\,\omega\, m,$$

d'où

(1) $$V_0 = \frac{V}{m}.$$

Le niveau du liquide étant censé très-étendu par rapport à ω_0 ou ω, il vient

(2) $$\left\{\begin{aligned} \frac{V_0^2}{2g} &= h + \frac{p - p_0}{\Pi}, \\ \frac{V^2}{2g} &= h - \frac{(V_0 - V)^2}{2g}, \end{aligned}\right.$$

La dernière de ces formules donne, en vertu de la relation (1),

$$(3) \qquad V = \mu\sqrt{2gh},$$

en posant

$$(4) \qquad \mu = \frac{1}{\sqrt{1+\left(\frac{1}{m}-1\right)^2}}.$$

Si l'on prend $m = 0,62$ (269), on trouve

$$\mu = 0,85,$$

chiffre qui diffère peu de la valeur $\mu = 0,82$ donnée par l'expérience.

La première des formules (2) devient

$$\frac{p-p_0}{\Pi} = \left(\frac{\mu^2}{m^2}-1\right)h,$$

et, en prenant $\mu = 0,82$, il vient

$$\frac{p-p_0}{\Pi} = 0,75h.$$

La pression en a_0b_0 est ainsi inférieure à la pression atmosphérique, ce qui est conforme à une expérience de Venturi, qui a démontré qu'en adaptant à l'ajutage un tube qui, recourbé verticalement, venait plonger dans un vase, l'eau s'élevait dans le tube à une certaine hauteur représentant précisément la valeur de $\frac{p-p_0}{\Pi}$, qu'il a trouvée égale à $0,74h$.

Cette perte de pression dans la section contractée explique le jeu des *trompes* et le tirage dans les cheminées des locomotives produit par l'échappement de la vapeur.

Lorsque l'on veut élever le niveau d'un canal, barré déjà par un certain nombre de poutrelles superposées, il suffit de faire jeter en deçà une poutrelle semblable, et d'en diriger le mouvement de manière qu'elle reste perpendiculaire au fil de l'eau; cette poutrelle, arrivée au-dessus des autres, détermine un ajutage cylindrique, d'où une diminution de pression qui a pour résultat de faire tomber la poutrelle brusquement sur la crête du barrage, dont le niveau se trouve ainsi exhaussé.

280. *Ajutages divergents* (*fig.* 103). — Supposons que V_0, p_0 se rapportent à l'ouverture de la paroi ω_0 et V à une section

Fig. 103.

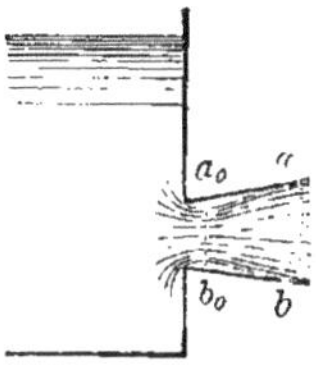

quelconque ω de l'ajutage, p et h ayant les mêmes significations que plus haut. Il vient, en remarquant que, vu la continuité de forme de l'ajutage, il n'y a pas de perte de force vive,

$$\frac{V_0^2}{2g} = h + \frac{p - p_0}{\Pi}, \quad \frac{V^2}{2g} = h,$$

d'où, en divisant ces deux équations l'une par l'autre et remarquant que $V_0 = \frac{V\omega}{\omega_0}$,

$$\frac{p_0}{\Pi h} = \frac{p}{\Pi h} + 1 - \frac{\omega^2}{\omega_0^2}.$$

Or, pour que le mouvement ait lieu comme on l'a supposé dans ab, ou à *gueule bée*, il faut que p_0 soit positif, ce qui exige que

$$\frac{\omega}{\omega_0} < \sqrt{\frac{1}{h}\left(\frac{p}{\Pi} + h\right)}.$$

Si cette condition n'est pas satisfaite, le liquide ne remplira pas complétement la section ab et la partie divergente deviendra alors inutile.

Dans une expérience pour laquelle $h = 0,880$, Venturi a trouvé 3,03 comme limite supérieure de $\frac{\omega}{\omega_0}$, tandis que le calcul donne 3,54. A la vérité l'ajutage dont s'est servi ce physicien laissait à désirer au point de vue de la continuité de la forme.

§ IV. — *Du frottement des liquides dans les tuyaux de conduite.*

281. Considérons un liquide en mouvement dans un tuyau rectiligne dont la section soit circulaire, et concevons que l'on décompose toute la masse fluide en cylindres annulaires très-minces, de même axe que le tuyau, et que nous désignerons, pour abréger, par a_1, a_2,..., en commençant par celui qui a le plus grand diamètre.

Du mouvement des molécules fluides résulte des composantes tangentielles résistantes, produisant des effets analogues à ceux du frottement entre les corps solides. La paroi du cylindre, sur une longueur ds par exemple, développera sur a_1 un frottement qui tendra à en diminuer la vitesse; le mouvement de a_1 ainsi ralenti donnera lieu au frottement sur a_2 dont le mouvement sera ensuite retardé, mais ce frottement viendra plus ou moins en compensation avec la première cause retardatrice de a_1; a_2 agira de la même façon sur a_3, et ainsi de suite.

On voit ainsi que la couche centrale possédera la plus grande vitesse, et que la vitesse des autres ira en diminuant à mesure que leur rayon augmentera.

En maintenant l'hypothèse des tranches, il est visible qu'on sera obligé de faire intervenir une résistance totale pour rendre compte des faits observés relativement au mouvement des liquides sur de grandes longueurs. Cette résistance, pour une tranche d'épaisseur ds, sera évidemment proportionnelle à ds; il paraît naturel de la supposer proportionnelle au périmètre intérieur σ du tuyau et à une certaine fonction $f(V)$ de la vitesse moyenne; enfin on admet qu'elle est proportionnelle au poids spécifique Π du fluide et indépendante de la forme de la section. On peut donc la représenter par

$$\Pi\sigma f(V)ds.$$

En nous reportant au n° 266 et continuant à désigner par $m = \omega \frac{\Pi}{g} V\theta$ la masse fluide débitée dans le temps θ par la section ω, le travail de cette résistance dans le temps θ sera

$$\Pi\sigma f(V)\,ds\,V\theta = \frac{\sigma}{\omega} f(V)\,g\,ds\,m.$$

Nous aurons donc, pour la longueur l du tuyau, que nous ne sommes plus obligé dès maintenant de considérer comme rectiligne et comme ayant une section uniforme, le travail résistant total

$$mg \int_0^l \frac{\sigma}{\omega} f(V)\,ds.$$

En introduisant, avec le signe —, ce terme dans le second membre de la formule (C) du numéro précité, il vient

$$\frac{mV^2 - mV_0^2}{2g} = mgz + \frac{(p_0 - p)}{\Pi} mg - mg \int_0^l \frac{\sigma}{\omega} f(V)\,ds,$$

ou

$$(1) \qquad \frac{V^2 - V_0^2}{2g} = z + \frac{p_0 - p}{\Pi} - \int_0^l \frac{\sigma}{\omega} f(V)\,ds;$$

comme on a

$$V_0 \omega_0 = V\omega,$$

l'intégrale du second membre de l'équation ci-dessus ou la perte de charge due au frottement devient

$$(2) \qquad \int_0^l \frac{\sigma}{\omega} f\left(V_0 \frac{\omega_0}{\omega}\right) ds,$$

et ne dépend ainsi que de la forme du tuyau ou des valeurs de σ et ω exprimées en fonction de s.

En considérant respectivement σ et ω comme le périmètre et la surface d'un cercle dont le diamètre serait D, on a $\frac{\sigma}{\omega} = \frac{4}{D}$; D est ce qu'on appelle le *diamètre moyen de la section*. La formule (1) devient alors

$$\frac{V^2 - V_0^2}{2g} = z + \frac{p_0 - p}{\Pi} - 4 \int_0^l f(V) \frac{ds}{D}.$$

S'il y a des pertes de charge dues à des élargissements brusques, il faudra les retrancher du second membre de cette équation.

282. *Cas du mouvement uniforme.* — Si la vitesse est constante dans toute la longueur du tuyau, on a

$$z + \frac{p_0 - p}{\Pi} = 4f(V) \int_0^l \frac{ds}{D}.$$

Le premier membre de cette formule est la différence des hauteurs piézométriques ζ dans les sections extrêmes du tuyau. En désignant par I le rapport $\frac{\zeta}{l}$ ou la *perte de charge* par mètre courant, il vient

$$\frac{I}{4} = \frac{f(V)}{l} \int_0^l \frac{ds}{D}. \qquad (4)$$

Lorsque la section est uniforme ou que D est constant, on a tout simplement

$$\frac{DI}{4} = f(V). \qquad (5)$$

C'est dans ce cas particulier que l'on s'est placé expérimentalement pour déterminer empiriquement la forme de la fonction $f(V)$. On est ainsi arrivé à poser

$$f(V) = aV + bV^2,$$

ce qui donne, lorsque la section est circulaire et uniforme,

$$\zeta = \frac{4l}{D}(aV + bV^2), \qquad (6)$$

$$\frac{DI}{4} = aV + bV^2. \qquad (7)$$

D'après Darcy on a, R étant le rayon de la section,

$$\left.\begin{aligned} a &= \frac{32}{10^6} + \frac{376}{10^{11}R^2} \\ b &= \frac{443}{10^6} + \frac{62}{10^7 R} \end{aligned}\right\} \text{pour les tuyaux recouverts de dépôts.}$$

$$\left.\begin{aligned} a &= 0 \\ b &= \frac{507}{10^6} + \frac{647}{10^8}\frac{1}{R} \end{aligned}\right\} \text{pour les tuyaux qui ont quelque temps d'usage.}$$

S'il s'agit de tuyaux en fonte neuve, les coefficients doivent être réduits environ de moitié.

Si R est compris entre 0,03 et 0,50, comme les limites de b sont $\frac{723}{10^6}$ et $\frac{520}{10^6}$, on peut supposer approximativement que ce coefficient est constant et égal à sa moyenne valeur $\frac{625}{10^6}$.

283. *Écoulement, par un tuyau, d'un liquide pesant d'un réservoir dans un autre, tous deux maintenus à un niveau constant.* — Ce problème se présente fréquemment dans les questions d'établissement de fontaines publiques (*fig.* 104).

Fig. 104.

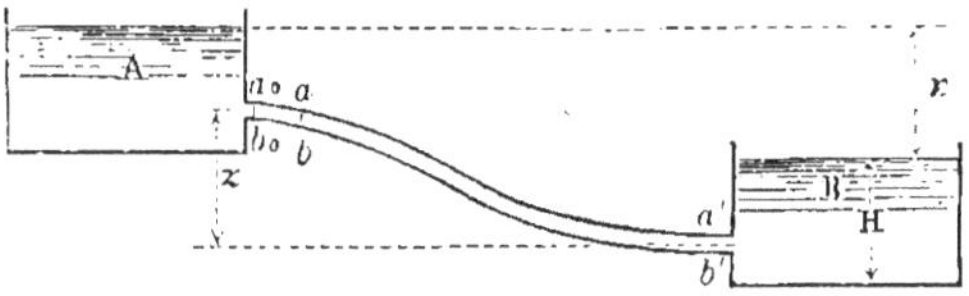

Nous supposerons que la section du tuyau est constante; ce tuyau joue, par rapport au réservoir d'amont A, le rôle d'un ajutage cylindrique, et il se produit au delà de la naissance $a_0 b_0$ une contraction suivie d'une perte de force vive qui réduira à 82 pour 100, comme nous l'avons vu plus haut, la vitesse calculée théoriquement.

Soient

H, H' les hauteurs des niveaux dans les réservoirs d'alimentation A et de réception B au-dessus des centres de gravité de la section du tuyau au départ et au débouché;

p_0 la pression atmosphérique;

p la pression en ab mesurée immédiatement au delà de la contraction;

p' la pression au débouché $a'b'$;

V la vitesse dans le tuyau;

nous aurons

$$V = 0,82\sqrt{2gH + 2g\frac{(p_0 - p)}{\Pi}}$$

ou

$$\frac{p_0 - p}{\Pi} + \mathrm{H} = 1,49\frac{\mathrm{V}^2}{2g}.$$

D'autre part,

$$\frac{p'}{\Pi} = \frac{p_0}{\Pi} + \mathrm{H}',$$

d'où, en éliminant p_0,

$$\frac{p - p'}{\Pi} = \mathrm{H} - \mathrm{H}' - 1,49\frac{\mathrm{V}^2}{2g}.$$

Désignons maintenant par x et z les hauteurs du niveau de A au-dessus de B et du centre de gravité de ab au-dessus de celui de $a'b'$, et continuons à représenter par ζ la différence des hauteurs piézométriques en ab et cd.

Si nous ajoutons z aux deux membres de la formule précédente, on a

$$\zeta = \frac{p - p'}{\Pi} + z = \mathrm{H} - \mathrm{H}' + z - 1,49\frac{\mathrm{V}^2}{2g} = x - 1,49\frac{\mathrm{V}^2}{2g},$$

d'où, en vertu de la relation (6), qui est évidemment applicable au cas actuel,

$$x = \frac{4l}{\mathrm{D}}(a\mathrm{V} + b\mathrm{V}^2) + 1,49\frac{\mathrm{V}^2}{2g}.$$

Si, comme on le fait d'habitude, on néglige le terme $1,49\frac{\mathrm{V}^2}{2g}$, qui est ordinairement très-petit, on a $\zeta = x$, et il suffit d'employer la formule (7), dans laquelle I désigne alors la pente par mètre courant calculée en raison de la différence des niveaux.

Cette formule permet de déterminer D quand x est donné et inversement.

284. *Des embranchements.* — Les règles pratiques relatives à l'établissement des embranchements étant purement empiriques et très-contestables, nous ne croyons pas devoir même les énoncer ici, et nous renverrons pour cet objet aux Ouvrages de Mécanique pratique et aux Aide-mémoire.

§ V. — *De l'influence des coudes.*

285. *Expériences de Dubuat. Formule d'interpolation de Navier.* — Un coude vif dans un tuyau donne lieu à une perte de charge que l'on évaluera en faisant l'application du principe de Borda. Supposons, par exemple, que la section du tuyau, par suite la vitesse V du fluide, ne change pas au delà du coude, et soit α l'angle de ce coude; la vitesse perdue est

$$2V\cos\frac{\alpha}{2},$$

et la perte de charge correspondante

$$\frac{V^2}{2g}\,4\cos^2\frac{\alpha}{2}.$$

Ainsi, si le coude est de 90 degrés, la perte de charge est double de la hauteur due à la vitesse; on voit aussi combien il est important d'éviter les coudes vifs et de n'employer, autant que possible, que des coudes d'une très-grande ouverture.

Il semblerait, *a priori*, que les coudes, raccordant d'une manière continue les deux branches d'un tuyau, ne devraient pas donner lieu à une perte de charge; néanmoins, quelques expériences de Dubuat ont démontré qu'il n'en est pas ainsi; les résultats qu'il a obtenus ont conduit Navier, pour représenter la perte de charge, à la formule d'interpolation suivante :

$$\frac{V^2}{2g}(0{,}0039 + 0{,}0186\,R)\frac{c}{R^2};$$

dans laquelle R est le rayon de l'arc moyen du coude qui réunit les axes des deux branches du tuyau, c la longueur de cet arc.

On a reconnu qu'un coude n'a aucune influence appréciable sur le mouvement du liquide lorsque son rayon est au moins égal à dix fois le diamètre du tuyau.

286. *Essai sur la détermination de la perte de charge due aux coudes dans un tuyau circulaire.* — Supposons que le

plan de la figure soit celui que déterminent les axes F_0E_0, FE (*fig.* 105) des branches rectilignes du tuyau par où le liquide arrive dans le coude et où il sort.

Fig. 105.

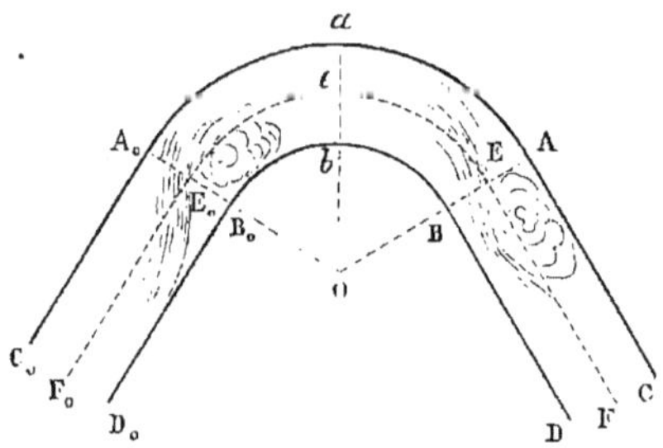

Soient

$A_0E_0B_0$, AEB les traces des sections de raccordement du coude avec les deux branches;
O leur intersection;
R le rayon $E_0O = EO$ de l'arc E_0E du coude;
V la vitesse moyenne dans les deux branches E_0F_0, EF;
r le rayon de la section du tuyau.

Supposons que, à une certaine distance au delà de A_0B_0 et en deçà de AB, le mouvement ait lieu par tranches normales à E_0E, conformément à l'hypothèse que nous avons faite dès l'origine; ces tranches se mouvront uniformément autour de l'axe O avec une vitesse angulaire que nous désignerons par ω. En appelant $d\alpha$ un élément d'une section ab du coude, déterminé par deux perpendiculaires au plan de la figure infiniment voisines, x sa distance au centre c de cette section, considérée comme positive ou négative selon qu'elle est mesurée au delà ou en deçà de c, la vitesse du fluide dans $d\alpha$ est $(R+x)\,d\alpha$, et l'on a, par suite de la permanence du mouvement,

$$V\pi r^2 = \int \omega(R+x)\,d\alpha = \omega R\pi r^2,$$

d'où

$$V = \omega R, \quad \omega = \frac{V}{R},$$

ce qui exprime que la vitesse est la même que dans les branches pour toute la portion de surface cylindrique dont la trace est $E_0 c E$.

Mais, si tous les filets qui traversent $A_0 E_0$ passent de la vitesse V à une plus grande vitesse, il faut qu'un peu au delà il y ait une contraction. Au delà de $E_0 B_0$ il y a nécessairement une perte de force vive, puisque les filets passent de la vitesse V à une vitesse plus faible. Par des raisons analogues, au delà de AE et de EB il y a respectivement une perte de force vive et une contraction.

On observe que les choses se passent à peu près de cette manière dans les coudes des cours d'eau, en remarquant que les atterrissements se forment principalement aux points où il y a des remous.

La perte de force vive totale sera donc

$$\frac{\Pi}{g}\int_0^{\frac{\pi r^2}{2}}\left[V-\frac{V}{R}(R+x)\right]^2 V\,dx+\frac{\Pi}{g}\int_0^{\frac{\pi r^2}{2}}\left[V\frac{(R+x)}{R}-V\right]^2 V\,dx$$

$$=\frac{\Pi}{g}\frac{V^3}{R^2}\int_0^{\pi r^2} x^2\,dx=\frac{\Pi V^2}{gR^2}\,\frac{V\pi r^4}{4}=\Pi Q V^2\frac{r^2}{4R^2},$$

d'où, pour la perte de charge,

$$\frac{V^2}{2g}\,\frac{r^2}{4R^2}.$$

Cette formule donne des valeurs plus faibles que celle de Navier; mais les résultats des expériences de Dubuat, qui ont servi à l'établir, sont contestables, attendu que ce physicien n'a opéré que sur des tubes très-courts, de sorte que le mouvement régulier a pu fort bien ne pas être établi dans le coude, d'où a dû résulter une augmentation de perte de charge.

§ VI. — *Du mouvement permanent des liquides dans les canaux découverts.*

287. *Correction relative à l'hypothèse des tranches.* — L'hypothèse des tranches, pour le mouvement de l'eau dans

un canal découvert, c'est-à-dire lorsque le courant est en contact avec l'atmosphère, n'est admissible (au point de vue de l'exactitude qu'on veut obtenir) qu'autant qu'on lui fait subir une certaine correction.

Soient

v la vitesse réelle du courant correspondant à un élément $d\omega$ de la section normale ω à la direction des filets;

V la vitesse moyenne relative à ω, c'est-à-dire la vitesse constante qu'aurait le courant à travers cette section pour donner lieu au débit réel Q par seconde.

On a, par hypothèse,

$$Q = \int v\, d\omega = V\omega,$$

et, en posant

$$(a) \qquad v = V + \varepsilon,$$

cette relation se réduit à la suivante :

$$(b) \qquad \int \varepsilon\, d\omega = 0.$$

La force vive du liquide qui traverse ω dans le temps infiniment petit θ est

$$(c) \qquad \int \frac{\Pi}{g} \theta v\, d\omega\, v^2 = \frac{\Pi\theta}{g} \int v^3 d\omega;$$

mais, en vertu des relations (a) et (b), on a

$$\int v^3 d\omega = \int (V^3 + 3V^2\varepsilon + 3V\varepsilon^2 + \varepsilon^3)\, d\omega = V^3\omega + \int \varepsilon^2 (3V + \varepsilon)\, d\omega$$
$$= V^3\omega + \int \varepsilon^2 (2V + v)\, d\omega.$$

Or, les éléments de cette dernière intégrale étant tous positifs, on voit que

$$\int v^3 d\omega > V^3\omega$$

ou que

$$\frac{\Pi\theta}{g} \int v^3 d\omega > \Pi \frac{V^3}{g} \omega\theta = \Pi \frac{Q\theta V^2}{g};$$

en d'autres termes, la force vive du liquide est supérieure à celle qui résulterait de l'hypothèse d'une vitesse uniforme dans toute la section considérée.

Si donc on prend deux sections ω, ω_0 du courant pour lesquelles les vitesses moyennes seraient V et V_0, en supposant que, pour ces deux sections, on puisse admettre un même coefficient de correction $\alpha > 1$, l'accroissement de la demi-force vive dans le temps θ de la masse de fluide primitivement limitée par ω_0 et ω sera

$$\frac{\alpha \Pi Q \theta}{2g}(V^2 - V_0^2).$$

D'après Vauthier, on a

$$\alpha = 1,03 \quad \text{pour} \quad V = 1,50,$$
$$\alpha = 1,10 \quad \text{»} \quad V = 0,25.$$

Des expériences plus récentes de M. Bazin, et qui ont le cachet d'une grande précision, ont conduit cet ingénieur à établir la relation

$$\alpha = 1 + 1,07\left(\frac{W}{V} - 1\right)^2,$$

formule dans laquelle W représente la vitesse à la surface; dans la limite des cas usuels où $\frac{W}{V} = \frac{2}{3}$, $\frac{W}{V} = \frac{4}{5}$, on trouve respectivement $\alpha = 1,27$ et $1,10$. On pourra toujours, sans erreur sensible, supposer constamment

$$\alpha = 1,10.$$

288. *Formule générale relative au mouvement d'un liquide pesant dans un canal.* — Nous supposerons que les sections ω soient normales au lieu géométrique de leurs centres de gravité. Si cette ligne n'est pas comprise dans un plan vertical, la *fig.* 106 représentera le développement de la section faite par le cylindre vertical correspondant à cette même ligne.

Soient

G_0, G les centres de gravité des sections ω_0 et ω représentées par A_0B_0, AB;

I_0, I les intersections des verticales de G_0 et G avec le plan horizontal mené en A_0;

Fig. 106.

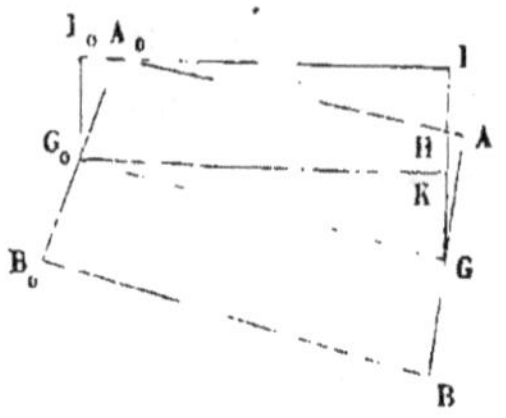

K, H les intersections de GI avec le plan horizontal passant par G_0 et avec le niveau;

$IH = z$ la dénivellation de A_0 en A;

σ la portion *mouillée* du périmètre de ω;

$\frac{\omega}{\sigma} = R$ ce qu'on appelle, quoique à tort, le *rayon moyen* de cette section.

En désignant par p_a la pression atmosphérique, les hauteurs d'eau dues aux pressions sur ω_0 et ω, évaluées comme à l'état statique, seront

$$\frac{p_a + \Pi G_0 I_0}{\Pi}, \quad \frac{p_a + \Pi GH}{\Pi},$$

et l'on verrait, comme pour les tuyaux, en introduisant toutefois le coefficient de correction α relatif à l'hypothèse des tranches, que l'on a

$$\alpha \frac{(V^2 - V_0^2)}{2g} = \frac{p_a + \Pi G_0 I_0 - (p_a + \Pi GH)}{\Pi} + GK - \int \frac{\sigma}{\omega} f(V)\, ds,$$

$\Pi f(V)$ étant la résistance due au frottement.

En réduisant, on trouve

$$(1) \qquad \alpha \frac{(V^2 - V_0^2)}{2g} = z - \int f(V) \frac{ds}{R}.$$

D'après M. Bazin, on a

$$(2) \qquad f(V) = bV^2,$$

b étant un coefficient dépendant de la nature de la paroi et du rayon moyen de la section; ainsi l'on a

$$b = \frac{15}{10^5}\left(1 + \frac{0,03}{R}\right) \quad \text{pour des parois très-unies,}$$

$$b = \frac{19}{10^5}\left(1 + \frac{0,07}{R}\right) \quad \text{» unies,}$$

$$b = \frac{24}{10^5}\left(1 + \frac{0,25}{R}\right) \quad \text{» peu unies,}$$

$$b = \frac{28}{10^5}\left(1 + \frac{1,25}{R}\right) \quad \text{» en terre.}$$

289. *Condition nécessaire pour que le mouvement soit uniforme.* — On a ici, par hypothèse, $V = V_0 = \text{const.}$; l'équation (1) donne, par suite,

$$(3) \qquad z = \int f(V) \frac{ds}{R},$$

intégrale que l'on pourra toujours obtenir, au moins par approximation.

Lorsque la section est constante, il vient

$$(4) \qquad z = f(V) \frac{s}{R},$$

ou, en posant $\frac{z}{s} = I$, rapport que l'on appelle la *pente* ou *déclivité* par mètre de longueur,

$$(5) \qquad RI = f(V) = bV^2,$$

ce qui exprime la condition cherchée.

290. *Relation entre la vitesse moyenne et la vitesse à la surface.* — En continuant à désigner respectivement par W et V la vitesse à la surface et la vitesse moyenne, on a, d'après M. Bazin,

$$(6) \qquad W - V = 14\sqrt{RI};$$

de sorte que, connaissant R et I, et W étant déterminé au moyen du temps employé par un flotteur pour parcourir une certaine longueur du canal, on peut calculer V et, par suite, le débit du courant.

291. *Du mouvement varié.* — Lorsque la condition (4) n'est pas satisfaite, le mouvement est varié, et il faut revenir à la formule fondamentale (1) qui donne, par la différentiation,

$$(7) \qquad dz = \alpha \frac{V\,dV}{g} + \frac{1}{R} f(V)\,ds.$$

Nous allons maintenant considérer le cas spécial où le lit du cours d'eau a la forme d'un prisme à section rectangulaire.

Soient (*fig.* 107)

Fig. 107.

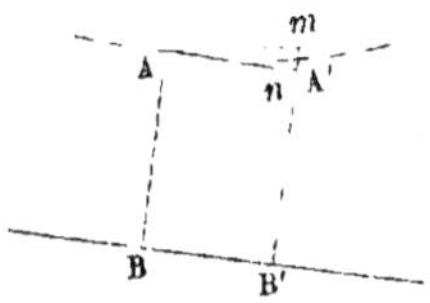

A' B' la section infiniment voisine de AB, ce qui suppose $BB' = ds$;

$h = AB$ la profondeur du cours d'eau en A;

i la pente uniforme du fond BB', supposée assez petite pour qu'on puisse en négliger le carré;

λ la largeur du courant;

m et n les intersections avec A' B' de l'horizontale en A et de la parallèle au même point menée à BB'.

On a

$$A'n = dh, \quad A'm = \frac{dz}{\cos i} = dz, \quad mn = ds \sin i = i\,ds = A'm + A'n,$$

d'où

$$dz = i\,ds - dh.$$

D'autre part, la dépense, qui est censée connue, a pour expression

$$(8) \qquad Q = V\lambda h,$$

d'où

$$dV = -V\frac{dh}{h}.$$

La formule (7) devient, par suite,

$$\frac{dh}{ds} = \frac{i - \frac{1}{R} f(V)}{1 - \frac{\alpha V^2}{gh}}, \tag{9}$$

expression dans laquelle on devra supposer

$$\left\{ \begin{array}{l} R(2h + \lambda) = h\lambda, \\ V = \frac{Q}{\lambda h}, \\ f(V) = bV^2, \end{array} \right. \tag{10}$$

de sorte qu'on aura une relation de la forme

$$ds = \varphi(h)\, dh,$$

φ étant une fonction du troisième degré de h, et l'on pourra effectuer l'intégration, à laquelle nous ne nous arrêterons pas, pour obtenir l'équation du profil du niveau. Nous nous bornerons à faire remarquer que le calcul se simplifie notablement lorsque la largeur λ est assez grande par rapport à la profondeur h pour que l'on puisse supposer

$$R = h.$$

Nous allons maintenant discuter la formule (9). Quatre cas sont à distinguer :

1° Pour une valeur déterminée de h, on a

$$\left\{ \begin{array}{l} i - \frac{bV^2}{R} > 0, \\ 1 - \frac{\alpha V^2}{gh} > 0. \end{array} \right. \tag{11}$$

Le rapport $\frac{dh}{ds}$ étant positif, h croît, V décroît, et, *a fortiori* pour ces valeurs successives de h, les inégalités précédentes sont satisfaites. Or la première d'entre elles donne, en ayant égard aux relations (10),

$$h^3\lambda^3 i - 2Q^2bh - Q^2b\lambda > 0,$$

qui exprime que h est supérieur à la racine positive de cette inégalité transformée en équation, c'est-à-dire à la hauteur constante correspondant au mouvement uniforme; d'où il suit que, dans le cas actuel, le profil de la surface du liquide sera complétement situé au-dessus de la ligne relative au mouvement uniforme, et ira constamment en s'élevant au-dessus de cette ligne. Les seconds termes du numérateur et du dénominateur devenant de plus en plus petits, il arrivera un moment où ils pourront être négligés, et l'on aura sensiblement

$$\frac{dh}{ds} = i$$

ou

$$dh - i\,ds = -dz = 0,$$

c'est-à-dire que le niveau sera horizontal, ce qui devait être, puisque, la vitesse étant censée nulle, on rentre dans les conditions de l'équilibre.

Le profil du niveau sera donc continu et aura une asymptote horizontale.

Les conditions (11) seront le plus souvent remplies; en effet, on en tire

$$1 - \frac{\alpha V^2}{gh} > 1 - \frac{\alpha i}{gb}\frac{R}{h},$$

et, *a fortiori*, comme $\frac{R}{h} < 1$,

$$1 - \frac{\alpha V^2}{gh} > 1 - \frac{\alpha i}{gb},$$

ou encore, en prenant les valeurs usuelles $b = 0{,}0004$, $\alpha = 1{,}10$,

$$1 - \frac{\alpha V^2}{gh} > 1 - \frac{i}{0{,}00357}.$$

Pour que le second membre de cette inégalité, par suite le premier, soit positif, il suffit que

$$i < 0{,}00357,$$

soit une pente de $3^{m},57$ par kilomètre, qui est rarement atteinte par les cours d'eau non torrentiels.

2°

$$i - \frac{bV^2}{R} < 0,$$

$$1 - \frac{\alpha V^2}{gh} > 0.$$

h décroîtra et V croîtra : la première inégalité sera toujours satisfaite; mais le premier membre de la seconde allant toujours en décroissant, il arrivera que

$$1 - \frac{\alpha V^2}{gh} = 0.$$

On voit ainsi que le profil du niveau s'éloigne constamment de la droite correspondant au mouvement uniforme au-dessous de laquelle il est entièrement situé, et que, pour une certaine valeur h' de h ou s' de s, la tangente est perpendiculaire au fond du canal.

Or, comme l'hypothèse des tranches est incompatible avec cette dernière condition, il s'ensuit qu'à partir d'une valeur de s plus petite que s' ou d'une valeur de h plus grande que h', il doit y avoir discontinuité dans le mouvement, et, effectivement, le liquide prend une forme arrondie et vient en tourbillonnant rencontrer la masse liquide d'aval, animée d'une moindre vitesse : c'est ce que l'on appelle un *ressaut d'abaissement* (*fig.* 108).

Fig. 108.

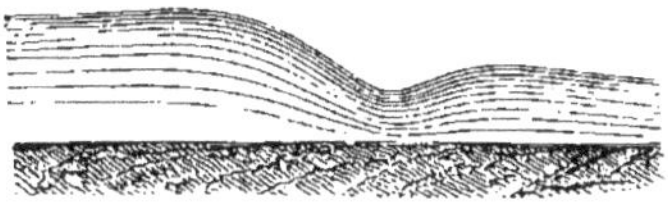

3°

$$i - \frac{bV^2}{R} < 0,$$

$$1 - \frac{\alpha V^2}{gh} < 0.$$

h croît, V décroît : il arrivera donc un moment où l'une des égalités

$$i - \frac{bV^2}{R} = 0,$$

$$1 - \frac{\alpha V^2}{gh} = 0$$

sera satisfaite avant l'autre; si c'est la première, le profil restera continu, et sa tangente deviendra parallèle au fond dans une certaine section $a_0 b_0$ (*fig.* 109); au delà, $i - \frac{bV^2}{R}$ devenant positif, on rentrera dans le cas ci-après.

Fig. 109.

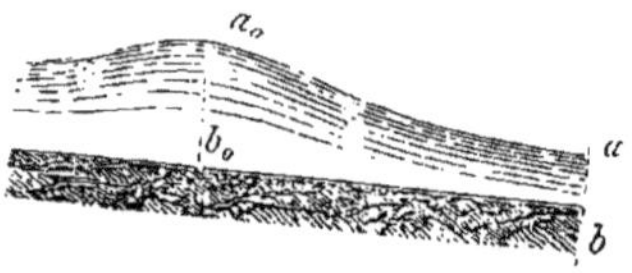

Si c'est la seconde égalité qui se trouve vérifiée la première, la tangente deviendrait normale au fond en un certain point du profil, ce qui est inadmissible pour les mêmes motifs que ceux que nous avons donnés un peu plus haut.

Il y a effectivement, pour une valeur moindre de s, discontinuité dans le mouvement; la masse d'amont (¹) vient heurter la masse d'aval, animée d'une moindre vitesse, en donnant lieu à des tourbillonnements, de sorte que le niveau éprouve une surélévation brusque.

Il se produit ainsi ce qu'on appelle un *ressaut d'élévation* que nous étudierons plus loin.

4°

$$i - \frac{bV^2}{R} > 0,$$

$$1 - \frac{\alpha V^2}{gh} < 0.$$

h décroît, V croît : le dénominateur de $\frac{dh}{ds}$ sera toujours négatif; mais il arrivera un moment où le numérateur s'annulera, et alors la tangente au profil sera parallèle au fond dans la section ab (*fig.* 109); au delà, le numérateur devenant négatif, on rentrera dans le cas précédent.

(¹) L'*amont* d'un cours d'eau par rapport à une section est la partie du lit par où l'eau arrive dans la section; l'autre partie, où se rend l'eau qui traverse la section, est l'*aval* du cours d'eau.

292. *Des ressauts d'élévation* (*fig.* 110). — Supposons que le fond du canal soit horizontal ou que $i = 0$; que A_0B_0, AB soient les sections qui précèdent et suivent immédiatement le ressaut; soit K l'intersection de la verticale de A_0 avec l'horizontale de A.

Soient

V_0, V les vitesses dans ces sections;
h_0, h les profondeurs A_0B_0, AB.

Fig. 110.

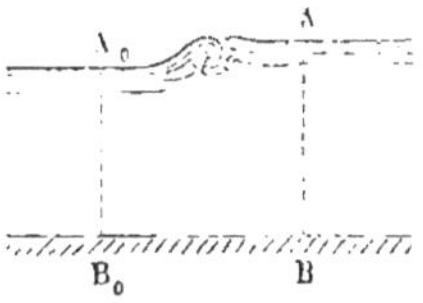

Le frottement sur la faible longueur B_0B étant négligeable, on trouve facilement, en suivant la marche indiquée au n° 288, la relation

$$(1) \qquad \alpha\frac{V^2 - V_0^2}{2g} = -A_0K - \alpha\frac{(V - V_0)^2}{2g},$$

en remarquant que la perte de force vive doit être aussi affectée du coefficient de correction α. Or $A_0K = h - h_0$; il vient donc, en réduisant,

$$\alpha V(V_0 - V) = g(h - h_0);$$

mais on a $Vh = V_0h_0$, par suite,

$$(2) \qquad \left(\frac{h}{h_0}\right)^2 = \frac{\alpha V_0^2}{gh_0},$$

formule qui est bien applicable au cas où l'équation (9) cesse de l'être, puisqu'elle suppose $\frac{h}{h_0} > 1$ ou

$$\frac{\alpha V_0^2}{gh_0} > 1.$$

On déduit de là

$$(3) \qquad h = \sqrt{\frac{\alpha V_0^2 h_0}{g}}.$$

Les ressauts se produisent dans bien des circonstances, notamment à l'amont d'un obstacle transversal placé dans le lit du courant remplissant certaines conditions, au delà du débouché des vannes, etc.

Soit H la hauteur due à la vitesse V_0; la formule (3) peut s'écrire ainsi :

$$\alpha = \frac{h^2}{2Hh_0};$$

en l'appliquant aux résultats obtenus par M. Bazin, on trouve que

Pour 3 observations, α est compris entre	1,80	et	2,00
Pour 15 » »	1,60	et	1,80
Pour 28 » »	1,30	et	1,50

Si l'on considère, comme le fait remarquer M. Bazin, qu'il est fort difficile d'apprécier le point où il convient de mesurer la hauteur h, en raison des mouvements tumultueux qui se produisent, on voit que, en admettant que α soit à peu près constant, on peut, avec une grande probabilité, supposer $\alpha = 1,45$.

Mais cette valeur dépasse de beaucoup le maximum 1,27, que nous avons indiqué plus haut. Cela ne tiendrait-il pas à ce que les tourbillonnements déterminent des résistances tangentielles dont il nous paraît impossible de tenir compte? Dans ce cas, il conviendrait de remplacer dans le second membre de l'équation (1) α par $\beta > \alpha$, β dépendant de V_0 et peut-être d'autres éléments que nous ne pouvons apprécier dans l'état actuel des choses.

293. *Des pertes de force vive dues à des élargissements brusques des sections des canaux.* — Ces pertes de force vive s'évaluent de la même manière que dans le cas des tuyaux de conduite, par suite d'une extension du principe de Borda dont nous avons déjà fait une application dans la question des ressauts.

Considérons, par exemple, ce qui se produit lors du passage de l'eau sous un pont d'une seule *arche* ou *travée*, et dont les piles ont rétréci le lit du cours d'eau.

L'eau, en entrant sous l'arche, éprouve brusquement une contraction d'autant plus faible que l'ajutage formé par les piles est plus évasé, comme cela a lieu pour les ajutages complets; sous l'arche, l'eau prend une vitesse plus considérable qu'en amont, d'où une dénivellation très-sensible; mais en arrivant en aval ou au débouché, la section venant à augmenter, la vitesse change brusquement : il résulte de là une perte de force vive, par suite une surélévation accompagnée de remous.

Nous supposerons le lit horizontal et la section rectangulaire.

Soient

V_0, V, V' les vitesses de l'eau en amont du pont, près du débouché, et en aval au delà du remous, c'est-à-dire dès que le mouvement régulier s'est rétabli;

λ_0 la largeur du courant en amont et en aval;

λ la largeur entre les piles;

h_0, h, h' les profondeurs de l'eau correspondant aux vitesses V_0, V, V'.

Nous aurons, en employant les mêmes raisonnements que plus haut,

$$(1)\qquad \begin{cases} \beta \dfrac{V^2 - V_0^2}{2g} = h_0 - h, \\ \alpha \dfrac{V'^2 - V^2}{2g} = h' - h - \alpha \dfrac{(V - V')^2}{2g}. \end{cases}$$

β étant un coefficient que nous distinguons de α, auquel il doit être un peu supérieur, pour tenir compte approximativement du frottement du liquide qui passe sous l'arche.

La seconde de ces équations se réduit à

$$(2)\qquad \frac{\alpha V'(V - V')}{g} = h - h'.$$

Le débit Q, qui est censé connu, nous donne d'ailleurs les trois autres relations

$$(3)\qquad Q = V_0 h_0 \lambda_0 = V \lambda h = V' h' \lambda'.$$

Nous avons ainsi cinq équations qui permettront de déterminer les inconnues V_0, V, V', h, h', et, par suite, la dénivellation $h_0 - h'$.

Par l'élimination des vitesses, la première des équations (1) et l'équation (2) deviennent

$$(4)\qquad \left\{ \begin{aligned} &\frac{\beta Q^2}{2g}\left(\frac{1}{\lambda^2 h^2} - \frac{1}{\lambda_0^2 h_0^2}\right) = h_0 - h, \\ &\frac{\alpha Q^2}{2g}\,\frac{1}{\lambda_0 h'}\left(\frac{1}{\lambda h} - \frac{1}{\lambda' h'}\right) = h - h', \end{aligned} \right.$$

qui sont respectivement du troisième degré en h et h', et entre lesquelles il ne faut pas songer à éliminer h.

Ce qu'on aura de mieux à faire dans chaque cas particulier sera de déduire la valeur numérique de h de la première des équations (4) et de la reporter dans la seconde, ce qui permettra alors de calculer h'.

§ VII. — *De la pression exercée par un fluide en mouvement sur un corps.*

294. *Pression d'une veine fluide sur un corps.* — Une veine fluide exerce sur un corps (S), qu'elle vient à rencontrer, une pression normale à sa surface, que nous nous proposons de calculer, du moins dans les cas principaux où le problème proposé peut être complétement résolu.

A quelque distance avant le point de rencontre avec le corps, la veine change de section et s'épanouit.

Soient (*fig.* 111)

Fig. 111.

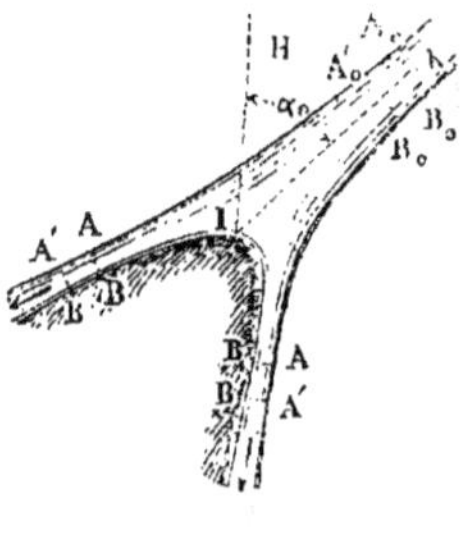

A_0B_0 une section normale ω_0 située très-peu au delà du point où l'épanouissement commence ;

IK la droite qui passe par les centres de gravité des sections normales à la direction des filets dans la partie de la veine non déformée, I étant son point de rencontre avec la surface de (S);

N la réaction du corps sur la veine, égale et contraire à la pression cherchée;

α_0 l'inclinaison de la direction de N sur IK.

Généralement, à une certaine distance du point I, les filets fluides glissant sur le corps se meuvent, sur une étendue plus ou moins grande, par filets parallèles aux plans tangents correspondants et il existe, par suite, une surface (AB, AB) normale à celle de (S), qui est constamment traversée par les molécules fluides, qui se trouvaient antérieurement dans la section $A_0 B_0$.

Soient

$d\omega$ un élément de cette surface;

V la vitesse correspondante;

α son inclinaison sur la normale IH à la surface.

Au bout du temps infiniment petit θ, les molécules qui étaient primitivement en $A_0 B_0$, (AB, AB) viennent respectivement en $A'_0 B'_0$, (A′B′, A′B′).

L'accroissement correspondant de la quantité de mouvement de la masse comprise entre $A_0 B_0$, (AB, AB), en projection sur IH, est

$$\int \frac{\Pi}{g} V d\omega \theta V \cos\alpha - \frac{\Pi\theta}{g} V_0 \omega_0 V_0 \cos\alpha_0,$$

en remarquant que la quantité de mouvement de

$$[A'_0 B'_0, (AB, AB)]$$

ne change pas.

Il vient donc, d'après un principe connu, en remarquant que les seules forces dont nous ayons à tenir compte sont la pesanteur et la force N,

$$\frac{\Pi\theta}{g}\int V^2 \cos\alpha\, d\omega - \frac{\Pi\theta}{g}\omega_0 V_0^2 \cos\alpha_0 = -N\theta + P\cos\beta.\theta,$$

P étant le poids du volume liquide $[A_0 B_0, (AB, AB)]$ et β l'angle que forme IH avec la verticale.

On déduit de là, pour la pression cherchée,

$$N = P\cos\beta + \frac{\Pi}{g}\omega_0 V_0^2 \cos\alpha_0 - \frac{\Pi}{g}\int V^2 \cos\alpha\, d\omega.$$

Généralement on néglige, et avec raison, le terme $P\cos\beta$, qui est relativement très-petit, de sorte qu'il vient tout simplement

$$(1) \qquad N = \frac{\Pi}{g}\left(\omega_0 V_0^2 \cos\alpha_0 - \int V^2 \cos\alpha\, d\omega\right).$$

En négligeant ainsi la pesanteur, la force vive de AB, A′B′ est la même que celle de A_0B_0, $A'_0B'_0$, ce qui donne la relation

$$(2) \qquad \int V^3 d\omega = V_0^3 \omega'_0 ;$$

mais cette relation ne pourra servir à éliminer V dans N que dans le cas où l'on reconnaîtra *à priori* que cette vitesse est constante.

Cas particuliers :

1° *Surface plane.* — On a $\alpha = 90°$ et

$$N = \frac{\Pi}{g}\omega_0 V_0^2 \cos\alpha_0.$$

2° *Surface convexe.* — L'angle α étant plus petit que 90°, on voit que

$$N < \frac{\Pi}{g}\omega_0 V_0^2 \cos\alpha_0.$$

3° *Surface concave.* — Dans ce cas on a $\alpha > 90°$, d'où

$$N > \frac{\Pi}{g}\omega_0 V_0^2 \cos\alpha_0.$$

Si, par exemple, la surface est une demi-sphère dont IK est l'axe de figure, il est clair que V est constant, et l'on a

$$\alpha = 180°, \quad \alpha_0 = 0,$$

d'où

$$N = \frac{\Pi}{g}(\omega_0 V_0^2 + \omega V^2);$$

mais on a aussi

$$V\omega = V_0\omega_0,$$

et, d'après la formule (2),

$$V_0^3\omega_0 = V^3\omega,$$

ce qui exige que

$$V = V_0, \quad \omega = \omega_0,$$

et l'on a, par suite,

$$N = \frac{2\Pi}{g}\omega_0 V_0^2.$$

La pression est ainsi double de celle qui est exercée sur un plan.

Quant au choc normal d'une veine fluide sur la partie convexe d'une sphère, il est impossible de l'évaluer, attendu que l'angle α n'est pas connu.

On peut donc écrire, dans tous les cas,

$$N = K\Pi\omega_0 \cos\alpha_0 \frac{V_0^2}{2g},$$

K étant un coefficient qui, dans certaines limites de la vitesse V_0, ne dépend que de la forme de la surface et de l'angle α_0.

Ainsi : 1° la pression d'une veine fluide sur une surface plane est proportionnelle à la section de la veine, au carré de la vitesse et au cosinus de l'inclinaison de cette vitesse sur la normale;

2° Toutes choses égales d'ailleurs, selon que la veine fluide agit sur la concavité ou sur la convexité de la surface d'un corps, la pression est plus grande ou plus petite que dans le cas d'un plan.

295. *Pression d'une masse fluide en mouvement sur un corps immergé en repos.* — Dubuat et plus tard Duchemin ont reconnu par expérience que lorsqu'un corps est immergé, à une profondeur suffisante, dans un liquide en mouvement, il n'exerce aucune influence sur la vitesse des filets fluides situés à une distance de la surface du corps supérieure à une certaine limite, qui dépend, en chaque point, de la forme de cette surface.

On peut donc considérer le problème qui nous occupe comme se réduisant au cas où le courant serait limité par un cylindre, dont la forme de la section dépend de celle de la surface du corps et de sa position par rapport à la direction des filets.

Soient (*fig.* 112)

Fig. 112.

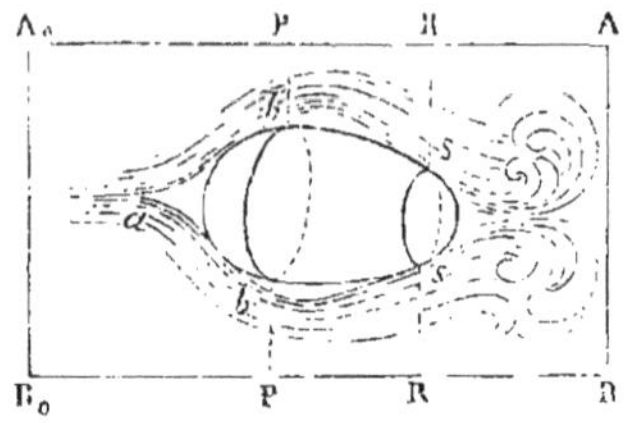

(A_0B_0, AB) le cylindre au delà duquel le corps (S) n'a plus d'influence sur le mouvement du liquide;

ω_0 l'aire de la section droite du cylindre;

V_0 la vitesse du courant;

Ω l'aire de la projection du corps sur un plan perpendiculaire à la direction de la vitesse;

A_0B_0 une section du cylindre faite en amont de (S), avant que le mouvement du filet liquide ait été modifié par ce corps.

Les filets, en rencontrant (S), s'infléchissent, la masse fluide glisse sur la surface sur une certaine étendue, puis elle éprouve en PQ une contraction due à la réduction de sa section. Si la dimension maximum du corps, dans le sens du mouvement, est suffisamment grande, il y a, au delà de la contraction, une perte de force vive, comme dans les ajutages cylindriques; puis le liquide se meut d'une manière régulière, en léchant la surface de (S) jusqu'en RS; les filets se séparent alors du corps et viennent à l'aval produire des tourbillonnements, d'où une perte de force vive due à une augmentation brusque de section; et enfin le fluide reprend, à partir d'une certaine section AB, son mouvement régulier primitif ou la vitesse V_0.

La contraction autour du corps sera constante, s'il est de révolution autour d'un axe dirigé dans le sens du courant; mais pour un corps de forme quelconque elle variera généralement d'un point à un autre. Nous admettrons toutefois que, en toutes circonstances, les choses ont lieu comme dans le cas du solide de révolution ci-dessus, en attribuant aux coefficients que nous avons à faire intervenir des valeurs choisies en conséquence.

Soient

V la vitesse dans la section PQ;
$m(\omega_0 - \Omega)$ l'aire de cette section;
$k\dfrac{V^2}{2g}$ la perte de hauteur due aux tourbillonnements qui ont lieu au delà de cette section, comme pour les ajutages cylindriques;
V' la vitesse dans la section RS;
$m'(\omega_0 - \Omega)$ l'aire de cette section;
p_0 et p les pressions en amont et en aval du corps.

Nous aurons, d'après ce que nous venons de dire et le principe des forces vives,

$$o = \frac{p_0 - p}{\Pi} - k\frac{V^2}{2g} - \frac{(V' - V_0)^2}{2g};$$

mais on a

$$Q = V_0\,\omega_0 = V m(\omega_0 - \Omega) = V' m'(\omega_0 - \Omega),$$

d'où

$$\frac{p_0 - p}{\Pi} = \frac{V_0^2}{2g}\left\{\frac{k\omega_0^2}{m^2(\omega_0 - \Omega)^2} + \left[\frac{\omega_0}{m'(\omega_0 - \Omega)} - 1\right]^2\right\}.$$

La pression totale $R = (p_0 - p)\Omega$ sera donc

$$(1) \qquad R = \Pi\Omega\frac{V_0^2}{2g}\left\{\frac{k}{m^2\left(1 - \dfrac{\Omega}{\omega_0}\right)^2} + \left[\frac{1}{m'\left(1 - \dfrac{\Omega}{\omega_0}\right)} - 1\right]^2\right\}.$$

Cas particuliers :

1° *Plaque très-mince perpendiculaire au courant* (*fig.* 113). — On a évidemment $k = 0$, $m' = m$, d'où

$$(2) \qquad R = \Pi\Omega\frac{V_0^2}{2g}\left[\frac{1}{m\left(1 - \dfrac{\Omega}{\omega_0}\right)} - 1\right]^2.$$

D'après les expériences de Dubuat, on aurait

$$R = 1{,}86\,\Pi\Omega\frac{V_0^2}{2g},$$

ce qui donne, en supposant $m = 0,78$,

$$\omega_0 = 2,53\,\Omega.$$

Fig. 113.

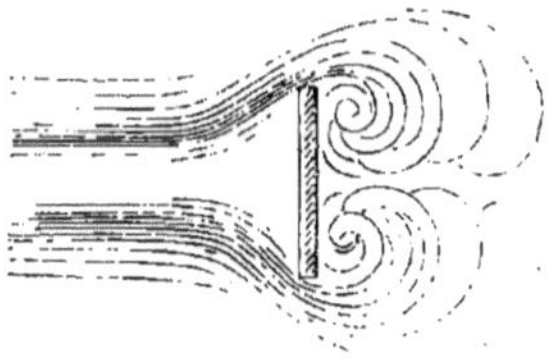

2° *Plaque très-mince oblique au courant.* — Soit α l'angle d'inclinaison de la normale à la surface Ω'; il suffira de supposer $\Omega = \Omega' \cos\alpha$, dans la formule (1), en admettant, faute d'autres données, que $\frac{\omega_0}{\Omega}$ a la même valeur que dans le cas précédent; on trouve ainsi

$$(3) \qquad R = 1,86\,\Pi\Omega\cos\alpha\,\frac{V_0^2}{2g}.$$

D'après les résultats de quelques expériences de Vince et Hutton, interpolés par Navier, $\cos\alpha$ devrait être remplacé par

$$\cos\alpha^{1,842\sin\alpha}.$$

3° *Prisme à base carrée, dont les arêtes sont dirigées dans le sens du courant.* — En supposant que ce prisme ait une longueur suffisante pour que les choses se passent ainsi que l'indique la *fig.* 114, autrement on rentrerait dans le cas d'une plaque, on a $m' = 1$.

Fig. 114.

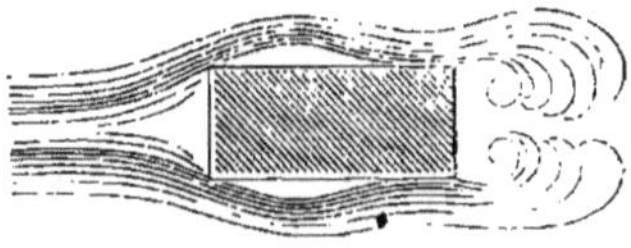

Dubuat a été conduit à poser

$$R = 1,34\,\Pi\Omega\,\frac{V_0^2}{2g}.$$

D'après le même physicien, lorsque la longueur du prisme diminue, le coefficient numérique augmente, ce qui devait être, d'après les considérations exposées plus haut,

Dans le cas d'un cube (Dubuat), on a

$$R = 1,17\Pi\Omega\frac{V^2}{2g}.$$

296. *De la résistance qu'éprouve un corps animé d'un mouvement translatoire parallèle à la direction des filets d'un liquide dans lequel il est immergé.* — En supposant que l'on imprime au fluide et au corps (S) une vitesse égale et de sens contraire à celle de ce dernier ainsi ramené au repos, rien n'est changé dans l'état du système et l'on rentre dans les conditions que nous venons d'étudier; mais alors, dans la formule (1), V_0 représente la vitesse relative de (S), par rapport au fluide, c'est-à-dire la différence ou la somme des vitesses absolues, selon que le mouvement de (S) est de même sens que celui du fluide ou de sens contraire. Il en sera de même encore si l'on conçoit que l'on imprime à tout le système une vitesse égale et contraire à celle du fluide : la différence des pressions, en amont et en aval, donnera lieu à une résistance au mouvement de (S) représentée par l'expression de R [1].

297. *De l'influence des proues et des poupes sur la résistance qu'éprouve le mobile.* — Si l'on se reporte à la *fig.* 112 et aux raisonnements qui précèdent, on voit qu'on peut atténuer considérablement la résistance du fluide en faisant en sorte que l'avant de (S) soit muni d'une partie telle que *ab* (proue), et l'arrière d'une partie très-adoucie comme inclinaison et venant se terminer à zéro (poupe).

En effet, on rendra ainsi à peu près nulles la contraction en PQ et la perte de force vive en aval de RS, ce qui explique la forme des bateaux rapides, quoique partiellement immergés, des poissons, etc.

---

(1) *Voir*, pour plus de détails et l'exposé des faits, l'*Introduction à la Mécanique industrielle de Poncelet.*

298. *Description sommaire des procédés le plus généralement employés pour jauger les cours d'eau.* — Nous avons déjà vu (274, 290) comment on peut déterminer le débit d'un cours d'eau, c'est-à-dire en faire le *jaugeage*, par un déversoir ou au moyen d'un flotteur. Il nous reste maintenant à faire connaître les principaux procédés qui ont été employés pour arriver aux formules empiriques que nous avons données, et qui peuvent être d'une très-utile application dans certains cas qui peuvent se présenter dans les applications et dont les hydrauliciens ne se sont pas occupés.

Pour déterminer le débit d'un cours d'eau, il suffit de connaître sa vitesse moyenne dans chacune des parties dans lesquelles on peut décomposer une section verticale perpendiculaire à la direction des filets, chacune de ces parties étant suffisamment petite pour que la vitesse ne varie pas sensiblement de l'un à l'autre de ses points.

On voit ainsi que le tout se réduit à tendre un cordeau, portant des divisions en mètres et fractions de mètre, d'une rive à l'autre, et, au moyen d'appareils spéciaux, de déterminer pour chaque division la vitesse du courant à différentes profondeurs.

Nous allons maintenant faire connaître ceux de ces appareils qui sont les plus usités :

1° *Tube de Pitot.* — Cet instrument consiste en un tube coudé à angle droit, dont on dirige l'axe d'une branche dans un sens directement contraire à celui du courant.

Soit h la hauteur du liquide dans la branche verticale au-dessus du niveau; d'après Dubuat, la vitesse V du courant est donnée par la formule

$$h = 1,19\,\frac{V^2}{2g}.$$

2° *Tube de Dubuat.* — Cet instrument diffère du précédent en ce que la branche horizontale est terminée par un cône ou entonnoir qui rend l'appareil plus sensible; la formule à employer est la suivante :

$$h = 1,5\,\frac{V^2}{2g}.$$

3° *Tube de Darcy et Baumgarten.* — La grande difficulté qui se présente lorsqu'on fait usage des appareils précédents est de mesurer exactement la hauteur h.

On l'évite en se servant d'un double tube (*fig.* 115) dont les branches A, B, recourbées horizontalement, se raccordent à leur partie supérieure avec un tuyau d'aspiration C muni d'un robinet R; l'extrémité de A est ouverte, celle de B est fermée; mais à une très-faible distance de cette dernière on a pratiqué en dessous une ouverture D, de manière que l'eau, en s'élevant dans cette branche, n'y indique que la pression statique.

Fig. 115.

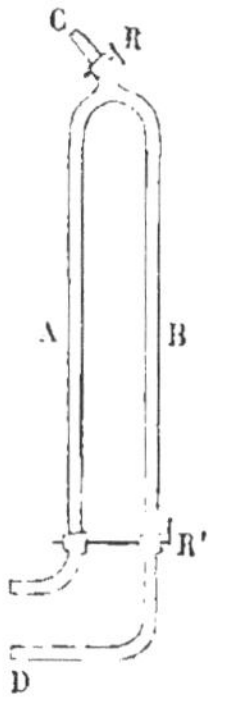

En produisant une aspiration en C, le liquide s'élève dans A et B sans changer la différence primitive h des deux niveaux. On peut alors fermer le robinet R', placé au-dessus des coudes et correspondant aux deux branches, retirer l'appareil du courant et mesurer très-exactement h.

On *tare* l'appareil, c'est-à-dire qu'on détermine le coefficient k de la formule

$$h = k\frac{V^2}{2g},$$

en déplaçant le tube avec une vitesse connue dans une pièce d'eau tranquille.

4° *Pendule hydrométrique.* — Ce pendule se compose tout simplement d'un fil dont la masse est négligeable, terminé par une sphère qui, sous l'action de l'eau, donne lieu à un écart α que l'on peut observer.

Soient

P le poids de la boule;
l la longueur du fil mesuré à partir du centre de la sphère;
KV^2 la pression du fluide sur cette sphère.

On a, d'après le théorème des moments,

$$KV^2 l\cos\alpha = Pl\sin\alpha, \quad \text{d'où} \quad V = k\sqrt{\operatorname{tang}\alpha},$$

k étant un coefficient numérique relatif à chaque appareil et que l'on déterminera par expérience.

5° *Tachomètre de Brünings.* — Soit (*fig.* 116) AB un fléau de romaine dont le couteau est en C et dont le poids mobile est P.

Fig. 116.

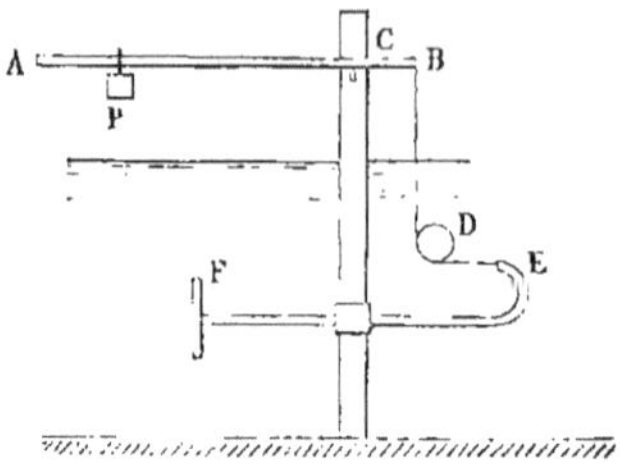

Un fil vertical fixé en B passe sur une poulie D et peut s'accrocher à l'une des extrémités E d'une tige horizontale guidée en conséquence, et terminée, d'autre part, par une plaque verticale contre laquelle le courant agit perpendiculairement.

Soient

$\frac{KV^2}{2g}$ la pression exercée sur la plaque;

a, b les distances horizontales de P et du point B au couteau C.

Lorsqu'on a placé P de manière à équilibrer la poussée du fluide, on a

$$\frac{KV^2}{2g}b = Pa, \quad V = k\sqrt{a},$$

k étant un coefficient spécial à chaque appareil et qu'on déterminera par une ou plusieurs expériences, comme on l'a déjà dit plus haut.

§ VIII. — *Du mouvement permanent d'un fluide élastique.*

299. Nous nous occuperons d'abord de l'écoulement d'un fluide contenu dans un réservoir où la pression est maintenue constante, dans un milieu où la pression est également constante, soit par un orifice en mince paroi, soit par un ajutage assez court pour qu'on puisse négliger le frottement sur lequel nous reviendrons plus loin. Nous ferons abstraction de la pesanteur, dont l'influence sur le mouvement est relativement insensible par rapport à la charge, c'est-à-dire à la différence des pressions extrêmes.

En admettant qu'on ait attendu le temps voulu pour que le

mouvement soit devenu sensiblement permanent, la formule (A) du n° 264, qui s'applique à un fluide quelconque, devient

$$\text{(B)} \qquad V\frac{dV}{g} = -\frac{dp}{\Pi}.$$

Nous supposerons que la matière des parois est peu perméable à la chaleur, que la différence entre les températures du fluide et du milieu ambiant est très-faible, et enfin que la vitesse est assez grande pour que le fluide ne puisse éprouver, dans son mouvement, ni perte ni gain de chaleur.

300. *Cas d'un gaz permanent.* — On a dans cette dernière hypothèse, comme nous le démontrerons en Thermodynamique,

$$\frac{p}{p_0} = \left(\frac{\Pi}{\Pi_0}\right)^\gamma,$$

p_0, Π_0 étant la pression et le poids spécifique du gaz dans le réservoir, et γ le rapport des chaleurs spécifiques, sous pression constante et volume constant, égal à 1,419 pour l'air. La formule (B) devient, par l'élimination de Π,

$$\text{(1)} \qquad \frac{1}{2g}\,dV^2 = -\frac{1}{\Pi_0}\left(\frac{p_0}{p}\right)^{\frac{1}{\gamma}} dp,$$

d'où

$$\frac{V^2 - V_0^2}{2g} = \frac{1}{\Pi_0}\,\frac{p_0^{\frac{1}{\gamma}}}{1 - \frac{1}{\gamma}}\left(p_0^{1-\frac{1}{\gamma}} - p^{1-\frac{1}{\gamma}}\right),$$

équation dans laquelle nous considérerons V_0 comme étant la vitesse dans le réservoir, et V, Π, p comme se rapportant à l'orifice.

Comme généralement la section du réservoir est assez grande, par rapport à celle ω de l'orifice, pour qu'on puisse considérer V_0 comme insensible par rapport à V, on peut écrire simplement

$$\text{(2)} \qquad V = \sqrt{\frac{2gp_0}{\Pi_0\left(1 - \frac{1}{\gamma}\right)}\left[1 - \left(\frac{p}{p_0}\right)^{1-\frac{1}{\gamma}}\right]}.$$

En désignant par Q le poids du fluide débité par seconde et par μ un coefficient de dépense dû aux mêmes causes que celui des liquides, on a

$$Q = \mu\omega V \Pi = \mu\omega V \Pi_0 \left(\frac{p}{p_0}\right)^{\frac{1}{\gamma}},$$

d'où

$$(3) \qquad Q = \mu\omega \sqrt{\frac{2g\Pi_0}{1-\frac{1}{\gamma}} p_0 \left(\frac{p}{p_0}\right)^{\frac{2}{\gamma}} \left[1 - \left(\frac{p}{p_0}\right)^{1-\frac{1}{\gamma}}\right]}.$$

Lorsque les pressions extrêmes ne sont pas très-différentes l'une de l'autre, on peut développer $\frac{p}{p_0} = 1 - \frac{p_0 - p}{p_0}$ suivant les puissances ascendantes de $\frac{p_0 - p}{p_0}$, et, en ne conservant que la première puissance de ce rapport, on trouve

$$V = \sqrt{2g \frac{(p_0 - p)}{\Pi_0}},$$

$$Q = \mu\omega \sqrt{2g \Pi_0 (p_0 - p)},$$

formules qui ne sont autre chose que celles qui sont relatives à l'écoulement d'un fluide incompressible dont le poids spécifique serait Π_0.

En appliquant la formule (3) aux résultats des expériences de M. Weisbach, après les corrections que leur a fait subir M. Grashof, on trouve pour μ les valeurs suivantes :

1° *Ajutage ayant la forme du jet contracté*, ayant 10 millimètres de longueur.

On a

$$\mu = 0,981,$$

pour une charge $p_0 - p$ correspondant à une colonne de mercure variant entre 180 et 850 millimètres.

2° *Orifices circulaires en mince paroi*, de 10 à 24 millimètres de diamètre.

Pour une charge de 50 à 850 millimètres, on a

$$\mu = 0,555 \quad \text{à} \quad 0,795,$$

le coefficient μ augmentant ainsi avec la charge.

3° *Ajutages cylindriques très-courts*, de 10 à 24 millimètres, dans les même limites de charge que ci-dessus :

$$\mu = 0,737 \quad \text{à} \quad 0,839.$$

Ces diverses valeurs de μ diffèrent peu de celles qu'on a trouvées pour l'écoulement de l'eau dans les mêmes circonstances, comme l'avaient déjà fait remarquer d'Aubuisson et Poncelet, à la suite de quelques expériences faites dans le cas de faibles charges.

301. *Écoulement des vapeurs saturées.* — Les considérations précédentes ne s'appliquent pas aux vapeurs saturées, qui se condensent partiellement en se détendant; nous nous bornerons ici à donner les formules empiriques que nous avons déduites d'expériences sur la vapeur d'eau, faites en commun avec M. Minary, en nous réservant de revenir sur cette question dans la *Thermodynamique*.

L'écoulement ayant lieu dans l'air, désignons par n_0 la pression p_0 exprimée en atmosphères; on a

$$Q = \omega \sqrt{\frac{10333\,(n_0 - 1)\,\Pi_0 g}{\varphi}},$$

φ étant un coefficient dépendant de n_0 et de la nature de l'orifice.

Orifice en mince paroi :

$$\varphi = 2,37 \log n_0 + 0,904,$$

le signe log étant relatif aux logarithmes ordinaires.

Orifice conique :

$$\varphi = 2,3 \log n_0 + 0,591.$$

Orifice rentrant :

$$\varphi = 0,34\, n_0 + 1,00.$$

302. *Du frottement des gaz dans les tuyaux.* — Soit σ le périmètre de la section ω du tuyau où la densité du gaz est Π. On a été conduit à représenter le frottement sur la longueur ds par la formule

$$\Pi b \sigma V^2 ds,$$

b étant un coefficient numérique que, d'après Poncelet, il convient de prendre égal à

$$0,00315.$$

On reconnaîtra sans peine que la modification qu'on doit faire subir à l'équation (1), pour tenir compte du frottement, consiste à introduire dans le second membre le terme $-b\sigma \frac{V^2}{\omega} ds$, de sorte qu'il vient

$$(4) \qquad \tfrac{1}{2} dV^2 = \frac{1}{\Pi_0}\left(\frac{p}{p_0}\right)^{\frac{1}{\gamma}} dp - b\sigma \frac{V^2}{\omega} ds.$$

Or on a

$$Q = \omega V \Pi = \omega V \Pi_0 \left(\frac{p}{p_0}\right)^{\frac{1}{\gamma}},$$

d'où

$$V = \frac{Q}{\omega \Pi_0}\left(\frac{p_0}{p}\right)^{\frac{1}{\gamma}}.$$

En portant cette valeur dans la formule (4), nous aurons une équation différentielle en p et s qui, intégrée, permettra de déterminer Q, connaissant les pressions aux deux extrémités du tuyau.

Nous terminerons en faisant remarquer que, dans la plupart des cas, le rapport $\frac{p_0 - p}{p_0}$ est assez petit pour qu'on puisse appliquer au mouvement d'un gaz dans un tuyau les formules établies pour les liquides.

TROISIÈME PARTIE.

THERMODYNAMIQUE.

§ I. — *Généralités.*

1. On donne le nom de *Thermodynamique* à l'étude de la chaleur considérée comme source de production du travail mécanique.

Cette théorie repose sur les principes suivants :

PREMIER PRINCIPE DE S. CARNOT. — *On peut produire du travail en transportant de la chaleur d'un corps chaud à un corps froid, et, réciproquement, on peut, par un travail, déterminer un transport de chaleur d'un corps à un autre.*

Ainsi, dans une machine à vapeur, la chaleur produite par le combustible transforme l'eau en vapeur, qui passe dans le cylindre où elle exerce son action, puis dans l'atmosphère ou dans le condenseur où elle se liquéfie, en cédant ainsi sa chaleur à des corps extérieurs.

PRINCIPE DE MEYER. — *Quand un travail est produit par la chaleur, il y a une consommation de chaleur proportionnelle à ce travail et réciproquement cette chaleur peut être reproduite au moyen d'un travail équivalent au précédent.*

L'exactitude de ce principe a été justifiée par un grand nombre d'expériences, pour la description desquelles nous renverrons aux Traités de Physique ; nous nous bornerons ici à rappeler les résultats suivants, obtenus par M. Joule et confirmés par M. Regnault.

1° Si l'on met en communication deux récipients identiques plongés dans l'eau, l'un vide et l'autre rempli d'air à 22 atmosphères, dès que les tourbillonnements ont disparu, on remarque que la pression est descendue à 11 atmosphères et que la température est restée constante.

2° Si l'air, au lieu de se rendre dans le ballon vide, se rend sous un piston ou une cloche remplie d'eau, on observe un abaissement de température.

Dans le premier cas, le gaz n'éprouve pas de perte de chaleur, mais il n'y a pas production de travail ; dans le second, il y a perte de chaleur et production de travail. D'où l'on conclut que la dilatation d'un gaz n'absorbe de la chaleur qu'autant qu'elle est accompagnée de production d'un travail.

Second principe de Carnot. — *Si le transport de la chaleur d'une source à une autre, pendant un temps déterminé, est effectué de manière que l'état physique de l'agent qui transporte la chaleur n'ait pas changé, le rapport des quantités de chaleur, respectivement empruntées à la première source et reçue par la seconde, est indépendant de la nature de l'agent et ne dépend que des températures des deux sources.*

On peut justifier ce principe ainsi qu'il suit : supposons que, pour produire un même travail T, il faille transporter deux quantités de chaleur différentes Q, Q', d'une source (A) à une source (A') ayant une température moins élevée, lorsque l'on emploie deux véhicules différents (C), (C'); admettons que Q' soit plus grand que Q. En transportant Q de (A) à (A'), à l'aide de (C), puis Q' de (A') en (A), à l'aide de (C'), les travaux seront exactement compensés et il en sera de même de la chaleur consommée dans la première opération et créée dans la seconde; il résulterait de là que la source à la température la plus élevée aurait reçu la quantité de chaleur Q' — Q de l'autre source, ce qui est impossible, car la chaleur tend à passer naturellement des corps les plus chauds dans les corps les plus froids.

On ne peut donc pas supposer que Q et Q' soient différents, ce qui établit le principe énoncé.

§ II. — *Formules fondamentales.*

2. *Préliminaires.* — *Notations.* — Considérons un système matériel, solide, liquide ou gazeux occupant, sous l'unité de

poids, le volume v à la température t, sous la pression p, et soit Q la quantité de chaleur qu'il renferme.

Il est clair que l'on pourra modifier la valeur de l'une quelconque des trois quantités v, p, t et, par suite, celle de Q, en faisant varier les deux autres suivant une loi déterminée.

Supposons que v et p soient les variables et qu'elles représentent l'abscisse Oa et l'ordonnée ma d'un point m (*fig.* 117). Si p et v augmentent respectivement de dp et dv, on obtiendra un autre point m', infiniment voisin du premier; la quantité de chaleur se trouvera augmentée de dQ et, pour abréger le langage, nous pourrons dire que dQ est l'*accroissement élémentaire de la chaleur, estimé suivant la direction mm'* ; dQ dépendra de la nature du lieu géométrique des points m, m', qui sera déterminé par une hypothèse, au moyen d'une équation de la forme $p = f(v)$.

Soient c, c' les chaleurs spécifiques du corps sous pression constante et sous volume constant, correspondant au point m; $l dv$ la chaleur qu'il faut donner au corps pour que, la température restant constante, le volume augmente de dv, ou ce que nous appellerons la *chaleur latente de dilatation élémentaire*, en conservant à l le nom de *chaleur latente*.

Pour arriver à l'état du corps infiniment voisin du premier, on peut supposer que, le volume restant d'abord constant, on augmente la pression de $dp = mn$, ce qui donne, pour la chaleur correspondante,

Fig. 117.

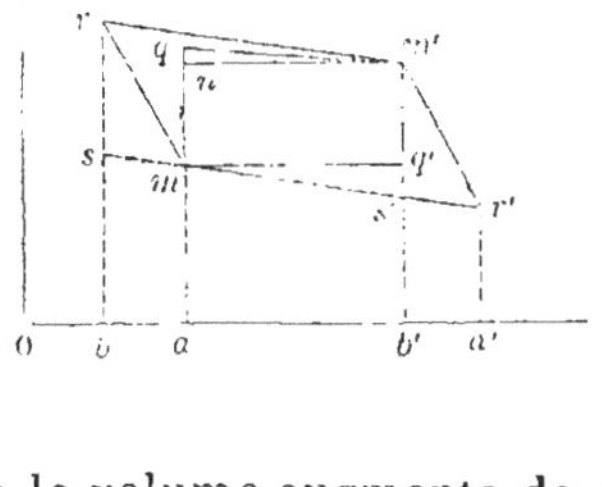

$c' \dfrac{dt}{dp} dp$; puis que le volume augmente de $dv = nm'$, p restant constant, d'où résulte un autre accroissement de chaleur

$c\frac{dt}{dv}dv$: on a ainsi la formule

$$(a)\qquad dQ = c'\frac{dt}{dp}dp + c\frac{dt}{dv}dv,$$

qui exprime que l'augmentation élémentaire de chaleur, estimée suivant mm', est égale à la somme des accroissements calorifiques élémentaires, estimés respectivement suivant les deux composantes géométriques mn, nm' de l'élément mm'.

Or on a

$$dt = \frac{dt}{dp}dp + \frac{dt}{dv}dv,$$

d'où, par l'élimination de $\frac{dt}{dp}dp$,

$$(b)\qquad dQ = c'dt + (c - c')\frac{dt}{dv}dv.$$

Désignons par β le coefficient de dilatation cubique du corps : on a, p restant constant,

$$\beta v dt = dv,$$

par suite

$$\frac{dt}{dv} = \frac{1}{\beta v},$$

et enfin

$$(1)\qquad dQ = c'dt + \frac{(c - c')}{\beta v}dv,$$

équation dans laquelle nous considérerons dorénavant v et t comme variables indépendantes.

Au lieu d'opérer comme nous venons de le faire, on peut supposer que l'on augmente de dt la température du corps sous volume constant, en lui donnant la quantité de chaleur $c'dt$; la pression s'accroîtra de $\frac{dp}{dt}dt = mq$; puis que, en maintenant la température constante, on augmente le volume de dv, moyennant une dépense de chaleur égale à $l dv$. Il vient ainsi

$$(2)\qquad dQ = c'dt + l dv,$$

équation évidente au point de vue analytique, puisque c' et l sont les dérivées partielles de Q par rapport à t et à v.

3. *Expression de la chaleur latente de dilatation.* — De la comparaison entre les formules (1) et (2) on déduit cette relation remarquable

$$(3) \qquad l = \frac{c - c'}{\beta v}.$$

4. *Expression due à Clapeyron, du transport de la chaleur dans le cas où le véhicule ne change pas d'état physique pendant les opérations auxquelles il est soumis.* — On comprime un corps qui est à la température t, de manière à l'amener à la température $t + dt$ et soit mr (*fig.* 117) la courbe qui représente la loi des pressions dans cette opération; puis on le laisse se dilater, en conservant sa température, de manière à arriver au point m', ce qui exige qu'une source de chaleur (A), à la température $t + dt$, lui donne la quantité de chaleur $l dv$, dv étant l'augmentation de volume de r en m'. Si maintenant, sans lui donner de chaleur extérieure, on le dilate de manière à le ramener à t°, on aura une courbe telle que mr', et l'on reviendra au point m au moyen d'une compression sous température constante, qui aura pour effet de faire absorber à une source calorifique (A′) à t° la quantité de chaleur empruntée à (A) dans la première partie de l'opération. Le corps étant revenu à son état primitif et les molécules ayant repris leurs mêmes positions relatives, le travail moléculaire total est nul.

Dans le parcours mr, on a dû dépenser un travail extérieur mesuré par l'aire limitée par cet élément, les ordonnées de ses extrémités et l'axe des abscisses; de r en m', il s'est, au contraire, produit un travail que l'on mesurera de la même façon; il en est de même de m' en r'; mais de r' en m on a dépensé un travail extérieur. La somme des travaux intermédiaires, diminuée de celle des travaux extrêmes, est donc mesurée par l'aire $mrm'r'$, qui représente ainsi le travail produit par l'emprunt de la quantité de chaleur $l dv$ à la source (A) transportée partiellement à la source (A′).

Soient s, s' les points d'intersection de la direction de mr' avec les ordonnées de m et m'; l'aire élémentaire $rmm'r'$ peut être considérée comme un parallélogramme qui est, par suite, équivalent à $rsm's'$, dont la mesure est $rs.dv$; et, comme rs représente la différence des pressions sous le même volume, aux températures $t+dt$ et t degrés, on a

$$rs = \frac{dp}{dt}dt,$$

et, par suite, pour le travail produit,

$$\frac{dp}{dt}dv\,dt;$$

son rapport à la quantité de chaleur empruntée $l\,dv$ est

$$\frac{1}{l}\frac{dp}{dt}dt,$$

et ne doit dépendre que de la température t. On pourra donc poser

$$\frac{dp}{dt} = \mu l, \tag{4}$$

μ étant une fonction de la température t, indépendante de la nature du véhicule employé.

5. *Perte de chaleur correspondant à un circuit rectangulaire élémentaire.* — Supposons, comme nous l'avons déjà fait plus haut, que, pour aller du point m au point m', on augmente de dt la température du corps sans changement de volume, l'augmentation correspondante de la pression étant mq; puis que, la température restant constante, on augmente le volume de dv.

La quantité de chaleur acquise de m en q est $c'\,dt$; au point q la chaleur latente l est devenue $l+\frac{dl}{dt}dt$ et, par conséquent, pour aller de q en m', il faut encore donner au corps la chaleur

$$dv\left(l+\frac{dl}{dt}dt\right),$$

soit en tout

$$(a) \qquad c'dt + ldv + \frac{dl}{dt}dv\,dt.$$

Au lieu de suivre le contour mqm', on aurait pu suivre le contour $mq'm'$, mq' correspondant à l'augmentation dv du volume à la température constante t et $q'm'$ à l'échauffement dt sous volume constant.

En q' la chaleur spécifique sous volume constant étant $c' + \frac{dc'}{dv}dv$, la quantité de chaleur donnée au corps est

$$(b) \qquad ldt + \left(c'dt + \frac{dc'}{dv}dv\right)dt.$$

Supposons maintenant que l'état calorifique du corps soit obtenu en suivant le premier contour mqm', puis qu'on le ramène à l'état initial en suivant le contour $m'q'm$: il est clair qu'il se dégagera dans la seconde partie de l'opération une quantité de chaleur égale à celle qu'il aurait gagnée en allant de m vers m' et représentée par l'expression (b).

L'état calorifique du corps étant redevenu le même qu'au point de départ, la différence des expressions (a) et (b) ou

$$(c) \qquad \left(\frac{dl}{dt} - \frac{dc'}{dv}\right)dv\,dt,$$

représente une quantité de chaleur qui a dû disparaître pour se transformer en travail, et qui ne peut pas être nulle d'après le principe de Meyer, ce qui aurait lieu cependant si dQ était une différentielle exacte de v et de t, puisque l'on aurait $l = \frac{dQ}{dv}$, $c' = \frac{dQ}{dt}$. Il suit de là que *la quantité de chaleur* Q *ne peut pas s'exprimer par une fonction de* t *et de* v, *et qu'elle ne s'obtiendra dans chaque cas particulier qu'en tenant compte de la relation entre la température et le volume qui le caractérise.*

On reconnaît, par un raisonnement identique à celui du n° 4, que l'on a développé dans l'opération précédente un travail représenté par l'aire $mqm'q'$; la base mq de ce parallélogramme élémentaire étant $\frac{dp}{dt}\,dt$ et sa hauteur dv, il vient pour sa surface

$$\frac{dp}{dt}\,dv\,dt.$$

6. *Formules de M. Clausius.* — D'après le principe de Meyer, le rapport de ce travail à l'expression (c) est égal à une constante A que l'on désigne sous le nom *d'équivalent mécanique de la chaleur.* On a donc la formule fondamentale

$$\frac{dl}{dt} - \frac{dc'}{dv} = \frac{1}{A}\frac{dp}{dt}. \tag{5}$$

On tire de là, en désignant par $f(v)$ une fonction arbitraire de v,

$$l = \int \frac{dc'}{dv}\,dt + \frac{1}{A}\,p + f(v),$$

par suite

$$dQ = c'\,dt + l\,dv = c'\,dt + dv\int \frac{dc'}{dv}\,dt + f(v)\,dv + \frac{1}{A}\,p\,dv,$$

ou

$$dQ = d\int c'\,dt + f(v)\,dv + \frac{1}{A}\,p\,dv.$$

Si donc on pose

$$u = \int c'\,dt + \int f(v)\,dv,$$

il vient

$$dQ = du + \frac{1}{A}\int p\,dv. \tag{6}$$

Telle est la forme sous laquelle M. Clausius donne la différentielle totale de la chaleur; mais il nous sera plus commode de l'écrire comme il suit. Posons

$$\frac{1}{A}\,z = \int \frac{dc'}{dv}\,dt + f(v),$$

nous aurons

$$dQ = c'\,dt + \frac{1}{A}\,(z + p)\,dv, \tag{7}$$

avec la condition

$$\frac{dc'}{dv} = \frac{1}{A}\frac{dz}{dt}. \tag{8}$$

La chaleur latente a ainsi pour valeur

$$l = \frac{1}{A}(z + p).$$

Si le corps change brusquement d'état pour certaines valeurs de v, t, p, la formule (7) ne doit s'appliquer que dans chacun des intervalles déterminés par ces valeurs.

7. *Signification de la fonction z. — Considérations générales sur la constitution des corps.* — Dans la formule (7), $c'dt$ représente l'accroissement élémentaire de la quantité de chaleur sensible, puisque cette quantité se rapporte au cas où, le volume restant constant, il n'y aurait pas de production de travail intérieur ou extérieur; $\frac{1}{A}(z+p)dv$ est, par suite, l'accroissement de ce que l'on appelle en Physique la chaleur latente proprement dite, et dont la chaleur latente de dilatation l est la dérivée partielle par rapport au volume; par suite, $z\,dv$ est le travail élémentaire dû aux attractions moléculaires.

Si l'on augmente graduellement la température d'un corps solide, il finira par prendre l'état liquide; mais, comme nous l'avons déjà fait remarquer, ce passage n'est brusque que pour certaines substances, telles que la glace, tandis que pour la plupart des métaux on passe par tous les états pâteux intermédiaires, en même temps que la chaleur totale du corps croît d'une manière continue.

La dénomination de *chaleur latente de fusion* n'est donc qu'une manière de s'exprimer pour les corps dans lesquels la période de l'état pâteux est trop courte ou trop instable pour qu'elle soit accessible à l'observation. Dans les liquides les forces attractives ont encore une énergie trop considérable pour qu'on puisse en négliger les effets; car on sait qu'il faut pour désagréger complétement un liquide, ou le transformer en vapeur, une quantité considérable de chaleur, appelée *chaleur latente de volatilisation* et qui est proportionnelle au travail mécanique vaincu.

Dans les gaz, les attractions moléculaires sont nulles ou négligeables, et c'est pourquoi, dans l'expérience de M. Joule citée plus haut, la température n'a pas baissé d'une manière appréciable, quoique les distances intermoléculaires aient augmenté notablement.

8. *La chaleur spécifique, sous volume constant, d'un corps homogène dont l'état physique est stable, ne dépend que de la température.* — Cette proposition est évidente, en considérant la chaleur sensible comme le résultat d'un mouvement vibratoire; mais elle est aussi une conséquence de la formule (8) qui donne $\frac{dc'}{dv} = 0$, en remarquant que les attractions moléculaires ne sont fonctions que des distances des molécules dont les accroissements sont proportionnels à ceux du volume, puisque, d'après l'hypothèse faite sur la nature du corps, $z\,dv$ ou z ne peut dépendre que de v.

9. *De l'échauffement d'un corps solide homogène.* — La quantité de chaleur nécessaire pour élever de dt la température t d'un kilogramme du corps, sous la pression atmosphérique p, étant $c\,dt$, il vient

$$c\,dt = c'\,dt + \frac{z + p}{A}\,dv.$$

Soient

Π_0 le poids spécifique du corps à zéro ;

β son coefficient de dilatation cubique mesuré à partir de zéro, dont nous négligerons les faibles variations dépendant de t.

Nous aurons

$$v = \frac{1 + \beta t}{\Pi_0}, \quad dv = \frac{\beta}{\Pi_0}\,dt.$$

Le coefficient d'élasticité E d'un solide varie très-peu avec la température, tant que le corps ne change pas d'état comme nous l'admettons, de sorte que, d'après le n° 177, en supposant $\delta = \frac{\beta t}{3}$, le travail moléculaire développé en portant la température de zéro à t° est

$$3 E v \delta^2 = \frac{E}{3 \Pi_0} (1 + \beta t) \beta^2 t^2,$$

expression dont la différentielle est égale à $z\,dv$; il vient donc

$$c = c' + \frac{\beta}{A \Pi_0} \left[E \beta^2 t \left(\frac{2}{3} + \beta t \right) + p \right].$$

10. *Relations entre les différents éléments calorifiques d'un corps, quelle qu'en soit la nature.* — Si l'on groupe les formules obtenues plus haut, en conservant leurs numéros, on a

$$l = \frac{c - c'}{\beta v}, \tag{3}$$

$$\frac{dp}{dt} = \mu l, \tag{4}$$

$$\frac{dl}{dt} = \frac{1}{A} \frac{dp}{dt} + \frac{dc'}{dt}. \tag{5}$$

L'élimination de l entre les équations (3) et (4) et entre (4) et (5) conduit aux formules suivantes :

$$c - c' = \frac{\beta v}{\mu} \frac{dp}{dt}, \tag{10}$$

$$\frac{d \frac{1}{\mu} \frac{dp}{dt}}{dt} - \frac{1}{A} \frac{dp}{dt} = \frac{dc'}{dv}; \tag{11}$$

La première nous donne une relation entre les deux chaleurs spécifiques; la seconde nous fournira par une intégration, lorsque nous aurons déterminé la fonction μ, la loi de la chaleur spécifique sous volume constant lorsqu'on fait varier le volume.

On a aussi (6)

$$l = \frac{z + p}{A} = \frac{c - c'}{\beta v}, \tag{12}$$

et pour les gaz, où z est négligeable,

$$p = A \frac{c - c'}{\beta v} = A l = \frac{A}{\mu} \frac{dp}{dt}. \tag{13}$$

Dans le cas général où le corps ne peut pas éprouver, dans des limites déterminées, de modifications dans sa constitution physique, on a $\frac{dc'}{dv} = 0$, et l'équation (11) devient

$$(11') \qquad \frac{d\frac{1}{\mu}\frac{dp}{dt}}{dt} - \frac{1}{A}\frac{dp}{dt} = 0,$$

qui donne la loi de variation de la pression avec la température.

11. *De la chaleur considérée comme le résultat de mouvements vibratoires.* — On admet maintenant d'une manière générale, en partant de l'identité de certains phénomènes relatifs à la lumière et à la chaleur, que nos sensations dues à la chaleur proviennent de mouvements très-rapides des molécules des corps par rapport à leurs positions moyennes. La quantité de chaleur sensible peut, par suite, être considérée comme étant proportionnelle à la demi-force vive moyenne due aux mouvements vibratoires.

La chaleur, étant ainsi l'équivalent d'un travail, doit donc se transmettre ou se communiquer d'un corps à un autre, par le simple contact ou par l'intermédiaire d'un autre corps. Pour expliquer la transmission d'un corps à un autre, situés tous deux dans le vide, il suffit d'admettre que le mouvement vibratoire soit commun aux molécules du premier corps et à celles de l'éther qu'on suppose exister partout.

Les amplitudes des vibrations calorifiques étant supposées très-petites par rapport à la distance des positions moyennes de deux molécules consécutives, les attractions moléculaires peuvent être considérées comme ayant lieu entre les molécules dans leurs positions moyennes, comme si elles ne vibraient pas.

Cette nouvelle manière de définir la chaleur rend évident l'énoncé du principe de Meyer; en effet, l'équation (7), mise sous la forme

$$A\,dQ = A\,c'\,dt + z\,dv + p\,dv,$$

n'est autre chose qu'une conséquence du principe des forces vives; car elle exprime que la demi-force vive calorifique $A\,dQ$, communiquée par une source de chaleur à un corps, produit dans ce dernier une demi-force vive vibratoire de même nature $Ac'dt$, l'excédant étant employé à vaincre les travaux résistants $-z\,dv$ et $-p\,dv$.

12. *Formule de M. Y. Villarceau.* — Considérons sous l'unité de poids un corps homogène dont la température est la même dans toutes ses parties, et qui n'est soumis qu'à l'action d'une pression p uniformément répartie sur sa surface.

Soient

v son volume;
r la distance de deux molécules m, m';
$mm'f(r)$ leur action mutuelle;
ι la distance de m à l'origine des coordonnées et V la vitesse de son mouvement vibratoire calorifique.

Nous désignerons le temps par τ, pour le distinguer de la température, que nous continuerons à représenter par t.

On a, d'après le n° 59 de la deuxième Partie (t. I, p. 255), aux notations près,

$$\frac{1}{2}\Sigma m V^2 = \frac{1}{4}\frac{d^2}{d\tau^2}\Sigma m\iota^2 + \frac{1}{2}\Sigma mm'f(r)r + \frac{3}{2}pv.$$

La densité du corps étant, par hypothèse, constante dans toute l'étendue de sa masse, une portion très-petite de v renfermera toujours la même quantité de matière, de sorte que $\Sigma m\iota^2$ peut être considéré comme étant sensiblement constant. On a donc

$$\tfrac{1}{2}\Sigma m V^2 = \tfrac{1}{2}\Sigma mm'f(r)r + \tfrac{3}{2}pv.$$

Supposons que, le volume v restant constant, on augmente de $dQ = c'dt$ la quantité de chaleur contenue dans le corps; r reste constant, et l'équation précédente donne

$$\tfrac{1}{2}d\Sigma m V^2 = \tfrac{3}{2}v\,dp;$$

or on a aussi

$$\tfrac{1}{2}d\Sigma m V^2 = A\,dQ = Ac'dt,$$

d'où, par l'élimination de la force vive,

$$\tfrac{3}{2}v\,dp = Ac'dt, \tag{14}$$

relation remarquable, dont nous ferons plus loin une application intéressante.

§ III. — *Théorie des gaz permanents.*

13. *Application de la formule de Clapeyron.* — Soient

p_0 la pression atmosphérique;

Π_0 le poids spécifique d'un gaz sous cette pression à la température zéro;

α le coefficient de dilatation des gaz.

On a

$$\frac{pv}{1+\alpha t} = \frac{p_0}{\Pi_0}, \tag{15}$$

d'où

$$\frac{dp}{dt} = \frac{p_0}{\Pi_0}\frac{\alpha}{v}.$$

La formule (4) donne par suite

$$l = \frac{dQ}{dv} = \frac{1}{\mu}\frac{dp}{dt} = \frac{p_0\alpha}{\Pi_0 v}\frac{1}{\mu},$$

d'où

$$Q = \frac{p_0}{\Pi_0\mu}[\log\text{hyp}.v + F(t)],$$

$F(t)$ étant une fonction arbitraire de la température t.

Si l'on remplace v par sa valeur déduite de l'équation (15), on trouve que Q peut se mettre sous la forme

$$Q = \frac{p_0\alpha}{\Pi_0}\left[f(t) - \frac{1}{\mu}\log\text{hyp}.p\right],$$

$f(t)$ étant une autre fonction arbitraire de la température.

Si, sans changer de température, on fait varier le volume du gaz, et si l'on désigne par Q_1, v_1, p_1 les valeurs initiales de Q, v, p, on obtient

$$Q - Q_1 = \frac{p_0\alpha}{\Pi_0\mu}\log\text{hyp}.\frac{p_1}{p} = \frac{p_0\alpha}{\varpi_0\mu}\log\text{hyp}.\frac{v}{v_1}. \tag{16}$$

Le coefficient μ étant le même pour tous les gaz, on déduit de cette équation les conséquences suivantes :

1° *Des volumes égaux de tous les fluides élastiques pris à la même température, étant comprimés ou dilatés d'une même fraction de leur volume, dégagent ou absorbent la même quantité de chaleur absolue.* (Vérification d'une loi découverte expérimentalement par Dulong.)

2° *Les quantités de chaleur absorbées ou dégagées par un gaz sont en progression arithmétique si les accroissements ou réductions de volume sont en progression géométrique.*

3° *Des volumes égaux de tous les gaz pris à la même température, étant comprimés ou dilatés d'une même fraction de leur volume, dégagent ou absorbent des quantités de chaleur inversement proportionnelles à leurs poids spécifiques déterminés à la température zéro et sous la pression atmosphérique.*

14. *Application du principe de Meyer.* — L'équation (15) donnant, en supposant p constant,

$$\frac{dv}{dt} = \frac{p_0}{\Pi_0}\frac{\alpha}{p},$$

l'équation (1) devient

$$dQ = c'dt + \frac{c - c'}{\alpha p_0}\Pi_0 p\,dv, \tag{17}$$

ce qui met en évidence la quantité de chaleur correspondant au travail extérieur $p\,dv$. On a donc

$$(c - c')\frac{\Pi_0}{\alpha p_0} = \frac{1}{A}. \tag{18}$$

15. *Loi des chaleurs spécifiques.* — Si l'on remarque que $c'\Pi_0$ est la chaleur spécifique sous volume constant rapportée au volume, on voit que :

Le rapport des chaleurs spécifiques sous pression constante et sous volume constant, diminué de l'unité, varie en raison inverse de la chaleur spécifique sous volume constant rapportée au volume.

D'après les expériences de M. Regnault, la chaleur spécifique d'un gaz sous pression constante est indépendante de la pression; elle est indépendante de la température pour l'air et probablement pour tous les gaz qui suivent la loi de Mariotte, ou dont l'état physique est suffisamment éloigné du point de saturation. Il y a lieu de supposer également que ceux dont la compressibilité suit une loi plus rapide se conduiraient comme l'acide carbonique, et qu'ils auraient des chaleurs spécifiques plus faibles à mesure qu'ils s'éloigneraient de leur point de condensation.

Il paraît résulter de ce qui précède que les chaleurs spécifiques sous volume constant sont indépendantes de la température et de la pression, ce que Welter et Gay-Lussac ont démontré expérimentalement pour l'air.

16. *Valeur de l'équivalent mécanique de la chaleur, déduite de la chaleur spécifique des gaz.* — On a pour l'air, sous la pression d'une atmosphère, $p_0 = 10\,333^{kg}$ à la température o,

$$\left.\begin{aligned} \alpha &= 0{,}00367, \\ \Pi_0 &= 1{,}293187, \\ c &= 0{,}2377, \end{aligned}\right\} \quad (\text{Regnault.})$$

$$\frac{c}{c'} = 1{,}419; \qquad (\text{Masson.})$$

d'où, en vertu de la formule (18),

$$\text{A} = 424 \text{ kilogrammètres.}$$

17. *Chaleur spécifique des gaz sous volume constant.* — De la même formule on tire

$$(19) \qquad \frac{c}{c'} = \frac{1}{1 - \dfrac{1}{\text{A}}\dfrac{\alpha p_0}{\Pi_0 c}},$$

et l'on pourra facilement calculer la chaleur spécifique sous volume constant lorsqu'on aura obtenu par l'expérience la chaleur spécifique sous pression constante.

Pour la vapeur d'eau éloignée du point de saturation, on a

$$\left.\begin{aligned} c &= 0{,}475, \\ \Pi_0 &= 1{,}293187 \times 0{,}62, \end{aligned}\right\} \quad (\text{Regnault.})$$

et, si l'on suppose $\text{A} = 424$, on trouve

$$\frac{c}{c'} = 1{,}32.$$

18. *Détermination de la fonction* μ. — L'équation (15) nous a donné

$$\frac{dp}{dt} = \frac{p_0}{\Pi_0}\frac{\alpha}{v};$$

d'où

$$\frac{1}{p}\frac{dp}{dt} = \frac{\alpha}{1+\alpha t}.$$

Cette valeur, portée dans l'équation (13), conduit à l'expression

(20) $$\mu = \frac{A\alpha}{1+\alpha t}.$$

19. *De la dilatation d'un gaz dont la quantité de chaleur reste constante. — Travail produit par la détente.* — Supposons que l'on dilate ou que l'on comprime un gaz placé dans des conditions telles, qu'il ne puisse recevoir aucune quantité de chaleur des corps environnants ou leur en communiquer. C'est ce qui a lieu quand l'opération est brusque, comme dans l'expérience connue du briquet à air.

La formule (17) donne dans ce cas, en y faisant $dQ = 0$ et $\frac{c}{c'} = \gamma$,

$$dt + (\gamma - 1)\frac{\Pi_0}{\alpha p_0} p\,dv = 0.$$

ou, eu égard à l'équation (15),

$$\frac{\alpha\,dt}{1+\alpha t} + (\gamma - 1)\frac{dv}{v} = 0.$$

Si l'on suppose α et γ constants, on tire de là, en désignant par v_1, p_1 les valeurs de p et v correspondant à la température t_1,

(21) $$\frac{1+\alpha t}{1+\alpha t_1} = \left(\frac{v_1}{v}\right)^{\gamma-1},$$

et comme $\frac{pv}{1+\alpha t} = \frac{p_1 v_1}{1+\alpha t_1}$, il vient

(22) $$\frac{p}{p_1} = \left(\frac{v_1}{v}\right)^{\gamma} = \left(\frac{1+\alpha t}{1+\alpha t_1}\right)^{\frac{\gamma}{\gamma-1}}.$$

Supposons que le gaz soit compris dans un corps de pompe

dont les parois soient imperméables à la chaleur et qu'en se dilatant il mette en mouvement un piston. Le travail développé sera, pendant le passage du volume v au volume v_1,

$$\int_{v_1}^{v} p\,dv = p_1 v_1^{\gamma} \frac{v^{1-\gamma} - v_1^{1-\gamma}}{1-\gamma} = p_1 v_1 \frac{\left(\frac{v}{v_1}\right)^{1-\gamma} - 1}{1-\gamma}.$$

Si l'enveloppe était composée d'une telle manière que la température du gaz restât constante, on aurait $pv = p_1 v_1$ et

$$\int_{v_1}^{v} p\,dv = p_1 v_1 \log \frac{v}{v_1},$$

expression dont la valeur est supérieure à celle de la précédente.

20. *Loi de la dilatation des gaz dont la température reste constante.* — En supposant t constant ou $dt = 0$, l'équation (17), ou son équivalente

$$dQ = c'\,dt + \frac{p\,dv}{A},$$

donne, en éliminant p au moyen de la formule (15),

$$dQ = \frac{1}{A} \frac{p_0}{\Pi_0}(1 + \alpha t) \frac{dv}{v},$$

d'où, en appelant Q_1 la chaleur correspondant au volume v_1 et à la pression p_1,

(23) $$Q - Q_1 = \frac{1}{A} \frac{p_0}{\Pi_0}(1 + \alpha t) \log \frac{v}{v_1} = \frac{p_0 \alpha}{\Pi_0 \mu} \log \frac{v}{v_1},$$

formule que nous avons obtenue plus haut (13), en partant des principes de Carnot, sans avoir recours à celui de Meyer.

21. *Relation entre la pression, le volume et la température dans un corps quelconque dont l'état physique ne change pas.* — Si l'on porte la valeur de μ donnée par la formule (20) dans l'équation (11'), on trouve $\frac{d^2 p}{dt^2} = 0$, équation dont l'intégrale est

(24) $$p = \varphi(v)t + \psi(v),$$

φ et ψ étant deux fonctions caractérisant la nature du corps. On voit ainsi que la pression devrait varier proportionnellement à la température lorsque le volume reste constant.

22. *Du travail produit par une quantité de chaleur empruntée à une source et reçue partiellement par une autre source.* — Supposons d'abord que les deux sources de chaleur (A) et (A_1) aient les températures t et $t - dt$; soient Q la quantité de chaleur enlevée à (A) et dQ la quantité de chaleur consommée;

$$Q_1 = Q - dQ$$

sera la quantité de chaleur transportée, et l'on aura, pour le travail produit,

$$A\,dQ$$

ou

$$\mu(Q - dQ)\,dt = \mu Q\,dt,$$

d'après le principe de Carnot.

On a donc l'égalité

$$dQ = \frac{Q}{A}\mu\,dt.$$

Pour la source (A_1) et une source (A_2) à la température $t - 2dt$, on a de même

$$dQ_1 = \frac{Q_1}{A}\mu\,dt,$$

et ainsi de suite, jusqu'à ce que l'on arrive à une source (A'), à une température $t' < t$; la quantité totale de chaleur consommée s'obtiendra donc en faisant la somme de toutes les valeurs de dQ, c'est-à-dire en faisant l'intégrale de la première égalité, que l'on peut ainsi considérer comme une équation différentielle.

Nous aurons donc, en désignant par Q' la quantité de chaleur reçue par (A'),

$$\log\frac{Q}{Q'} = \frac{1}{A}\int_{t'}^{t}\mu\,dt,$$

d'où

$$Q' = Q e^{-\frac{1}{A}\int_{t'}^{t}\mu\,dt}$$

et, pour le travail produit,

$$T = A(Q - Q') = AQ\left(1 - e^{-\frac{1}{A}\int_{t'}^{t}\mu\,dt}\right).$$

On voit ainsi que le travail n'augmente pas indéfiniment avec la différence de température des deux sources, et qu'il ne peut pas dépasser la limite AQ correspondant à $t - t' = \infty$.

En considérant α comme constant, et remplaçant μ par sa valeur (20), on a tout simplement

$$(25)\qquad \left\{\begin{aligned} Q' &= Q\,\frac{1+\alpha t'}{1+\alpha t},\\ T &= AQ\alpha\,\frac{(t-t')}{1+\alpha t}.\end{aligned}\right.$$

23. *Rapport entre les chaleurs spécifiques d'un gaz sous pression constante et sous volume constant résultant de l'application de la formule de M. Y. Villarceau.* — La formule (14) du n° 12, ou

$$\frac{3}{2}\,v\,dp = Ac'dt,$$

s'applique à un gaz dont le volume reste constant; mais, d'après la formule (15), nous avons aussi

$$v\,dp = \frac{p_0\alpha}{\Pi_0}\,dt.$$

L'équation précédente devient par suite

$$\frac{3}{2}\,\alpha\,\frac{p_0}{\Pi_0} = Ac';$$

en la multipliant membre à membre avec l'équation (18), on trouve

$$\frac{c}{c'} = \frac{5}{3} = 1,667.$$

Ainsi donc, d'après cette théorie, le rapport des chaleurs spécifiques serait indépendant de la nature du gaz et supérieur de $\frac{1}{6}$ environ à la valeur de ce rapport obtenue expérimentalement pour l'air. Il résulterait de là et de la formule (19) que le produit $\Pi_0 c$ serait constant, résultat que l'expérience ne justifie pas. Ce désaccord ne peut guère s'expliquer qu'en admettant que l'invariabilité de v n'entraîne pas rigoureusement la constance du terme $\Sigma m v^2$.

§ IV. — *Des vapeurs saturées.*

24. *Formule déduite du principe de Carnot.* — Considérons une vapeur à la température t^0 en contact avec son liquide, le tout sous l'unité de poids, et soient

p la pression;
u le volume total;
ρ le poids spécifique de la vapeur;
ε son rapport à celle du liquide;
r la chaleur latente de volatilisation à t^0;
v le volume occupé par la vapeur.

En prenant pour abscisse (*fig.* 118) $Oa = u$, et pour ordonnée $am = p$, on obtient un point m. Si l'on comprime la

Fig. 118.

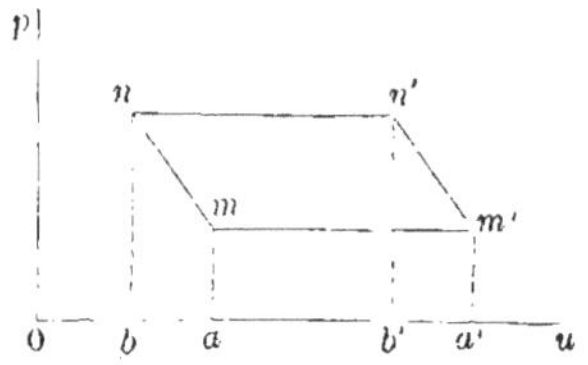

vapeur de manière à l'amener à la température $t + dt$, la pression s'élèvera graduellement, et deviendra $bn = \frac{dp}{dt}\,dt$, en même temps qu'une certaine quantité de vapeur se condensera. Arrivé à ce point, supposons que l'on augmente de bb' le volume total en maintenant la température constamment égale à $t + dt$; il se formera un certain volume de vapeur dv au détriment du liquide, et l'on aura ainsi une droite nn' parallèle à Oa. Cette seconde opération suppose qu'une source de chaleur (A) à la température $t + dt$ cède à la masse la quantité de chaleur $\rho r dv$. En continuant maintenant la dilatation hors de la présence de la source (A), on pourra ramener la température à t^0 et à la pression p; il se formera en même temps une nouvelle quantité de vapeur, et l'on arrivera au point m' ayant même ordonnée que le point m. Enfin, en comprimant la vapeur de manière à la ramener à son état primitif ou au point m sous la pression constante p, il dégagera une certaine quantité de chaleur, que l'on devra considérer comme absorbée par une source de froid (A_1) à la température t.

L'augmentation nn' du volume total étant égale à celle dv du volume de la vapeur, diminuée du volume εdv de l'eau qui s'est transformée en vapeur, on a

$$nn' = dv(1-\varepsilon);$$

l'aire du parallélogramme élémentaire $nmm'n'$, ou

$$(a) \qquad (1-\varepsilon)dv\frac{dp}{dt}dt,$$

représentera le travail correspondant à l'emprunt de la quantité de chaleur $\rho r dv$: on aura donc, en donnant à μ la même signification qu'au n° 4,

$$(26) \qquad \frac{(1-\varepsilon)}{r\rho}\frac{dp}{dt} = \mu.$$

25. *Densité de la vapeur d'eau au maximum de tension.* — En ayant égard à la formule (20), l'équation précédente devient

$$(27) \qquad \rho = \frac{1}{A}\frac{(1+\alpha t)}{\alpha r}(1-\varepsilon)\frac{dp}{dt}.$$

Soient δ la densité de la vapeur rapportée à celle de l'air; ϖ le poids du mètre cube d'air, sous la pression atmosphérique p_a et à la température zéro. On a

$$\rho = \frac{\delta\varpi p}{(1+\alpha t)p_a},$$

d'où

$$\delta = \frac{(1-\varepsilon)p_a}{A\alpha\varpi}\frac{(1+\alpha t)^2}{r}\frac{1}{p}\frac{dp}{dt}.$$

D'après M. Regnault, on a, pour la chaleur totale de la vapeur d'eau,

$$606,5 + 0,305t = r + \int_0^t c\,dt,$$

c étant la chaleur spécifique de l'eau, qui elle-même, d'après le même physicien, a pour valeur

$$c = 1 + \frac{4}{10^5}t + \frac{9}{10^7}t^2;$$

on tire de là

$$r = 606,5\left(1 - \frac{1146}{10^6}t - \frac{33}{10^9}t^2 - \frac{5}{10^{10}}t^3\right).$$

En mettant l'équation (27) sous la forme

$$(28)\qquad \frac{p(1-\varepsilon)}{A\rho(1+\alpha t)} = \frac{\alpha r}{(1+\alpha t)^2\,\dfrac{1}{p}\,\dfrac{dp}{dt}},$$

M. Clausius, au moyen des éléments précédents et des Tables de M. Regnault, dans lesquelles se trouvent, en regard l'une de l'autre, les valeurs correspondantes de p et t, a reconnu que, entre les limites $t = -15^\circ$, $t = 225^\circ$, le second membre de cette équation peut être représenté très-approximativement par l'expression

$$(29)\qquad m - nk^t,$$

dans laquelle

$$m = 31,549,\quad n = 1,0486,\quad k = 1,007161.$$

Il vient donc, en négligeant ε devant l'unité,

$$(30)\qquad \begin{cases} \rho = \dfrac{p}{A(1+\alpha t)(m - nk^t)}, \\ \delta = \dfrac{10333}{A.1,2932(m - nk^t)}. \end{cases}$$

En prenant $A = 424^{km}$ et estimant la pression en centimètres de mercure, les formules (30) se transforment dans les suivantes :

$$\rho = \frac{0.32p}{(1+\alpha t)(m - nk^t)},\quad \delta = \frac{19,01}{m - nk^t}.$$

Toutefois il convient de faire subir à ces formules une correction due à ce que, d'après M. Regnault, on doit avoir $\delta = 0,622$, tandis que la formule donne $\delta = 0,630$. La différence ne peut être attribuée qu'aux erreurs d'observation qui pèsent sur les derniers chiffres et qui finissent par s'accumuler à la suite d'opérations arithmétiques. Le coefficient de correction étant ainsi $\frac{0,622}{0,630}$, il vient

$$(31)\quad \begin{cases} \rho = \dfrac{0,316}{(1+\alpha t)(m - nk^t)}, \\ \delta = \dfrac{18,768}{m - nk^t}. \end{cases}$$

La seconde de ces formules m'a permis de dresser le tableau suivant, dans lequel la pression est exprimée en millimètres de colonne de mercure.

t	p	ρ	t	p	ρ
°	mm	k	°	mm	k
0	4,600	0,0048	110	1075,37	0,8447
10	9,165	0,0094	120	1491,28	1,1473
20	17,391	0,0172	130	2030,28	1,5354
30	31,548	0,0304	140	2717,63	2,0179
40	54,906	0,0512	150	3581,23	2,6137
50	91,982	0,0833	160	4651,62	3,3490
60	148,791	0,1315	170	5961,66	4,2458
70	233,093	0,2008	180	7546,39	5,2948
80	354,643	0,2981	190	9442,39	6,5416
90	525,450	0,4319	200	11688,96	8,0093
100	760,000	0,6105			

26. *Relation entre le poids spécifique de la vapeur d'eau saturée et la pression.* — Les valeurs de ρ données par le tableau précédent sont représentées, d'une manière on ne peut plus satisfaisante, par la formule

$$(32)\quad \rho = M p^m,$$

dans laquelle on a

$$M = 0{,}001164,$$
$$m = 0{,}943,$$

la pression étant exprimée en millimètres de mercure.

Dans les applications ordinaires, n désignant la pression en atmosphères, on peut, de $n = 1$ à $n = 8{,}5$, employer la formule approximative

$$p = 0{,}540n + 0{,}076,$$

qui ne comporte généralement qu'une erreur relative bien inférieure à $\frac{1}{67}$.

27. *Formule de M. Clausius basée sur le principe de Meyer.* — Soient

c la chaleur spécifique du liquide à t degrés;

hdt la quantité, positive ou négative, de chaleur dégagée par kilogramme de vapeur lorsque, sa température augmentant de dt, on dilate le volume, de manière que la vapeur reste au maximum de tension.

En nous reportant aux notations et à l'opération du n° 24 (*fig.* 118), désignons par dx le poids de vapeur qui s'est condensé en allant de m en n; la quantité de chaleur rdx, résultant de la condensation du poids dx de vapeur, a été employée à augmenter de dt la température de l'eau et celle de la quantité primitive z de vapeur. On a donc

$$(\alpha) \qquad rdx = (1 - z)cdt + zhdt.$$

En n la chaleur latente r est devenue $r + \frac{dr}{dt}dt$ et l'on a, pour la quantité de chaleur empruntée extérieurement,

$$(\beta) \qquad dy\left(r - \frac{dr}{dt}dt\right).$$

Supposons maintenant que, pour arriver au point n', on suive le contour $mm'n'$ et soient

dy' le poids de vapeur formée, en allant de m en m';

dx' le poids de vapeur condensée de m' en n'.

La chaleur absorbée de m' en m est

$$(\beta') \qquad r\,dy',$$

et, comme en m' la quantité de vapeur est devenue $z + dy'$, on obtiendra $r\,dx'$ en changeant z en $z + dy'$ dans le second membre de l'équation (α), d'où

$$(\delta) \qquad r\,dx' = (1 - z - dy')\,c\,dt + h(z + dy')\,dt.$$

La quantité de vapeur formée étant nécessairement la même en suivant les deux contours, on a

$$(\gamma) \qquad dx - dy = dx' - dy'.$$

Enfin, des équations (α), (δ) et (γ), on tire

$$(\varepsilon) \qquad r(dx - dx') = r(dy - dy') = (c - h)\,dy'\,dt.$$

La différence des expressions (β) et (β'), ou

$$dy'\,dt\left(c - h + \frac{dr}{dt}\right),$$

étant proportionnelle au travail produit $(1 - \varepsilon)\dfrac{dp}{dt}\,dv\,dt$, il vient, en remarquant que l'on peut supposer $\rho\,dv = dy'$,

$$(33) \qquad \frac{dr}{dt} + c - h = \frac{1}{A}\,\frac{(1 - \varepsilon)}{\rho}\,\frac{dp}{dt}.$$

Si l'on élimine $\dfrac{dp}{dt}$ entre les équations (27) et (33), on trouve

$$(34) \qquad \frac{\alpha r}{1 + \alpha t} = \frac{dr}{dt} + c - h.$$

Nous avons vu (24) que l'on a

$$606,5 + 0,305\,t = r + \int_0^t c\,dt,$$

d'où

$$\frac{dr}{dt} + c = 0,305,$$

et l'on a enfin, en réduisant,

$$h = 0,305 - \frac{606,5 - 0,695t - 0,00002t^2 - 0,0000003t^3}{273 + t},$$

ce qui donne :

Pour $t = 0$. . . . . $h = -1,916$
Pour $t = 100$. . . . . $h = -1,133$
Pour $t = 200$. . . . . $h = -0,676$

28. *Relation entre la chaleur interne d'une vapeur et sa chaleur de vaporisation.* — Supposons qu'un kilogramme d'un liquide soit renfermé dans une enveloppe immatérielle et extensible, et que la masse soit placée dans un milieu gazeux formant source de chaleur à la température t du liquide et à la pression p correspondante de la vapeur saturée à t^0. Sous l'influence de la chaleur fournie à la masse par la source, l'enveloppe se dilatera jusqu'au moment où la vaporisation sera complète.

Soient

ρ, Π les poids spécifiques de la vapeur et du liquide;
A l'équivalent mécanique de la chaleur;
λ la chaleur interne de la vapeur rapportée au kilogramme, c'est-à-dire la quantité de chaleur nécessaire pour désagréger un kilogramme d'eau et le transformer en vapeur;
r la chaleur de vaporisation du liquide.

Le travail extérieur produit étant $p\left(\frac{1}{\rho} - \frac{1}{\Pi}\right)$, on a

$$r = \lambda + \frac{p}{A}\left(\frac{1}{\rho} - \frac{1}{\Pi}\right),$$

ou, en négligeant devant l'unité $\frac{\rho}{\Pi}$, qui est toujours une petite fraction,

$$(35) \qquad r = \lambda + \frac{p}{A\rho}.$$

29. *Quantité de chaleur nécessaire pour modifier l'état calorifique d'un mélange de liquide et de vapeur.* — Soit dQ la quantité de chaleur nécessaire pour élever de dt la tempé-

rature du mélange dans lequel les poids de la vapeur et du liquide à t degrés, sous la pression p, sont η et $1-\eta$, u étant le volume total.

Cette quantité de chaleur se composera : 1° de la quantité $c\,dt$, nécessaire pour élever de dt la température de la masse considérée comme liquide, dont c est la chaleur spécifique à $t°$; 2° de l'accroissement $d\eta\lambda$ de la chaleur interne de la vapeur; 3° de la chaleur $\frac{1}{A}p\,du = \frac{1}{A}p\,d.\eta\left(\frac{1}{\rho}-\frac{1}{\Pi}\right) = \frac{1}{A}p\,d\frac{\eta}{\rho}$ absorbée par le travail extérieur produit. On a donc

$$dQ = c\,dt + d\eta\lambda + \frac{1}{A}p\,d\frac{\eta}{\rho},$$

ou, en remplaçant λ par sa valeur déduite de l'équation (35),

$$dQ = c\,dt + d.\eta r - \frac{\eta}{A}\frac{1}{\rho}\frac{dp}{dt}\,dt,$$

ou encore, en ayant égard à la relation (27) et en négligeant le produit $\varepsilon\eta$,

$$(36)\qquad dQ = c\,dt + d\eta r - \frac{\eta\alpha r}{1+\alpha t}\,dt.$$

30. *Examen du cas où la quantité de chaleur de la masse reste constante.* — On a $dQ = 0$ et

$$(37)\qquad \frac{\alpha c\,dt}{1+\alpha t} + \frac{\alpha}{1+\alpha t}\,d.\eta r + \eta r\alpha\,d\frac{1}{1+\alpha t} = 0,$$

d'où, entre les limites t_0 et t_1 de la température,

$$(38)\qquad \int_{t_0}^{t_1}\frac{\alpha c\,dt}{1+\alpha t} + \frac{\alpha\eta_1 r_1}{1+\alpha t_1} - \frac{\alpha\eta r_0}{1+\alpha t_0} = 0,$$

η_1, r_1 et η_0, r_0 étant les valeurs de η et z correspondant aux températures extrêmes à t_1 et t_0.

On peut mettre cette équation sous une autre forme, en remarquant que $\frac{1}{\alpha} = 273°$, et que c, variant lentement avec t, peut être remplacé sans erreur sensible, pour des écarts $t_1 - t_0$, qui ne dépassent pas les limites ordinaires, par la moyenne $\frac{c_1+c_0}{2}$ des valeurs qui correspondent à t_1 et t_0; de sorte que, en employant les logarithmes vulgaires, on a

$$(39) \qquad \frac{\eta_1 r_1}{273+t_1} = \frac{\eta_0 r_0}{273+t_0} - 2,30258 \frac{c_1+c_0}{2} \log \frac{273+t_1}{273+t_0},$$

d'où l'on déduira η_1, connaissant η_0, t_0, t_1.

31. *Vapeur qui se détend, sans addition ou soustraction de chaleur, en produisant du travail.* — La température du fluide diminue naturellement à mesure que le volume augmente; et de deux choses l'une, ou une partie de la vapeur se condense, ou la vapeur se maintient à des températures au moins égales à celles de la saturation sous les pressions décroissantes.

L'une ou l'autre de ces circonstances se présentera selon que l'équation (39), après y avoir supposé $\eta_0 = 1$, donnera pour η_1 des valeurs plus petites ou plus grandes que l'unité, lorsqu'on fait décroître t_1 à partir de t_0, ou bien encore suivant que $\frac{d\eta}{dt}$, pour $t = t_0$, sera positif ou négatif.

Or l'équation (36) donne, en y supposant $dQ = 0$, $\eta_0 = 1$,

$$\left(\frac{d\eta}{dt}\right)_{t=t_0} = \frac{1}{273+t_0} - \left(\frac{1}{r}\frac{dr}{dt}\right)_{t=t_0} - \frac{c_0}{r_0}.$$

Il y aura donc condensation ou non, selon qu'on aura

$$\frac{1}{273+t_0} - \left(\frac{1}{r}\frac{dr}{dt}\right)_{t=t_0} - \frac{c_0}{r_0} > 0 \quad \text{ou} \quad < 0.$$

On reconnaît ainsi que, à des températures comprises entre zéro et 230 degrés, limites entre lesquelles s'appliquent les formules empiriques de M. Regnault, la vapeur d'eau se condense en se détendant.

M. Combes a reconnu de la même manière que la vapeur d'éther ne se condense pas en se détendant, et que, par suite, elle doit se condenser sous une compression graduelle. D'après le même auteur, la vapeur de chloroforme se comporterait comme la vapeur d'eau, de zéro à 125 degrés, et comme l'éther au delà de cette dernière limite; la vapeur de chlorure de carbone se condenserait de zéro à 140 degrés, et se conduirait comme l'éther au-dessus de cette dernière température.

32. *Relation entre le rapport des pressions et celui des volumes pour la vapeur d'eau qui se détend.* — Si l'on désigne par v_0 le volume initial $\frac{1}{\rho_0}$ d'un kilogramme de vapeur saturée qui se détend; par v_1 le volume $\frac{1}{\rho_1}$ occupé par la vapeur lorsque la température est descendue à la température t^0, l'équation (39) se met sous la forme

$$\frac{v_1}{v_0} = \frac{273+t_1}{r_1}\frac{\rho_0}{\rho_1}\left(\frac{r_0}{273+t_0} - 2,30258\,\frac{c_0+c_1}{2}\log\frac{273+t_1}{273+t_0}\right).$$

J'ai considéré successivement des valeurs de t_0 décroissant de 10 en 10 degrés à partir de 200 jusqu'à 110 degrés; pour chacune d'elles j'ai fait décroître t_1 de 10 en 10 degrés à partir de $t_0 - 10^\circ$: j'ai pu ainsi former des tables donnant les valeurs de $\frac{v_1}{v_0}$, en regard desquelles j'ai placé celles de $\frac{p_0}{p_1}$, et j'ai reconnu que la formule

$$(40) \qquad \frac{p_0}{p_1} = \left(\frac{v_1}{v_0}\right)^{1,133}.$$

s'accorde on ne peut mieux avec les éléments de ces tables, entre les limites 1,25, 15,37 de $\frac{v_1}{v_0}$.

On voit ainsi que la pression du travail dû à la détente de la vapeur d'eau, sans addition ni soustraction de chaleur, est de la même forme que celle du travail dû à la détente des gaz.

33. *Écoulement de la vapeur d'eau saturée.* — Supposons que la vapeur d'une chaudière sous la pression p_0, à la température t_0, s'échappe dans l'atmosphère par un orifice en mince paroi ou un ajutage très-court, d'une section très-faible par rapport à la chaudière : par suite de la détente, une partie de la vapeur se condensera.

Soient

ϖ_0 le poids spécifique de la vapeur;

ϖ le poids spécifique moyen du mélange d'eau et de vapeur lorsque la pression s'est réduite à p.

D'après le numéro précédent, on a

$$\frac{p}{p_0} = \left(\frac{\varpi}{\varpi_0}\right)^{1,133},$$

et l'on voit que les formules du n° 300 (IIe Partie), établies pour l'écoulement des gaz, s'appliquent à celui de la vapeur d'eau saturée, en y supposant $\gamma = 1,133$.

Mais ces formules supposent que l'hypothèse des tranches est admissible, ce qui n'est pas; car, lorsque, dans des conditions convenables de lumière, on observe un jet de vapeur qui s'échappe dans l'atmosphère, on reconnaît qu'il est formé d'une partie centrale, à texture serrée, se terminant en pointe, environnée d'une auréole de vapeur floconneuse, dont l'importance augmente au détriment de cette partie à mesure qu'on s'éloigne de la naissance du jet. A une très-petite distance de l'orifice, avant que l'auréole floconneuse ait pris un développement appréciable, les particules fluides paraissent animées de vitesses parallèles à l'axe du tuyau; la section qu'elles traversent alors croît avec l'excès de la pression dans le tuyau sur la pression atmosphérique; d'abord inférieure à celle de l'origine pour une faible pression effective, ce qui correspond à un minimum ou à une contraction, la section dont il s'agit devient bientôt un maximum qui va en augmentant avec la pression.

Quoique l'hypothèse des tranches, en raison même de la constitution du jet de vapeur, puisse soulever, dans le cas actuel, des objections sérieuses, j'ai néanmoins fait l'application de la formule (3) du n° 300 (IIe Partie) aux résultats de l'expérience, et je suis arrivé aux résultats approximatifs suivants, pour représenter les coefficients de dépense :

Orifice en mince paroi...... $\mu = 0,10 + 0,6\,\frac{p_0}{p}$,

Ajutage conique........... $\mu = 0,40 + 0,6\,\frac{p_0}{p}$,

Ajutage rentrant........... $\mu = 0,08 + 0,6\,\frac{p_0}{p}$.

Mais il sera préférable, pour calculer le poids de vapeur

débitée par seconde par un orifice, d'avoir recours aux formules empiriques du n° 301 (IIe Partie), qui sont d'une application plus facile et donnent des résultats plus exacts.

§ V. — *Des vapeurs surchauffées.*

34. Soient

t la température d'une vapeur éloignée de son point de saturation sous la pression p;

T la température de cette vapeur saturée sous la même pression;

$\theta = t - T$ ce que nous appellerons le *surchauffement de la vapeur;*

δ, Δ les densités par rapport à l'air, à la pression p, aux températures t et T.

On sait qu'au delà d'une certaine limite θ_1 du surchauffement une vapeur, quelle que soit sa nature, se comporte comme un gaz permanent, c'est-à-dire que δ devient une constante δ_1 (que nous appellerons la *densité théorique* de la vapeur), ainsi que le coefficient de dilatation et la chaleur spécifique sous pression constante.

Mais, lorsque θ diminue à partir de θ_1, δ va en augmentant jusqu'à Δ; le coefficient de dilatation et la chaleur spécifique croissent de même jusqu'à des limites qui sont atteintes au point de saturation.

On peut expliquer ces anomalies en considérant une vapeur comme un gaz permanent ayant pour densité relative δ_1 et tenant en suspension, dans certaines conditions de température, une certaine quantité de son propre liquide, par exemple à l'état vésiculaire. Cette proportion de liquide atteindrait son maximum lors de la saturation, diminuerait en se volatilisant successivement, en faisant croître θ, et deviendrait insensible au delà d'une certaine valeur du surchauffement.

Les vapeurs seraient ici, par rapport aux gaz, ce qu'est, par rapport aux liquides, l'état pâteux, qui ne paraît être autre chose qu'un liquide tenant en dissolution ou en suspension son propre solide.

35. *Expression de la quantité de liquide en suspension.* — Soient

q le poids du liquide en suspension dans 1 kilogramme de vapeur;

$-dq$ la portion qui se volatilise lorsqu'on élève la température à dt.

L'hypothèse qui se présente le plus naturellement à l'esprit consiste à poser

$$-dq = qkdt,$$

k étant un coefficient indépendant de la température.

On déduit de là

$$q = Me^{-k(t-T)},$$

expression dans laquelle **M** représente le poids d'eau en suspension lors de la saturation, ou lorsque $t = T$.

On peut admettre que k varie assez peu avec la pression pour qu'on puisse le considérer comme constant, soit parce que, dans les limites des pressions usuelles, comme nous le verrons plus loin, M n'éprouve que des variations très-restreintes, tandis que, pour $t - T = 60°$, q devient insensible; soit en considérant que le travail relatif à la désagrégation des particules fluides, pour les transformer en gaz, est trop considérable pour que la pression y participe d'une manière appréciable.

Soient maintenant

ρ le poids spécifique du liquide à $t°$;

Π celui de l'air à la même température et sous la pression p.

D'après l'hypothèse admise, nous aurons, en égalant deux expressions du volume,

$$\frac{1-q}{\Pi\delta_1} + \frac{q}{\rho} = \frac{1}{\Pi\delta}.$$

Or $\frac{\delta_1 \Pi}{\rho}$ est une très-petite fraction qu'on peut négliger sans inconvénient, de même que q^2, comme nous le verrons plus loin. Il vient donc

$$\delta = \frac{\delta_1}{1-q} = \delta_1(1+q) = \delta_1[1 + Ma^{-(t-T)}],$$

en posant $a = e^k$, nombre qui est nécessairement supérieur à l'unité; mais comme pour $t = \mathrm{T}$ on doit avoir $\delta = \Delta$, d'où $\mathrm{M} = \frac{\Delta}{\delta_1} - 1$, il vient

$$(1)\qquad \begin{cases} \delta = \delta_1 + (\Delta - \delta_1)\, a^{-(t-\mathrm{T})}, \\ q = \left(\frac{\Delta}{\delta_1} - 1\right) a^{-(t-\mathrm{T})}. \end{cases}$$

36. *Relation entre la pression, la température, le poids spécifique ou le volume d'une vapeur surchauffée.* — Pour l'air, on a

$$\frac{p}{\mathrm{H}(1+\alpha t)} = \frac{10333}{1,2932} = \mathrm{H},$$

d'où, en appelant D le poids spécifique $\mathrm{H}\delta$ de la vapeur à la température t,

$$(2)\qquad \begin{cases} \dfrac{p\left[\delta_1 + (\Delta - \delta_1)\, a^{-(t-\mathrm{T})}\right]}{\mathrm{D}(1+\alpha t)} = \mathrm{H}, \\ \dfrac{p}{\mathrm{D}(1+\alpha t)} = \dfrac{\mathrm{H}}{\delta_1}\left[1 - \left(\dfrac{\Delta}{\delta_1} - 1\right) a^{-(t-\mathrm{T})}\right], \end{cases}$$

expression dans laquelle Δ et T sont des fonctions de p que nous connaissons, au moins pour la vapeur d'eau.

Soit $\mathrm{Q} = \mathrm{VD}$ le poids d'un volume V de vapeur; il vient

$$(3)\qquad \frac{p\mathrm{V}\left[1 + \left(\dfrac{\Delta}{\delta_1} - 1\right) a^{-(t-\mathrm{T})}\right]}{1+\alpha t} = \frac{\mathrm{H}}{\delta_1}\mathrm{Q} = \text{const.},$$

en négligeant le carré de $\left(\frac{\Delta}{\delta_1} - 1\right) a^{-(t-\mathrm{T})}$, comme nous continuerons à le faire.

37. *Du coefficient de dilatation.* — Soit $\beta = \dfrac{1}{\dfrac{1}{\mathrm{D}}} \dfrac{d\dfrac{1}{\mathrm{D}}}{dt}$ ce coefficient à t°; on a, en vertu de la seconde des formules (2),

$$(4)\qquad \beta = \frac{\alpha}{1+\alpha t} + \left(\frac{\Delta}{\delta_1} - 1\right) a^{-(t-\mathrm{T})} \operatorname{lognép} a.$$

Ce coefficient est donc supérieur à celui $\frac{\alpha}{1+\alpha t}$ des gaz permanents, tant que $t - T$ n'atteint pas la limite θ_1.

38. *De la chaleur latente.* — La quantité de chaleur que nous avons désignée par r a été employée à transformer en vapeur à t^0 le poids $1 - M$ de liquide; en la rapportant à l'unité de poids du liquide, on a

$$r' = \frac{r}{1 - M} = r(1 + M) = r\frac{\Delta}{\delta_1}.$$

C'est cette valeur qui, dans notre hypothèse, devrait être appelée *chaleur latente* et qui devrait être constante. S'il n'en est pas complétement ainsi, du moins pour la vapeur d'eau, on constate toutefois que r' varie moins rapidement que r, qui diminue quand T augmente, tandis que le contraire a lieu pour $\frac{\Delta}{\delta_1}$. Ainsi, de zéro et 200 degrés, la diminution relative de r est de 12 pour 100, tandis que celle de r est de 23 pour 100.

Dans tous les cas, comme q est une petite fraction, on peut supposer, sans grande erreur, entre des limites de température dans lesquelles les expériences ont été faites, que r' est constant, et égal à une valeur moyenne, pour calculer la quantité de chaleur nécessaire à la vaporisation du poids dq d'eau vésiculaire.

39. *De la chaleur spécifique d'une vapeur sous pression constante.* — Soient c la chaleur spécifique d'une vapeur à t^0, sous pression constante, et c' la chaleur spécifique de la vapeur théorique sous volume constant à la même température. Nous aurons, en vertu de notre hypothèse et du principe de Meyer,

$$c\,dt = c'(1 - q)\,dt - r'\,dq + \frac{p}{A}\,d\frac{1}{D},$$

ou

$$c = c'\left[1 - \left(\frac{\Delta}{\delta_1} - 1\right)a^{-(t-T)}\right] + r'\left(\frac{\Delta}{\delta_1} - 1\right)a^{-(t-T)}\log\text{nép}\,a$$
$$+ \frac{H\alpha}{\delta_1 A}\left[1 - \left(\frac{\Delta_1}{\delta_1} - 1\right)a^{-(t-T)} + \left(t + \frac{1}{\alpha}\right)\left(\frac{\Delta}{\delta_1} - 1\right)a^{-(t-T)}\log\text{nép}\,a\right].$$

Si nous désignons par c_1 la chaleur spécifique, sous pression constante, de la vapeur théorique, on a, en supposant $\frac{\Delta}{\delta_1} = 1$, dans la formule précédente,

$$(a) \qquad c_1 = c' + \frac{H\alpha}{\delta_1 A},$$

d'où, en éliminant H, au moyen de cette relation,

$$(5) \quad c = c_1 + \left(\frac{\Delta}{\delta_1} - 1\right) a^{-(t-T)} \left\{ -c_1 + [r' + (c_1 - c')(273 + t)] \log \text{nép}\, a \right\},$$

et l'on aura généralement $c > c_1$, parce que, le rapport $\frac{r'}{c_1}$ étant très-grand, le coefficient de l'exponentielle sera positif.

40. *Vapeur surchauffée qui se détend, sans perte ni gain de chaleur.* — Supposons que, dans de pareilles conditions, on veuille déterminer la relation qui doit avoir lieu entre p et la température, nous aurons

$$(6) \qquad 0 = c'(1 - q)\,dt - r'\,dq + \frac{p}{A}\,d\,\frac{1}{D}.$$

Dans q et D, les quantités Δ et T doivent être considérées comme des fonctions de p; mais ces fonctions sont si compliquées que l'équation différentielle précédente ne pourrait conduire à aucun résultat. Ce qu'il y aura de mieux à faire sera, après une construction préalable de tables, de représenter empiriquement $\left(\frac{\Delta}{\delta_1} - 1\right) a^{T}$ et Δ par des fonctions de p entre des limites déterminées. Si, malgré cela, comme il y a tout lieu de le supposer, l'équation (6) n'est pas intégrable, on considérera dp et dt comme des différences, de manière à calculer p de proche en proche pour des valeurs décroissantes de t.

41. *Densité de la vapeur d'eau surchauffée.* — M. Cahours et M. Hirn paraissent être les seuls physiciens qui jusqu'ici se soient occupés de la détermination des densités des vapeurs surchauffées. Les résultats obtenus par M. Hirn ne doivent être considérés que comme approximatifs et ne peuvent nullement nous servir, attendu qu'ils n'accusent pas une diminution graduelle de la densité relative, lorsque le surchauffement augmente.

M. Cahours, en opérant sur de la vapeur d'eau saturée à 100 degrés, a observé au contraire ce décroissement; seulement il arrive, pour un surchauffement considérable, à δ ou $\delta_1 = 0,619$, tandis que M. Regnault s'est arrêté au chiffre de 0,622. Nous avons tenu compte de cette différence en discutant les résultats obtenus par M. Cahours.

Nous avons été conduit à poser

$$\delta = 0,622 + (\Delta - 0,622)\,1,1^{-(t-\mathrm{T})}.$$

Pour $\mathrm{T} = 100$, on a

$$\Delta = 0,645 \quad \text{et} \quad \delta = 0,622 + 0,023 \times 1,1^{-(t-100)},$$

formule qui nous a donné les résultats suivants, en regard desquels nous avons placé les chiffres de M. Cahours, après leur avoir fait subir la correction indiquée plus haut,

$t - 100$.	δ calculé.	δ observé.
0	0,645	»
7	0,634	0,645
10	0,633	0,640
20	0,626	0,625
30	0,623	0,621
40	0,622	0,620

Si l'on tient compte de l'incertitude qui pèse sur la dernière décimale des chiffres qui résultent de l'observation, les différences indiquées par ce Tableau ne dépassent pas les limites auxquelles on pouvait s'attendre.

Proposons-nous maintenant de calculer la chaleur spécifique de la vapeur d'eau saturée à 100°, puis surchauffée à différentes températures. Nous avons vu (17) que

$$\frac{c_1}{c'} = 1,32 \quad c_1 = 0,475\,;$$

on a de plus $r' = 557$, lognép $1,1 = 0,075$, d'où

$$\frac{c}{c_1} = 1 + \frac{\delta - \delta_1}{\delta_1}[110 + 0,02(273 + t)],$$

en exprimant l'exponentielle en fonction de δ qui nous est donné par la deuxième colonne du Tableau précédent.

Nous avons déduit de cette formule les valeurs suivantes :

$\frac{c}{c_1}$.	$t-$T.
4,140	0
1,700	20
1,116	30

Laroche et Bérard qui, d'après leur mode d'expérimentation, ont dû opérer sur de la vapeur humide, ont trouvé $c=0{,}800$, chiffre auquel on arrive à très-peu près, en supposant que le surchauffement ne soit que de 20 degrés.

42. *Détente de la vapeur d'eau surchauffée qui n'éprouve ni perte, ni gain de chaleur.* — De tous les termes en q de la formule (6) le plus important est $-r'dq$, en raison de la grande valeur numérique de r'. Nous pourrons donc approximativement réduire cette formule à la suivante :

$$0 = c'dt - r'dq + \frac{p}{A} d\frac{1}{D},$$

et calculer le dernier terme de cette formule comme si la vapeur était un gaz, ce qui donne, en supposant $\Delta = \delta_1$ dans la seconde des formules (2),

$$pd\frac{1}{D} = \frac{H}{\delta_1}\left[\alpha - (1+\alpha t)\frac{dp}{p}\right],$$

d'où

$$0 = \left(c' + \frac{H\alpha}{\delta_1 A}\right)dt - r'dq - (1+\alpha t)\frac{dp}{p}\frac{H}{\delta_1 A} = 0.$$

En éliminant A de cette formule, au moyen de la relation (19) du n° 17, en se rappelant la signification de H et de c_1, et posant

$$\frac{c_1}{c'} = \gamma = 1{,}32,$$

on arrive à

$$\frac{dp}{p} = \frac{\alpha dt}{\left(1-\frac{1}{\gamma}\right)(1+\alpha t)} - \frac{\alpha r' dq}{c_1(1+\alpha t)\left(1-\frac{1}{\gamma}\right)}. \tag{7}$$

Dans une première approximation, nous calculerons p en fonction de t, comme si la vapeur était un gaz ou $dq = 0$, ce qui nous permettra de déterminer p, Δ et T, qui entrent dans dq, en fonction de la température. Nous ne commettrons pas une grande erreur en opérant de cette manière, attendu que le second terme de l'équation (7) est déjà un terme de correction.

Soient donc p_0 et t_0 la pression et la température relatives au commencement de la détente ; T_0 la température de la vapeur saturée à la pression p_0. Nous aurons, comme première approximation (19),

$$(8) \qquad p = p_0\left(\frac{1+\alpha t}{1+\alpha t_0}\right)^{\frac{\gamma}{\gamma-1}}.$$

Mais, d'après M. Regnault, la formule suivante due à Roche satisfait, dans des limites très-larges, aux résultats de l'expérience :

$$p = B\lambda^{\frac{T+20}{1+i(T+20)}},$$

d'où

$$\frac{p}{p_0} = \lambda^{\frac{T+20}{1+i(T+20)} - \frac{T_0+20}{1+i(T_0+20)}},$$

et, en vertu de la relation (8), le signe log se rapportant au système népérien (¹),

$$T = \frac{T_0 + \dfrac{\left(\dfrac{\gamma}{\gamma-1}\right)}{\log\lambda}(1+20i)\log\dfrac{1+\alpha t}{1+\alpha t_0}[1+i(T_0+20)]}{1 - i\dfrac{\left(\dfrac{\gamma}{\gamma-1}\right)}{\log\lambda}\log\dfrac{1+\alpha t}{1+\alpha t_0}[1+i(T_0+20)]}.$$

Si, pour abréger, nous posons

$$G = \frac{\left(\dfrac{\gamma}{\gamma-1}\right)}{\log\lambda}[1+i(T_0+20)],$$

(¹) On a

$$i = 0{,}004788221, \quad \lambda = 1{,}0923, \quad \log\lambda = 0{,}0842855.$$

il vient

$$T = \frac{T_0 + G(1+20i)\log\dfrac{1+\alpha t}{1+\alpha t_0}}{1 - iG\log\dfrac{1+\alpha t}{1+\alpha t_0}},$$

d'où

$$dT = \frac{G\alpha[1+i(T_0+20)]dt}{\left(1 - Gi\log\dfrac{1+\alpha t}{1+\alpha t_0}\right)^2(1+\alpha t)}.$$

Comme, dans les applications, t ne varie que entre 50 et 200 degrés, on peut prendre tout simplement (¹)

$$(9)\qquad \begin{cases} T = T_0 + G[1+i(T_0+20)]\log\dfrac{1+\alpha t}{1+\alpha t_0}, \\ dT = \dfrac{\alpha G[1+i(T_0+20)]}{1+\alpha t}\,dt. \end{cases}$$

On voit ainsi que T décroît bien rapidement, comme on devait le prévoir. La limite inférieure des valeurs de t, pour lesquelles les formules précédentes sont applicables, est donnée par la relation

$$t = T_0 + G[1+i(T_0+20)]\log\frac{1+\alpha t}{1+\alpha t_0},$$

ou, en s'arrêtant au premier terme du développement du logarithme,

$$t\left\{1 - \frac{G\alpha}{1+\alpha t_0}[1+i(T_0+20)]\right\} = T_0 - \frac{G\alpha}{1+\alpha t_0}[1+i(T_0+20)]t_0,$$

et approximativement, vu la petitesse de $G^2\alpha^2$,

$$(10)\qquad t = T_0 - \frac{G\alpha}{1+\alpha t_0}[1+i(T_0+20)](t_0 - T_0).$$

(¹) Pour s'en assurer, il suffit de jeter un coup d'œil sur les valeurs suivantes :

$$G = 2{,}857\ [1+i(T_0+20)],$$
$$Gi = 0{,}0142[1+i(T_0+20)],$$
$$G\alpha = 0{,}011\ [1+i(T_0+20)).$$

Cela posé, nous avons

$$q = \left(\frac{\Delta}{\delta_1} - 1\right) a^{-(t-T)},$$

$$dq = a^{-(t-T)} \left[\frac{1}{\delta_1} d\Delta - \left(\frac{\Delta}{\delta_1} - 1\right) \log a (dt - dT)\right].$$

On voit, d'après la seconde des formules (9), que dT est une très-faible fraction de dt; de sorte que l'on peut se borner à écrire

$$dq = a^{-(t-T)} \left[\frac{d\Delta}{\delta_1} - \left(\frac{\Delta}{\delta_1} - 1\right) \log a . dt\right].$$

Mais, en se reportant au n° 25 et tenant compte des changements de notation, on a

$$\frac{\Delta}{\delta_1} = \frac{1}{m' - n' k^T},$$

m' et n' étant des coefficients numériques connus (¹), par suite

$$dq = a^{-(t-T)} \left[-\frac{n' \log k . k^T dT}{(m' - n' k^T)^2} - \left(\frac{1}{m' - n' k^T} - 1\right) \log a . dt\right].$$

Si l'on remarque que, de zéro à 200° et *à fortiori* de 100 à 200°, $\frac{n' k^T}{m'}$ est une assez faible fraction, on voit de suite, en remarquant de plus que T varie peu, que l'expression précédente peut, avec une grande approximation, être remplacée par la suivante :

$$dq = -a^{-(t-T)} \left(\frac{m' + n' k^T}{m'^2} - 1\right) \log a . dt$$

$$= -a^{-(t-T_0)} \left(\frac{m' + n' k^{T_0}}{m'^2} - 1\right) \log a . dt.$$

(¹) $m' = 1,0456$,
$n' = 0,0348$.

Nous aurons donc

$$\frac{dp}{p} = \frac{\gamma}{1-\gamma}\,\frac{\alpha\, dt}{(1+\alpha t)}$$
$$+ \frac{\alpha r'}{c_1(1+\alpha t)}\, a^{-(t-T_0)}\left(\frac{m'+n'k^{T_0}}{m'^2}-1\right)\log a . dt,$$

$$\log\frac{p}{p_0} = \log\left(\frac{1+\alpha t}{1+\alpha t_0}\right)^{\frac{\gamma}{\gamma-1}}$$
$$+ \frac{\alpha r'}{c_1}\left(\frac{m'+n'k^{T_0}}{m'^2}-1\right) a^{T_0}\log a\int_{t_0}^{t}\frac{a^{-t}}{1+\alpha t}\,dt.$$

On peut, sans grande erreur, remplacer $1+\alpha t$ par $1+\alpha\,\frac{(t+t_0)}{2}$, de sorte que, en posant

$$(11) \qquad \varphi(t) = \frac{\alpha r'}{m'^2 c_1}\left(\frac{m+n'K^{T_0}-m'^2}{1+\alpha\left(\frac{t+t_0}{2}\right)}\right)a^{T_0-t},$$

nous avons

$$\log\frac{p}{p_0} = \log\left(\frac{1+\alpha t}{1+\alpha t_0}\right)^{\frac{\gamma}{\gamma-1}}\times e^{[\varphi(t)-\varphi(t_0)]},$$

d'où

$$(12) \qquad \frac{p}{p_0} = \left(\frac{1+\alpha t}{1+\alpha t_0}\right)^{\frac{\gamma}{\gamma-1}}\times e^{[\varphi(t)-\varphi(t_0)]},$$

l'exponentielle devenant très-sensiblement égale à l'unité pour des valeurs de t, $t-T_0$, t_0-T_0 suffisamment grandes.

§ VI. — *De l'influence de la pression sur le point de fusion des corps.*

43. Concevons une masse d'eau à zéro renfermée dans une capacité invariable et supposons qu'à l'aide d'une source de froid on vienne à en abaisser la température. Une certaine quantité de glace tendra à se former où les particules d'eau tendront à s'éloigner les unes des autres, puisque l'eau augmente de volume en se congelant; mais, comme le volume total reste constant, la masse ne cessera pas d'être complétement fluide. Les forces répulsives moléculaires développées ne peuvent donc avoir pour effet que d'augmenter la pression; il suit de là qu'un abaissement de température accompagné d'une augmentation suffisante de la pression ne produit pas de congélation.

On démontrerait de la même manière que l'inverse doit avoir lieu pour les liquides qui se contractent en se solidifiant. On est ainsi conduit à admettre en principe que, selon qu'un liquide augmente ou diminue de volume en passant à l'état solide, tout accroissement de pression abaisse ou élève le point de congélation.

Ces considérations ont été justifiées par les expériences de M. W. Thomson sur la glace et de M. Bunsen sur le sperma ceti et la paraffine, qui se contractent en se solidifiant.

44. *Du point de fusion de la glace.* — Concevons une masse composée d'eau et de glace à la température $-t$, pesant 1 kilogramme et occupant le volume u, et soient

ρ le poids spécifique de la glace;
ε son rapport au poids spécifique de l'eau;
r la chaleur latente de fusion de la glace;
$c\,dt$ la quantité de chaleur perdue par l'unité de poids d'eau lorsque, la température s'abaissant de dt, la pression augmente de dp;
$h\,dt$ la quantité de chaleur perdue dans les mêmes circonstances par l'unité de poids de la glace.

Soient m (*fig.* 118) le point ayant pour ordonnées $ma = p$, et $Oa = u$. Si l'on augmente la pression et si la masse ne reçoit pas de chaleur extérieure, il se fondra une certaine quantité de glace et la température baissera.

Admettons que le point n corresponde à la température $-(t + dt)$; il aura pour ordonnée $nb = p + \frac{dp}{dt}\,dt$. Si l'on augmente le volume de bb' de telle manière que la température et la pression restent constantes, il devra se former une certaine quantité de glace, d'où une production de chaleur que nous supposerons absorbée par une source de froid extérieure à la température $-(t + dt)$. En diminuant la pression suivant $n'm'$ sans aucun emprunt de chaleur, la température augmentera, et supposons qu'en m' elle ait repris sa valeur primitive $-t$. On reviendra au point m suivant une parallèle à l'axe des abscisses en donnant à la masse la quantité de chaleur ρdvr, dv étant le volume de glace fondue pendant la dernière partie de l'opération.

On voit ainsi que l'on produit un travail représenté par l'aire $mnn'm'$, et que cette question offre la plus grande analogie avec celle des vapeurs saturées : les formules (27) du n° 24 et (33) du n° 27 peuvent donc recevoir ici leur application, en changeant toutefois dans cette dernière les signes de c et h qui ont dans les deux cas des significations inverses l'une de l'autre. Il vient donc

$$(1) \qquad \frac{dp}{dt} = \frac{\rho r \alpha}{(1-\varepsilon)A(1+\alpha t)},$$

$$(2) \qquad \frac{dr}{dt} = -(c-h) + \frac{r\alpha}{1+\alpha t}.$$

On peut, sans erreur sensible, regarder c et h comme égaux respectivement aux chaleurs spécifiques de l'eau et de la glace, et r comme ayant dans le second membre de l'équation (2) la valeur constante 79. Si donc on prend avec M. Person 0,48 pour la chaleur spécifique de la glace, on trouve

$$\frac{dr}{dt} = 0{,}81,$$

pour *la diminution de la chaleur latente de la glace correspondant à un abaissement de 1° du point de fusion.*

Supposons maintenant que l'on ait de la glace à zéro sous la pression atmosphérique et que l'on veuille déterminer l'accroissement qu'il faut faire subir à la pression pour abaisser d'une petite quantité la température du point de fusion. On a

$$1-\varepsilon = 0{,}087,$$

et la formule (1) donne par suite, en exprimant p en atmosphères, au lieu de l'exprimer en kilogrammes,

$$dt = 0{,}0000733\,dp,$$

$$t = 0{,}0000733\,p;$$

On voit d'après cela qu'il faudrait plus de 100 atmosphères pour abaisser le point de fusion de la glace de 1°.

Si l'on suppose $n = 8,1$ et $n = 16,8$, on trouve $t = 0,061$ et $t = 0,126$, chiffres qui diffèrent très-peu de ceux $t = 0,059$ et $t = 0,129$ déduits de l'expérience par M. W. Thomson.

§ VII. — *Du mouvement des projectiles dans les armes à feu.*

45. Les armes à feu sont de véritables machines dans lesquelles la chaleur dégagée par la combustion de la poudre se transforme plus ou moins complétement en travail extérieur; l'effet utile obtenu est la demi-force vive du projectile à sa sortie de l'âme, et le travail moteur dépensé est égal au travail représenté par le produit de l'équivalent mécanique de la chaleur par le nombre de calories que dégagerait la combustion complète de la charge.

D'après M. Martin de Brettes, le maximum du rapport de l'effet utile au travail moteur ne dépasserait pas $\frac{1}{5}$ dans les pièces de canon. La faible valeur de ce rendement peut tout de suite s'expliquer si l'on remarque que : 1° une certaine quantité de poudre peut ne pas être brûlée quand le projectile sort de l'arme; 2° une fraction de la chaleur dégagée reste à l'état sensible dans les produits de la combustion de la charge; 3° une autre fraction de cette chaleur est employée à mettre en mouvement la masse de la charge, à produire le recul de l'arme, à vaincre les frottements et autres résistances passives du projectile dans l'âme, et enfin à échauffer la pièce; 4° une partie des produits de la combustion s'échappe dans l'atmosphère par la lumière et par le vide compris entre l'âme et le projectile sans produire ainsi tout son effet utile.

La chaleur sensible communiquée à l'arme après chaque coup est une très-petite partie de la chaleur totale dégagée par la combustion de la poudre et peut être négligée; car le canon de l'arme ne s'échauffe d'une manière appréciable qu'au bout d'un certain nombre de coups, et de plus la chaleur spécifique de la matière qui le constitue est une fraction qui dépasse à peine 0,1 pour le fer et 0,09 pour le bronze des canons.

Nous négligerons de même la perte de travail due aux battements du projectile dans l'âme, et qui n'est que d'une importance secondaire dans les armes rayées, que nous avons surtout en vue de considérer; nous ferons de plus abstraction de la résistance de l'air sur le projectile dans le parcours de l'âme, et des pertes de gaz, mentionnées plus haut, qui ne représentent qu'une très-faible fraction de la masse totale des produits de la combustion à l'instant où le projectile sort de l'arme.

Supposons qu'au bout du temps t le projectile n'ait parcouru qu'une certaine fraction de la longueur de l'âme; la quantité de chaleur produite par la combustion de la poudre dans l'instant suivant dt, entraînée par la quantité correspondante dq de gaz qui s'en dégage, se décompose dans le même instant en trois parties : l'une se transforme en travail extérieur; la deuxième est employée à augmenter la chaleur sensible, c'est-à-dire sous volume constant, des produits déjà formés de la combustion; enfin la troisième reste à l'état de chaleur sensible dans la masse de gaz dq à une température inférieure à celle de la flamme de la poudre d'un infiniment petit de l'ordre de dt.

On voit ainsi qu'au bout du temps t la chaleur dégagée par la combustion de la poudre est égale à la chaleur sensible des gaz formés, augmentée du quotient, par l'équivalent mécanique, de la demi-force vive du projectile, de la charge et de l'arme dans son recul et du travail du frottement dans l'âme.

46. *Calcul du travail extérieur produit par la combustion de la poudre.* — Soient

Q le poids du projectile;
g l'accélération de la pesanteur;
V la vitesse du projectile dans l'arme au bout du temps t;
p la pression exercée sur le projectile par les produits de la combustion de la poudre;
N la réaction normale d'une rayure sur l'ailette correspondante;
f le coefficient de frottement des ailettes sur les rayures;

α l'inclinaison des rayures sur l'axe de l'arme;
Ω la section de l'âme;
r son rayon;
$\frac{Q}{g}R^2$ le moment d'inertie du projectile par rapport à son axe de rotation;
A l'équivalent mécanique de la chaleur, que nous estimerons à 425 kilogrammètres.

La vitesse angulaire de rotation du projectile étant $\frac{V}{r}\operatorname{tang}\alpha$, il vient, d'après les principes connus de la Dynamique,

$$(\mathrm{A})\qquad \begin{cases} p\Omega - \dfrac{Q}{g}\dfrac{dV}{dt} = (\sin\alpha + f\cos\alpha)\,\Sigma N, \\ \dfrac{Q}{g}\dfrac{R^2}{r}\operatorname{tang}\alpha\,\dfrac{dV}{dt} = r(\cos\alpha - f\sin\alpha)\,\Sigma N, \end{cases}$$

le symbole Σ ayant sa signification ordinaire de *somme*.

On tire de là

$$(\mathrm{B})\qquad \Omega p = \frac{Q}{g}\left(1 + \frac{\sin\alpha + f\cos\alpha}{\cos\alpha - f\sin\alpha}\frac{R^2}{r^2}\operatorname{tang}\alpha\right)\frac{dV}{dt},$$

et, pour le travail de la pression qui agit sur le projectile,

$$\Omega\int pV\,dt = \frac{Q}{2g}\left(1 + \frac{\sin\alpha + f\cos\alpha}{\cos\alpha - f\sin\alpha}\frac{R^2}{r^2}\operatorname{tang}\alpha\right)V^2.$$

A l'inspection de la seconde des formules (A) et des précédentes, on voit que, pour que le mouvement soit possible, il faut que

$$\operatorname{tang}\alpha < \frac{1}{f};$$

l'influence du frottement sera d'autant plus petite que l'angle α sera lui-même plus petit, ce qui explique pourquoi on incline très-peu les rayures sur l'axe des armes.

Si l'on pose

$$\eta = (\operatorname{tang}\alpha + f)\frac{R^2}{r^2}\operatorname{tang}\alpha,$$

il vient, en négligeant les termes du troisième ordre en f et

$\tang\alpha$, qui sont deux quantités du même ordre de grandeur,

$$\Omega \int p V dt = (1 + \eta) \frac{Q}{2g} V^2.$$

Soient maintenant

p' la pression exercée sur le fond de l'âme;
V' la vitesse de recul de l'arme prise en valeur absolue;
ε le rapport du poids du projectile à celui de l'arme, fraction très-petite dont on peut négliger le carré et le produit par η;
μ le rapport du poids de la charge à celui du projectile: ce rapport ne dépassant pas ordinairement $\frac{1}{10}$ dans les canons rayés, on peut sans inconvénient négliger le produit de sa seconde puissance par ε.

On a comme plus haut, en négligeant, s'il s'agit d'une pièce de canon, les frottements sur les fusées de l'essieu et sur le sol, et par suite l'inertie des roues dans leur mouvement de rotation,

$$\Omega p' = \frac{Q}{g\varepsilon} \frac{dV'}{dt} + (\sin\alpha + f\cos\alpha)\Sigma N,$$

ou, en vertu de la première des équations (A) et au degré d'approximation adopté,

$$\Omega p' = \frac{Q}{g} \left(\frac{1}{\varepsilon} \frac{dV'}{dt} + \eta \frac{dV}{dt} \right).$$

Pour calculer V', nous admettrons avec le général Piobert que le mouvement de la charge et des produits de la combustion a lieu par tranches dont les vitesses croissent uniformément à partir du fond de l'âme, depuis $-V'$ jusqu'à V: on obtient ainsi, en appliquant le principe de la conservation des quantités de mouvement,

$$\frac{Q}{g} \left(V + \mu \frac{V - V'}{2} \right) = \frac{Q}{\varepsilon g} V',$$

d'où

$$V' = \varepsilon \frac{V\left(1 + \frac{\mu}{2}\right)}{1 + \varepsilon \frac{\mu}{2}} = \varepsilon V \left(1 + \frac{\mu}{2}\right);$$

par suite,

$$(B') \qquad \Omega p' = \frac{Q}{g}\left(\frac{1+\frac{\mu}{2}+\eta}{1+\varepsilon\frac{\mu}{2}}\right)\frac{dV}{dt} = \frac{Q}{g}\left[1+\frac{\mu}{2}(1-\varepsilon)+\eta\right]\frac{dV}{dt},$$

et enfin, pour le travail dû à la pression p',

$$\Omega\int p'V'dt = \varepsilon(1+\mu)\frac{Q}{2g}V^2.$$

Il vient donc, pour le travail de p et p',

$$(a) \qquad \Omega\left(\int pV\,dt + \int p'V'dt\right) = \frac{Q}{2g}V^2[1+\eta+\varepsilon(1+\mu)].$$

L'erreur commise dans cette expression, résultant de l'hypothèse admise pour calculer V', ne pouvant être, vis-à-vis l'unité, qu'une fraction du produit $\mu\varepsilon$, doit être considérée comme insensible.

Lorsque les grains de poudre de la charge sont enflammés, les gaz qui s'en échappent doivent forcément les écarter les uns des autres; il existe par suite, entre le fond de l'âme et le projectile, une masse de gaz dans laquelle les grains de poudre enflammés sont distribués d'une manière plus ou moins régulière. La demi-force vive de cette masse, augmentée du produit par A de la chaleur sensible de ses éléments, à diverses températures, est égale au produit, par la même quantité A, de la chaleur sensible que la masse posséderait si son mouvement venait subitement à s'annuler (1). Il est donc inutile d'ajouter à l'expression (a) la demi-force vive de la charge pour obtenir le travail extérieur total produit par la poudre, si l'on calcule la chaleur sensible de la masse comprise entre le projectile et le fond de l'âme, comme dans cette dernière hypothèse.

Si l'on désigne par s le chemin parcouru par le projectile

(1) Dans les pièces de 7 de M. le colonel de Reffye, on emploie des gargousses composées de rondelles annulaires, juxtaposées, de poudre comprimée; la combustion est moins rapide dès le commencement que celle de la poudre ordinaire; mais, après un certain parcours dans l'âme du projectile, il est présumable que les rondelles doivent se briser et se pulvériser sous l'énorme pression développée par les gaz, et l'on doit alors rentrer dans les conditions du texte

dans l'âme au bout du temps t, en vertu de la vitesse relative $V+V'$, on a

$$\frac{ds}{dt} = V + V' = V\left[1 + \left(1 + \frac{\mu}{2}\right)\varepsilon\right],$$

d'où

$$(\alpha) \qquad V = \frac{ds}{dt}\left[1 - \left(1 + \frac{\mu}{2}\right)\varepsilon\right],$$

et l'expression (a) devient, en continuant l'approximation adoptée,

$$(b) \qquad \frac{Q}{2g}(1 - \varepsilon + \eta)\frac{ds^2}{dt^2}.$$

Enfin on reconnaîtra facilement que les deux formules (B) et (B′) peuvent s'écrire comme il suit :

$$(\beta) \qquad \begin{cases} \Omega p = \dfrac{Q}{g}\left[1 + \eta - \varepsilon\left(1 + \dfrac{\mu}{2}\right)\right]\dfrac{d^2 s}{dt^2}, \\ \Omega p' = \dfrac{Q}{g}\left[1 + \eta - \varepsilon(1 + \mu) + \dfrac{\mu}{2}\right]\dfrac{d^2 s}{dt^2}. \end{cases}$$

47. *Calcul de la chaleur transformée en travail.*— Pour de faibles charges, comme celles dont on fait usage dans les armes rayées, on peut, sans grande erreur, admettre que tous les grains de poudre entrent simultanément en combustion, soit en raison des jets de flamme que l'étoupille ou la capsule lance en toutes directions dans la charge, soit parce que la vitesse de propagation de l'inflammation dans la poudre, qui paraît croître très-rapidement avec la pression, doit être considérable sous l'énorme pression qui s'exerce sur le projectile à son départ.

Cela posé, si, dans les armes à feu, la poudre se consumait suivant les lois observées à l'air libre sur des grains isolés, dont la durée de la combustion complète serait représentée par t', on aurait, en appelant $\varphi\left(\frac{t}{t'}\right)$ la fraction de 1 kilogramme de poudre brûlée au bout du temps t' (1),

$$(\gamma) \qquad \varphi\left(\frac{t}{t'}\right) = \left[1 - \left(1 - \frac{t}{t'}\right)^3\right]$$

(1) D'après le général Piobert, on a $t' = 0^s,067$ pour la poudre à canon.

pour $t \leqq t'$, et

$$\varphi\left(\frac{t}{t'}\right) = 1$$

pour $t > t'$.

Mais l'observation paraît indiquer que les choses ne se passent pas précisément de cette manière, et notamment que le temps employé par le projectile pour parcourir l'âme est plus petit que t', quoique la charge soit presque entièrement brûlée; c'est ce qui conduit à admettre que, dans les premiers instants qui suivent l'inflammation, avant que le projectile se soit déplacé d'une manière appréciable, les grains de poudre, sous l'énorme pression à laquelle ils sont soumis, se brisent en fragments dont la combustion est d'autant plus rapide que leur volume est moindre.

Le mode de combustion de la poudre dans les armes à feu est donc un intermédiaire entre celui où les grains se consumeraient isolément et à l'air libre, et celui où ils se diviseraient en fragments assez petits pour que l'on pût considérer la combustion de la charge comme instantanée. Dans tous les cas, soit que l'on se place dans les conditions de la réalité, soit que l'on fasse l'une ou l'autre de ces hypothèses limites, on pourra toujours représenter par $\varphi\left(\frac{t}{t'}\right)$ la fraction de 1 kilogramme de poudre brûlée, au bout du temps t, dans une arme à feu, la fonction φ étant donnée par la formule (γ), ou égale à l'unité, selon que l'on admettra l'une ou l'autre des hypothèses précitées.

Ces considérations une fois admises, soient

$h = 619^{\text{cal}},5$ la chaleur dégagée par la combustion de 1 kilogramme de poudre;

c' la chaleur spécifique sous volume constant des produits de la combustion de la poudre, que nous considérerons comme constante;

$T = \frac{h}{c'}$ la température de la flamme de la poudre;

θ la température uniforme que posséderaient les produits de la combustion de la poudre si, sans que le volume fût changé, tout mouvement venait à cesser dans leur masse.

La quantité de chaleur produite, au bout du temps t, par la combustion de la charge, a pour valeur

$$\mu Q.\varphi\left(\frac{t}{t'}\right)h = \mu Q.\varphi\left(\frac{t}{t'}\right)c'T,$$

et, comme on peut supposer, sans erreur appréciable, que la température initiale de la poudre est zéro, la chaleur sensible acquise par les produits de la combustion a pour valeur

$$\mu Q.\varphi\left(\frac{t}{t'}\right)c'\theta,$$

en y comprenant, d'après le n° 46, le terme correspondant à la demi-force vive de la charge. La quantité de chaleur transformée en travail est donc

$$\mu Q c'.\varphi\left(\frac{t}{t'}\right)(T-\theta),$$

et le travail correspondant

$$\mu Q c' A.\varphi\left(\frac{t}{t'}\right)(T-\theta);$$

mais le même travail est aussi représenté par l'expression (b); il vient donc, en l'égalant à la précédente,

$$(1) \qquad T-\theta = \frac{1-\varepsilon+\eta}{2\mu A c' g\,\varphi\left(\frac{t}{t'}\right)}\frac{ds^2}{dt^2},$$

équation de laquelle nous allons chercher à éliminer l'inconnue θ.

Soient, à cet effet,

δ_a, δ_g les poids spécifiques absolu et apparent ou gravimétrique de la poudre, rapportés au mètre cube;

n le poids de matières gazeuses contenues dans 1 kilogramme de produits de la combustion;

α le coefficient de dilatation des gaz;

L la distance initiale du projectile à la bouche de l'arme, augmentée de la hauteur du cylindre ayant pour base la section Ω de l'âme, et équivalant au vide initial formé à l'arrière du projectile;

jL la hauteur de ce cylindre;

iL la hauteur du cylindre de base Ω, équivalant au volume de la charge.

Le volume $jL\Omega$ est égal au volume du vide compris entre la charge et l'âme, augmenté de celui

$$\mu Q\left(\frac{1}{\delta_g}-\frac{1}{\delta_a}\right)=iL\Omega\left(1-\frac{\delta_g}{\delta_a}\right)$$

des interstices qui séparent entre eux les grains de poudre.

D'après les expériences de MM. Schischkoff et Bunsen [1], exécutées sur une poudre particulière, différant peu par sa composition de la poudre de guerre française, les produits de la combustion sont formés à peu près de $\frac{2}{3}$ de matières solides et de $\frac{1}{3}$ de matières gazeuses. Le poids spécifique du résidu solide à 18 degrés, estimé de la même manière que δ_a, δ_g, se trouve seulement réduit à 1500 kilogrammes à 3340 degrés, température maximum de la flamme de la poudre. On pourrait donc représenter approximativement le poids spécifique à $\theta°$ de ce résidu par l'expression $\Delta=\frac{\Delta_0}{1+\beta\theta}$, Δ_0 étant le poids spécifique à zéro et β un coefficient constant; mais comme, dans ce qui suit, le coefficient Δ ne doit affecter que des termes relativement petits, pour simplifier nos formules nous le supposerons constant et égal à sa valeur moyenne 1940 kilogrammes, ou encore tout simplement au poids spécifique δ_a de la poudre, qui ne diffère du chiffre précédent que de $\frac{1}{100}$ de sa valeur.

Soient maintenant ρ, P le poids spécifique et la pression du gaz provenant de la combustion de la poudre, et supposé ramené au repos ou à la température θ. Le volume total compris entre le fond de l'âme et le projectile, diminué du volume occupé par la partie non encore brûlée de la poudre, est, au bout du temps t,

$$\Omega(s+jL)+\frac{\mu Q}{\delta_a}.\varphi\left(\frac{t}{t'}\right);$$

mais, comme nous négligeons les pertes de gaz par la lumière

---

(1) *Annales de Poggendorff*; 1859.

et l'espace compris entre le projectile et l'âme, ce volume est entièrement occupé par le résidu et les gaz résultant de la combustion ; il vient donc

$$\Omega(s+j\mathrm{L})+\frac{\mu\mathrm{Q}}{\delta_a}\varphi\left(\frac{t}{t'}\right)=\frac{n\mu\mathrm{Q}}{\rho}\varphi\left(\frac{t}{t'}\right)+(1-n)\frac{\mu\mathrm{Q}}{\delta_a}.\varphi\left(\frac{t}{t'}\right),$$

ou

$$(c)\qquad \Omega(s+j\mathrm{L})=\frac{n\mu\mathrm{Q}}{\rho}\left(1-\frac{\rho}{\delta_a}\right)\varphi\left(\frac{t}{t'}\right).$$

Le rapport $\frac{\rho}{\delta_a}$ atteint sa plus grande valeur lorsque la poudre est complétement brûlée sous son propre volume (ce qui aurait lieu dans l'arme au moment de l'inflammation, si la combustion était instantanée) et, en partant des données fournies par MM. Schischkoff et Bunsen, on trouve que ce maximum est environ 0,28.

Lorsque le projectile arrive à la bouche de l'arme, on a

$$s=\mathrm{L}-j\mathrm{L}$$

et

$$\varphi\left(\frac{t}{t'}\right)=1,$$

si la combustion est complète à cet instant; et, en remarquant que $\mu\mathrm{Q}=\Omega i\mathrm{L}\delta_g$, la formule (c) donne, dans cette hypothèse,

$$\frac{\rho}{\delta_a}=\frac{ni\frac{\delta_g}{\delta_a}}{1+ni\frac{\delta_g}{\delta_a}},$$

ou tout simplement

$$\frac{\rho}{\delta_a}=ni\frac{\delta_g}{\delta_a},$$

en négligeant le carré de $ni\frac{\delta_g}{\delta_a}$, qui est une petite fraction, comme nous le reconnaîtrons plus loin.

En remplaçant dans l'équation (c) le rapport $\frac{\rho}{\delta_a}$ par la demi-somme $0,14+\frac{ni}{2}\frac{\delta_g}{\delta_a}$ des valeurs limites que nous venons de calculer, nous ne commettrons pas une erreur notable, et nous éviterons en même temps une grande complication dans nos formules finales; nous aurons ainsi

$$\Omega(s+jL)=\frac{n\mu Q}{\rho}\left(0,86-\frac{ni}{2}\frac{\delta_\varepsilon}{\delta_a}\right)\varphi\left(\frac{t}{t'}\right).$$

D'après MM. Schischkoff et Bunsen, le poids spécifique des gaz, résultant de la combustion de la poudre, est $1^{kg},525$ à 0°, sous la pression d'une atmosphère; de sorte que si l'on pose, d'après les propriétés connues des gaz,

$$\frac{1}{\rho}=\frac{H(1+\alpha\theta)}{P},$$

formule dans laquelle

$$H=\frac{10333}{1,625}=6358,77,$$

l'équation ci-dessus devient

$$(d)\qquad \Omega P(s+jL)=n\mu HQ\left(0,86-\frac{ni}{2}\frac{\delta_\varepsilon}{\delta_a}\right)(1+\alpha\theta)\,\varphi\left(\frac{t}{t'}\right).$$

La pression P que prendraient les produits de la combustion, si subitement, leur volume devenant invariable, tout mouvement disparaissait dans leur masse, n'est pas connue; mais elle doit être au moins égale à la plus grande p' des pressions intérieures dans l'état de mouvement; elle ne doit même pas différer beaucoup de cette dernière en raison de la faible accélération que prend, avec le fond de l'âme dans le recul de l'arme, la couche de gaz où l'on mesure p' et qui se trouve ainsi presque à l'état statique. Nous pourrons donc prendre approximativement $P=p'$, et l'équation (d) deviendra, en y remplaçant p' et θ par leurs valeurs tirées des formules (β) et (1), et négligeant devant l'unité les termes du second ordre en ε et η, ainsi que la petite fraction $\frac{\varepsilon\mu}{2}$,

$$(2)\qquad \left\{\begin{aligned}&(s+jL)\frac{d^2s}{dt^2}+\frac{n\alpha H}{2\left(1+\frac{\mu}{2}\right)Ac'}\left(0,86-\frac{ni}{2}\frac{\delta_\varepsilon}{\delta_a}\right)\frac{ds^2}{dt^2}\\&=\frac{n\mu Hg}{1+\frac{\mu}{2}}(1+\varepsilon-\eta)\left(0,86-\frac{ni}{2}\frac{\delta_\varepsilon}{\delta_a}\right)(1+\alpha T)\,\varphi\left(\frac{t}{t'}\right).\end{aligned}\right.$$

Telle est l'équation différentielle du mouvement du projectile dans l'âme de l'arme; mais, pour en faciliter l'application, il convient de la mettre sous une autre forme.

Posons, à cet effet,

$$\frac{s+jL}{L}=y, \quad \frac{t}{t'}=x,$$

$$\frac{n\alpha H}{2\left(1+\frac{\mu}{2}\right)Ac'}\cdot\left(0,86-\frac{ni}{2}\frac{\delta_g}{\delta_a}\right)=a,$$

$$\frac{n\mu H g}{1+\frac{\mu}{2}}\cdot\frac{t'^2}{L^2}(1+\varepsilon-\eta)\left(0,86-\frac{ni}{2}\frac{\delta_g}{\delta_a}\right)(1+\alpha T)=b,$$

l'équation ci-dessus devient

$$(3) \qquad y\frac{d^2y}{dx^2}+a\frac{dy^2}{dx^2}=b\varphi(x),$$

et l'on a $y=j$, $\frac{dy}{dx}=0$, pour $x=0$ $\left(\text{au lieu de } s=0,\ \frac{ds}{dt}=0,\right.$ $\left.\text{pour } t=0\right)$, et $y=1$ (ou $s=L-jL$), lorsque le projectile est parvenu à la bouche de l'arme.

Posons encore

$$y^{a+1}=u, \quad \frac{1-a}{1+a}=m, \quad \lambda=(a+1)b,$$

et nous obtiendrons

$$(4) \qquad \frac{d^2u}{dx^2}=\lambda\varphi(x)u^{-m},$$

avec les conditions $u=u_0=j^{a+1}$, $\frac{du}{dx}=0$, pour $x=0$, et l'on a $u=1$ lorsque le projectile sort de l'arme.

En supposant u exprimé en fonction de x, on calculera la vitesse V du projectile par la formule

$$(5) \qquad V=\frac{L}{t'}\frac{u^{\frac{m-1}{2}}}{a+1}\cdot(1-\varepsilon)\frac{du}{dx},$$

que l'on déduit facilement des équations précédentes et de la formule (α) en négligeant $\frac{\varepsilon\mu}{2}$ devant l'unité.

48. *Réduction en nombres des coefficients qui entrent dans l'équation du mouvement des boulets dans les canons rayés. — Applications.* — On a

$$\alpha = 0,00367, \quad g = 9,8088, \quad A = 425,$$

$$\frac{\delta_c}{\delta_a} = 0,425, \quad t' = 0,067 \qquad \text{(d'après PIOBERT)},$$

$$n = 0,314, \quad c' = 0,18547, \quad T = 3340^\circ$$
(d'après MM. SCHISCHKOFF et BUNSEN),

$$H = 6358,8;$$

d'où

$$a = \frac{0,04635}{1 + \frac{\mu}{2}}(0,86 - 0,66i),$$

$$b = 1162,2.\frac{\mu}{1 + \frac{\mu}{2}}(0,86 - 0,066i)\left(\frac{1 + \varepsilon - \gamma}{L^2}\right).$$

Pour les pièces de 12 de siége, on a

$$Q = 11^{\text{kg}},480, \quad \varepsilon = 0,008, \quad \mu = 0,1045;$$

$$\tan g\alpha = 0,13, \quad 2r = 0,121,$$

	m
Longueur de l'âme	2,002
Longueur de la charge	0,145
Diamètre de la charge	0,112

$$\frac{R^2}{r^2} = 0,11 \quad (^1),$$

et, en prenant $f = 0,2$, on trouve

$$\gamma = 0,005.$$

(1) Le calcul du moment d'inertie $\frac{Q}{g}R^2$ du boulet a été effectué d'après une figure résultant du profil réel, dans lequel on a remplacé par des droites les arcs courbes d'une faible flèche.

On obtient ensuite sans difficulté, en tenant compte du vide annulaire compris entre le fond de l'âme et la charge et du vide formé par les interstices qui séparent entre eux les grains de poudre,

$$jL = 0{,}093,$$

d'où

$$
\begin{aligned}
L &= 2{,}002 - 0{,}145 + jL = 1^m{,}950,\\
j &= 0{,}048,\\
i &= 0{,}061,\\
a &= 0{,}03773,\\
b &= 23{,}690,\\
m &= 0{,}927,\\
\lambda &= 24{,}594,\\
u_0^{1-m} &= j^{2a} = 0{,}79522.
\end{aligned}
$$

49. *Du mouvement que prendrait un projectile dans une arme à feu si la charge se consumait instantanément.* — Dans cette hypothèse, $\varphi(x) = 1$ et l'équation (4) devient

$$(4') \qquad \frac{d^2u}{dx^2} = \lambda u^{-m},$$

d'où

$$(6) \qquad \frac{du}{dx} = \sqrt{\frac{2\lambda}{1-m}\left(u^{1-m} - u_0^{1-m}\right)};$$

et l'on a, en vertu de l'équation (5), pour la vitesse V_1 à la sortie de l'arme,

$$(7) \qquad V_1 = \frac{L}{t'}\frac{(1-\varepsilon)}{a+1}\sqrt{\frac{2\lambda}{1-m}\left(1 - u_0^{1-m}\right)},$$

formule dans laquelle t' n'entre qu'en apparence, comme il est facile de le reconnaître et ainsi que cela devait être.

En appliquant cette formule au cas d'une pièce de 12 de siége dont les éléments numériques ont été donnés ci-dessus, on trouve

$$(e) \qquad V_1 = 333^m{,}3.$$

Ce chiffre diffère trop peu de celui de 333 mètres qui résulte de l'expérience, d'après les documents qui nous ont été communiqués en 1865 d'après les ordres du Président du

Comité d'Artillerie, pour que l'on ne puisse considérer cette coïncidence comme étant le résultat du hasard. Aussi avons-nous cru devoir appliquer la formule (7) à deux autres calibres pour lesquels nous avons formé le tableau suivant :

CALIBRE.	POIDS.		VITESSE.	
	du projectile.	de la charge.	observée.	calculée.
	kg	gr	m	m
4 de campagne....	3,990	300	262,1	285,0
		550	364,9	367,2
4 de montagne....	3,990	300	248,1	260,7

Les différences entre les résultats de la théorie et ceux de l'expérience sont d'autant plus grandes que l'âme est plus courte, ce qui s'explique soit par les variations du vide en arrière du projectile, qui ne joue aucun rôle lorsque la longueur d'âme dépasse une certaine limite, soit en admettant que quelques parcelles de poudre ne sont pas brûlées lorsque le projectile sort de l'arme (1).

---

(1) En supposant que la charge en poudre comprimée du canon de 7 se consume instantanément, on ne peut obtenir qu'une limite maximum de V_1 et que nous avons cherché à calculer au moyen de la formule (7).

Pour cette bouche à feu, on a

Longueur d'âme..................	1,872
Diamètre.......................	0,085
Pas des rayures...........	1,800

Une charge de $1^{kg},130$ occupe une longueur de $0^m,250$; son vide intérieur a $0^m,052$ de diamètre; la vitesse initiale correspondante obtenue par expérience est de 390 mètres.

On déduit de ces valeurs, en remarquant que Ωjl est égal au vite intérieur de la gargousse,

$$L = 1,615, \quad a = 0,0363,$$
$$\mu = 0,164, \quad b = 57,860,$$
$$\varepsilon = 0,008, \quad \lambda = 59,960$$
$$g = 0,053, \quad m = 0,989.$$
$$i = 0,096.$$
$$u_0^{1-m} = j^{2a} = 0,8079.$$

La formule (7) donne, par suite, pour la limite maximum cherchée,

$$V_1 = 415^m,$$

qui ne diffère pas beaucoup du résultat de l'expérience.

Revenons au canon de 12 et proposons-nous de déterminer la durée du parcours du projectile dans l'âme de la pièce dans les conditions où nous nous sommes placé plus haut. On tire de l'équation (6)

$$t = xt' = t'\sqrt{\frac{1-m}{2\lambda}}\int_0^{u_0}\frac{du}{\sqrt{u^{1-m}-u_0^{1-m}}},$$

ou, en intégrant par parties,

$$(8)\quad t = \frac{2t'}{\sqrt{2\lambda(1-m)}}\left\{\sqrt{1-u_0^{1-m}} - \frac{m}{u_0^{\frac{1-m}{2}}}\int_0^1\sqrt{\left[1-\left(\frac{u_0}{u}\right)^{1-m}\right]\left(\frac{u_0}{u}\right)^{1-m}}\,du\right\}$$

et, en effectuant les calculs numériques, on trouve (¹)

$$t = 0^s,127\,t' = 0^s,0085,$$

chiffre qui ne diffère pas beaucoup de l'appréciation des officiers d'artillerie attachés aux Écoles, qui estiment à $\frac{1}{100}$ de seconde environ la durée du parcours du projectile dans l'âme.

Pour obtenir la vitesse moyenne V_m du projectile dans ce parcours, il suffit de remplacer dans la formule (α) du n° 3 $\frac{ds}{dt}$ par $\frac{L(1-j)}{0,0085}$, ce qui donne, en négligeant la petite fraction $\frac{\mu\varepsilon}{2}$,

$$V_m = \frac{L(1-j)(1-\varepsilon)}{0,0085} = 216^m,$$

soit environ les $\frac{2}{3}$ de la vitesse à la bouche de la pièce, valeur à laquelle nous sommes arrivé plus haut.

Il est facile de voir *a priori* pourquoi l'on trouve $V_m > \frac{V_1}{2}$: car, si l'on prend t pour abscisse et V pour ordonnée, on obtient une courbe dont le coefficient angulaire de la tangente à l'origine représente l'accélération initiale du projectile due

(¹) Dans ce calcul, l'intégrale du second membre de l'équation (8) a été obtenue en appliquant la méthode de quadrature par approximation de Poncelet, en divisant la base de l'aire en vingt parties égales.

à la pression de la poudre, pression qui est énorme d'après l'hypothèse admise. Il suit de là que cette tangente est très-inclinée sur l'axe des abscisses, et que, par suite, la courbe passe au-dessus de la droite qui représenterait le mouvement uniformément accéléré capable de produire la même vitesse V_1 à la bouche de la pièce. Nous devions donc arriver, pour la vitesse moyenne, à une valeur plus grande que celle $\frac{V_1}{2}$, qui correspondrait au mouvement uniformément accéléré.

Dans l'hypothèse actuelle, l'équation (1) peut se mettre sous la forme

$$(9)\qquad T-\theta=\frac{(1+\varepsilon-n)}{\mu Ac}\,\frac{V^2}{2g},$$

et donne, pour une pièce de 12,

$$\theta=3340^\circ-0,0065094\,V^2,$$

et, en remplaçant dans cette formule V par sa valeur (e), on obtient pour la température du gaz, au moment où le boulet sort de la pièce,

$$\theta_1=2645^\circ.$$

On voit ainsi, par la faible différence relative entre T et θ_1, que la principale cause du faible rendement des pièces de canon est due à l'énorme température que possèdent encore les produits de la combustion de la poudre lorsqu'ils cessent d'agir sur le projectile.

50. Si, en vue de simplifier les calculs, on négligeait devant l'unité ε et les fractions j et a, qui n'atteignent pas $\frac{1}{25}$ dans le cas d'une pièce de 12, m devenant égal à 1, l'intégrale de l'équation (4') serait

$$\frac{du}{dx}=\sqrt{2\lambda\log\frac{u}{u_0}}=\sqrt{2b\log\frac{u}{j}},$$

et l'on aurait, en se reportant à l'équation (5),

$$(10)\qquad V_1=\frac{L}{t'}\sqrt{-2b\log\text{nép}\,j},$$

d'où l'on tire, pour le cas précité de la pièce de 12,

$$V_1 = 359,$$

chiffre dont le rapport à celui de la vitesse observée est 0,925.

La formule (10) ne pourra donc être employée qu'autant que les résultats de l'expérience, dans les différentes circonstances qui peuvent se présenter, comparés à ceux que donnera la formule, seront entre eux dans un rapport sensiblement constant et voisin de 0,92, rapport par lequel on devra multiplier le second membre de l'équation (10), pour qu'elle donne exactement les vitesses V_1.

51. *Considérations sur l'hypothèse de l'instantanéité de la combustion de la poudre.* — Si l'on considère que dans la réalité rien ne se produit instantanément, la coïncidence remarquable entre les résultats obtenus par l'expérience et par nos inductions théoriques, pour la vitesse d'un boulet de 12 à la sortie de la pièce, doit paraître fort singulière au premier abord, et l'on serait tenté de l'attribuer au hasard. En cherchant à éclaircir ce point litigieux, nous avons été conduit à nous poser la question suivante : Parmi toutes les lois imaginables relativement à la combustion de la poudre dans les armes à feu, uniquement assujetties à remplir les quelques conditions que nous savons définir, ne peut-il pas y en avoir une au moins qui, au bout d'un certain temps compté à partir de l'instant de l'inflammation, ou après un parcours plus ou moins long du projectile dans l'âme, conduise à des vitesses très-sensiblement équivalentes à celles que l'on obtient en supposant la combustion instantanée? Dans l'affirmative, en regardant u comme une abscisse et la vitesse V comme une ordonnée, on obtiendra deux courbes qui pourront être fort différentes l'une de l'autre dans le voisinage de leur point de départ, mais qui, à partir d'une certaine abscisse, pourront être considérées comme coïncidant l'une avec l'autre.

Pour résoudre cette question, nous ferons remarquer, en premier lieu, que l'on peut admettre indifféremment que la loi de la combustion de la poudre dépend de l'une ou l'autre des deux variables u et t, qui sont fonctions l'une de l'autre, et que rien ne s'oppose à ce que l'on puisse la représenter par

$$(11) \qquad \varphi(x) = 1 - \frac{u^m}{u_0^m} e^{-k(u-u_0)},$$

e étant la base du système des logarithmes népériens et k un nombre entier positif; car la valeur initiale de cette fonction est nulle, et, si k est suffisamment grand, on aura sensiblement $\varphi = 1$, après un temps plus ou moins long.

En remplaçant, dans l'équation (4), $\varphi(x)$ par sa valeur (11), on obtient

$$\frac{d^2u}{dx^2} = \lambda\left(\frac{1}{u^m} - \frac{1}{u_0^m} e^{-k(u-u_0)}\right),$$

d'où, en intégrant,

$$(12) \qquad \frac{du}{dx} = \sqrt{2\lambda\left[\frac{u^{1-m} - u_0^{1-m}}{1-m} - \frac{1}{ku_0^m}\left(e^{-k(u-u_0)} - e^{ku_0}\right)\right]}.$$

Pour des valeurs de u très-voisines de u_0, le second terme du radical peut avoir une influence appréciable sur celle de $\frac{du}{dx}$; mais cette influence ira en diminuant, à mesure que u croîtra, et l'on peut concevoir que k soit assez grand pour que, à partir d'une valeur de u au plus égale à l'unité, le second terme du radical devienne insensible et négligeable vis-à-vis du premier; on retomberait alors sur l'équation (6) établie dans l'hypothèse admise *à priori* d'une combustion instantanée. On voit ainsi comment cette hypothèse peut conduire, pour les vitesses à la sortie de l'arme, à des valeurs qui se rapprochent beaucoup de celles que donne l'expérience; mais les vitesses calculées de cette manière doivent être trop fortes pour les premiers éléments du chemin parcouru dans l'âme, et la formule peut, par suite, donner des résultats trop faibles pour le temps employé par le projectile à sortir de l'arme, ou trop forts dans le calcul de la vitesse moyenne.

52. *Calcul approximatif de la vitesse d'un projectile à sa sortie d'une arme à feu, dans l'hypothèse où la charge se*

consumerait graduellement comme à l'air libre. — En supposant

$$\varphi(x) = 1 - (1 - x)^3,$$

l'intégrale de l'équation différentielle

$$(4) \qquad \frac{d^2 u}{dx^2} = \lambda \frac{\varphi(x)}{u^m},$$

devant satisfaire aux conditions

$$u = j^{a+1}, \quad \frac{du}{dx} = 0,$$

pour $x = 0$, ne paraît pas pouvoir s'obtenir au moyen des fonctions que nous connaissons. Nous avons essayé de développer u en série ordonnée, suivant les puissances ascendantes de x; mais, dans l'application, on ne peut être sûr de la convergence que pour des valeurs tellement petites de cette variable, que la série ne peut être d'aucune utilité pratique ([1]). Nous avons donc été réduit à employer la méthode d'approximation ci-après pour trouver la vitesse du projectile à la sortie de l'âme.

Posons, pour simplifier,

$$v = \frac{du}{dx},$$

$$\int \varphi dx = \frac{3x^2}{2}\left(1 - \frac{2}{3}x + \frac{x^2}{6}\right) = f(x),$$

$$\int f dx = \frac{x^3}{2}\left(1 - \frac{x}{2} + \frac{x^2}{10}\right) = \mathrm{F}(x).$$

Désignons par u_n, v_n les valeurs de u, v, que nous considérerons comme connues, correspondant à celle x_n de x, et proposons-nous de trouver approximativement les valeurs que prennent u et v en donnant à x_n un accroissement que l'on pourra supposer aussi petit que l'exigeront les circonstances. On devra prendre l'intégrale de l'équation (4) à partir de

([1]) *Voyez*, à ce sujet, la Note placée à la fin de ce paragraphe.

$x = x_n$; mais la fonction u augmentant avec x, si on la suppose égale à u_n dans le second membre de cette équation, on obtiendra pour u et v, par l'intégration, des valeurs trop grandes u', v', que l'on calculera par les formules

$$(13)\qquad \begin{cases} u' = u_n + v_n(x - x_n) + \dfrac{\lambda}{u_n^m}[F(x) - F(x_n)], \\ v' = v_n + \dfrac{\lambda}{u_n^m}[f(x) - f(x_n)], \end{cases}$$

et l'on trouvera des valeurs trop petites

$$(14)\qquad \begin{cases} u'' = u_n + v_n(x - x_n) + \dfrac{\lambda}{u'^m}[F(x) - F(x_n)], \\ v'' = v_n + \dfrac{\lambda}{u'^m}[f(x) - f(x_n)], \end{cases}$$

en remplaçant dans le second membre de la même équation u par u'.

Si l'on prend

$$(15)\qquad \begin{cases} u = \dfrac{u' + u''}{2}, \\ v = \dfrac{v' + v''}{2}, \end{cases}$$

les erreurs relatives commises seront respectivement inférieures à

$$\frac{u' - u''}{2u''}, \quad \frac{v' - v''}{2v''},$$

et pourront être aussi faibles que l'on voudra, en donnant à l'accroissement $x - x_n$ une valeur suffisamment petite.

Les valeurs (15) ainsi déterminées permettront, de la même manière, de calculer celles qui correspondront à un nouvel accroissement donné à x, et ainsi de suite. On pourra donc obtenir les valeurs successives de u, v à partir de $x = 0$ jusqu'au moment où celle de u atteindra l'unité.

Cette méthode, appliquée au cas d'une pièce de 12 de siége, dont nous avons donné les éléments numériques au n° 48, nous a conduit, avec une approximation très-satisfaisante, aux résultats suivants :

x	v	u
0	0	0,041
$\frac{1}{50}$	0,281	0,043
$\frac{1}{40}$	0,431	0,046
$\frac{1}{20}$	1,432	0,059
$\frac{1}{15}$	2,156	0,105
$\frac{1}{10}$	3,254	0,228
$\frac{1}{8}$	3,887	0,350
$\frac{1}{7}$	4,295	0,447
$\frac{1}{6}$	4,729	0,605
$\frac{1}{5}$	5,298	0,820
$\frac{22}{100}$	5,582	0,967

En supposant la proportionnalité des différences, on trouve ensuite

$$x = 0,224,$$

d'où

$$t = t'x = 0^s,015,$$

$$v = \frac{du}{dx} = 5,648,$$

pour $u = 1$, c'est-à-dire lorsque le projectile est arrivé à l'embouchure de la pièce ; et l'équation (5) donne pour la vitesse cherchée

$$V_1 = 160^m;$$

enfin on a, pour la proportion de poudre non brûlée,

$$(1 - x^3) = 0,427.$$

On voit ainsi que, dans l'hypothèse actuelle, lorsque le projectile sort de la pièce, la moitié de la charge seulement serait brûlée, et la vitesse ne serait que la moitié de celle que donne l'expérience ou le calcul dans la supposition d'une combustion instantanée de la charge ; cette hypothèse n'est donc pas admissible, ce qui est conforme à nos prévisions.

NOTE.

INTÉGRATION PAR SÉRIE DANS L'HYPOTHÈSE OU LES GRAINS DE POUDRE DE LA CHARGE SE CONSUMERAIENT COMME A L'AIR LIBRE.

Posant, pour abréger,

$$z = u^{-m},$$

d'après l'égalité symbolique connue

$$\frac{d^n . uv}{dx^n} = (u + v)^n,$$

on a, en remarquant que les dérivées de la fonction φ, d'un ordre supérieur au troisième, sont nulles,

$$\frac{d^n \varphi . z}{dx^n} = \varphi \frac{d^n z}{dx^n} + n . \varphi' \frac{d^{n-1} z}{dx^{n-1}} + \frac{n(n-1)}{2} . \varphi'' \frac{d^{n-2} z}{dx^{n-2}} + \frac{n(n-1)(n-2)}{6} \varphi''' \frac{d^{n-3} z}{dx^{n-3}}.$$

Mais on a, en vertu de l'équation (4),

$$\frac{1}{\lambda} \frac{d^n u}{dx^n} = \frac{d^{n-2} \varphi . z}{dx^{n-2}};$$

d'où l'on déduit, par ce qui précède,

$$(g) \quad \left\{ \begin{aligned} \frac{1}{\lambda} \frac{d^n u}{dx^n} = \varphi \frac{d^{n-2} z}{dx^{n-2}} + (n-2) \varphi' \frac{d^{n-3} z}{dx^{n-3}} + \frac{(n-2)(n-3)}{2} \varphi'' \frac{d^{n-4} z}{dx^{n-4}} \\ + \frac{(n-2)(n-3)(n-4)}{6} \varphi''' \frac{d^{n-5} z}{dx^{n-5}}. \end{aligned} \right.$$

Cela posé, de la relation $z = u^{-m}$ on tire

$$\frac{dz}{dx} = -mu^{-(m+1)} . \frac{du}{dx},$$

$$\frac{d^2 z}{dx^2} = m(m+1) u^{-(m+2)} \frac{du^2}{dx^2} - mu^{-(m+1)} \frac{d^2 u}{dx^2},$$

$$\frac{d^3 z}{dx^3} = -m(m+1)(m+2) u^{-(m+3)} \frac{du^3}{dx^3} + 3m(m+1) u^{-(m+2)} \frac{dx}{du} \frac{d^2 u}{dx^2} - mu^{-(m+1)} \frac{d^3 u}{dx^3},$$

. . . .

Pour $x = 0$, chacune de ces dérivées se réduit à son dernier terme, puisque la somme des termes précédents est une fonction entière de $\frac{du}{dx}$, dont la valeur initiale est nulle. Si donc on désigne par $\left(\frac{d^n z}{dx^n}\right)_0$ et A_n les valeurs respectives de $\frac{d^n z}{dx^n}$, $\frac{d^n u}{dx^n}$ pour $x = 0$, on a

$$(h) \qquad \left(\frac{d^n z}{dx^n}\right)_0 = -mu_0^{-(m+1)} \cdot A_n,$$

et comme

$$\varphi(0) = 0, \quad \varphi'(0) = 3, \quad \varphi''(0) = -6, \quad \varphi'''(0) = 6,$$

les équations (g) et (h) donnent enfin

$$(16) \quad A_n = -\frac{m\lambda(n-2)}{u_0^{m+1}}[3A_{n-3} - 3(n-3)A_{n-4} + (n-3)(n-4)A_{n-5}],$$

relation qui n'a lieu que pour $n > 5$; car, pour $n = 5$, le dernier terme de l'équation (g) dépend de $\left(\frac{d^0 z}{dx^0}\right)_0$ ou de z_0, et l'équation (h) suppose $n > 0$.

L'équation (16) permettra donc de calculer successivement les coefficients A_n de la série

$$u = \sum_0^\infty \frac{A_n}{1.2.3\ldots n} \cdot x^n,$$

lorsque l'on connaîtra les six premiers, dont nous allons maintenant chercher la valeur.

Les conditions initiales du mouvement donnent

$$A_0 = u_0 = j^{a+1}, \quad A_1 = 0,$$

et l'équation (4) et ses dérivées première et seconde,

$$(i) \qquad A_2 = 0, \quad A_3 = \frac{3\lambda}{u_0^m}, \quad A_4 = -\frac{6\lambda}{u_0^m}, \quad A_5 = \frac{6\lambda}{u_0^m}.$$

Au moyen de l'équation (16) et de ces valeurs on formera les suivantes :

$$(j) \qquad \left\{\begin{aligned} A_6 &= -6^2 \cdot \frac{m\lambda^2}{u_0^{m+1}} \cdot \frac{1}{u_0^m}, \\ A_7 &= 2.3^3.5 \cdot \frac{m\lambda^2}{u_0^{m+1}} \cdot \frac{1}{u_0^m}, \\ A_8 &= -2^2.6^2.7 \cdot \frac{m\lambda^2}{u_0^{m+1}} \cdot \frac{1}{u_0^m}, \\ A_9 &= \frac{6^2.7m\lambda^2}{u_0^{m+1}} \cdot \frac{1}{u_0^m}\left(\frac{3m\lambda}{u_0^{m+1}} - 8\right), \\ &\ldots\ldots\ldots\ldots\ldots\ldots \end{aligned}\right.$$

Si l'on observe que u_0^{m+1} est une petite fraction, on reconnaît sans peine que, à partir de A_8, les coefficients A_n croissent rapidement, et que, par suite, on peut approximativement réduire la formule (16) à la suivante :

$$A_n = -\frac{3m\lambda(n-2)}{u_0^{m+1}} A_{n-3}, \tag{17}$$

pour $n > 8$, ce qui facilitera beaucoup le calcul de ces coefficients.

Les formules (i), (j) et (17) font voir que les mêmes coefficients A_n sont alternativement positifs et négatifs ; il suffit donc que la série soit constamment et indéfiniment décroissante pour être convergente, ce qui ne pourra avoir lieu que pour des valeurs de x suffisamment petites, du même ordre de grandeur que u_0^{m+1}.

De l'équation (17) on tire

$$\frac{A_n}{A_{n-1}} = -\frac{n-2}{n-3} \cdot \frac{A_{n-3}}{A_{n-4}},$$

d'où, en désignant par T_n le terme $\frac{A_n}{1.2.3\ldots n} \cdot x^n$ de la série,

$$\frac{T_n}{T_{n-1}} = \left(1 - \frac{2}{n}\right) \frac{T_{n-3}}{T_{n-4}}.$$

On voit ainsi que, si $\frac{T_{n-3}}{T_{n-4}} < 1$, on aura à plus forte raison $\frac{T_n}{T_{n-1}} < 1$. Or, comme on peut former à partir de 6 toute la série des nombres entiers, en ajoutant successivement trois unités aux nombres 7, 8, 9, pour que la série soit décroissante il suffit que, en ne considérant que les valeurs absolues, on ait

$$\frac{T_9}{T_8} < 1, \quad \frac{T_8}{T_7} < 1, \quad \frac{T_7}{T_6} < 1,$$

ou, en négligeant dans A_9 le nombre 8 devant $\frac{3m\lambda}{u_0^{m+1}}$,

$$x < \frac{12 u_0^{m+1}}{m\lambda}, \quad x < \frac{15}{7}, \quad x < \frac{14}{15}.$$

La première de ces conditions est la seule dont on ait à se préoccuper, car elle donne une limite inférieure de x qui est une très-petite fraction, ce qui n'a pas lieu pour les deux autres.

Dans le cas d'une pièce de 12 de siége, on trouve, en effectuant les calculs,

$$u = 0{,}041 + x^3(239.7 - 119.8x + 24x^2 - 262\,490x^3 + 281\,225x^4 - 131\,243x^5 + 149\,044\,060x^6 \ldots),$$

et la limite inférieure ci-dessus de x, pour que l'on soit sûr de la convergence, se réduit à 0,001094 ; d'où il suit que, si l'on ne conserve que les millièmes dans la détermination de la valeur de u, la série précédente ne peut être d'aucune utilité.

APPENDICE.

Nous avons cru devoir grouper à la fin de ce Volume quelques questions qui nous ont paru dignes d'intérêt; elles auraient trouvé plus rationnellement leur place dans le premier Volume, mais elles n'ont été posées et résolues que postérieurement à sa publication.

I. — *De l'influence du vent sur le mouvement des projectiles.*

Le vent a sur le mouvement des projectiles une influence très-marquée, qui a été principalement mise en évidence dans de récentes expériences exécutées à Calais, sous la direction du Comité d'Artillerie.

Nous allons chercher à établir les modifications qu'il faut apporter aux formules relatives au mouvement d'un projectile dans un air tranquille (IIe Partie, t. I, n° 21), pour nous trouver dans le cas d'un vent plus ou moins violent.

Soient (*fig.* 119)

Fig. 119.

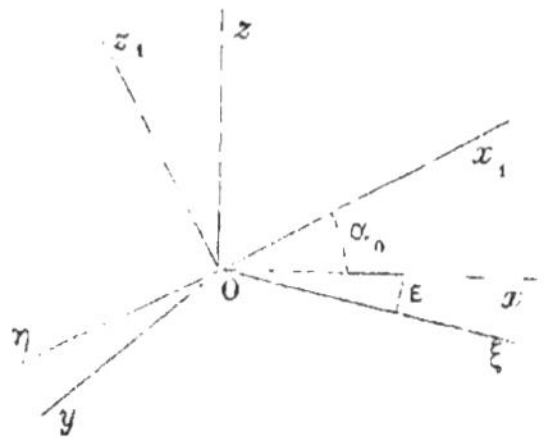

O le centre de la volée;

Oz sa verticale;

Ox la trace horizontale du plan de tir;

Oy la perpendiculaire en O à ce plan;

Ox_1 la direction de la vitesse initiale v_0;

Oz_1 sa perpendiculaire en O dans le plan zOx;

α_0 l'angle de tir;

w la vitesse du vent;

w_u sa projection sur un axe quelconque Ou.

Concevons que l'on imprime au projectile, dès sa sortie de l'âme, et à l'atmosphère une vitesse de translation égale et contraire à w. Le mouvement du projectile aura lieu dans un milieu tranquille et sera rapporté aux axes Ox, Oy, Oz, considérés comme fixes dans l'air, en vertu d'une vitesse initiale résultant de la composition de v_0 et $-w$.

Nous accentuerons les lettres représentant les éléments qui se rapportent à cet état de choses hypothétique.

Si l'on néglige le carré de $\frac{w_{\prime\prime}}{v_0}$ devant l'unité, on voit que v_0 ne sera modifié que par $-w_{x_1}$ et que l'on a

$$(1) \qquad v'_0 = v_0 - w_{x_1}.$$

L'angle α_0 éprouvera une variation due à ce que $-w_{z_1}$ est venu se composer avec v_0, d'où

$$(2) \qquad \alpha'_0 = \alpha_0 - \frac{w_{z_1}}{v_{0_1}}.$$

Soient

ε l'angle formé par le plan de tir fictif avec le plan de tir réel zOx ;
$O\xi$ la trace horizontale du premier de ces plans ;
$O\eta$ sa perpendiculaire dans le plan xOy.

L'angle ε étant celui que forme avec Ox la résultante de $v_0 \cos\alpha_0$ et $-w_y$, on a

$$(3) \qquad \varepsilon = -\frac{w_y}{v_0 \cos\alpha_0}.$$

Soient maintenant

$$x_0 = f(v_0, \alpha_0, t), \quad y_0 = f_1(v_0, \alpha_0, t), \quad z_0 = f_2(v_0, \alpha_0, t)$$

les coordonnées, au bout du temps t, du centre de gravité d'un projectile qui se meut dans un air tranquille, en vertu de la vitesse initiale v_0, sous l'angle de tir α_0.

Nous aurons évidemment, dans le cas actuel, en désignant par ξ, η des coordonnées du projectile parallèles à $O\xi$, $O\eta$,

$$(4) \qquad \left\{ \begin{aligned} \xi &= x_0 - w_{x_1} \frac{dx_0}{dv_0} - w_{z_1} \frac{dx_0}{v_0\, d\alpha_0}, \\ \eta &= y_0 - w_{x_1} \frac{dy_0}{dv_0} - w_{z_1} \frac{dy_0}{v_0\, d\alpha_0}, \\ z &= z_0 - w_{x_1} \frac{dz_0}{dv_0} - w_{z_1} \frac{dz_0}{v_0\, d\alpha_0}, \end{aligned} \right.$$

d'où, en remarquant que les coordonnées du mobile, suivant Ox, Oy, sont $x = \xi - \eta\varepsilon$, $y = \eta + \xi\varepsilon$,

$$(5)\quad \left\{ \begin{aligned} x &= x_0 - w_{x_1} \frac{dx_0}{dv_0} - w_{z_1} \frac{dx_0}{v_0\, d\alpha_0} + y_0 \frac{w_y}{v_0 \cos\alpha_0}, \\ y &= y_0 - w_{x_1} \frac{dy_0}{dv_0} - w_{z_1} \frac{dy_0}{v_0\, d\alpha_0} - x_0 \frac{w_y}{v_0 \cos\alpha_0}, \\ z &= z_0 - w_{x_1} \frac{dz_0}{dv_0} - w_{z_1} \frac{dz_0}{v_0\, d\alpha_0}. \end{aligned} \right.$$

Les coordonnées de la trajectoire réelle sont celles qui se rapportent à trois axes parallèles à Ox, Oy, Oz et dont l'origine se déplace avec la vitesse $-w$; elles ont ainsi pour expressions

$$\begin{aligned} X &= x + w_x t, \\ Y &= y + w_y t, \\ Z &= z + w_z t. \end{aligned}$$

Si donc nous posons

$$(6)\quad \left\{ \begin{aligned} \Delta x_0 &= - w_{x_1} \frac{dx_0}{dv_0} - w_{z_1} \frac{dx_0}{v_0\, d\alpha_0} + y_0 \frac{w_y}{v_0 \cos\alpha_0} + w_x t, \\ \Delta y_0 &= - w_{x_1} \frac{dy_0}{dv_0} - w_{z_1} \frac{dy_0}{v_0\, d\alpha_0} - x_0 \frac{w_y}{v_0 \cos\alpha_0} + w_y t, \\ \Delta z_0 &= - w_{x_1} \frac{dz_0}{dv_0} - w_{z_1} \frac{dz_0}{v_0\, d\alpha_0} + w_z t, \end{aligned} \right.$$

nous aurons

$$(7)\quad \left\{ \begin{aligned} X &= x_0 + \Delta x_0, \\ Y &= y_0 + \Delta y_0, \\ Z &= z_0 + \Delta z_0. \end{aligned} \right.$$

Le projectile tombera sur le sol au bout du temps donné par l'équation

$$\Delta z_0 = - z_0 = - f_2(v_0, \alpha_0, t).$$

Soient T la durée du trajet dans un air tranquille, dont la valeur est fournie par l'équation $f_2(v_0, \alpha_0, T) = 0$; $T + \Delta T$ celle que nous cherchons; il est clair que nous aurons

$$\Delta z_0 = - \frac{dz_0}{dt} \Delta T = - v_z \Delta T,$$

v étant la vitesse de chute; on déduit de là

$$\Delta T = - \frac{\Delta z_0}{v_z}.$$

Les valeurs correspondantes de x_0, y_0 seront, par suite,

$$X_0 = x_0 + \frac{dx_0}{dt}\Delta T = x_0 - \frac{v_x}{v_z}\Delta z_0,$$

$$Y_0 = y_0 + \frac{dy_0}{dt}\Delta T = y_0 - \frac{v_y}{v_z}\Delta z_0,$$

formules dans lesquelles x_0, y_0 se rapportent au temps T.

On déduit de ce qui précède

$$X = X_0 + \Delta x_0 + \frac{v_x}{v_z}\Delta z_0,$$

$$Y = Y_0 + \Delta y_0 + \frac{v_y}{v_z}\Delta z_0.$$

Dans ces formules, X, Y représentent respectivement la portée et la dérivation, X_0, Y_0 les valeurs correspondantes dans le cas d'un air en repos. Si nous posons, pour nous conformer aux usages,

$$X = P, \quad X_0 = P_0, \quad Y = D, \quad Y_0 = D_0,$$

et, de plus,

$$\left(\frac{dz_0}{dv_0}\right)_{t=T} = E, \quad \left(\frac{dz_0}{v_0\, d\alpha_0}\right)_{t=T} = F,$$

nous aurons

$$(8)\quad \left\{\begin{aligned} P = {} & P_0 + w'_{x_1}\left(-\frac{dP_1}{dv_0} + E\frac{v_x}{v_z}\right) + w'_{z_1}\left(-\frac{dP_0}{v_0\, d\alpha_0} - F\frac{v_x}{v_z}\right) \\ & + D_0\frac{w'_y}{v_0\cos\alpha_0} - \frac{v_x}{v_z}w'_z T + w'_x T, \\ D = {} & D_0 + w'_{x_1}\left(-\frac{dD_0}{dv_0} + E\frac{v_y}{v_z}\right) + w'_{z_1}\left(-\frac{dz_0}{v_0\, d\alpha_0} - F\frac{v_y}{v_z}\right) \\ & - P_0\frac{w'_{y'}}{v_0\cos\alpha_0} - \frac{v_y}{v_z}w'_z T + w'_y T. \end{aligned}\right.$$

Telles sont les formules que nous avions en vue d'établir, et qui se prêtent facilement au calcul quand on a des Tables de tir à sa disposition.

II. — *Influence de la résistance de l'air sur le mouvement du pendule à oscillations elliptiques.*

Reportons-nous au n° 27 de la deuxième Partie. Si nous négligeons le mouvement de rotation, relativement très-lent, de l'ellipse décrite en projection horizontale par l'extrémité du pendule, nous sommes ramené à résoudre le problème suivant :

Un point matériel est sollicité par une force dirigée vers un centre fixe et proportionnelle à la distance du mobile à ce centre, sous l'action de laquelle il décrirait une ellipse ; déterminer les variations des éléments de l'ellipse résultant de l'action d'une force perturbatrice comprise dans le plan de la courbe.

Équations générales. — Soient (*fig.* 120)

Fig. 120.

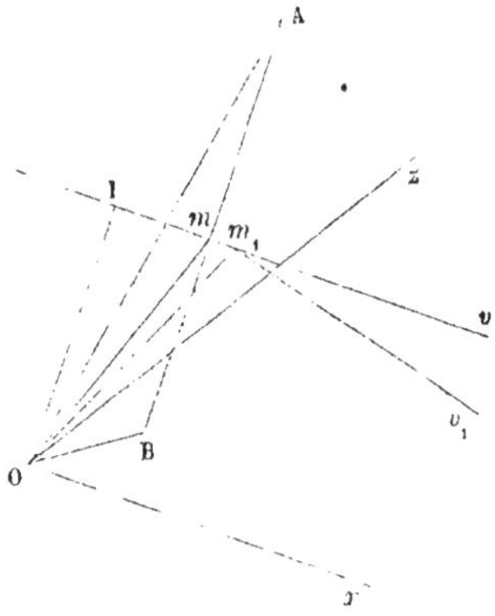

O le centre d'attraction ;
m la position du mobile au bout du temps t ;
V la vitesse correspondante, représentée par la droite mv ;
$q = \text{OI}$ la distance de mv au point O ;
r le rayon vecteur Om ;
ε l'angle ImO ;
$\varphi = \mu^2 r$ l'accélération centrale, μ étant une constante ;
ψ l'accélération due à la force perturbatrice ;
ψ' et ψ'' ses composantes suivant mv et la perpendiculaire en m à Om ;
m_1 la position du mobile au bout du temps $t + dt$;
$\text{V}_1 = m_1 v_1$, q_1 sa vitesse en ce point et sa distance au centre O ;
$ds = \text{V}dt$ l'élément de chemin mm_1 ;
a, b le demi-grand axe et le demi-petit axe de l'ellipse que décrirait le mobile, si, arrivé en m_1, il ne possédait que l'accélération φ.

Le principe des aires donne

$$\text{V}q = \mu ab,$$

d'où

$$(1) \qquad ab = \frac{V}{\mu} q.$$

Il suit de là que $\frac{V}{\mu}$ et r sont deux diamètres conjugués de l'ellipse, et, comme conséquence, que l'on a la relation

$$(2) \qquad a^2 + b^2 = \frac{V^2}{\mu^2} + r^2.$$

Si, sur la perpendiculaire en m à mo, on porte de part et d'autre de m les longueurs m**A**, m**B** égales à $\frac{V}{\mu}$, on aura

$$a = \text{OA}, \quad b = \text{OB},$$

et le grand axe de l'ellipse sera dirigé suivant la bissectrice Oz de l'angle AOB.

La vitesse V_1 étant la résultante de V, φdt, Ψdt, on a

$$V_1 q_1 = V q + \Psi'' r dt,$$

d'où

$$(3) \qquad d.Vq = \Psi'' r dt = \Psi'' \frac{r}{V} ds,$$

par suite

$$d.ab = \frac{\Psi'' r}{\mu V} ds,$$

$$(4) \qquad adb + bda = \frac{\Psi'' r}{\mu V} ds.$$

Si l'on remarque que $V_1 - V = dV$ est égal à $\varphi' dt + \Psi' dt$, l'équation (2) différentiée donne

$$ada + bdb = \frac{V}{\mu^2}(\varphi' + \Psi') dt + rdr;$$

mais on a

$$\frac{V}{\mu^2} \varphi' dt + rdr = 0,$$

puisque cette somme se rapporte au point m_1 considéré comme situé sur l'ellipse tangente à mo. Il vient donc

$$(5) \qquad ada + bdb = \frac{\Psi'}{\mu^2} ds.$$

Des équations (4) et (5) on tire

$$(6)\quad \begin{cases} da = \dfrac{1}{\mu(a^2-b^2)}\left(\dfrac{a\Psi'}{\mu} - \dfrac{rb\Psi''}{V}\right)ds, \\ db = -\dfrac{1}{\mu(a^2-b^2)}\left(\dfrac{b\Psi'}{\mu} - \dfrac{ra\Psi''}{V}\right)ds. \end{cases}$$

L'équation (3) peut se mettre sous la forme

$$d.\mathrm{V}r\sin\varepsilon = \frac{\Psi'' r\,ds}{\mathrm{V}},$$

d'où, en développant et remarquant que les termes en dr et $\varphi' dt$ donnent un résultat nul,

$$(7)\qquad d\varepsilon = \frac{\Psi'' - \Psi'\sin\varepsilon}{\mathrm{V}^2\cos\varepsilon}\,ds.$$

Soient Ox un axe fixe situé dans le plan du mouvement, θ, ω des angles que forment Om et Oz avec cet axe. Les triangles AOm, BOm donnent

$$(8)\quad \begin{cases} \sin\widehat{AOm} = \dfrac{\mathrm{V}\cos\varepsilon}{\mu a}, \\ \sin\widehat{BOm} = \dfrac{\mathrm{V}\cos\varepsilon}{\mu b}, \end{cases}$$

et l'on voit que

$$\omega = \frac{\widehat{AOx} + \widehat{BOx}}{2} = \theta + \frac{1}{2}\left(\widehat{AOm} - \widehat{BOm}\right),$$

d'où, en ne conservant que les termes qui ne dépendent que de Ψ, puisque les autres doivent se détruire,

$$(9)\qquad d\omega = \frac{1}{2}\,d\left(\widehat{AOm} - \widehat{BOm}\right).$$

En différentiant convenablement les formules (8), cette équation fera connaître, en fonction des éléments de la question, le déplacement élémentaire du grand axe de l'ellipse.

Application au pendule. — Variation du grand axe de l'ellipse. Arrivons maintenant à la question du pendule. Supposons que l'accélération Ψ soit dirigée en sens inverse de la vitesse, et qu'elle soit de la forme

$$\Psi = \Psi' = -\rho\mathrm{V}^2,$$

ρ étant une constante ; nous aurons

$$\Psi'' r = q\Psi' = -\mu\rho ab\mathrm{V},$$

et la première des formules (6) devient

$$da = -\frac{pa}{a^2 - b^2}\left(\frac{V^2}{\mu^2} - b^2\right) ds,$$

ou, en vertu de l'équation (2),

$$(10) \quad da = -\frac{pa}{a^2 - b^2}(a^2 - r^2)ds, \quad db = -\frac{pb}{a^2 - b^2}(r^2 - b^2)ds.$$

Cas du pendule à oscillations planes. — On a

$$b = 0, \quad ds = dr,$$

et, en intégrant entre les limites $r = -a$, $r = a$, on trouve, pour la variation de la demi-amplitude, après une oscillation simple,

$$(11) \qquad \delta a = -\tfrac{4}{3} pa^2 = -1,33 pa^2,$$

ce qui est conforme à ce que nous avons obtenu au n° 24 de la deuxième Partie.

Cas d'un pendule à oscillations circulaires. — Si nous désignons maintenant par θ l'angle polaire mOz, et que nous posions $b^2 = a^2(1-\beta)$, l'équation de l'ellipse prend la forme

$$r^2 = \frac{a^2(1-\beta)}{1 - \beta\cos^2\theta},$$

et la première des équations (10) devient

$$(12) \qquad da = -\frac{pa\sin^2\theta}{1 - \beta\cos^2\theta} ds.$$

Si, à un certain instant, l'ellipse se réduit à un cercle, on a

$$\beta = 0, \quad ds = a d\theta,$$

et, en intégrant $\theta = 0$ à $\theta = \pi$, on obtient, pour la variation du rayon, après une demi-révolution,

$$(13) \qquad \delta a = -\frac{\pi}{2} pa^2 = -1,57 pa^2,$$

variation qui, toutes choses égales d'ailleurs, est supérieure en valeur absolue à celle qui est donnée par l'équation (11), dans le cas où les oscillations sont planes.

Dans tous les autres cas, on ne pourra trouver δa que par approximation, en exprimant ds en fonction de θ et développant ensuite en série suivant les puissances ascendantes de β.

Si l'on remarque que, toutes choses égales d'ailleurs, la valeur de $-\frac{d\alpha}{ds}$ donnée par la formule (12) est maximum pour $\beta = 0$ et minimum pour $\beta = 1$, que ds est au plus égal à $a\,d\theta$, on reconnaît que les expressions (11) et (13) sont deux limites entre lesquelles sont comprises les valeurs de δa, quelle que soit l'ellipse décrite; ces limites sont assez rapprochées l'une de l'autre pour que, en ayant égard à la nature de la question, on puisse prendre approximativement, dans tous les cas,

$$\delta a = -1{,}45\rho a^2. \tag{14}$$

Déplacement du grand axe. — De ce que $\Psi'' = \Psi' \sin\varepsilon$, il résulte

$$d\varepsilon = 0;$$

par suite,

$$\cos\widehat{AOm}.d(\widehat{AOm}) = \frac{\cos\varepsilon}{\mu}\left(\frac{\Psi' ds}{aV} - V\frac{da}{a^2}\right) = -\rho\cos\varepsilon\frac{V}{\mu a}\frac{r^2-b^2}{a^2-b^2}ds,$$

d'où

$$d(\widehat{AOm}) = -\rho\cos\varepsilon\frac{V}{\mu a}\frac{r^2-b^2}{(a^2-b^2)\sqrt{1-\frac{V^2\cos^2\varepsilon}{\mu^2 a^2}}}ds,$$

et de même

$$d(\widehat{BOm}) = -\rho\cos\varepsilon\frac{V}{\mu b}\frac{a^2-r^2}{(a^2-b^2)\sqrt{1-\frac{V^2\cos^2\varepsilon}{\mu^2 b^2}}}ds;$$

on a donc

$$d\omega = -\frac{1}{2}\frac{V\rho\cos\varepsilon}{\mu(a^2-b^2)}\left(\frac{r^2-b^2}{\sqrt{a^2-\frac{V^2}{\mu^2}\cos^2\varepsilon}} - \frac{a^2-r^2}{\sqrt{b^2-\frac{V^2}{\mu^2}\cos^2\varepsilon}}\right)ds, \tag{15}$$

expression dans laquelle on devra remplacer $\frac{V}{\mu}\cos\varepsilon$ par sa valeur déduite des équations (1) et (2), en mettant la première sous la forme

$$\frac{V}{\mu}\sin\varepsilon = \frac{ab}{r}.$$

Durée du passage d'un maximum au suivant. — Le temps δt, employé par le rayon vecteur pour décrire l'angle ω, est donné par l'équation

$$a^2 d\omega = \mu ab\, d.\delta t,$$

d'où

$$\delta t = \frac{a}{\mu b}\,\omega + \text{const.}$$

Si donc on désigne par τ la durée $\frac{\pi}{\mu}$ d'une demi-révolution de l'ellipse, par α le déplacement angulaire du grand axe, on a pour le temps cherché

$$\tau' = \tau + \frac{a}{b}\,\frac{\alpha}{\mu} = \tau\left(1 + \frac{a}{b}\,\frac{\alpha}{\pi}\right).$$

III. — *Recherche de la position d'un point matériel mobile sur une courbe fixe pour laquelle il est sur le point de quitter la courbe.*

Revenons aux considérations du n° 23 de la deuxième Partie (t. Ier, p. 165) et supposons, pour fixer les idées, que le point matériel m se meuve sur la convexité de la courbe fixe.

Pour que le point reste sur la courbe, il faut que N_n soit positif ou que la condition

$$(1) \qquad m\frac{v^2}{\rho} < -R_n \quad (^1)$$

soit satisfaite.

Considérons le cas d'un potentiel $\varphi(x, y, z)$; il est clair que R_n sera une fonction des coordonnées et nous représenterons cette composante par $-\psi(x, y, z)$; nous distinguerons par l'indice o les coordonnées de la position initiale de m et le rayon de courbure correspondant de la courbe fixe; nous aurons

$$(2) \qquad mv^2 = mv_0^2 + 2[\varphi(x, y, z) - \varphi(x_0, y_0, z_0)].$$

Continuons à représenter par

$$(3) \qquad x = F(z), \quad y = f(z)$$

es équations de la courbe.

En remarquant que

$$v^2 = [1 + F'(z)^2 + f'(z)^2]\frac{dz^2}{dt^2},$$

les équations (2) et (3) permettront de déterminer les coordonnées du mobile en fonction du temps, si toutefois l'intégration est possible.

(1) A la fin de la page 166 du premier volume, on a interverti par inadvertance les signes relatifs à la convexité et à la concavité, comme il est facile de le reconnaître.

Mais il n'est pas nécessaire que le problème soit complétement résolu pour voir si le mouvement aura constamment lieu sur la courbe et, dans le cas contraire, pour déterminer les coordonnées de la position de m, lorsqu'il est sur le point de quitter la courbe, position que nous appellerons, pour simplifier le langage, *point de dégagement*. En effet, en vertu de l'équation (2), l'inégalité (1) prend la forme

$$(4) \qquad \frac{mv_0^2 + 2[\varphi(x, y, z) - \varphi(x_0, y_0, z_0)]}{\rho} < \psi(x, y, z).$$

Pour que m, qui, à l'instant initial, se meut tangentiellement à la courbe avec la vitesse v_0, décrive au moins deux éléments consécutifs de cette courbe, il faut que

$$(5) \qquad \frac{mv_0^2}{\rho_0} < \psi(x_0, y_0, z_0),$$

condition que nous supposerons remplie.

Si m doit quitter la courbe, les coordonnées du point de dégagement seront données par les équations (3) jointes à la suivante :

$$(6) \qquad \frac{mv_0^2 + 2[\varphi(x, y, z) - \varphi(x_0, y_0, z_0)]}{\rho} = \psi(x, y, z).$$

Si les trois équations sont vérifiées par plusieurs systèmes (x_1, y_1, z_1) de valeurs réelles des coordonnées pouvant satisfaire à la question, il est clair qu'il faudra prendre celui qui correspond au plus petit arc

$$s = \int_{z_0}^{z_1} \sqrt{1 + F'(z) + f'(z)^2}\, dz$$

de la courbe, mesuré à partir du point (x_0, y_0, z_0). S'il n'en est pas ainsi, le mobile restera constamment sur la courbe. Nous allons éclaircir cet aperçu général par deux exemples :

1° Soient (*fig.* 121)

O le centre d'un cercle vertical;
A son point le plus élevé;
R son rayon;
Am_0 une courbe comprise dans le plan du cercle se raccordant en A avec la circonférence;
m_0 un point déterminé de cette courbe;
h la hauteur verticale de ce point au-dessus de A.

Supposons que le point matériel m, uniquement soumis à l'action de la pesanteur, soit placé en m_0, et que la courbe Am_0 soit choisie de manière que m puisse arriver en A. Admettons de plus que, parvenu à cette position, le mobile se meuve sur la circonférence; soit θ l'angle

Fig. 121.

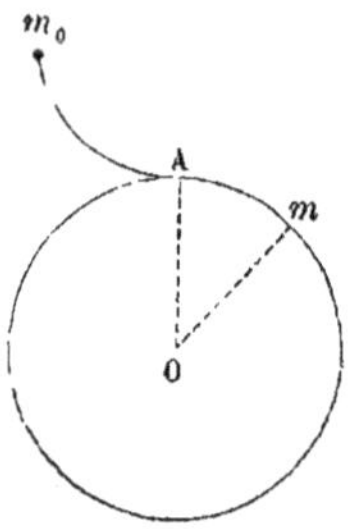

formé avec OA par le rayon mené à une position quelconque m du mobile; on a

$$v^2 = 2g[h + R(1 - \cos\theta)],$$

et la condition (1) devient, dans le cas actuel,

$$\frac{2g}{R}[h + R(1 - \cos\theta)] < g\cos\theta,$$

d'où

$$\cos\theta > \frac{2}{3}\left(\frac{h}{R} + 1\right),$$

ce qui exige que l'on ait

$$\frac{2}{3}\left(\frac{h}{R} + 1\right) < 1;$$

d'où

$$h < \frac{R}{2}.$$

Il suit de là que le mobile s'échappera suivant la tangente en A, si la hauteur h est au moins égale à la moitié du rayon; s'il n'en est pas ainsi, le mobile se mouvra sur le cercle, et la position du point de dégagement sera donnée par la formule

$$\cos\theta_1 = \frac{2}{3}\left(\frac{h}{R} + 1\right).$$

La plus grande valeur de θ_1 correspond à $h = 0$, c'est-à-dire au cas où

m, placé en équilibre instable en A, se déplacerait sous la moindre impulsion. La position limite du point de dégagement se projette sur OA aux $\frac{2}{3}$ de ce rayon à partir de O, et correspond à un angle de 48°9′ environ.

2° Supposons que le point m soit assujetti à décrire un cercle de centre O (*fig.* 122), sous l'action d'une force dirigée vers un point fixe C intérieur au cercle, et proportionnelle à la distance $r = Cm$ du mobile à ce point.

Soient

r_0 la valeur initiale de r;
$m\mu r$ la force centrale, μ étant une constante;

Fig. 122.

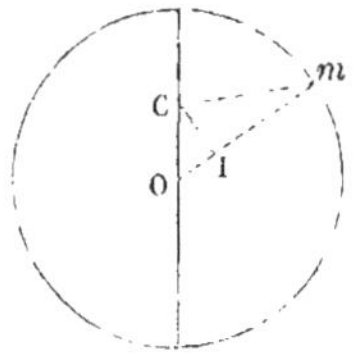

a la distance OC;
I la projection de C sur Om.

Le principe des forces vives donne

$$v^2 = v_0^2 - \mu(r^2 - r_0^2),$$

et le triangle OCm

$$mI = \frac{r^2 + R^2 - a^2}{2R}.$$

La composante normale de la force étant $-m\mu.mI$, la condition (1) devient

$$3r^2 > 2\left(\frac{v_0^2}{\mu} + r_0^2\right) + a^2 - R^2. \tag{7}$$

Pour que le mobile commence à se mouvoir sur la courbe, il faut que cette condition soit vérifiée pour $r = r_0$, ou que

$$r_0^2 > \frac{2v_0^2}{\mu} + a^2 - R^2,$$

ou encore que l'on ait

$$\frac{2v_0^2}{\mu} + a^2 - R^2 = \lambda r_0^2,$$

λ étant un nombre inférieur à l'unité et supérieur à

$$\frac{a^2 - R^2}{(R-a)^2} = -\left(1 + \frac{2a}{R-a}\right).$$

L'inégalité (7) devient

$$3r^2 > r_0^2(2+\lambda).$$

Le point de dégagement sera donné par l'équation

$$r^2 = r_0^2\left(\frac{2+\lambda}{3}\right),$$

et n'existera que si cette valeur est au moins égale au minimum $(R-a)^2$ de r_0^2 ou si

$$r_0 \geqq \frac{R-a}{\sqrt{1 - \frac{1-\lambda}{3}}}.$$

Si cette inégalité n'est pas satisfaite, le mobile restera indéfiniment sur la circonférence.

En supposant que la force centrale varie en raison inverse du carré de la distance, l'équation qui détermine le point de dégagement est du troisième degré en $\frac{1}{r}$; il est clair que si cette équation n'a pas de racine positive, comprise entre $a+R$ et $a-R$, le mobile ne quittera pas la courbe.

IV. — *Solution du problème du choc de deux corps libres, mous et parfaitement élastiques.*

Nous avons posé au n° 131 de la deuxième Partie (t. Ier) les équations générales relatives au choc de deux corps, en négligeant le frottement. Nous allons maintenant donner la solution complète du problème, dans les cas extrêmes où les corps sont dénués d'élasticité et où ils sont parfaitement élastiques.

La vitesse du centre de gravité de chacun d'eux, estimée parallèlement au plan tangent au point de contact, restant constante en grandeur et en direction pendant toute la durée du choc, ne donne aucun terme dans l'équation des moments et l'on peut, par suite, en faire abstraction ou la supposer nulle.

Soient

O le point de contact ;

Ox la normale en ce point ;

Oy, Oz deux droites rectangulaires, menées par le point O, dans le plan tangent commun en ce point ;

G le centre de gravité du corps choquant ;

V_0, V sa vitesse avant le choc et à un instant quelconque du choc, que l'on peut supposer parallèle à Ox, ainsi qu'on l'a fait remarquer plus haut ;

n_0, p_0, q_0 et n, p, q les composantes correspondantes de la rotation instantanée autour de G, suivant des parallèles Gx, Gy, Gz menées en G aux axes coordonnés ;

M la masse du corps choquant ;

A, B, C ses moments d'inertie par rapport à Gx, Gy, Gz ;

$H_{uv} = H_{vu}$ la somme Σmuv relative aux éléments matériels m et M et à leurs coordonnées u, v, par rapport aux parallèles Gu_1, Gv_1 en G à deux axes rectangulaires Ou, Ov, menées par le point O ;

$\mathfrak{M}_{0u}$, $\mathfrak{M}_u$ les moments des quantités de mouvement par rapport à Gu_1, avant le choc et à un instant quelconque du choc ;

$W = V - zp + yq$ la vitesse normale du point O de M ;

W_0 la valeur de W avant le choc ;

N la réaction normale des deux corps.

Les quantités qui se rapportent au corps choqué seront représentées par les mêmes lettres que pour le corps choquant, en les affectant d'un accent.

Nous aurons

$$M(V - V_0) = -\int N\,dt,$$

$$\mathfrak{M}_x - \mathfrak{M}_{0x} = A(n - n_0) - H_{xy}(p - p_0) - H_{xz}(q - q_0) = 0,$$

$$\mathfrak{M}_y - \mathfrak{M}_{0y} = B(p - p_0) - H_{yz}(q - q_0) - H_{yx}(n - n_0) = z\int N\,dt,$$

$$\mathfrak{M}_z - \mathfrak{M}_{0z} = C(q - q_0) - H_{zx}(n - n_0) - H_{zy}(p - p_0) = -y\int N\,dt,$$

$$M'(V' - V_0) = \int N\,dt,$$

$$\mathfrak{M}'_x - \mathfrak{M}'_{0x} = \ldots \qquad\qquad = 0,$$

$$\mathfrak{M}'_y - \mathfrak{M}'_{0y} = \ldots \qquad\qquad = -z'\int N\,dt,$$

$$\mathfrak{M}'_z - \mathfrak{M}'_{0z} = \ldots \qquad\qquad = y'\int N\,dt,$$

d'où l'on déduit

$$(1)\qquad M(V-V_0)+M'(V'-V'_0)=0;$$

$$(2)\quad\left\{\begin{aligned}
&\mathfrak{M}_x-\mathfrak{M}_{0x}=A(n-n_0)-H_{xy}(p-p_0)-H_{xz}(q-q_0)=0,\\
&\mathfrak{M}_y-\mathfrak{M}_{0y}=B(p-p_0)-H_{xz}(q-q_0)-H_{yx}(p-p_0)=-M(V-V_0)z,\\
&\mathfrak{M}_z-\mathfrak{M}_{0z}=C(q-q_0)-H_{zx}(n-n_0)-H_{xy}(p-p_0)=\ \ M(V-V_0)y,\\
&\mathfrak{M}'_x-\mathfrak{M}'_{0x}=\ldots\qquad\qquad\qquad\qquad\qquad\qquad\qquad\quad=0,\\
&\mathfrak{M}'_y-\mathfrak{M}'_{0y}=\ldots\qquad\qquad\qquad\qquad\qquad\qquad\qquad\quad=-M'(V'-V'_0)z',\\
&\mathfrak{M}'_z-\mathfrak{M}'_{0z}=\ldots\qquad\qquad\qquad\qquad\qquad\qquad\qquad\quad=\ \ M'(V'-V'_0)y'.
\end{aligned}\right.$$

Si l'on pose

$$(3)\quad\left\{\begin{aligned}
&\Delta=ABC-AH_{yz}^2-BH_{xz}^2-CH_{xy}^2-2H_{xy}H_{xz}H_{yz},\qquad \Delta'=A'B'C'\ldots;\\
&\alpha=-\frac{z(H_{zx}H_{yz}+CH_{xy})+y(H_{xy}H_{yz}+BH_{xz})}{\Delta},\qquad \alpha'=\ldots;\\
&\beta=-\frac{z(AC-H_{xz}^2)+y(H_{xz}H_{xy}+AH_{yz})}{\Delta},\qquad \beta'=\ldots;\\
&\gamma=-\frac{z(H_{xy}H_{xz}+AH_{yz})+y(AB+H_{xy})}{\Delta},\qquad \gamma'=\ldots,
\end{aligned}\right.$$

les équations (2) deviennent

$$(4)\qquad\left\{\begin{aligned}
&n-n_0=\alpha M(V-V_0),\quad n'-n'_0=\ldots;\\
&p-p_0=\beta M(V-V_0),\quad p'-p'_0=\ldots;\\
&q-q_0=\gamma M(V-V_0),\quad q'-q'_0=\ldots,
\end{aligned}\right.$$

et peuvent, par suite, se mettre sous la forme

$$\begin{aligned}
A\alpha-H_{xy}\beta-H_{xz}\gamma&=0,\\
B\beta-H_{yz}\gamma-H_{yx}\alpha&=z,\\
C\gamma-H_{zx}\alpha-H_{zy}\beta&=y;
\end{aligned}$$

mais on a

$$\begin{aligned}
\mathfrak{M}_{0x}&=An_0-H_{xy}p_0-H_{xz}q_0,\\
\mathfrak{M}_{0y}&=Bp_0-H_{yz}q_0-H_{yx}n_0,\\
\mathfrak{M}_{0z}&=Cq_0-H_{zx}n_0-H_{zy}p_0,
\end{aligned}$$

d'où l'on tire

$$(5)\qquad \mathfrak{M}_{0x}\alpha+\mathfrak{M}_{0y}\beta+\mathfrak{M}_{0z}\gamma=-p_0z+q_0z=W_0-V_0$$

et de même

$$\mathfrak{M}'_{0x}\alpha+\ldots.$$

Corps mous. — En exprimant que les vitesses normales des points en contact des deux corps sont égales à la fin du choc, on a

$$W = V - zp + yq = V' - z'p' + y'q',$$

ou

$$\begin{aligned} W &= V - V_0 - z(p - p_0) + y(q - q_0) + W_0 \\ &= V' - V'_0 - z'(p' - p'_0) + y(q' - q'_0) + W'_0, \end{aligned}$$

ou encore

$$\begin{aligned} W &= (V - V_0)(1 - M\beta z + M\gamma y) + W'_0 \\ &= (V' - V'_0)(1 - M'\beta' z' + M'\gamma' y') + W'_0, \end{aligned}$$

d'où, en vertu de l'équation (1),

$$V - V_0 = \frac{M'(W'_0 - W_0)}{M'(1 - M\beta z + M\gamma y) + M(1 - M'\beta' z' + M'\gamma' y')}.$$

La vitesse normale au contact est, par suite,

$$(6) \qquad W = \frac{M'W'_0(1 - M\beta z + M\gamma y) + MW_0(1 - M'\beta' z' + M'\gamma' y')}{M'(1 - M\beta z + M\gamma y) + M(1 - M'\beta' z' + M'\gamma' z')}.$$

Corps parfaitement élastiques. — Supposons que V, W,... se rapportent à la fin du choc. Il est facile de voir que l'équation obtenue en égalant à zéro l'accroissement de la force vive du système de M, M' peut se mettre sous la forme

$$\begin{aligned} M(V^2 - V_0^2) &+ \mathfrak{M}_x n - \mathfrak{M}_{0x} n_0 + \mathfrak{M}_y p - \mathfrak{M}_{0y} p_0 \\ &+ \mathfrak{M}_z q - \mathfrak{M}_{0z} q_0 + M'(V'^2 - V'^2_0) + \ldots = 0, \end{aligned}$$

d'où, en vertu des équations (2),

$$\begin{aligned} M(V - V_0)(V + V_0 - zp + yq) &+ \mathfrak{M}_{0x}(n - n_0) \\ &+ \mathfrak{M}_{0y}(p - p_0) + \mathfrak{M}_{0z}(q - q_0) + M'(V' - V'_0)\ldots = 0. \end{aligned}$$

En ayant égard aux valeurs (4) et à la formule (5), cette équation devient

$$M(V - V_0)[V - V_0 + 2W_0 - M(z\beta - y\gamma)(V - V_0)] + M'(V' - V'_0)\ldots = 0,$$

ou, en vertu de l'équation (1),

$$(V - V_0)[1 - M(z\beta - y\gamma)] + 2W_0 = (V' - V'_0)[1 - M'(z'\beta' - y'\gamma')] + 2W'_0,$$

et enfin

$$(7) \qquad V - V_0 = \frac{2M(W'_0 - W_0)}{M'(1 - M\beta z + M\gamma y) + M(1 - M'\beta' z' + M'\gamma' y')}.$$

Nous avons maintenant

$$(8)\quad \left\{\begin{aligned} W + W_0 &= V - V_0 - z(p - p_0) + y(q - q_0) + 2W'_0 \\ &= (V - V_0)(1 - M\beta z + M\gamma y) + 2W'_0 \\ &= \frac{2M'W'_0(1 - M\beta z + M\gamma y) + 2MW_0(1 - M'\beta' z' + M'\gamma' y')}{M'(1 - M\beta z + M\gamma y) + M(1 - M'\beta' z' + M'\gamma' y')}, \end{aligned}\right.$$

ce qui est le double de l'expression (6), comme dans le cas du choc direct.

FIN DU TOME DEUXIÈME.

1543 Paris. — Imprimerie de GAUTHIER-VILLARS, quai des Augustins, 55.

www.ingramcontent.com/pod-product-compliance
Lightning Source LLC
Chambersburg PA
CBHW060529220326
41599CB00022B/3471